计算机科学丛书

Real-World Algorithms
A Beginner's Guide

真实世界的算法
初学者指南

[希] 帕诺斯·卢里达斯（Panos Louridas）著 王刚 译

机械工业出版社
China Machine Press

图书在版编目（CIP）数据

真实世界的算法：初学者指南 /（希）帕诺斯·卢里达斯（Panos Louridas）著；王刚译．
—北京：机械工业出版社，2020.6（2021.6 重印）
（计算机科学丛书）
书名原文：Real-World Algorithms：A Beginner's Guide

ISBN 978-7-111-65745-3

I. 真… II. ① 帕… ② 王… III. 计算机算法—指南 IV. TP301.6-62

中国版本图书馆 CIP 数据核字（2020）第 097722 号

本书版权登记号：图字 01-2017-2734

Panos Louridas, Real-World Algorithms: A Beginner's Guide, ISBN 9780262035705.

本书在介绍了伪代码规范、基本术语和数据结构的背景知识之后，讨论了压缩、加密、图、搜索和排序、哈希、分类、字符串和随机等算法。每章都描述了实际问题，然后给出了解决这些问题的算法。示例说明了算法的广泛应用，包括解决段落换行的最短路径、投票系统中的最强路径、歌曲识别的哈希、投票权力的蒙特卡罗方法和机器学习的熵。

本书提出的算法简单易懂，适合经济学和应用科学等学科的学生使用，计算机科学专业的学生可以在学习更专业的知识之前阅读本书。

出版发行：机械工业出版社（北京市西城区百万庄大街 22 号 邮政编码：100037）

责任编辑：柯敬贤	责任校对：周文娜
印　　刷：北京建宏印刷有限公司	版　　次：2021 年 6 月第 1 版第 2 次印刷
开　　本：185mm×260mm 1/16	印　　张：21.75
书　　号：ISBN 978-7-111-65745-3	定　　价：99.00 元

客服电话：（010）88361066 88379833 68326294　投稿热线：（010）88379604
华章网站：www.hzbook.com　读者信箱：hzjsj@hzbook.com

前 言

正如同时代大多数人一样，我也是听着这样的话长大的："游手好闲，魔鬼也嫌。"我是个乖孩子，人们说什么，我就信什么，而且一直抱着要勤奋工作的道德信条。如今，尽管我的道德信条仍控制着我的行为，但是我的看法已然经历了一场革命。我认为在这个世界上人们做的工作实在是太多了，虽说工作即美德，但现代工业国家更提倡一些与过去全然不同的新理念。

——伯特兰·罗素，《闲暇颂》(1932)

本书是关于算法（algorithm）的，算法就是我们为了不去做某些事情而做的事，是我们为了避免工作而做的工作。凭借我们的发明，我们一直在用大脑解放身体。而借助算法，我们可以用大脑解放大脑。

减少人类的劳动是一项高尚的任务。我们应该使用机器尽可能地减少辛苦劳作，这一思想已深深植根于我们的头脑中，令我们能减少数世纪以来已习以为常的枯燥、繁重工作。这是一件美妙的事，而且，就像"避免"体力劳动一样，我们没有理由不追求"避免"脑力劳动。辛苦的、沉闷的、重复性的劳动对人类创造性是毒药，我们理应尽力避免，而算法恰恰能帮助我们做到这一点。

此外，数字技术如今能成就很多壮举，它并不令人烦乱厌恶，而是符合人性本质。机器识别和合成语音、翻译文章、分类并总结文档、预报天气，都是在大量素材中以不可思议的准确性查找相应的模式、运行其他机器、做数学、在博弈中战胜我们，以及帮助我们发明其他机器。所有这些都是用算法做到的，机器完成这些工作就能让我们少做一些，给予我们时间追求自己的兴趣，甚至给予我们时间和机会发明进一步减少日常工作的更好算法。

算法并非始于计算机时代，从古代开始算法就伴随着我们，当然它也并不局限于计算机科学。我们现在已经很难找到一门完全未被算法改变的学科了。因此，很多人在不知不觉中就接触了算法，他们发现：对于他们的学科而言，算法已经成为一个重要组成部分，尽管这门学科看起来与计算机的距离那么遥远。这样，他们有必要学习算法，以便能理解、使用算法。

即使是一些简单的事情和日常工作，也令人惊讶地在日复一日地浪费着我们的劳动，就是因为我们没有使用一些正确的思想。作者常常看到，人们在日常办公过程中做的一系列操作，其实可以一眨眼就做完，只要他们知道如何避免繁冗的劳作——当然，并不是通过逃避来避免（一些人擅长于此），而是让计算机帮他们做这些事（应该有更多人精于此）。

目标读者

本书的撰写目标是作为算法的第一本入门书籍。如果你是计算机科学专业，可以将本书作为入门书籍，然后继续钻研进阶教材。算法是计算的核心，像本书这样的介绍只是走马观花。

还有很多读者从事其他职业，但意识到算法已成为其职业的必备工具。在很多学科中，几乎不可能不使用算法。本书希望为这样的读者而服务：他们需要使用和理解算法，作为其工作和学习的一部分（哪怕不是核心部分）。有很多读者都是这种情况。

然后就是那些可能要使用算法（无论多么小或多么简单的算法）来简化工作、避免在琐事上浪费时间的读者。需要花费一个勤奋的劳动者数小时时间的任务，很可能用现代脚本语言写的寥寥几行计算机代码瞬间即可完成。有时，一个毫无经验的人突然间顿悟，就能做出如此成绩，因为算法思维并非一些耀眼的专业人士的特权。

要在现代社会中正常生活，基础的数学和科学知识是必需的，这一点恐怕没有人能充分反驳。类似地，不掌握基本的算法知识，也不太可能成为当代社会中有作为的一分子。算法已成为人们日常生活的基础。

读者须知

只有计算机科学家才能理解算法，这种看法是错误的。算法由执行任务的指令组成，所有人都能理解它。但为了更有效地使用算法以及能从像本书这样的书籍中受益，读者应该掌握一些基本技能。

读者不必是一名有经验的数学家，但应能比较顺利地接受一些基本的数学概念和符号描述。本书涉及的数学知识不会超过普通中学所讲授的内容。读者不必了解高等数学，但必须知道怎样证明，因为我们证明算法正确工作的方式与数学证明一样遵循逻辑步骤。这并不意味着在本书中我们会使用大量完整的数学证明，但读者应该理解我们是如何使用证明的。

读者不必是一名熟练的程序员，但应该对计算机的工作原理、如何编写程序以及计算机语言是如何构造的有一个基本理解。我们不要求读者深入理解任何一方面，实际上，最好是在学习算法的过程中阅读本书。计算机系统和算法是密不可分的，两者相互解释。

保持好奇心是必要的。算法是用来高效求解我们遇到的问题的。每当你思考“这是更好的解决方法吗?”，你其实就是在寻找算法。

风格

本书的主旨是令算法尽量简单，避免读者有挫败感。如果你在阅读一本书的时候发现它已超出了你的理解力，那么很可能它不适合你；如果你不理解一本书的内容而对其感到畏惧，那就表明你有了挫败感。我们努力避免本书陷入这样的境地，这需要对介绍的内容进行一定的简化，还意味着我们在呈现某些内容时不能给出其完整的证明。

简化一些内容以及忽略一些复杂的内容并不意味着读者学习本书时就不必积极努力了：这正是我们努力不使读者有挫败感的地方。我们假定读者真的想学习算法，这的确需要努力和时间，你投入的时间和精力越多，你的收获也越大。

我们稍微讨论一下文学性，有一些书会强烈地吸引你，带你徜徉其中，你读着这些书，被其深深吸引，一口气读完，完全没有意识到时间的流逝。我们说的当然不是那些粗制滥造的读物。阿贝尔·加缪的《鼠疫》并不是一本难读的书，但没有人会质疑它是一部严肃的、有深度的文学作品。

其他一些书则需要完整的脑力操练。这些书较难读懂，但令读它们的人获得了巨大的成就感，甚至令努力读完它们的人获得排他的优越感：并不是每个人都喜欢詹姆斯·乔伊斯的《尤利西斯》、托马斯·品钦的书以及大卫·福斯特·华莱士的书，但几乎没有人对于努力读完这些书而感到后悔。

还有其他一些书介于这两类书之间。可能《万有引力之虹》对你来说有些过于偏向“作者书籍”了，但你能这么评价《卡拉马佐夫兄弟》和《安娜·卡列尼娜》吗？

本书努力做到介于两类书之间。它当然不是作为智力成果来呈现，但你还是要付出相当的努力来阅读本书。作者将带领你踏上算法学习之路，但不会抱着你前进，在这条路上向前走只能靠你自己，这也是本书尽量不让你有挫败感的做法。我们假定你是个聪明人，愿意学习新事物，并且明白在学习上必须积极努力。天下没有免费的午餐，付出才有回报。

伪代码

在过去几年中，一个年轻人如果精通一门编程语言，就有望获得一份计算机相关的工作。但现在情况已经变了。被广泛使用的好的编程语言非常多，因为如今计算机所做的事情比 20 年前多得多，而不同的语言适合于不同的用途。关于语言的争论是愚蠢的、适得其反的。如今计算机在帮我们做着很多美好的事情，带来的一个可喜结果就是人们积极地探索使用计算机的新方式，这方面的努力不断催生出新的编程语言并促进老的编程语言进化。

作者确实更偏好某些计算机语言，但将个人偏好强加于读者是不公平的。而且，计算机语言的流行趋势潮涨潮落，昨日最爱可能就是明日黄花。为了让本书受众广泛，生命力长久，作者未在书中纳入使用实际编程语言的例子，算法都是使用伪代码来描述的。伪代码比实际的计算机代码更好理解，而且可以避免真实计算机语言必然会有的弱点。基于伪代码进行一些推断通常也更容易，当你试图更深入地理解一个算法时，必须将它的一部分写出来，此时使用伪代码比真实代码更简单，因为使用真实代码必须仔细注意语法。

也就是说，如果你不真正编写计算机代码来实现一个算法，那么是很难用好它的。我们在本书中采用伪代码，并不意味着读者应该对计算机代码采取一种漫不经心的态度。只要条件允许，对本书介绍的每个算法读者都应该选择一种编程语言去实现它。当你设法编写计算机程序正确实现了一个算法时，所获得的成就感是你预料不到的。

如何阅读本书

阅读本书的最好方式是按顺序阅读，因为后面章节会用到前面章节给出的一些概念。开始，你会遇到所有算法都会用到的基本数据结构，后面章节中也的确会用到这些数据结构。但是，一旦基础打好，你就可以选择感兴趣的章节去阅读了。

因此，你应该从第 1 章开始，在这一章中你将看到后续章节是如何组织的：每一章都以问题描述开始，然后介绍能解决此问题的算法。第 1 章还介绍了本书采用的伪代码规范、基本术语以及你将遇到的第一个数据结构：数组和栈。

在第 2 章中，你将第一次看到图及其遍历方法。第 2 章还将介绍递归，因此，即使你之前接触过图，但如果并不完全确定是否掌握递归的话，你还是不能跳过这一章。第 2 章还将介绍在其他章节的算法中会反复遇到的一些数据结构。然后，在第 3 章中，我们将转向压缩问题并介绍两种不同的压缩方法，自然而然地，会介绍一些更重要的数据结构。

第 4 章和第 5 章讨论加密算法。这部分内容完全不同于图算法和压缩算法，但它是一个重要的算法应用领域，特别是近年来个人数据存在于各种地方和各类设备中，而各色人等都想窥探这些数据。这两章与其他章节多少有些独立，只有一些重要部分是在其他章节中给出的，例如，如何选取大素数留待第 16 章介绍。

第 6 章到第 10 章介绍了一些图相关的问题：任务排序、迷宫寻路、如何确定链接到其他对象的对象的重要性（例如互联网中的网页）以及图如何用于选举。迷宫寻路的应用远超你的想象，从段落排版到互联网路由和金融套利，它的一个变体还应用于投票问题中，因此第 7 章、第 8 章和第 10 章可以看作一个整体。

第 11 章和第 12 章讨论两个基础的计算问题：搜索和排序。这两个主题的内容可以填满一卷书，而且确实有这样的书。我们将介绍一些常用的搜索和排序算法。当讨论搜索问题时，我们会借机介绍一些额外内容，例如在线搜索（数据项是流式到来的，我们在其中搜索指定内容，因此无法事后修正决策）和无标度分布，研究者在其关心的领域内常会遇到这些问题。第 13 章介绍另外一种保存和提取数据的方法——哈希，这是一种非常有用、常用且很精致的方法。

第 14 章介绍一种分类算法：算法基于一组实例学习如何分类数据，然后我们就可以用它来分类新的未曾见过的实例。这是机器学习的一个例子，随着计算机越来越强大，机器学习的重要性得到了极大的提升。这一章还会介绍信息论的基本思想，这是另一个与算法相关的迷人领域。第 14 章与本书其他章节的不同之处在于，它还呈现了一个算法如何通过调用更小的算法来完成其部分任务，这与计算机程序由完成特定任务的小的部件构成是相似的。这一章还展示了本书其他部分介绍的数据结构是如何在分类算法的实现中起重要作用的。如果读者想要了解一个高层算法的细节是如何实现的——这是算法转换为程序的关键步骤，那么这一章会很吸引你。

第 15 章探究符号序列（字符串）以及如何在字符串中查找内容。每当我们在一段文本中查找某些东西，就是在用计算机执行这个操作，如何高效地执行这个操作人们还不甚清楚。但幸运的是，有一些快速、优雅地完成这个操作的方法。此外，符号序列还能表示很多其他类型的事物，因此字符串匹配能应用到很多领域中，例如生物学。

最后，第 16 章介绍随机算法。随机算法的应用范围之广令人惊讶，因此这一章只能包含其中一小部分。除此之外，随机算法还解答了本书前面章节中遇到的一些问题，例如，如何找到密码学中要用到的大素数，还有与投票相关的，即如何统计你的投票的影响。

课程使用

本书中的素材可用于一个学期的算法课程，课程重点是理解算法的主要思想，但不会深入每个主题的技术处理。来自不同学科的学生，如商学和经济学，生命科学、社会学和应用科学，或者数学和统计学等，都可将本书作为一门入门课程的主教材，再辅以编程作业，要求学生实现真实有用的算法实例。对于计算机科学的学生，可以将本书作为一本非正式的介绍性书籍，它能激励学生通过阅读更深入的技术书籍彻底领略算法的深度和优美。

致谢

当我第一次向 MIT 出版社提出撰写本书的想法时，如何实现这一想法还完全没有头绪，但出版社的人员如此出色，没有他们的支持，这个想法也不会存在。Marie Lufkin Lee 在本书撰写的整个过程中一直温柔地鼓励我，哪怕是在我延期时。Virginia Crossman、Jim Mitchell、Kate Hensley、Nancy Wolfe Kotary、Susan Clark、Janice Miller、Marc Lowenthal 以及 Justin Kehoe 都在不同阶段给予我帮助，并承担了匿名审稿的任务。当我沉迷于 LaTeX

时，Amy Hendrickson 给予了我帮助。

Marios Fragkoulis 对部分书稿提出了详细的反馈，Diomidis Spinellis 抽出时间就如何改进书稿给了我很棒的建议。Stephanos Androutsellis-Theotokis、George Theodorou、Stephanos Chaliasos、Christina Chaniotaki 以及 George Pantelis 都很友善地指出了书稿中的很多错误，遗留的其他任何尴尬的错误和疏忽都完全是我个人的责任。

当然，我还要向 Eleni、Adrian 和 Hector 致以敬意，本书得以出版真的首先要归功于他们。

最后的话

如果你把 algorithm（算法）误写为 algorhythm，你就得到了一个意为“痛苦的节奏”的混合词，因为在希腊语中 algos 的意思是痛苦。在现实中，“算法”一词源自波斯数学家、天文学家和地理学家阿尔·花剌子模（约公元 780 ～公元 850）的名字。希望本书能吸引你而不是让你感到痛苦，让我们来学好、用好算法吧！

目　录

Real-World Algorithms: A Beginner's Guide

第1章

Real-World Algorithms: A Beginner's Guide

股票跨度

设想你可以获得一只股票的每日报价。也就是说，你得到一个数值序列，每个数表示一只给定股票在某天的收盘价。这些收盘价已按时间顺序排列好。股票市场关闭的日子没有对应的报价。

一只股票的价格在某天的跨度（span）是指这一天之前连续多少天股票价格低于或等于这天的价格。于是股票跨度问题（Stock Span Problem）定义为，给定一只股票的每日报价序列，对序列中每一天求出股票的跨度。例如，考虑图1-1。我们的数据从第0天开始，第6天的跨度为5天，第5天的跨度为4天，第4天的跨度为1天。

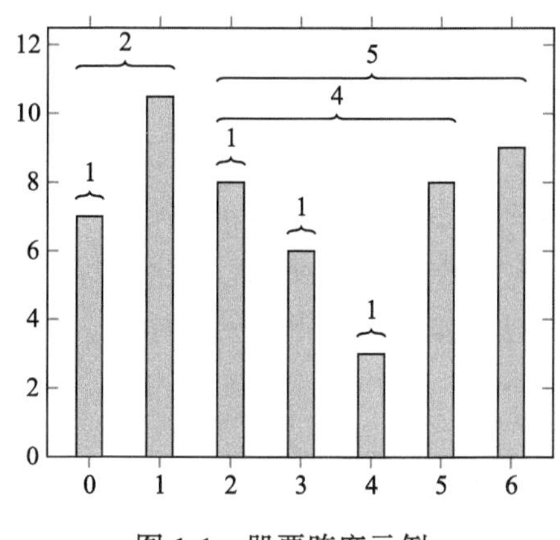

图1-1　股票跨度示例

在现实中，股票每日报价序列可能包含数千天的数据，而我们可能希望对很多不同的序列计算跨度，每个序列描述了一只不同的股票的价格演变。因此我们希望使用计算机求解此问题。

对于很多用计算机来求解的问题，通常都存在多种求解方法，其中一些方法比另外一些更好。这里，“更好”这个词自身并没有什么实际意义。当我们说更好时，实际是说某些方面更好。可能是速度方面、内存方面或是影响时间和空间等资源的其他方面。我们会对此进行更多的讨论，但重要的是从一开始就要记住这一点，因为问题的一个解可能很简单但按照我们设置的一些约束或标准并不是最优的。

假定你正在计算序列中第 m 天的股票跨度，一种方法是回退一天，这样就处于第 $m-1$ 天。如果第 $m-1$ 天的价格大于第 m 天的价格，你就知道了第 m 天的股票跨度仅为1天。但如果第 $m-1$ 天的价格小于或等于第 m 天的价格，则第 m 天的股票跨度至少为2天，也可能更大，取决于更早的股票价格是多少。因此我们继续检查第 $m-2$ 天的价格。如果价格不大于第 m 天的价格，则检查再前一天，依此类推。最终可能发生两种情况：第一种情况是检查完所有日期（即到达了序列的起点），也就是第 m 天之前的所有股票价格都小于或等于第 m 天，于是跨度恰为 m 天；第二种情况是检查到第 $k(k < m)$ 天时，发现股票价格高于第 m

天，则跨度为 $m-k$ 天。

如果序列包含 n 天的数据，则为了求解跨度问题需要重复上述过程 n 次，每次计算出一天的跨度。你可以在图 1-1 的例子上仔细验证此过程的正确性。

现在还有一个问题，上面对求解过程的描述并不是一种非常好的方式。在这个世界上，散文是交流几乎所有事情的极好方式，但提供给计算机的过程除外，因为在描述提供给计算机的东西时，必须十分精确。

如果我们的描述足够精确，计算机能够理解我们的过程，就意味着我们已经创建了一个程序（program）。但用计算机程序来描述一个过程可能又并非易于人类理解的最佳方式，因为你必须告诉计算机要做的所有细节，而且是以计算机的工作方式告诉它，而这些不一定与问题的解相关。一个描述如果足够详细、可被计算机理解，对于人类来说可能就过于详细而难于理解了。

2

因此我们可以做一下权衡，通过某种比简单文本更精确的结构化语言来描述求解过程，而且人类理解它也没有什么困难。这种结构化语言不一定能被计算机直接执行，但可以简单地转换为真正的计算机程序。

1.1　算法

在求解股票跨度问题之前，你最好熟悉一个重要的术语。**算法**（algorithm）就是一个过程，是一种特殊的过程。它必须描述为一个有限步骤序列，且必须在有限时间内结束。每个步骤必须是良好定义的，达到人类可用一支笔和一张纸执行它的程度。算法基于我们提供给它的输入做一些事情，并生成反映其所做工作的一些输出。算法 1-1 实现了我们前面描述的过程。

算法1-1　一个简单的股票跨度算法

```
SimpleStockSpan(quotes) → spans
    输入：quotes，保存n个股票报价的数组
    输出：spans，保存n个股票跨度的数组
1   spans ← CreateArray(n)
2   for i ← 0 to n do
3       k ← 1
4       span_end ← FALSE
5       while i − k ≥ 0 and not span_end do
6           if quotes[i − k] ≤ quotes[i] then
7               k ← k + 1
8           else
9               span_end ← TRUE
10      spans[i] ← k
11  return spans
```

3

算法 1-1 展示了如何描述算法。我们并不使用某种计算机语言，因为那样会迫使我们处理与算法逻辑无关的实现细节，我们使用的是某种伪代码（pseudocode）形式。伪代码是一种介于真正的程序代码和非形式化描述之间的形式。它使用一种结构化格式，并采用一组具有特定含义的词汇。但是，伪代码不是真正的计算机代码。它并不是为了被计算机执行，而

是易于被人类理解。顺便提一下，程序也应能被人类理解，但并非所有程序都是如此——有很多正在运行的计算机程序写得很糟糕，难以理解。

每个算法都有一个名字，接受一些输入，并生成一些输出。在本书中，算法的名字将采用骆驼拼写法（CamelCase），输入会写在括号中，输出用一个→指示。接下来的几行将会对算法的输入和输出进行描述。可以用算法的名字紧接放在括号中的输入来*调用*（call）算法。一旦算法编写好，就可以将其作为一个黑盒来处理，可以给它一些输入，黑盒则会返回算法的输出。当用一种程序设计语言实现一个算法时，它就是一个具名的计算机代码片段——*函数*（function）。在一个计算机程序中，我们调用实现算法的函数。

某些算法不生成输出，当然也就不会显式返回结果。取而代之的是，它们的行为影响上下文的某部分。例如，我们可能提供给算法一个空间，供其写入结果。在此情况下，在传统意义上算法并非返回输出结果，但无论如何算法是有输出的，即它影响上下文发生的变化。某些程序设计语言会区分显式返回结果的具名程序代码片段——称为*函数*（function），以及不返回结果但可能有其他副作用的具名程序代码片段——称为*过程*（procedure）。这种差异来源于数学，数学上的函数是必须返回值的。对我们来说，当一个算法编码为实际程序时，既可以是一个函数也可以是一个过程。

我们的伪代码中使用一些用粗体表示的关键字，如果你对计算机和程序设计语言的工作方式有所了解，这些关键字的含义就是不言自明的了。我们使用字符←表示赋值，用等号(=)表示相等比较。我们采用常用的五个符号（+，–，/，×，·）表示四种数学运算，后两个符号都表示乘法，这两个符号我们都会使用，基于美学考虑进行选择。我们将不会使用任何关键字或符号对伪代码分块，分块是通过缩进来表示的。

4

在这个算法中，我们使用了*数组*（array）。数组是一种保存数据的结构，它允许我们按特定方式操纵其中的数据。我们保存数据并允许在其保存的数据上执行特定操作的结构称为*数据结构*（data structure）。因此数组是一种数据结构。

数组之于计算机，就像对象序列之于人类。数组是元素的有序序列，这些元素存储在计算机内存中。为了获得保存元素所需的空间并创建一个保存 n 个元素的数组，可调用算法 1-1 第 1 行中的 CreateArray 算法。如果你熟悉数组，可能就会奇怪创建数组怎么还需要一个算法。但实际情况的确如此。为了获得保存数据的一块内存，你必须至少在计算机中搜索可用内存并标记它为数组所用。CreateArray(n) 调用做了所需的一切，它返回一个可容纳 n 个元素的数组，初始时其中没有元素，只有保存元素所需的空间。算法负责调用 CreateArray(n) 来将实际数据填充到数组中。

对数组 A，我们用 $A[i]$ 表示其第 i 个元素，访问该元素也是用该符号。一个元素在数组中的位置，如 $A[i]$ 中的 i，被称为*索引*（index）。一个 n 个元素的数组 A 包含元素 $A[0]$，$A[1]$，…，$A[n-1]$。这可能令你吃惊，因为其首元素是第 0 个，而尾元素是第 $n-1$ 个，可能你的预期是第 1 个和第 n 个。但是，大多数计算机语言中的数组都是如此，你最好现在就熟悉这种机制。这非常常见，当遍历一个大小为 n 的数组时，我们是从位置 0 遍历到位置 $n-1$。在我们的算法中，当我们说某个对象的取值是从数 x 到数 y（假定 x 小于 y）时，意思是从 x 到 y（但不包含）的所有值，参见算法第 2 行。

我们假定无论 i 的值是什么，访问第 i 个元素都花费相同的时间。因此访问 $A[0]$ 与访问 $A[n-1]$ 需要相同的时间。这是数组的一个非常重要的特性：对元素的访问是一致的，都花费常量时间。当我们通过索引访问数组元素时，数组不需要搜索此元素。

关于算法描述中的符号表示，我们用小写字母表示算法中的变量。但当变量表示一个数
5
据结构时，我们会使用大写字母来令其突出，如数组 A。但这并非必要。当我们希望给变量起一个包含很多单词的名字时，我们会使用下划线（_），如 a_connector。这是必要的，因为计算机不理解由一组空格分隔的单词构成单个变量名的方式。

算法 1-1 使用数组保存数值。数组可以保存任何类型的项，在我们的伪代码中每个数组只能保存单一类型的项。大多数程序设计语言中也都是如此。例如，可以创建十进制数数组、分数数组、表示人的项的数组以及另一个表示地址的项的数组，但不可以创建一个既包含十进制数又包含表示人的项的数组。至于“表示人的项”会是什么，由编程所使用的语言所决定。所有程序设计语言都提供表示有意义的东西的方法。

一种特别有用的数组是字符数组。一个字符数组表示一个字符串（string），即一个字母序列、一个数序列、一个单词序列、一个句子序列等。与所有数组一样，我们可以用索引单独引用数组中的单个字符。如果我们有一个字符串 s=“Hello，World”，则 $s[0]$ 为字母“H”而 $s[11]$ 为字母“d”。

总结一下，数组就是一个保存相同类型项的序列的数据结构。数组支持两种操作：

- CreateArray(n) 创建一个能保存 n 个元素的数组。数组未初始化，即它不保存任何实际元素，但保存元素所需的空间已预留，可用来保存元素。
- 正如我们已经看到的，对一个数组 A，$A[i]$ 访问其第 i 个元素，而且访问数组中任何元素都花费相同时间。若 $i < 0$，则试图访问 $A[i]$ 会产生错误。

我们回到算法 1-1。如前所述，算法第 2～10 行是一个循环，即一个反复执行的代码块。如果我们有 n 天的报价的话，循环执行 n 次，每次计算一个跨度。变量 i 表示我们正在计算跨度的当前这一天。初始时，处于第 0 天这一最早的时间点。每次执行第 2 行代码时，就会推进循环到第 1，2，…，$n-1$ 天。

我们使用变量（variable）k 指示当前跨度的长度——在我们的伪代码中，变量就是一个引用某些数据的名字，那些数据的内容，或者更精确地说，变量的值（value），在算法执行的过程中是可以改变的，变量这个术语因而得名。当我们开始计算一个跨度时，k 的值总是
6
1，我们是在第 3 行设置这个初值的。我们还使用了一个指示变量（indicator variable）*span_end*。指示变量取值 TRUE 或 FALSE，指出某事成立或不成立。当我们到达一个跨度的末端时，变量 *span_end* 的值将为真。

在开始计算每个跨度时，*span_end* 为假，如第 4 行所示。第 5～9 行的内层循环计算跨度的长度。第 5 行告诉我们，只要跨度还未结束，就回退尽可能长的时间。我们能回退多远由条件 $i-k \geqslant 0$ 决定：回退到索引 $i-k$ 指示的这一天检查跨度是否结束，而索引不能为 0，因为 0 对应第 1 天。第 6 行检查跨度是否结束。如果跨度未结束，则在第 7 行增加其长度。否则，我们注意到，第 9 行设置跨度结束，从而循环会在回到第 5 行后终止。第 2～10 行的外层循环在第 10 行结束一次循环时，我们在此将 k 的值保存到数组 *spans* 的正确位置。在退出循环后的第 11 行，我们返回 *spans*，它保存着算法的结果。

注意，初始时我们设定 i=0 和 k=1。这意味着在最早的时刻第 5 行的条件必定为假。这是理所应当的，因为第 0 天的跨度只能为 1。

此时此刻，记住我们曾说过的关于算法、笔和纸的内容。理解一个算法的最好方法就是去手动执行它。在任何时候如果一个算法看起来有些复杂，或者你不确定是否已完全理解

它，就用纸和笔写下执行它求解某个例子的过程。这种方法会节省你很多时间，虽然它看起来有点老套。如果对算法 1-1 还有不明确的地方，马上尝试这种方法，当算法已完全清晰后再回到这里。

1.2 运行时间和复杂度

算法 1-1 给出了股票跨度问题的一种解决方案，但我们可以做得更好。在这里，更好的意思是可以做得更快。当讨论算法的速度时，实际上讨论的是算法执行的步骤数。不管计算机变得多么快，即使计算步骤的执行越来越快，步骤数也是保持不变的，因此用算法所需的步骤数来评价算法的性能就是很合理的了。我们称步骤数为算法的*运行时间*（running time），它是一个纯数，不以任何时间单位来度量。使用时间单位会令运行时间的任何评价都与特定的计算机模型关联，从而降低其实用性。

7

我们来分析计算 n 只股票报价的跨度花费多长时间。算法由开始于第 2 行的循环构成，循环会执行 n 次，每次计算一个报价。然后是从第 5 行开始的内层循环，外层循环每次会执行此内层循环来计算对应股票报价的跨度。对每个报价，内层循环会将它与之前的所有报价进行比较。在最坏情况下，如果当前报价是最高的，则会检查之前所有的报价。如果第 k 个报价是之前所有报价中最高的，则内层循环会执行 k 次。因此，最坏情况下，即报价是降序排列的情况下，第 6 ～ 7 行会执行这么多次：

$$0+1+2+\cdots+(n-1)=\frac{n(n-1)}{2}$$

如果你觉得等式不是那么清晰，可以将 1，2，…，n 这些数都累加两次，这样就能容易地看出结果的确如此：

$$\left.\begin{array}{r} 1 \;+\; 2 \;+\cdots+\; n \\ +\quad n \;+ n-1 +\cdots+\; 1 \\ \hline n+1+n+1+\cdots+n+1 \end{array}\right\} \to 1+2+\cdots+n=\frac{n(n+1)}{2} \qquad n(n+1) \qquad n(n-1)$$

由于第 6 ～ 7 行是算法运行最多次的步骤，因此 $n(n-1)/2$ 是算法最坏情况下的运行时间。

当我们讨论算法的运行时间时，真正感兴趣的实际上是输入数据很大（在我们的例子中，是数 n 很大）时的运行时间。这就是算法的*渐近*（asymptotic）运行时间，如此命名的原因是它刻画的是输入数据无限增大时算法的行为。为了描述渐近运行时间，我们使用一些特殊符号。对任意函数 $f(n)$，如果 n 大于某个初始正值时函数 $f(n)$ 小于或等于另一个函数 $g(n)$（用某个正的常数 c 缩放，即 $cg(n)$），我们就称 $O(f(n))=g(n)$。更精确地，如果存在正常数 c 和 n_0 使得 $0 \leqslant f(n) \leqslant cg(n)$ 对所有 $n \geqslant n_0$ 成立，则我们称 $O(f(n))=g(n)$。

符号 $O(f(n))$ 被称为“大 O 符号”。记住，我们感兴趣的是大规模的输入，因为那是会节省最多时间的情况。看一下图 1-2，其中我们绘制了两个函数 $f_1(n)=20n+1000$ 和 $f_2(n)=n^2$。对较小的 n，$f_1(n)$ 的值更大，但情况很快就发生了巨大变化，n^2 的增长速度要快得多。

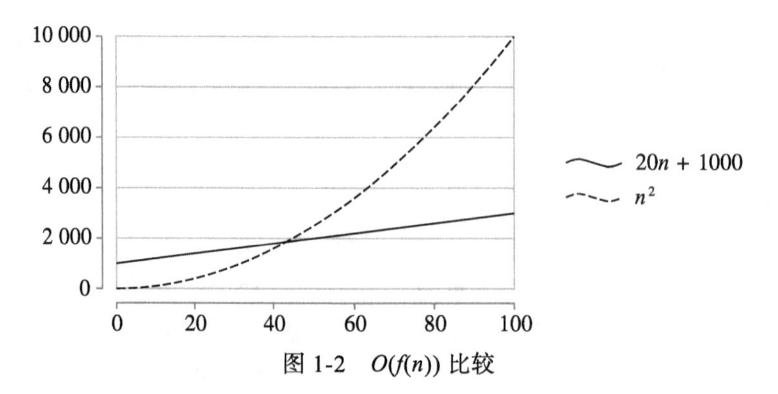

图 1-2　$O(f(n))$ 比较

大 O 符号令我们可以简化复杂度描述中的函数。如果我们有一个像 $f(n)=3n^3+5n^2+2n+$ 1 000 这样的函数，则可以简化表示为 $O(f(n))=n^3$。为什么可以这样？因为我们总是可以找到一个值 c 使得 $0 \leqslant f(n) \leqslant cn^3$。一般而言，当我们有一个包含多项的函数时，其最大项会很快主导函数的增长，因此可以去掉最小的那些项，使用大 O 符号。因此 $O(a_1n^k+a_2n^{k-1}+\cdots+a_kn+b)=O(n^k)$。

8

这种描述算法运行时间的方式通常被称为算法的*计算复杂度*（computational complexity），或简称为*复杂度*（complexity）。我们研究算法运行时间时使用简化形式的函数，而研究表明，大多数算法的运行时间的确可以用少数简化函数之一描述。这意味着算法的复杂度通常可被归为少数常见类别之一。

首先是*常量函数*（constant function）$f(n)=c$。这就意味着无论 n 的值是什么，函数总是具有相同的值 c。除非 c 的值高得离谱，否则这是我们希望一个算法能达到的最佳复杂度。用大 O 符号表示的话，根据定义，我们有正常数 c 和 n_0 使得 $0 \leqslant f(n) \leqslant cg(n)=c \cdot 1$。实际上，$c$ 就是函数的常数值，而 $n_0=1$。因此，$O(c)=O(1)$。如果算法有这样的行为，我们称其为*常量时间算法*（constant time algorithm）。这实际上是用词不当，因为常量时间并不意味着无论给算法什么输入它都会花相同的时间。其准确含义是算法运行时间的上界与其输入无关。例如，一个简单的算法实现 $x > 0$ 时将 y 的值加到 x 的值上，它就不总是花费相同的运行时间：若 $x > 0$，它执行一次加法，否则什么也不做。但其上界是常数，即加法花费的时间，因此它应归入 $O(1)$ 类。遗憾的是，常量时间的算法并不多。最常见的常量时间的操作是访问数组中的元素，其花费的时间是常数，不依赖于我们要访问的元素的索引。如我们已见到的，在一个包含 n 个元素的数组 A 中，访问 $A[0]$ 和访问 $A[n-1]$ 花费相同的时间。

9

在常量时间算法之后，就是*对数时间*（logarithmic time）算法了。对数函数或称*对数*（logarithm）为 $\log_a(n)$，其定义是为了得到 n 而对 a 施加的幂次：若 $y=\log_a(n)$，则 $n=a^y$。数 a 称为*对数的底*（base of the logarithm）。从对数的定义可知 $x=a^{\log_a x}$，这表明对数是指数的逆。实际上，$\log_3 27=3$，而 $3^3=27$。若 $a=10$，即对数以 10 为底，则可简写为 $y=\log(n)$。在计算机中我们经常遇到*以 2 为底的对数*（base two logarithm），称为二进制对数，因此我们使用一个特殊的符号 $\lg(n)=\log_2(n)$ 来表示这种对数。这不同于所谓的*自然对数*（natural logarithm），即以 $e \approx 2.718\,28$ 为底的对数。自然对数也有其特殊符号表示：$\ln(n)=\log_e(n)$。

数 e 有时也被称为欧拉数，因 18 世纪瑞士数学家莱昂哈德·欧拉而得名，它出现在很多不同领域中。它是 n 趋向于无穷时表达式 $(1+1/n)^n$ 的极限。虽然得名于欧拉，但它实际上是另一位生活在 17 世纪的瑞士数学家雅各比·伯努利发现的，伯努利当时正尝试提出一个计算连续利息的公式。

设想你将 d 美元存入银行，银行给你的利率是 $R\%$。如果利息是每年计算一次，则一年之后你的存款将增长到 $d+d(R/100)$。设 $r=R/100$，则你的存款是 $d(1+r)$。你可以验证一下，如果 $R=50$，$r=1/2$，你的存款将增长到 $1.5\times d$。如果利息每年计算两次，则每六个月的利率为 $r/2$。六个月后你的存款为 $d(1+r/2)$。再经过六个月，在年底的时候，你的存款为 $d(1+r/2)(1+r/2)=d(1+r/2)^2$。如果每年施行利息（或用专业术语说，*复利计算*）n 次，则到年底你的存款变为 $d(1+r/n)^n$。对 $R=100\%$ 这样一个高利率，有 $r=1$。如果按连续复利收益计算，即采用更小的时间间隔，n 趋向于无穷的话，则当 $d=1$ 时，到年底你的存款将增长到 $d(1+r/n)^n=\mathrm{e}$。关于 e 的介绍就到这里。

对数的一个基本性质是不同底的对数只差一个常数系数，这是因为 $\log_a(n)=\log_b(n)/\log_b(a)$。例如，$\lg(n)=\log_{10}(n)/\log_{10}(2)$。因此，虽然更特殊的 $O(\lg(n))$ 用得更多一些，但是我们将所有对数函数捆绑在相同的复杂度类别下，通常将其表示为 $O(\log(n))$。$O(\lg(n))$ 复杂度的算法通常是反复将问题一分为二的算法，因为如果你反复将某个东西一分为二，本质上就是在对它应用对数函数。重要的对数时间算法都与搜索相关：最快的搜索算法的运行时间是以 2 为底的对数。

10

比对数时间算法更耗时的就是*线性时间算法*（linear time algorithm）了，其运行时间为 $f(n)=n$，即时间与其输入成比例。对这些算法，复杂度描述为 $O(n)$。这样的算法可能是扫描其整个输入来寻找答案。例如，如果我们搜索一个未经任何方式排序的项的随机集合，则可能不得不遍历所有项来找到我们想要的东西。因此，进行这样一次搜索的运行时间是线性的。

比线性时间更慢的是*对数线性时间算法*（loglinear time algorithm），其中 $f(n)=n\log(n)$，因此复杂度描述为 $O(n\log(n))$。虽然实际算法中以 2 为底最为常见，但是对数依旧可以是任意的底。这些算法某种程度上是线性时间算法和对数时间算法的组合，可能包含反复划分问题的步骤及对划分开的每个部分应用线性时间算法的步骤。好的排序算法具有对数线性时间复杂度。

如我们已经看到的，当描述算法运行时间的函数是一个多项式 $f(n)=a_1n^k+a_2n^{k-1}+\cdots+a_kn+b$ 时，我们有复杂度 $O(n^k)$，算法称为*多项式时间算法*（polynomial time algorithm）。很多算法是多项式时间的。一个很重要的子类别是 $O(n^2)$ 时间的算法，我们称其为*平方时间算法*（quadratic time algorithm）。一些效率不高的排序算法就是平方时间的，将两个 n 位数字的数相乘的标准算法也是平方时间的——注意，实际上更高效的乘法算法是存在的，在需要高性能算术计算的应用中我们就会使用这些高效方法。

比多项式时间算法更慢的是*指数时间算法*（exponential time algorithm），其中 $f(n)=c^n$，c 是一个常数值，因此大 O 符号表示为 $O(c^n)$。务必注意 n^c 和 c^n 的差别。虽然只是交换了 n 和指数的位置，但导致了函数间的巨大差异。如前所述，幂运算是对数函数的逆，它简单地取一个常数的变量次幂。要小心：幂运算是 c^n。*指数函数*（exponential function）是 $c=\mathrm{e}$ 时的特例，即 $f(n)=\mathrm{e}^n$，其中 e 是前面提到的欧拉数。指数时间产生的情况是，我们需要处理一个输入规模为 n 的问题，其中每个输入都会取 c 个不同的值，而我们必须尝试所有可能情况：对第一个输入有 c 种取值，对其中每个值，都要考虑第二个输入的 c 个值，共 $c\times c=c^2$ 种情况；对这 c^2 种情况中的每一种，都要考虑第三个输入的 c 个可能值，使得总情况数变为 $c^2\times c=c^3$；依此类推，直到最后一个输入，总情况数变为 c^n。

11

比指数时间算法还慢的是阶乘时间算法（factorial time algorithm）$O(n!)$，其中阶乘数定义为 $n!=1\times 2\times\cdots\times n$，退化情况为 $0!=1$。当求解一个问题，需要尝试输入的所有可能排列（permutation）时，就会产生阶乘时间。对于一个值的序列，它的一个排列就是值的顺序的一个不同的安排。例如，如果有值 [1，2，3]，则有如下排列：[1，2，3]，[1，3，2]，[2，1，3]，[2，3，1]，[3，1，2] 和 [3，2，1]。在第一个位置上有 n 个可能的值。由于我们已经用了一个值，因此在第二个位置上有 $n-1$ 个可能值，前两个位置的不同排列共有 $n\times(n-1)$ 种。对剩余位置我们像这样继续下去，直到在最后一个位置上只有一个可能值。因此，总共有 $n\times(n-1)\times\cdots\times 1=n!$ 种情况。阶乘数也出现在洗牌中：一副扑克牌可能的洗牌数有 52! 种，这是一个天文数字。

经验法则是，一个好的算法其时间复杂度最大是多项式的，因此我们的挑战通常是寻找具有这样性能的算法。遗憾的是，对于一大类重要的问题，我们知道它们没有多项式时间算法！看一下表 1-1，你应该认识到，如果对一个问题我们只有一个运行时间为 $O(2^n)$ 的算法，则除了对一些简单问题或很小规模的输入外，该算法几乎毫无价值。你可以通过图 1-3 验证这一点：在最后一行，对较小的 n 值，$O(2^n)$ 和 $O(n!)$ 开始飞涨。

12

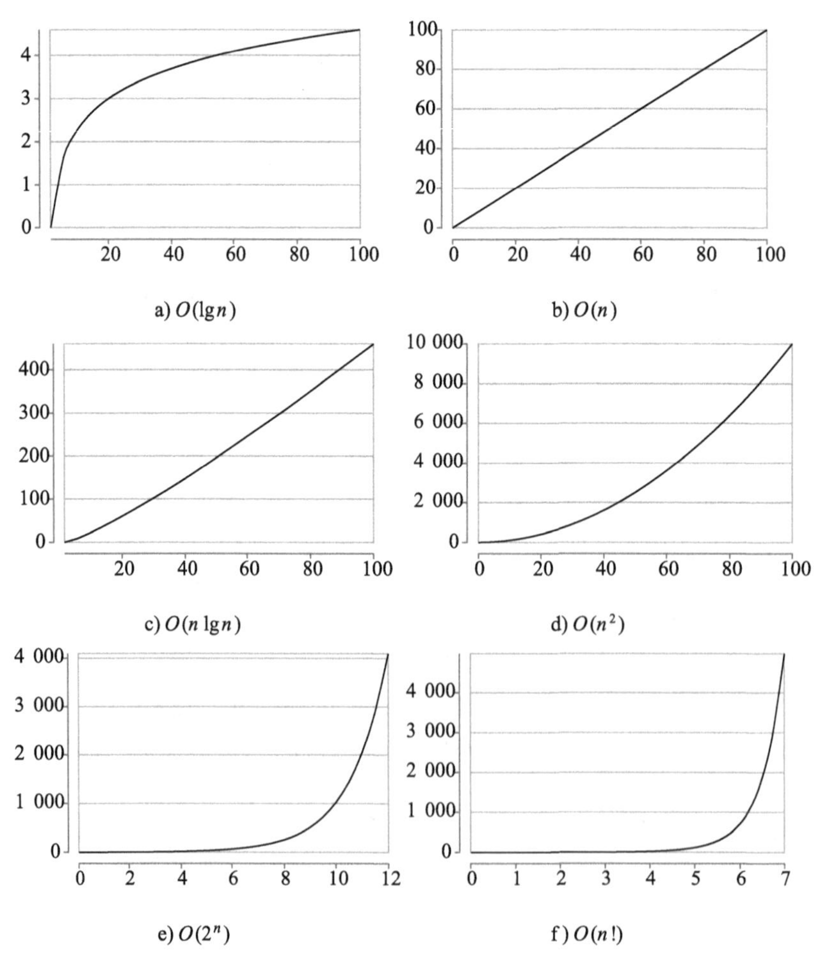

图 1-3　不同的复杂度类别

表 1-1 函数的增长

函数	输入规模				
	1	10	100	1000	1 000 000
$\lg(n)$	0	3.32	6.64	9.97	19.93
n	1	10	100	1 000	1 000 000
$n\ln(n)$	0	33.22	664.39	9 965.78	1.9×10^{7}
n^2	1	100	10 000	1 000 000	10^{12}
n^3	1	1 000	1 000 000	10^{9}	10^{18}
2^n	2	1 024	1.3×10^{30}	10^{301}	$10^{10^{5.5}}$
$n!$	1	3 628 800	9.33×10^{157}	4×10^{2567}	$10^{10^{6.7}}$

在图 1-3 中，显示了针对几个函数绘制的曲线，而实际上我们在研究算法时 n 都是自然数，因此我们预期看到的是显示点而非线的散点图。对数、线性、对数线性和多项式函数当然都是直接对实数定义的，因此使用正常的函数定义绘制它们的曲线没有什么问题。幂运算的解释通常是针对整数的，但有理数指数的幂也是可能的，因为 $x^{a/b}=(x^a)^{1/b}=\sqrt[b]{x^a}$。于是实数指数的幂定义为 $b^x=(e^{\ln b})^x=e^{x\ln b}$。至于阶乘，用一些更高等的数学知识，已证明可对所有实数定义（负阶乘被当作无穷）。因此我们将复杂度函数绘制为曲线是合理的。

为避免你认为 $O(2^n)$ 或 $O(n!)$ 的复杂度在实际中很少出现，请考虑著名的旅行商问题。在这个问题中，一个旅行商必须访问一些城市，每个城市只能访问一次。每个城市都直接连接着其他每个城市（可能旅行商是乘飞机旅行）。难点在于旅行商在完成这一目标的同时还要经过的公里数尽量少。一个直接的求解方案是尝试这些城市所有可能的排列。对于 n 个城市，复杂度为 $O(n!)$。存在一个求解此问题的更好算法，复杂度为 $O(n^2 2^n)$——只好一点点，在实际应用中没有很大差别。那么，我们该如何解决此问题（以及其他类似问题）呢？已证明，虽然我们可能不知道一个能给我们精确答案的好算法，但我们可能知道能给出近似结果的好算法。

大 O 符号给出了一个算法的性能的上界（upper bound）。与之相反的是下界（lower bound），也就是说，我们知道其复杂度在一些初始值之后就永远不会好于某个函数。下界的符号表示是 $\Omega(n)$，称为 big-Omega，精确的定义是，如果存在正常数 c 和 n_0，使得 $f(n) \geqslant cg(n) \geqslant 0$ 对所有 $n \geqslant n_0$ 成立，则我们称 $\Omega(f(n))=g(n)$。定义了大 O 和 big-Omega 之后，我们还可以定义同时有上界和下界的情况。这就是 big-Theta，我们说 $\Theta(f(n))=g(n)$ 当且仅当 $O(f(n))=g(n)$ 且 $\Omega(f(n))=g(n)$。于是我们知道算法运行时间的下界和上界是同一个函数，且用相同的常数缩放。你可以想象为算法的运行时间位于围绕该函数的一个带状区域中。

13 ~ 14

1.3 使用栈求解股票跨度

现在我们回到股票跨度问题。我们已经找到了一个复杂度为 $O(n(n-1/2))$ 的算法。根据我们之前的讨论，这等价于 $O(n^2)$。能做得更好吗？回到图 1-1，注意到，当处于第 6 天时，我们不必与之前每一天进行比较直至第 1 天。因为我们已经遍历了每一天才来到第 6 天，所以已经“知道”第 2，3，4，5 天的报价小于或等于第 6 天。如果我们用某种方法保存这些信息，就不必进行所有这些比较，只需与第 1 天的报价进行比较即可。

这是一种通用的模式。设想你位于第 k 天。如果第 $k-1$ 天的股票报价小于或等于第

k 天的股票报价，于是我们有 $quotes[k-1] \leqslant quotes[k]$ 或等价的 $quotes[k] \geqslant quotes[k-1]$，则算法接下来甚至没有再与第 $k-1$ 天进行比较的必要了。为什么？考虑未来的第 $k+j$ 天，如果其报价小于第 k 天的报价，即 $quotes[k+j] < quotes[k]$，则我们不必再将它与第 $k-1$ 天进行比较，因为从 $k+j$ 开始的跨度结束于 k。如果第 $k+j$ 天的报价大于第 k 天的报价，则我们已经知道必然有 $quotes[k+j] \geqslant quotes[k-1]$，因为 $quotes[k+j] \geqslant quotes[k]$ 且 $quotes[k] \geqslant quotes[k-1]$。因此每次当我们为计算某天的跨度而向后搜索跨度的末端时，就可丢弃所有报价小于或等于这天的那些天，而且在计算任何未来的跨度时都可排除丢弃的这些天。一般而言，在每一天，你只需与直接在你视线中的那些天进行比较。

下面的比喻可能会有助于理解：请看图 1-4，设想你位于第 6 天对应的柱子的顶端，你向后平视，不要向下看，则只会看到第 1 天对应的柱子，而这也是需要与第 6 天比较股票价格的唯一一天。

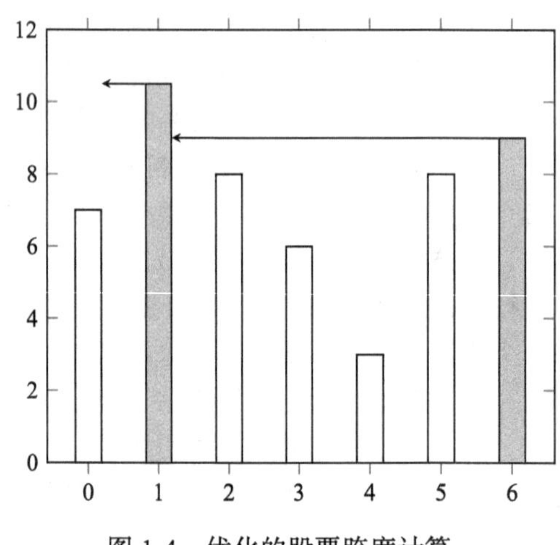

图 1-4　优化的股票跨度计算

这意味着在算法 1-1 第 5 行开始的内层循环，我们开始与之前的每一天进行比较是浪费时间的。我们可以使用某种机制，随手可得已建立最大跨度的范围，从而避免这种浪费。

为了实现这种机制，我们可以使用一种称为栈（stack）的特殊数据结构。栈是一种简单的数据结构，我们可以逐个向其中放入数据，也可以提取这些数据。每次我们取出的数据都是之前最后放入的。栈的工作机制像是餐馆里的一叠托盘，每个托盘都堆叠在其他托盘上面。我们只能取顶端的托盘，也只能新加托盘到顶端。由于最后加入的托盘最先被移出，因此我们称栈是一种后进先出（Last In First Out，LIFO）的数据结构。在图 1-5 中，可以看到在类似托盘操作的栈中添加和删除项的操作。

15

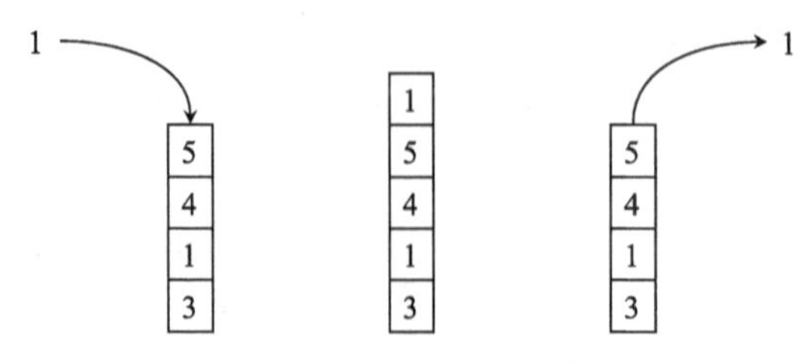

图 1-5　在栈中添加和删除项

当我们讨论数据结构时，需要描述在数据结构上可以执行什么操作。对数组，我们看到了创建数组和访问元素两个操作。对栈，基于前面的描述，五种栈操作是：

- CreateStack()：创建一个空栈。
- Push(S，i)：将项 i 压入栈 S 的栈顶。 16
- Pop(S)：将栈 S 栈顶的项弹出，返回此项。如果栈空，此操作不被允许，我们得到一个错误。
- Top(S)：得到栈 S 栈顶项的值，但并不将其移出，栈保持不变。如果栈空，此操作不被允许，我们得到一个错误。
- Is Stack Empty(S)：若栈 S 空，返回 TRUE，否则返回 FALSE。

在实际中栈是有限的：在达到限制之前我们只能向其中压入一定数量的元素——毕竟一台计算机的内存有限。在栈的实际实现中，还有额外的操作来检查栈中元素的数目（其大小）以及栈是否满。这些操作与我们用伪代码描述的算法无关，因此不再对它们进行讨论。对我们将要讨论的其他数据结构中的相关操作也是如此。

如算法 1-2 所示，可以使用栈来实现前面提出的求解股票跨度问题的思路。与之前的算法一样，在算法开始的第 1 行我们创建了一个大小为 n 的空数组。由跨度定义，第 1 天的跨度为 1，于是我们在第 2 行据此对 *spans*[0] 进行初始化。这一次我们使用一个栈来保存要比较的那些天。为此，我们在第 3 行创建了一个空栈。在算法开始我们有一个不起眼的事实：第 1 天的股票价格不会比它自身更低，因此在第 4 行我们将 0 即第 1 天的索引压入栈中。 17

算法1-2 使用栈的股票跨度算法

```
StackStockSpan(quotes) → spans
    输入：quotes，保存n个股票报价的数组
    输出：spans，保存n个股票跨度的数组
1   spans ← CreateArray(n)
2   spans[0] ← 1
3   S ← CreateStack()
4   Push(S, 0)
5   for i ← 1 to n do
6       while not IsStackEmpty(S) and quotes[Top(S)] ≤ quotes[i] do
7           Pop(S)
8       if IsStackEmpty(S) then
9           spans[i] ← i + 1
10      else
11          spans[i] ← i − Top(S)
12      Push(S, i)
13  return spans
```

第 5～12 行的循环处理随后的每一天。第 6～7 行的内层循环查看向后时间，寻找股票价格高于当前处理这天的最近一天。具体方法是，只要栈顶这天的股票价格小于或等于当前处理这天的价格（第 6 行），就从栈中弹出一项（第 7 行）。如果我们是在计算第 i 天跨度时由于耗尽栈中元素而退出内层循环（第 8 行），则之前每一天的股票价格都更低，因此跨度

为 i+1。我们在第 9 行将此值赋予 *spans*[*i*]。否则（第 10 行），跨度即为第 i 天到栈顶那天，于是我们在第 11 行将两者的差值赋予 *spans*[*i*]。在返回循环起点之前，我们将第 i 天压入栈顶。这样，在外层循环结束时，栈中保存的那些天的股票价格都不小于我们正在处理的这天的股票价格。这令我们在循环的下一步可以只与要紧的那些天进行比较，即高于我们视线的那些天，它们才是我们需要的。

算法第 6 行有一个值得我们注意的细节。如果 S 为空，则对 Top(S) 求值是一个错误。但由于条件表达式求值的一个重要性质——短路求值（short circuit evaluation），错误并不会发生。这条性质意味着：当我们对一个包含逻辑布尔运算符的表达式进行求值时，只要知道最终结果就立即停止对表达式的求值，而不必再对表达式的任何剩余部分求值。以表达式 **if** $x > 0$ **and** $y > 0$ 为例，如果我们知道 $x \leqslant 0$，则不管 y 的值如何，整个表达式都为假，完全没必要对表达式的第二部分进行求值。类似地，在表达式 **if** $x > 0$ **or** $y > 0$ 中，如果我们知道 $x > 0$，则没有必要对表达式的第二部分即包含 y 的部分进行求值，因为我们已经知道当第一部分为真时整个表达式即为真。表 1-2 显示了用 **and** 或 **or** 运算符的两部分布尔表达式的一般情况。阴影行表示表达式的结果不依赖于第二部分，因此一旦我们知道了第一部分的值就可以停止对表达式的求值。采用短路求值机制，当算法 1-2 中的 IsStackEmpty(S) 返回 TRUE，也就是 **not** IsStackEmpty(S) 为假时，我们将不再试图对包含 Top(S) 的 **and** 右侧部分进行求值，因而避免了错误发生。

18

表 1-2　布尔短路求值

运算符	a	b	结果
and	T	T	T
	T	F	F
	F	T/F	F
or	T	T/F	T
	F	T	T
	F	F	F

在图 1-6 中，你可以看到算法是如何工作的以及视线的比喻。在每个子图的右侧我们显示了每个循环步开始时栈的内容。我们还用填充柱指出了栈中有哪些天，而还未处理的天用虚线柱表示。我们正在计算跨度的当前这天用子图下方的黑色圈码表示。

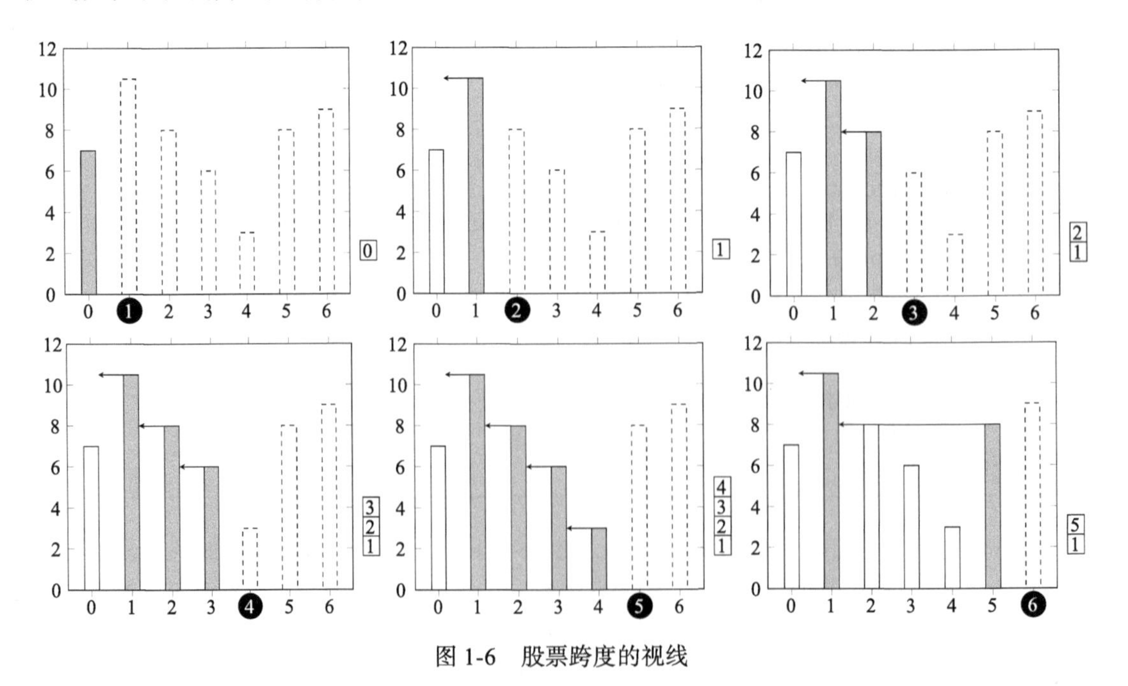

图 1-6　股票跨度的视线

在第一个子图中有 i=1，我们必须将当前这天的股票价格与栈中那些天的股票价格进行比较，此时栈中只有第 0 天。第 1 天的价格比第 0 天高，这意味着从现在开始就不再需要与第 1 天之前的那些天进行比较了，我们的视线将止于此。因此在下一步循环中，i=2，栈中包含数 1。第 2 天的价格比第 1 天低，这意味着如果第 3 天的价格低于第 2 天的价格，则始于第 3 天的任何跨度计算会终止于第 2 天，否则，如果第 3 天的价格不小于第 2 天的价格，就可能终止于第 1 天。但不会终止于第 0 天，因为第 0 天的价格小于第 1 天的价格。i=3 和 i=4 也是类似情况。但当到达 i=5 时，我们意识到未来不再需要与第 2，3，4 天进行比较了。这些天位于第 5 天的阴影中。或者用视线的比喻说，我们的视野畅通无阻地一直回到第 1 天。两者之间的所有东西都可从栈中弹出，栈中将包含 5 和 1，这样在 i=6 处，我们最多只需与这两天进行比较。如果某天的价格大于或等于第 5 天的价格，它当然也会大于第 4，3，2 天的价格，我们不能确定的只有它是否大于第 1 天的价格。当我们处理第 6 天时，栈中将包含数 6 和 1。

算法 1-2 优于之前的算法吗？第 5 行开始的循环执行了 $n-1$ 次。对于其中每一次（比如说第 i 次）循环，第 6 行开始的内层循环中的 Pop 操作执行 p_i 次。这意味着 Pop 操作将总共执行 $p_1+p_2+\cdots+p_{n-1}$ 次，外层循环每一步中执行 p_i 次。我们不知道数 p_i 是什么。但如果你密切关注算法，会看到每一天只会被压入栈中一次，第 0 天是在第 4 行，随后那些天是在第 11 行。于是，每一天在第 7 行从栈中弹出最多只有一次。因此，在算法的整个执行过程中，在外层循环的所有步骤中，第 6 行执行不会超过 n 次。换句话说，$p_1+p_2+\cdots+p_{n-1}=n$，这意味着整个算法是 $O(n)$ 的。第 7 行是算法中执行次数最多的操作，因为它在内层循环中，而第 5～12 行的其余代码则不是。

19～20

继续分析可以看到，与只能得到最坏情况估计的算法 1-1 进行对比，我们对算法 1-2 的估计也是其性能的下界——算法不可能用少于 n 步完成这一任务，因为我们需要遍历 n 天。因此算法 1-2 的计算复杂度也是 $\Omega(n)$，于是它也是 $\Theta(n)$。

与我们将要遇到的所有其他数据结构一样，栈有很多用途。在计算机中 LIFO 行为是很常见的，因此从机器语言写成的底层程序到运行于超级计算机中的大型程序，你都能在其中发现栈。这就是数据结构存在的首要原因。数据结构不是别的什么，而是人类用计算机求解问题长年经验的精髓。事实一次又一次地证明，算法在用相似的方式来组织所处理的数据。人们将这些方法整理出来，使得当我们围绕一个问题寻找方法时，可直接找到它们，利用它们的功能来设计算法。

注释

算法方面的权威教材是 Donald Knuth 的多卷本著作 [112-115]。这部著作已经编撰了 50 年了，有几卷还未完成，已完成的部分并未覆盖算法的所有领域，但覆盖的内容都是以严格甚至严苛的风格进行处理的，从未被超越。这几卷书不是为懦弱者准备的，但它们已经无数次给了读者很好的回报。

Cormen、Leiserson、Rivest 和 Stein 的书 [42] 是全面介绍算法的经典。Thomas Cormen 还写过另外一本受欢迎的书 [41]，对一些重要算法进行了简洁、优雅的介绍。MacCormick 的书 [130] 是针对初学者介绍算法。其他受欢迎的算法介绍书籍包括：Kleinberg 和 Tardos 的书 [107]，Dasgupta、Papadimitriou 和 Vazirani 的书 [47]，Harel 和 Feldman 的书 [86]，以及 Levitin 的书 [129]。

21 还有很多关于算法的好书，它们用特定程序设计语言实现算法 [82，176-180，188]。

栈大约和计算机一样古老。据 Knuth 的书中说 [112，第 229 页和第 459 页]，Alan M. Turing 在设计自动计算机（Automatic Computing Engine，ACE）时提出了栈，其写于 1945 年，公布于 1946 年。那时栈的操作被称为 BURY 和 UNBURY，而不是 push 和 pop[205，第 11～12 页和第 30 页]。

算法则比计算机古老得多，至少要追溯到古巴比伦时期 [110]。

习题

1. 栈是一种实现最为简单的数据结构，一种直接的实现方法是使用数组。请沿此思路编写一个基于数组的栈的实现程序。在本书中提到，除了我们提及的五个操作外，在实践中栈还有其他操作：返回栈大小的操作和检查栈是否满的操作。这些操作也请实现。
2. 我们给出了股票跨度问题的两个求解方案，一个使用了栈，另一个未使用。我们论证了使用栈的方案更快。请验证事实的确如此：选择一种程序设计语言实现两个算法，并对每个算法求解问题的时间进行记录。注意，为了记录一个程序的执行时间，你必须给它足够多的数据使得它花费合理的时间完成；然后，由于计算机中同时会发生很多事情，程序每次执行都可能受到不同因素的影响，因此你需要反复执行程序以得到稳定的测量结果。这是查找并阅读有关如何进行程序基准测试的文献的一个很好的机会。
3. 栈可以用来实现对*逆波兰表示*（Reverse Polish Notation，RPN）[⊖]也被称为*后缀表示*（postfix notation）的计算。在 RPN 中，每个运算符放置在其所有运算对象之后，而在常见的*中缀表示*（infix notation）中运算符放置在运算对象中间。因此，1+2 的 RPN 为 1 2+。RPN 的优点是无须括号：中缀表示 1+(2 × 3) 变为后缀表示的 1 2 3 * +。为计算逆波兰表示，我们从左至右读取每个元素。我们将数压入栈中。当遇到运算符时，从栈中弹出足够的项作为其所需的运算对象，执行运算，然后将结果压入栈中。最终栈顶元素（也是栈中唯一元素）就是我们要的结果。例如，当求值 1 2 3 * + 2– 时，栈的变化（用方括号水平表示）为 [ ]，[1]，[1 2]，[1 2 3]，[1 6]，[7]，[7 2]，[5]。编写一个计算器程序，对用户给出的 RPN 形式的算术表达式求值。 22
4. 在很多程序设计语言中，都是用一组匹配的分隔符来分隔表达式内容，例如圆括号（ ）、方括号 [ ] 和花括号 { }。编写一个程序读取一个分隔符序列，如（ ）{ [ ]（ ）{ } }，报告分隔符是否平衡，是否有未匹配的分隔符，例如（（ ），或错误匹配的分隔符，如（ }。使用一个栈来记住当前开放还未匹配的分隔符。 23

⊖ “波兰”指的是扬 · 武卡谢维奇的国籍，他于 1924 年发明了波兰表示或称前缀表示，1+2 的波兰表示为 +1 2。

探索迷宫

在迷宫中寻路是一个古老的问题。传说克里特岛的国王米诺斯强迫雅典每七年向他进献七名少年和七名少女。他们会被扔到米诺斯宫殿的地下城中，那里住着人身牛头怪米诺陶洛斯。地下城是一个迷宫，不幸的祭品会被米诺陶洛斯吞噬。在第三次进献的期限到来时，提修斯自愿作为少年之一被献祭。当他到达克里特岛时，他迷住了米洛斯的女儿阿丽雅德妮，从她那里得到了一个线团。他在迷宫中前进的时候边走边松开线团，当他找到米诺陶洛斯并将其消灭之后，就利用松开的线找到了回出口的路，没有在迷宫中迷路而活活被困死。

我们对迷宫探索感兴趣不只是因为它出现在古代神话中或是因为它在园景公园中给我们提供了消遣。当我们不得不探索由特定道路连接起来的一组空间时，就会发现这样的场景和迷宫没有什么不同。道路网络是一个显而易见的例子。但如果我们认识到有些情况下我们希望探索更抽象的事物时，问题就变得更有趣了。我们可能有一个计算机网络，计算机之间相互连接，我们希望弄清一台计算机是否与其他某台计算机相连。我们可能有一个熟人网络，即人们以某种方式相互连接，我们希望弄清是否可以从一个人到达另一个人。

对于迷宫寻路问题，前面的神话给出了建议，我们必须以某种方式知道我们已经到过哪些地方，否则迷宫探索策略就会失败。我们现在以一个简单迷宫为例，思考一种策略。图 2-1 显示了一个迷宫，其中我们用圆圈表示房间，用连接圆圈的线表示房间之间的廊道。

在图 2-2 中，你可以看到当我们采用一种称为“以手扶墙”的策略系统化地探索迷宫时发生了什么。我们用灰色表示当前房间，用黑色表示走过的房间。这是一个简单的策略，你将手放在墙上永远也不要抬起。当你从一个房间向另一个房间前进时，边走边小心地保持手接触墙壁。这个策略显然是有效的。但接下来看图 2-3 中的迷宫。若还采用这种策略的话，如图 2-4 所示，你只能访问到迷宫外围的房间，而错过内部的房间。

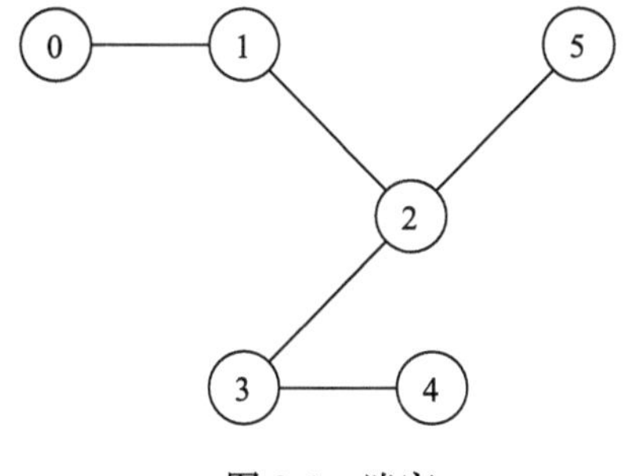

图 2-1　迷宫

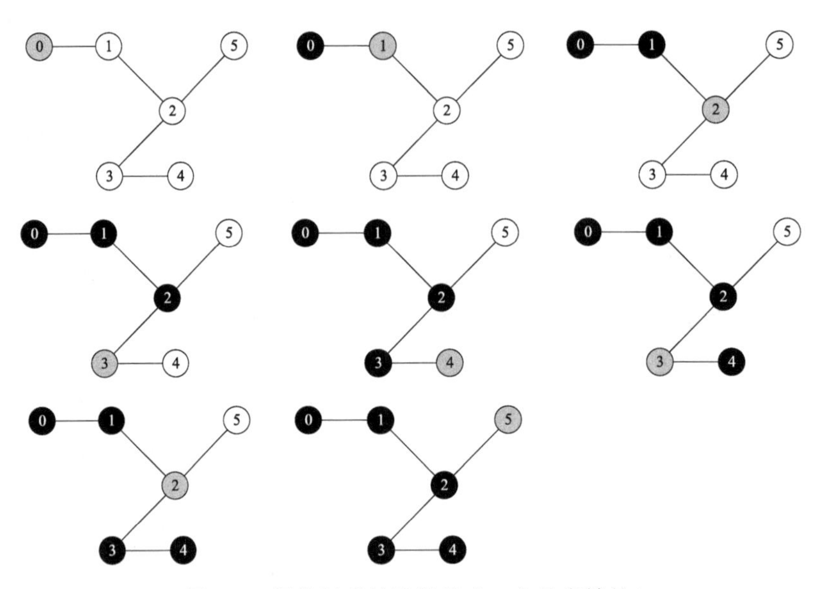

图 2-2　保持以手扶墙的策略：它是有效的！

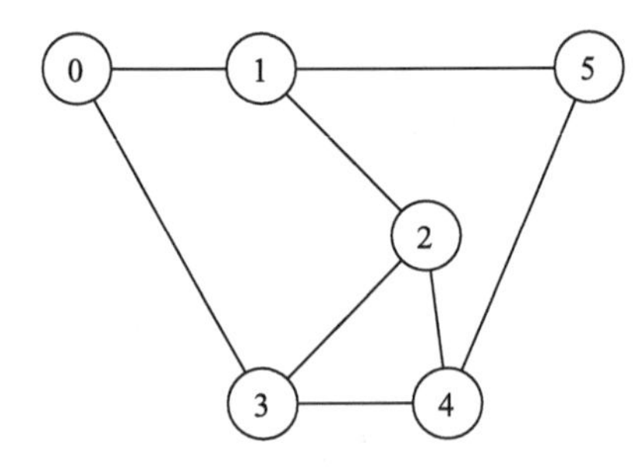

图 2-3　另一个迷宫

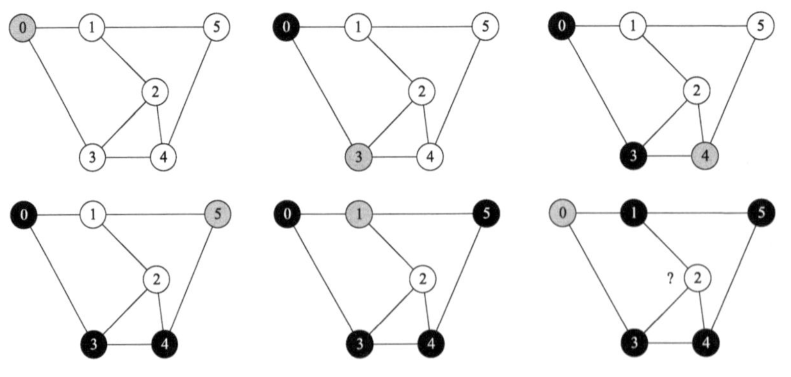

26
图 2-4　保持以手扶墙的策略：它失败了…

2.1　图

在继续探究如何解决此问题之前，我们必须解决迷宫的一般性表示方法。回忆我们曾经描述迷宫的方式，它们由房间和房间之间的廊道组成。我们暗示过，当认识到迷宫与其他结构相似时，问题就变得更有趣了。实际上，迷宫与任何由对象和对象间的连接组成的东西是相似的。这是一种基础数据结构，可能是所有数据结构中最基础的，因为现实世界中很多事物都可以表示为对象和对象间的连接。这种结构被称为图（graph）。一个简洁的定义是：图就是一个节点（node）与其之间的连接（link）组成的一个集合。你可以使用术语顶点（vertex，复数形式为 vertices）和边（edge）。一条边恰好连接两个顶点。一个边的序列中，如果每两条相邻边都有公共顶点，则我们称之为路径（path）。因此，在图 2-2 中有一条从顶点 0 到 2 经由顶点 1 的路径。一条路径中边的条数称为其长度（length）。一条边就是一条长度为 1 的路径。如果两个顶点间存在一条路径，则我们说两个顶点是连接的（connected）。在特定的图中，我们可能希望边是有方向的，这种图称为有向图（directed graph，或简写为 digraph）。否则，就是无向图（undirected graph）。图 2-5 左边是一个无向图，右边是一个有向图。如你所见，可能有多条边从同一个顶点发出或指向同一个顶点。一个顶点邻接边的数目称为它的度（degree）。在有向图中，度分为入度（in-degree），即入射边的数目，以及出度（out-degree），即出射边的数目。在图 2-5a 中，所有顶点的度都恰为 3。在图 2-5b 中，最右边的顶点的入度为 2，出度为 1。

27

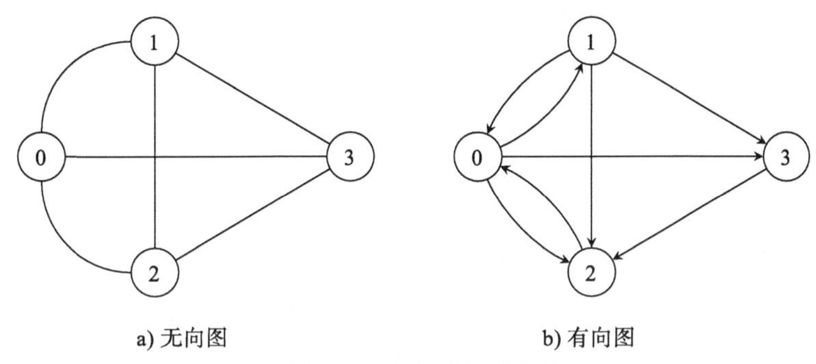

a) 无向图　　b) 有向图

图 2-5　有向图和无向图

图的应用可以撑起一整套丛书：令人惊讶的是有这么多事物可用图表示，这么多问题可用图的术语描绘，又有这么多用来求解图相关问题的算法。其原因是，如我们刚刚发现的，很多事物都是由对象及对象间的连接组成的。这值得进一步关注。

如我们已经暗示过的，可能图最明显的应用就是表示网络。网络中的节点就是图中的顶点，链路就是顶点间的边。世界上有很多不同种类的网络。计算机网络（computer network）当然是其中一种，计算机相互连接在一起。但也有运输网络（transport network），城市通过公路、飞机航线和铁路连接在一起。在所有计算机网络中，互联网（Internet）是最大的，万维网（web）也是一种网络，网页是顶点，它们通过超链接连接起来。维基百科（wikipedia）是一个特别大的网络，它是万维网的一个子集。在电子领域，电路板（circuit board）由晶体管等电子器件组成，这些器件通过电路连接起来。在生物学中我们会遇到代谢网络（metabolic network），它由很多部分组成，其中最主要的是代谢途径：化学物质通过化学反应连接起来。社交网络（social network）用图来建模，人为顶点，人之间的关系为边。人或机器的工作和任务的调度（scheduling）也可用图来建模，任务为顶点，任务间的依赖关系（如哪个任务应该在其他哪些任务之前完成）用边来表示。

28

对上述所有应用，以及其他应用，有不同类型的图适合于表示不同情况。如果图中任意顶点到任何其他顶点都存在路径，则称图是连通的（connected），否则称为不连通的

(disconnected)。图2-6显示了一个连通图和一个不连通图，两个图都是无向图。注意，对一个有向图，我们在确定其是否连通时必须考虑边的方向。在一个有向图中，如果任意两个顶点间都有一条*有向路径*（directed path），则称它是*强连通的*（strongly connected）。如果我们出于某种原因忘记方向，只对任意两个顶点间是否存在*无向路径*（undirected path）感兴趣，则图称为*弱连通的*（weakly connected）。如果一个有向图既不是强连通的，也不是弱连通的，则简单称它是不连通的。图2-7展示了这三种情况。对于用图来建模的事物，当我们希望确定它是由一个完整实体表示还是由分离的子实体组成时，就会产生图的连通性问题。无向图中连接的子实体和有向图中强连接的子实体称为*连通分量*（connected component）。因此，如果一个图只由单一连通分量组成，则它是一个连通图（强连通有向图）。一个相关的问题是*可达性*（reachability），即从某个顶点是否能到达其他某个顶点。

在一个有向图中，可能出现这种情况：从一个顶点开始，沿着边前进，最终回到起始顶点。如果发生了这种情况，表明我们走了一个圈，我们走过的路径形成了一个*环*（cycle）。在一个无向图中，如果允许向后退，我们总能回到起点，因此我们说走了一个圈指的是在不沿着边后退的情况下回到起点。存在环的图被称为*有环的*（cyclic），不包含环的图被称为*无环的*（acyclic）。图2-8显示了两个包含多个环的有向图。注意，右边图中的一些边的起、止都是同一个顶点。这些边形成了长度为1的环，我们称之为*自环*（loop）。自环在无向图中也是可能的，但并不常见。有向无环图出现在非常多的应用中，以至于人们特意为其起了一个名字，简称dag。为了使这部分图形完整，图2-9显示了两个无环图，一个是无向的，另一个是dag。

29

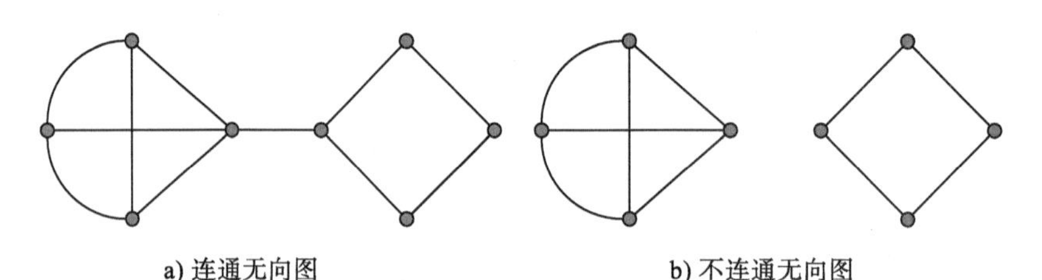

a) 连通无向图　　b) 不连通无向图

图2-6　无向的连通图和不连通图

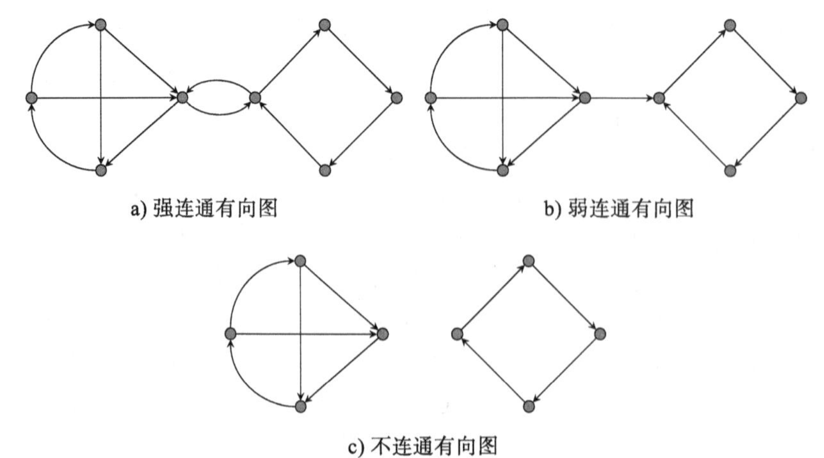

a) 强连通有向图　　b) 弱连通有向图

c) 不连通有向图

图2-7　有向的连通图和不连通图

将一个图的顶点分为两个集合，使得所有边都是连接一个集合中的顶点和另一个集合中的顶点，这是可能的，这样我们就得到了一个二部图（bipartite graph）。二部图的一个经典应用是匹配（matching）问题，其中我们希望将一个集合中的实体与另一个集合中的实体进行匹配（例如，可能一个集合中是人，另一个集合中是分配给人的任务）。实体表示为顶点，指出实体兼容的连接用边表示。为避免陷入困境之中，实体间一对一精确匹配是很重要的。如图 2-10 所示，一个图是否为二部图，检查结论并不总是那么清晰，除非我们重新安排顶点位置。 30

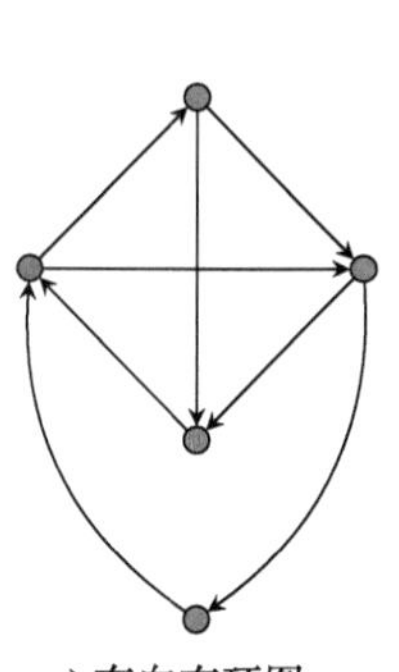

a) 有向有环图

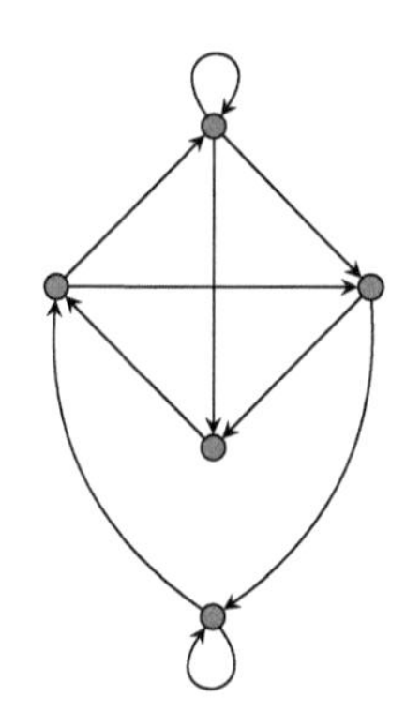

b) 有向有环图，包含自环

图 2-8　有环的有向图

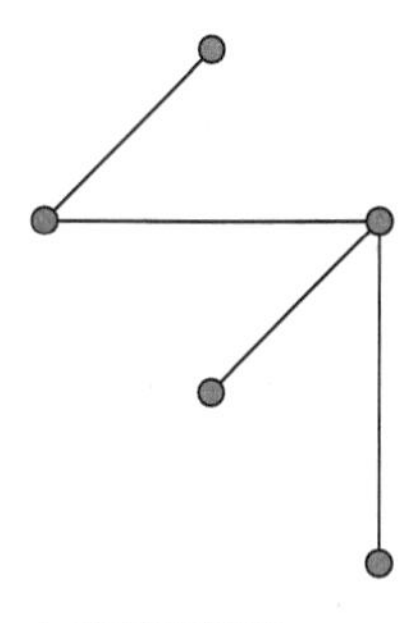

a) 无环无向图

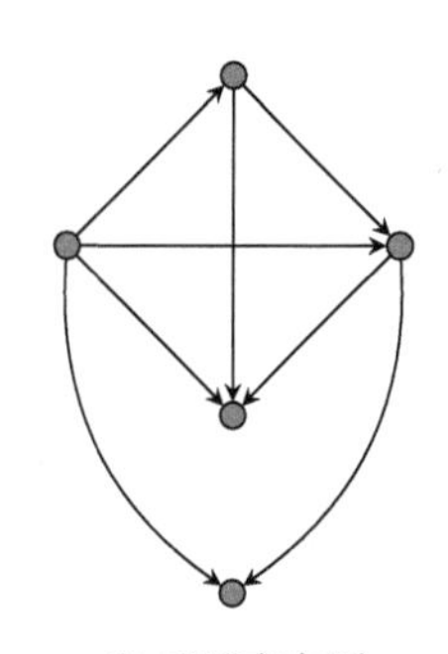

b) 无环有向图

图 2-9　无环图

有大量边的图和没有大量边的图有着重要区别。一个图如果有大量的边，我们称它是稠密的（dense），否则我们称它是一个稀疏图（sparse graph）。一种极端情况是，在一个图中可能任意两个顶点间都有边相连，这种图被称为完全图（complete graph），你可以在图 2-11 中看到一个例子。显然，它有很多条边。对 n 个顶点的图，由于每个顶点连接到所有其他 $n-1$ 个顶点，我们有 $n(n-1)/2$ 条边。一般而言，如果一个 n 个顶点的图有接近 n^2 条边，我们就可以说它是稠密的，如果它的边数接近 n，就称它是稀疏的。这在 n 和 n^2 间留下了一个模糊区域，但我们通常从上下文就可以知道我们处理的是稀疏图还是稠密图。实际上大多数应用使用的是稀疏图。例如，设想我们有一个图表示人之间的朋友关系。我们以一个包含 70 亿 ($n=7\times10^9$) 个顶点的图为例，即假定这个星球上几乎所有人都在这个图中。我们还假定每个人连接到 1000 个朋友，这在实际中几乎是不可能的。则边的数量为 7×10^{12}，即 7 万亿。而对于 $n=7\times10^9$，$n(n-1)/2$ 的值约为 2.5×10^{19}，即约 2000 亿亿，这远大于 7 万亿。这个例子 31

说明，一个图可能有非常多的边，但它仍是稀疏的。

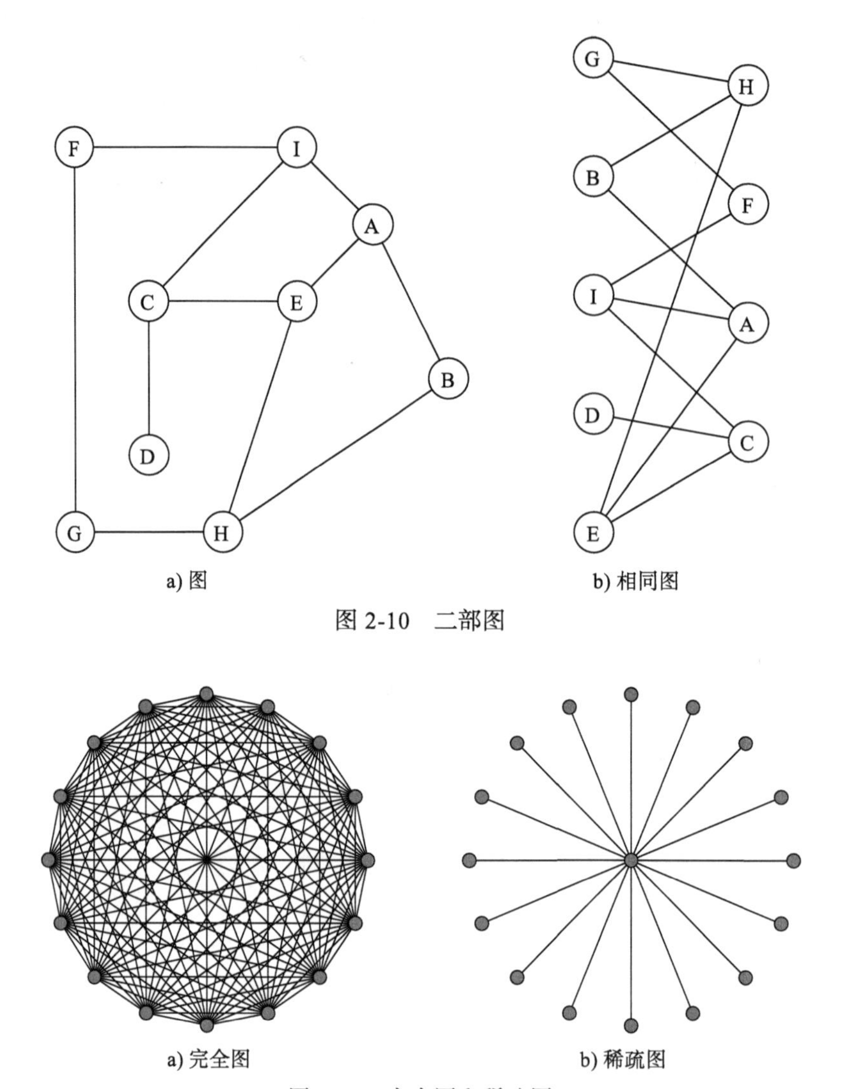

a) 图　　b) 相同图

图 2-10　二部图

a) 完全图　　b) 稀疏图

32

图 2-11　完全图和稀疏图

2.2 图表示

在使用计算机做任何图的处理之前，我们需要看一下在计算机程序中图如何表示。但在此之前，我们短暂离题，探究一下在数学中图实际上是怎么定义的，这很有必要。我们通常用 V 表示顶点集合，用 E 表示边的集合。于是一个图 G 就表示为 $G=(V, E)$。在无向图中，集合 E 包含的是一些双元素集合 $\{x, y\}$，表示图中顶点 x 和 y 之间的边。我们通常将边表示为 (x, y) 而不是 $\{x, y\}$。无论哪种表示，x 和 y 的顺序都是无关紧要的。于是图 2-5a 中的图就定义为：

$V=\{0, 1, 2, 3\}$

$E=\{\{0, 1\}, \{0, 2\}, \{0, 3\}, \{1, 2\}, \{1, 3\}, \{2, 3\}\}$

$=\{(0, 1), (0, 2), (0, 3), (1, 2), (1, 3), (2, 3)\}$

在有向图中，E 是有一些二元组 (x, y) 组成的集合，表示图中顶点 x 和 y 之间的边。这里 x 和 y 的顺序就很重要了，对应它所表示的边的方向。于是图 2-5b 中的图定义为：

V={0，1，2，3}

E={(0，1)，(0，2)，(0，3)，(1，0)，(1，2)，(1，3)，(2，0)，(3，2)}

33

图的数学定义表明，为了表示图，我们需要以某种方式表示其顶点和边。表示图的一种直接方法是使用矩阵。这种矩阵被称为*邻接矩阵*（adjacency matrix），它是一个方阵，每行每列都对应一个顶点。矩阵元素为 0 或 1。如果第 i 行（列）表示的顶点与第 j 行（列）表示的顶点相连，则矩阵元素（i，j）为 1，否则为 0。在一个邻接矩阵中，顶点用行和列的下标表示，边用矩阵元素表示。

表 2-1　图 2-3 中图的邻接矩阵

	0	1	2	3	4	5
0	0	1	0	1	0	0
1	1	0	1	0	0	1
2	0	1	0	1	1	0
3	1	0	1	0	1	0
4	0	0	1	1	0	1
5	0	1	0	0	1	0

按照这些规则，图 2-2 中图的邻接矩阵就如表 2-1 所示。你可以检查一下，邻接矩阵是对称的。而且，对角线上全为 0，图中有自环。如果我们用 A 表示邻接矩阵，则对任意顶点 i 和 j 有 $A_{ij}=A_{ji}$。这对所有无向图都成立，但对所有有向图都不是（除非对每条从顶点 i 到顶点 j 的边都存在一条从顶点 j 到顶点 i 的边）。你还可以看到矩阵中很多元素都为 0，这是一个典型的稀疏图。

即使图不稀疏，我们可能也要提防邻接矩阵中所有那些为 0 的项造成的空间浪费。为解决此问题，可采用另一种空间占用更少的图的表示方法。由于现实世界中的图可能有数百万条边，因此大多数情况下我们使用这种替代表示方法尽可能地节省空间。在这种表示方法中，我们使用一个数组表示图中顶点。数组的每个元素表示一个顶点，它也是一个*列表*（list）的开始，列表中保存了此顶点的邻居顶点。这种列表被称为图中顶点的*邻接表*（adjacency list）。

现在的问题是，列表又是什么？列表是一种保存元素的数据结构。列表中每个元素被称为*节点*（node），它包含两部分：第一部分是描述元素的一些数据，第二部分是一个指向列表下一个元素的链接。第二部分通常是一个*指针*（pointer），因为它指向下一个元素。计算机中的指针指向计算机内存中的一个位置。它也被称为*引用*（reference），因为它引用了该位置。因此，一个列表元素的第二部分通常是一个指针，保存了列表中下一个节点在内存中的地址。每个列表都有一个*头*（head），即其首元素。我们在列表中逐元素访问，就像在一个链中沿链接前进一样。当一个元素没有下一元素时，我们说它指向不存在的地方，或者说空（null）。我们用术语“空”表示计算机中不存在的东西，因为这是一个特殊值，我们在正文中和伪代码中用 NULL 表示它。这样构造的列表更准确地应称为*链表*（linked list），图 2-12 给出了一个链表。在图中，我们用带叉的方块表示 NULL。

34

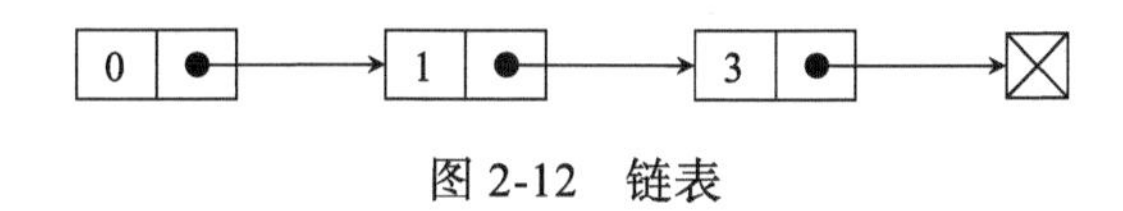

图 2-12　链表

链表需要支持的基本操作包括：

- CreateList()，创建一个新的空链表，将其返回。
- InsertListNode(L, p, n)，将节点 n 添加到链表 L 中节点 p 之后。如果 p 为 NULL，则我们将 n 作为链表头插入。函数返回指向 n 的一个指针。我们假定节点 n 已被创建，保存了一些我们希望添加到链表中的数据。我们不会陷入节点实际如何创建的细节中。简略地说，我们需要分配一些内存并初始化，使得节点能保存我们需要的数据和一个指针。随后 InsertListNode 只需改变指针。它必须令 n 的指针指向下一节点，或者当 p 为链表的尾节点时指向 NULL。它还必须改变 p 的指针，令其指向 n，如果 p 不是 NULL 的话。

- InsertInList(L, p, d)，添加一个包含数据 d 的节点到链表 L 中节点 p 之后。如果 p 为 NULL，则我们将新节点作为链表头插入。函数返回指向新插入节点的一个指针。与 InsertListNode 差异在于 InsertInList 还要创建包含数据 d 的节点，而 InsertListNode 则是接受一个已经创建好的节点将其插入链表中。InsertListNode 插入节点，而 InsertInList 插入数据，数据保存于它创建的节点中。这意味着 InsertInList 可使用 InsertListNode 将它创建的节点插入链表中。

35

- RemoveListNode(L, p, r)，将节点 r 从链表中移除并返回此节点。p 指向 r 在链表中的前驱节点，如果 r 是链表头的话，p 就为 NULL。我们将看到我们需要知道 p，以便高效地移除 r 指向的节点。如果 r 不在链表中，函数返回 NULL。
- RemoveFromList(L, d)，将包含数据 d 的第一个节点从链表中移除并返回此节点。与 RemoveListNode 的差异在于 RemoveFromList 会在链表中搜索包含 d 的节点，找到后移除它。d 自身并不指向节点，它是保存于节点内的数据。如果链表中没有包含 d 的节点，则 RemoveFromList 返回 NULL。
- GetNextListNode(L, p)，返回链表 L 中跟随 p 的节点。如果 p 是链表的尾节点，则函数返回 NULL。如果 p 为 NULL，则函数返回 L 头节点。返回的节点不会从链表中移除。
- SearchInList(L, d)，在链表中搜索包含 d 的第一个节点。函数返回找到的节点，如果不存在的话返回 NULL。找到的节点不会从链表中移除。

为了使用邻接表构造图的表示，只有 CreateList 和 InsertInList 是必需的。为了遍历链表 L 中的元素，我们需要调用 $n \leftarrow$ GetNextListNode(L, NULL) 来获得首元素；然后，只要 $n \neq$ NULL，就反复调用 $n \leftarrow$ GetNextListNode(L, n)。注意，我们需要一种方法来访问节点内的数据，例如，一个 GetData(n) 返回保存在节点 n 内的数据 d。

为了了解插入操作是如何工作的，假定我们已经有了一个空链表，我们要向其中插入三个节点，每个节点保存了一个数。我们在书中写出链表的方式是在方括号内列举其元素，例如 [3，1，4，1，5，9]。空链表就是简单的 [ ]。如果我们要插入的数是 3, 1 和 0，我们按此顺序将它们插入链表开始位置，则链表就如图 2-13 所示从 [ ] 增长为 [0，1，3]。将节点插入链表前端的方法是反复将 NULL 作为第二个参数传递给 InsertInList。

如果我们希望将一系列节点添加到链表尾，我们可以对 InsertInList 进行一系列调用，并将上一次调用的返回值作为此次调用的第二个参数传递给 InsertInList。你可以观察图 2-14 中的模式。

从链表中移除节点需要做两件事：将节点取出，令前一个节点（如果存在的话）指向被移除节点后面的节点。如果我们移除链表头，则不存在前一个节点，下一个节点将成为新的链表头。对我们在图 2-13 中创建的链表，图 2-15 展示了从其中移除保存数据 3, 0, 1 的节点的过程。如果我们不知道前一个节点是哪个，就必须从链表头开始遍历，直至找到指向待移除节点的那个节点。这也是我们在 RemoveListNode 的调用中包含这个参数的原因。

36

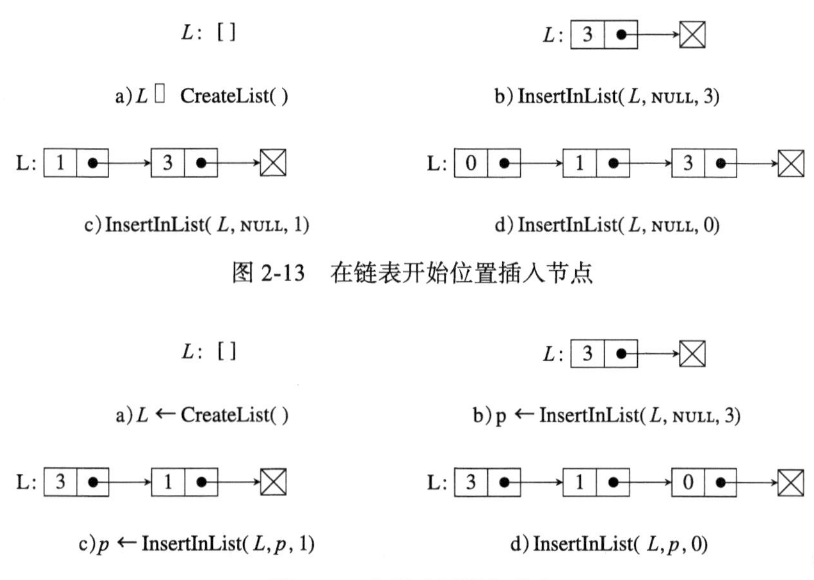

图 2-13 在链表开始位置插入节点

图 2-14 向链表尾附加节点

虽然在我们的例子中链表节点只保存一个数，但其实链表是一种通用得多的数据结构，我们可以在其中保存任何类型的信息。当前，保持链表相对简单是很方便的，但你必须知道我们可以创建任何内容的链表，只要它由包含数据的元素组成且每个元素指向链表中下一个元素或 NULL。

我们的链表可能是最为简单的，只有一个从当前元素指向下一元素的链接。还存在其他类型的链表。例如，一个元素可以有两个链接，一个指向前一个元素，另一个指向下一个元素，这就是*双向链表*（doubly linked list）。与之相对，如果我们想特别说明，可以使用术语*单向链表*（singly linked list）更明确地表示前面讨论的每个元素只有一个链接的链表。你在图 2-16 中可以看到一个双向链表的例子。在双向链表中，头尾元素都指向 NULL。双向链表允许我们既可向前遍历也可向后遍历，而单向链表只允许向前遍历。但与此同时，双向链表要求更多的空间，因为每个节点需要两个链接，一个指向下一元素，另一个指向前一元素。而且，插入和移除也更复杂一些，因为我们必须确保正确设置和更新了前向和后向链接。但为了移除一个节点，我们不再需要知道其前驱节点，因为我们可通过后向链接立刻找到它。 [37]

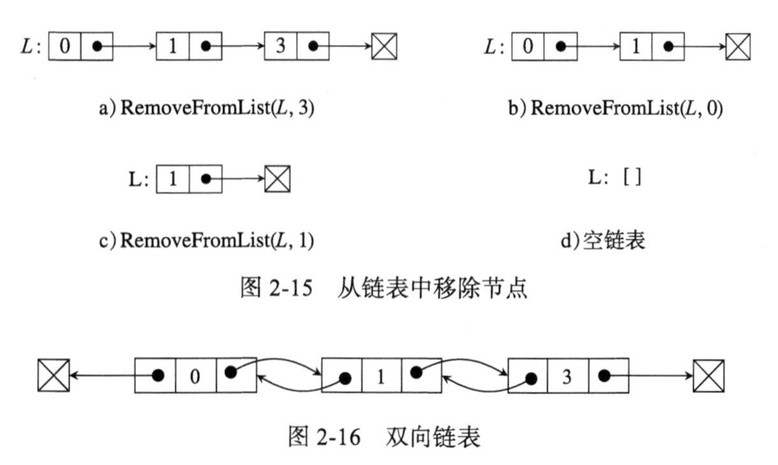

图 2-15 从链表中移除节点

图 2-16 双向链表

另一种类型的链表是链表尾元素不指向 NULL，而是指回链表首元素。这被称为*循环链表*（circular list），在图 2-17 中你可以看到一个例子。

了解这些知识，知道不同类型的链表被广泛使用是很有好处的，不过这里我们暂时只关注单向链表。

使用链表，我们可以创建图的邻接表表示。在这种表示方法中，每个顶点有一个邻接表。所有邻接表一起组织为一个数组，每个数组元素指向一个邻接表的表头。

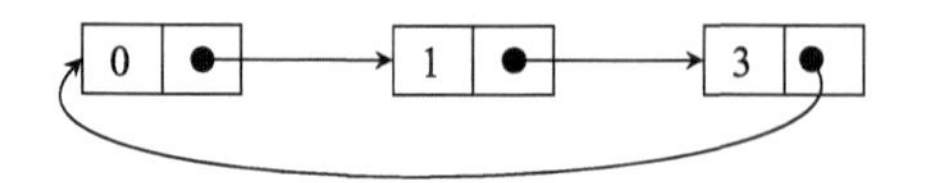

38

图 2-17　循环链表

如果数组为 A，则数组元素 $A[i]$ 指向图的顶点 i 的邻接表的表头。如果节点 i 没有邻居，$A[i]$ 会指向 NULL。

图 2-18 中显示了图 2-4 中图的邻接表表示。方便起见，在右上角显示了图的缩小版本。左侧显示了包含图的邻接表的表头的数组，每个数组元素对应一个顶点。邻接表中包含了顶点的边。因此数组第三个元素包含了图的顶点 2 的邻接表的表头。每个邻接表的构造方式是将对应顶点的邻居按它们的数值顺序加入链表。例如，为了创建顶点 1 的邻接表，我们按顶点 0，2 和 5 的顺序调用 Insert 三次。这也解释了为什么图中的每个邻接表中顶点都是逆序出现的：顶点是插入到链表头的，因此插入顺序 0, 2, 5 会得到链表 [5，2，0]。

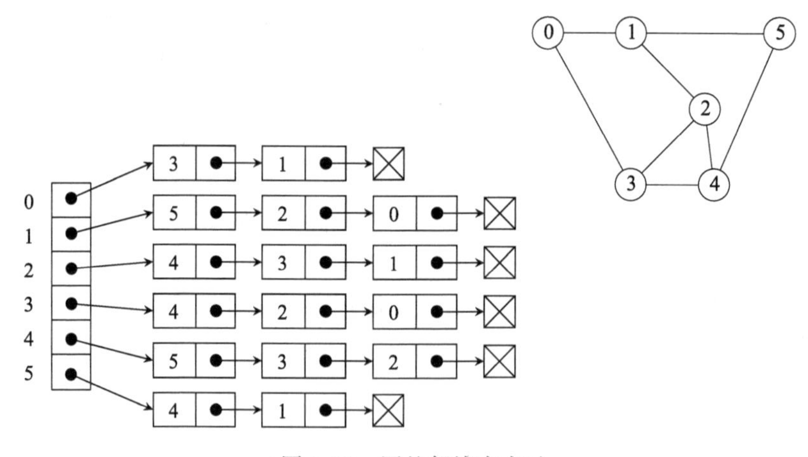

图 2-18　图的邻接表表示

比较图 $G=(V, E)$ 的邻接矩阵表示和邻接表表示的空间需求是很简单的。如果 $|V|$ 是图中顶点数，则邻接矩阵有 $|V|^2$ 个元素。类似地，如果 $|E|$ 是图中边数，则其邻接表表示包含一个大小为 $|V|$ 的数组和总共包含 $|E|$ 条边的 $|V|$ 个链表。因此邻接表表示需要 $|V|+|E|$ 个元素，远小于 $|V|^2$，除非图是稠密的，其很多顶点相互连接。

39

于是你可能认为完全没有理由再为邻接矩阵费心了，但实际并非如此。有两个原因：首先，邻接矩阵更简单。你只需知道矩阵，其他什么都不需要知道，无须为链表费心；其次，邻接矩阵更快。在矩阵中访问元素是一个常量时间的操作，我们觉得这是理所当然的，即我们提取每条边或元素都是一样快的——无论其远近，比如，无论是在矩阵左上角还是右下角。而当我们使用邻接表时，例如图 2-18 中左侧的邻接表，我们必须访问顶点数组中的正确元素并遍历以顶点为头的链表来找到所需边。因此，为了获知顶点 4 和 5 是相连的，我们需要首先访问顶点数组中的顶点 4，然后遍历其指向的链表，访问了节点 5 之后得到了结论。为了获知顶点 4 和 0 是否相连，我们需要遍历完顶点 4 的链表才能报告未找到顶点 0，因此它们之间没有链接相连。你可能会反驳说如果搜索顶点 0 的链表会更快，因为它更短，但我们无法知道这一点。

用大 O 符号的话，如果我们使用邻接矩阵，则确定一个顶点是否与另一个顶点相连花费常量时间，即复杂度为 $\Theta(1)$。使用邻接表的话，相同的操作花费 $O(|V|)$，因为在图中一个顶点与其他所有顶点都相连的情况是可能的，于是我们可能要搜索一个顶点的整个邻接表才能找到给定邻居。如你所知，天下没有免费的午餐。在计算机中，这体现为一种权衡：我们用空间换速度。这是一种常用策略，它甚至有个名字：*时空权衡*（space-time tradeoff）。

2.3 深度优先图遍历

现在我们回到迷宫探索问题。为了彻底探索一个迷宫，我们需要两样东西：某种记录我们已经走过的路的方法和某种访问所有尚未访问过的房间的系统化方法。假定房间以某种方式排过序了。在上节我们已经看到，我们可以假定这种顺序就是数值顺序。则为了访问所有房间，我们可以走到第一个房间并将其标记为已访问；然后我们走到与此房间相连的第一个房间，并将其标记为已访问；我们再次走到与此房间相连的第一个房间，并重复这一过程：将其标记为已访问，并走到与当前房间相连的第一个房间。如果没有与当前房间相连的未访问房间，我们就退回到来时的房间，并检查是否存在任何未访问的邻居房间。如果存在，我们访问第一个未访问的房间，依此类推；如果不存在，则退回到来时的房间。我们这样一直做下去，直至回到开始房间，并发现我们已经访问了所有与之相连的房间。 40

在实际中很容易看到这种方法。这一过程被称为*深度优先搜索*（Depth-First Search, DFS），这样命名的原因是我们是在按深度方向而不是宽度方向探索迷宫。图 2-19 显示了一个迷宫，右边是其邻接表表示。再次提醒注意，我们是按逆序将顶点插入链表的。例如，对顶点 0 的邻接表，我们按 3, 2, 1 的顺序插入其邻居顶点，于是链表为 [0，1，2，3]。

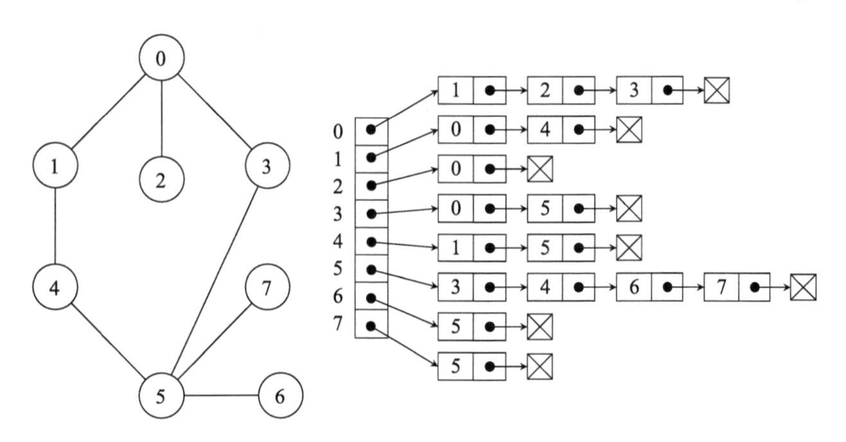

图 2-19 深度优先探索迷宫

追踪图 2-20 中的深度优先搜索过程。我们从顶点 0，或者说房间 0 开始。用灰色表示当前顶点，用黑色表示我们已访问过的顶点。双线表示在探索过程中我们拿在手中的虚拟的线。很像提修斯，当我们不能或不应该向更远的地方走的时候，我们用线追溯来时的路。

此处第一个未访问的房间是1号，于是我们走到房间1。在房间1第一个未访问的房间是4号。然后在房间4第一个未访问的房间是5号。同样地，我们又从房间5走到房间3。在这个位置上，我们发现没有未访问的房间了，于是我们收起线回退。我们回到房间5，在这里我们发现房间6还未访问。我们访问房间6，但又退回房间5。房间6还有一个未访问的相邻房间7。我们访问这个房间，但再次退回房间5。现在，房间5已无未访问的相邻房间，于是我们退回到房间4。这次是房间4没有未访问的相邻房间了，于是我们再次追踪我41们的脚步回退到房间1，然后因为相同的原因又回退到房间0。在这里我们看到房间2还未访问，我们访问它，然后又回到房间0。现在1, 2, 3都已访问，我们完成了搜索。如果你已经跟随上述路径完成了整个搜索过程，你可能已经验证了我们是在向深度方向而非宽度方向走——当在房间0时，我们先走到1，接着是4，而不是接着走到2和3。房间2虽然是我们开始搜索时的相邻房间，但却是最后被访问的房间。因此，我们的确是向尽量深处前进，无路可走时才考虑其他选择。

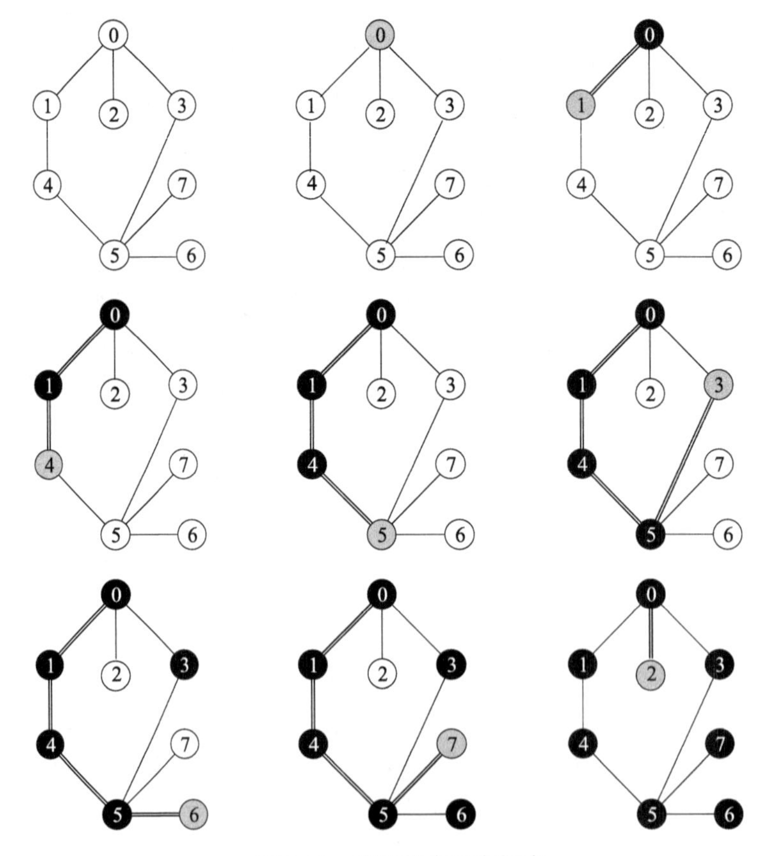

图2-20 深度优先迷宫探索

算法2-1实现了深度优先搜索。算法接受的输入是一个图 G 和探索图 G 的起始顶点。42它还使用一个数组 *visited* 指示每个顶点是否已访问。

算法2-1 递归图深度优先搜索

```
DFS(G, node)
    输入: G=(V, E), 一个图
          node, G中一个顶点
    数据: visited, 大小为|V|的数组
    结果: 若我们已访问过顶点i, 则visited[i]为TRUE, 否则为FALSE
1   visited[node] ← TRUE
2   foreach v in AdjacencyList(G, node) do
3       if not visited[v] then
4           DFS(G, v)
```

开始时我们未访问任何顶点，因此 *visited* 的元素均为 FALSE。虽然 *visited* 是算法所需要的，但我们并未将它作为输入，因为它并不是调用算法时传递给算法的东西。它是一个数组，在算法外创建并初始化，算法可访问、读取以及修改它。由于 *visited* 会被算法修改，它的确是算法的输出，即使我们没有这样说。我们并未给算法指定任何输出，因为它不返回任何东西。它通过 *visited* 数组与外部环境交互结果，因此 *visited* 中的改变就是算法的结果。你可以将 *visited* 理解为一块新擦净的黑板，算法将其进展写在它上面。

算法 DFS(*G*, *node*) 是*递归的*（recursive）。递归算法是一种调用自身的算法。DFS(*G*, *node*) 在第 1 行将当前顶点标记为已访问，然后遍历邻接表，对每个未访问的邻接顶点调用其自身。我们假定已有一个函数 AdjacencyList(*G*, *node*) 对给定图和顶点返回其邻接表。在第 2 行我们遍历邻接表中的节点。这很容易，由链表定义，我们可以从任何节点直接到达下一节点，因为链表中每个节点都链接到下一节点。如果我们还未访问过邻居顶点 *v*(第 3 行)，就对其调用 DFS(*G*, *v*)。

算法最困难的部分是理解它执行的递归。我们以一个简单的图为例，它由四个顶点组成，如图 2-21a 所示。我们从顶点 0 开始。如果图称为 *G*，则我们调用 DFS(*G*, 0)。函数获取顶点 0 的邻接表 [1, 3]。第 2～4 行的循环会执行两次：第一次对顶点 1，第二次对顶点 3。在循环第一步执行中，顶点 1 被访问，我们到达第 4 行。现在这是最重要的部分。在第 4 行我们调用 DFS(*G*, 1)，但当前这次调用并未结束。可以说是我们开始执行 DFS(*G*, 1) 同时将 DFS(*G*, 0) 束之高阁。当 DFS(*G*, 1) 结束时，我们还会取回 DFS(*G*, 0) 并恢复其执行——从 DFS(*G*, 1) 调用点之后继续执行。当我们执行 DFS(*G*, 1) 时，我们获取其邻接表 [2]。第 2～4 行的循环会为顶点 2 执行一次。由于顶点 2 尚未被访问，我们到达第 4 行。如之前所做，我们调用 DFS(*G*, 2)，但再一次，DFS(*G*, 1) 并未结束，而是被束之高阁，等待 DFS(*G*, 2) 结束。DFS(*G*, 2) 的邻接表为空，因此第 2～4 行的循环根本不会执行，函数立即返回。

43

返回到哪里？我们取回 DFS(*G*, 1) 并来到我们让它等待的地方，也就是说第 4 行，但是刚好在 DFS(*G*, 2) 调用之后。由于顶点 1 的邻接表中除了顶点 2 外再无其他顶点，DFS(*G*, 1) 中的循环就此终止，从而函数也结束了。我们返回 DFS(*G*, 0)，将其取回并来到我们离开它的地方，即第 4 行 DFS(*G*, 1) 调用之后。这是循环第一步结束的位置，因此我们开始第二步循环。我们调用 DFS(*G*, 3)，同时将 DFS(*G*, 0) 再次存放起来。顶点 3 的邻接表为空，因此类似顶点 2，DFS(*G*, 3) 会结束并返回 DFS(*G*, 0)。这会令 DFS(*G*, 0) 结束

第二步循环，完成其整个执行，返回调用者。

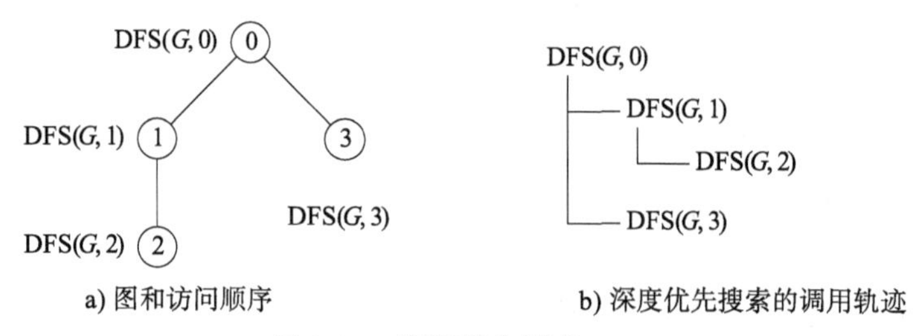

a) 图和访问顺序　　b) 深度优先搜索的调用轨迹

图 2-21　深度优先搜索

不出意料地，我们称一系列函数调用的踪迹为*调用轨迹*(call trace)。图 2-21b 显示了从 DFS(G, 0) 开始的调用轨迹。轨迹要从上至下、从左至右地读。它是一棵树，一个调用发起了另一个调用的话，两者形成父子关系。控制流从父到子、从子到孙，依此类推，直到没有更多后代为止，然后我们反向从后代回到祖先。就像这样的行进路线：向下 DFS(G, 0) → DFS(G, 1) → DFS(G, 2)；向上 DFS(G, 2) → DFS(G, 1) → DFS(G, 0)；再向下 DFS(G, 0) → DFS(G, 3)；再向上 DFS(G, 3) → DFS(G, 0)；结束。可以观察到，当我们访问一个顶点时，如果它有孩子，我们会递归地访问其孩子，而访问完孩子后才会访问兄弟。例如，我们从顶点 1 走到顶点 2，而不是走到顶点 3。通过这样使用递归，我们确实优先沿着深度方向前进，执行了一次深度优先遍历。

44

假如你对递归还有些模糊不清，那么我们稍稍转移一下问题，详细解释递归，这是很值得的。最典型的递归函数是阶乘 $n!=n\times(n-1)\times\cdots\times 1$，极端情况是 $0!=1$。我们可以像算法 2-2 那样描述这个阶乘函数。图 2-22 显示了计算 5! 的调用轨迹。

算法2-2　阶乘函数

```
Factorial(n) → !n
    输入：n，自然数
    输出：n!，n的阶乘
1   if n = 0 then
2       return 1
3   else
4       return n · Factorial(n − 1)
```

在这个调用轨迹中，我们包含了引起递归调用的语句，这样我们就可以通过箭头精确显示被调用函数返回到哪里。例如，当我们在 Factorial(1) 中时，我们到达算法 2-2 的第 4 行。此时你可以想象图 2-22 中的 Factorial(0) 是一个占位符，当 Factorial(0) 返回时会在这个占位符填入正确的值。占位符已被填好的调用轨迹的返回路径，在图中用自下而上的箭头表示，它收起了递归调用序列。我们按左边的步骤展开调用轨迹，按右边的箭头方向返回。

所有递归函数的一个重要组成部分是递归停止条件。在阶乘函数中，当我们到达 n=0 时，就停止递归调用，这是返回的时候了。在算法 2-1 中，停止条件在第 3 行。如果我们访问了一个顶点的所有邻居，则对此顶点就没有更多的递归调用，就到了返回的时候了。这非常重要。忘记指明何时停止递归是导致灾难的因素之一。一个没有停止条件的递归函数会无止境地持续调用自身。程序员如果忘记了这点，必然招致糟糕的错误。计算机会反反复复调

45

用此函数，直至耗尽内存、程序崩溃。你会得到一条“栈溢出”消息或类似的东西，其原因我们会稍微解释一下。

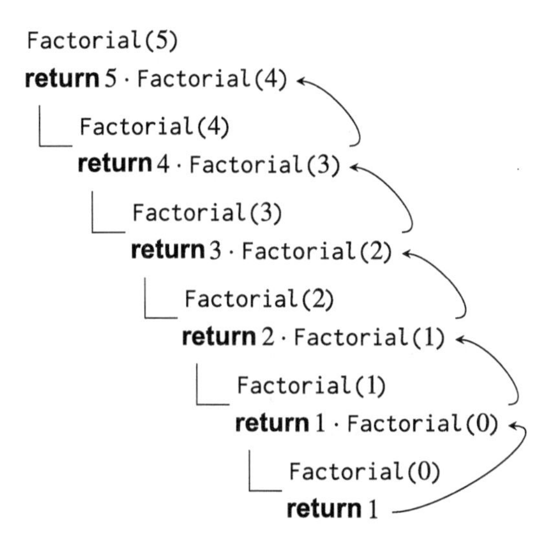

图 2-22　阶乘调用轨迹

希望现在你对递归已经比较清楚了（如果还不清楚，将这部分内容再看一遍），注意，深度优先搜索算法从我们指定的任何顶点开始。我们在例子中从顶点 0 开始只是因为它在顶端。我们可以从顶点 7 或顶点 3 开始算法，如图 2-23 所示。在图中，我们将访问顺序写在顶点旁边。访问顶点的顺序是不同的，但我们仍然遍历了整个图。

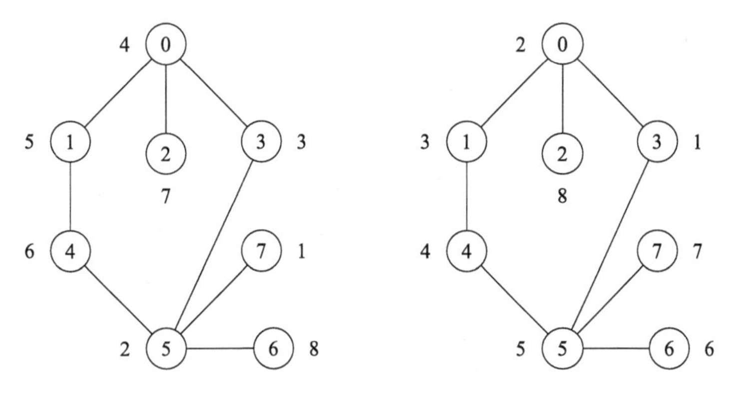

a) 从顶点 7 开始进行深度优先搜索　　b) 从顶点 3 开始进行深度优先搜索

图 2-23　从不同的起始顶点开始进行深度优先探索

但如果图是无向且不连通的，或是有向但非强连通的，就不会遍历整个图了。在这种图中，我们必须对每个未访问顶点依次调用算法 2-1。这样，即使是从一个顶点不可达的那些顶点，也会轮到作为起始顶点，从而被访问到。

在计算机中递归是如何进行的？将一些函数搁置、调用其他函数并知道返回到哪里，这些管理工作是如何做的呢？计算机知道从一个函数返回到哪里是通过使用一个称为调用栈（call stack）的内部栈结构实现的。当前函数被保存在栈顶，在其下是调用它的函数，并保存了从我们离开的位置恢复执行所需的所有信息。再往下，是调用第二个函数的函数（如果

46

存在的话)，依此类推。这也是为什么一个出错的递归会导致系统崩溃：栈不可能是无限的。在图 2-24 中，你可以看到运行算法 2-1 时栈的快照。当算法访问一个顶点时，我们显示栈的当前内容，正在访问的顶点用涂灰的圆圈显示在栈的下面。当算法到了一个死胡同时，也就是一个顶点无未访问的邻居时，函数返回，或者说回溯到其调用者。沿我们的足迹返回的过程称为*回溯*（backtracking）。我们称弹出调用栈顶的操作为*解退*（unwinding，虽然在迷宫探索的例子中这对应线卷起的操作 winding）。因此如图 2-24 所示，我们从顶点 3 来到顶点 5，用涂黑的圆圈来表示 5 已经访问过。图中第 2 行显示了一系列解退动作，从顶点 7 一直到顶点 0，然后才是访问顶点 2 的操作。

所有这些栈的活动都是自动进行的。但是你也完全可以自己施展相同的魔法。代替使用递归实现深度优先搜索（它隐式地使用了栈），你可以显式使用一个栈，这样你就可以完全不使用递归。具体思路是，在每个顶点，你将未访问的顶点压入栈，而当我们搜寻要访问的

47

顶点时，从栈中弹出元素即可。算法 2-3 显示了基于栈实现的深度优先搜索。在图 2-25b 中你可以看到栈的内容。出于篇幅考虑，我们只显示了访问顶点时栈的快照，没有显式回溯时栈的内容。

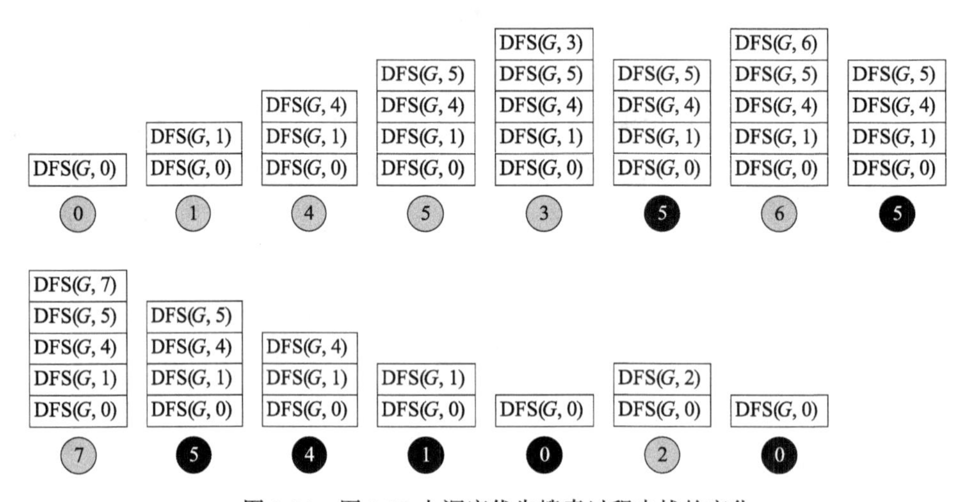

图 2-24　图 2.20 中深度优先搜索过程中栈的变化

此算法的工作方式与算法 2-1 相同，只是不再依赖递归而是显式使用栈。我们在第 1 行创建了栈。这次我们不再依赖一个外部提供的数组来记录我们的进程，而是在第 2 行自行创建了 *visited* 数组。然后在第 3～4 行将数组元素都初始化为 FALSE 值。

为模拟递归，我们将还未访问的顶点压入栈，当我们寻找要访问的顶点时，就选择栈顶的那个顶点。为了让这个机制运转起来，我们在第 5 行将起始顶点压入栈中。然后只要栈不空（第 6 行），我们就弹出栈顶顶点（第 7 行），将其标记为已访问（第 8 行），并将其邻接表中还未访问的每个顶点都压入栈中（第 9～11 行）。完成后，我们将数组 *visited* 返回来报告哪些顶点是能够到达的。

由于顶点压栈的顺序，图的遍历是深度优先的，但是从编号较大的顶点到编号较小的顶点。而递归算法在迷宫中是逆时针前进，新算法则是顺时针。

从图 2-25b 中你会注意到，从右边数第 3 列中，顶点 1 被加入栈两次。这并不会令算

48

法出错，但不管怎样我们可以修正这个问题。我们需要一个*无重复栈*（no-duplicates stack），其中元素不可重复加入。为此，我们使用一个额外的数组。如果一个顶点当前在栈中，则对

应数组元素为真，否则为假。算法 2-4 实现了无重复栈，它与算法 2-3 非常像，只是使用了一个额外的数组 *instack*，其中我们记录了哪些顶点在栈中。在图 2-25c 中你可以看到栈中发生了什么。

算法2-3 使用栈的图深度优先搜索

```
StackDFS(G, node) → visited
    输入：一个图G=(V, E)
          node，图G中的起始顶点
    输出：visited，一个大小为|V|的数组，如果已访问过顶点i，则visited[i]为TRUE，
          否则为FALSE
1   S ← CreateStack()
2   visited ← CreateArray(|V|)
3   for i ← 0 to |V| do
4       visited[i] ← FALSE
5   Push(S, node)
6   while not IsStackEmpty(S) do
7       c ← Pop(s)
8       visited[c] ← TRUE
9       foreach v in AdjacencyList(G, c) do
10          if not visited[v] then
11              Push(S, v)
12  return visited
```

你可能会奇怪，在已经有了算法 2-1 的情况下，我们为什么还要继续设计算法 2-4。我们这么做除了教学上的意义外，还为了展示递归的实际工作机制，隐式递归要求计算机在每次递归调用时都将函数必要的内存状态压入栈中。于是如图 2-24 所示，它会将更多的信息放在栈中（我们只显示了函数调用），而不是如图 2-25 所示只是简单的数。因此，一个用显式栈实现的算法可能比等价的递归版本更节省资源。

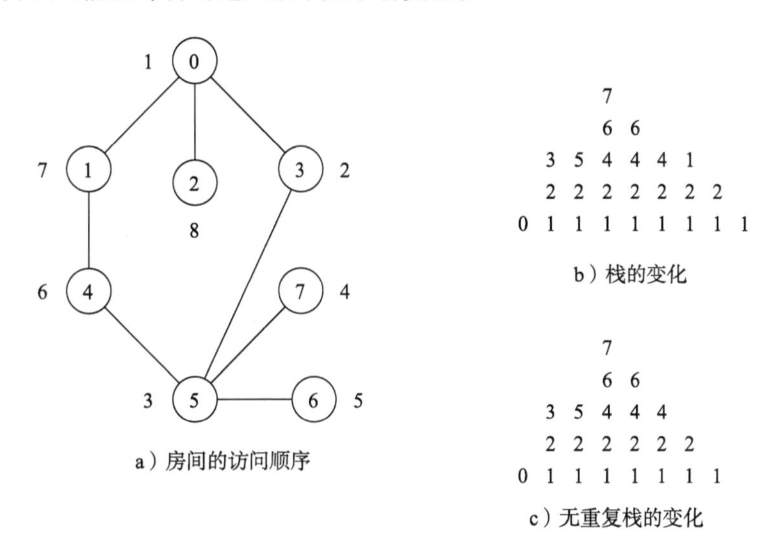

a）房间的访问顺序

b）栈的变化

c）无重复栈的变化

图 2-25 算法 2-3 和算法 2-4 中栈内容的变化过程

49

作为本节内容的结束，让我们回到算法 2-1，考察其复杂度。算法 2-3 和 2-4 的复杂度与算法 2-1 相同，因为只是改变了递归机制的实现，未改变探索策略。算法 2-1 的第 2 行执行了 $|V|$ 次，每个顶点一次。在第 4 行，DFS(G，$node$) 严格对每条边调用一次，共调用 $|E|$ 次。因此，深度优先搜索的复杂度是 $\Theta(|V|+|E|)$。也就是说我们探索图的时间可以与图的规模成正比，这是有意义的。

算法2-4　使用无重复栈的图深度优先搜索

```
NoDuplicatesStackDFS(G, node) → visited
    输入：一个图G=(V, E)
          node，图G中的起始顶点
    输出：visited，一个大小为|V|的数组，如果已访问过顶点i，则visited[i]为TRUE，
          否则为FALSE
1   S ← CreateStack()
2   visited ← CreateArray(|V|)
3   instack ← CreateArray(|V|)
4   for i ← 0 to |V| do
5       visited[i] ← FALSE
6       instack[i] ← FALSE

7   Push(S, node)
8   instack[node] ← TRUE
9   while not IsStackEmpty(S) do
10      c ← Pop(S)
11      instack[c] ← FALSE
12      visited[c] ← TRUE
13      foreach v in AdjacencyList(G, c) do
14          if not visited[v] and not instack[v] then
15              Push(S, v)
16              instack[v] ← TRUE
17  return visited
```

2.4　宽度优先搜索

如前所见，使用深度优先搜索探索图是按深度而非宽度方向前进。假定我们想用一种不同的方法探索迷宫，使得如果我们从顶点 0 开始，会在访问顶点 4 之前先访问顶点 1，2 和 3。这意味着我们将按宽度方向而非深度方向来构造我们的网络。这种搜索策略不出意外地被称为宽度优先搜索（Breadth-First Search，BFS）。

50

在宽度优先搜索中，我们不能再依赖一条线（隐含的或真实的）来帮我们渡过难关。不存在直接从顶点 3 到达顶点 4 的物理方式，因为它们不是直接相连的，因此基于真实世界迷宫的类比方法就失效了。对于一个宽度优先遍历操作，我们需要假定可以从当前访问的顶点到达一个尚未访问的已知顶点。如果是在一个真实的迷宫中，我们不可能从顶点 3 消失并移动到顶点 4，但在算法中做这样一个移动不存在什么问题，假如我们知道顶点 4 存在的话。所有从一个顶点到另一个尚未访问的已知顶点的移动在这个版本的迷宫探索游戏中都是允许的。

你可以从图 2-26 中看到宽度优先搜索的过程。在每个快照下，我们显示了已知要访问的顶点，对这些顶点从右至左处理——我们马上会看到为什么这样做。当我们从顶点 0 开始宽度优先搜索时，它是我们知道存在的唯一顶点。对此顶点，我们记录其三个邻居，顶点 1, 2 和 3，访问顺序也是如此。当我们访问顶点 1 时，我们记录其尚未访问的邻居，顶点 4。这意味着我们知道要访问顶点 2, 3 和 4。接下来我们访问顶点 2，它没有未访问的邻居，于是我们来到顶点 3，记录将要访问顶点 5。现在已知的未访问顶点是 4 和 5。我们访问 4，然后是 5。当我们在顶点 5 时，我们记录需要访问顶点 6 和 7，接下来按此顺序访问这两个顶点。

51

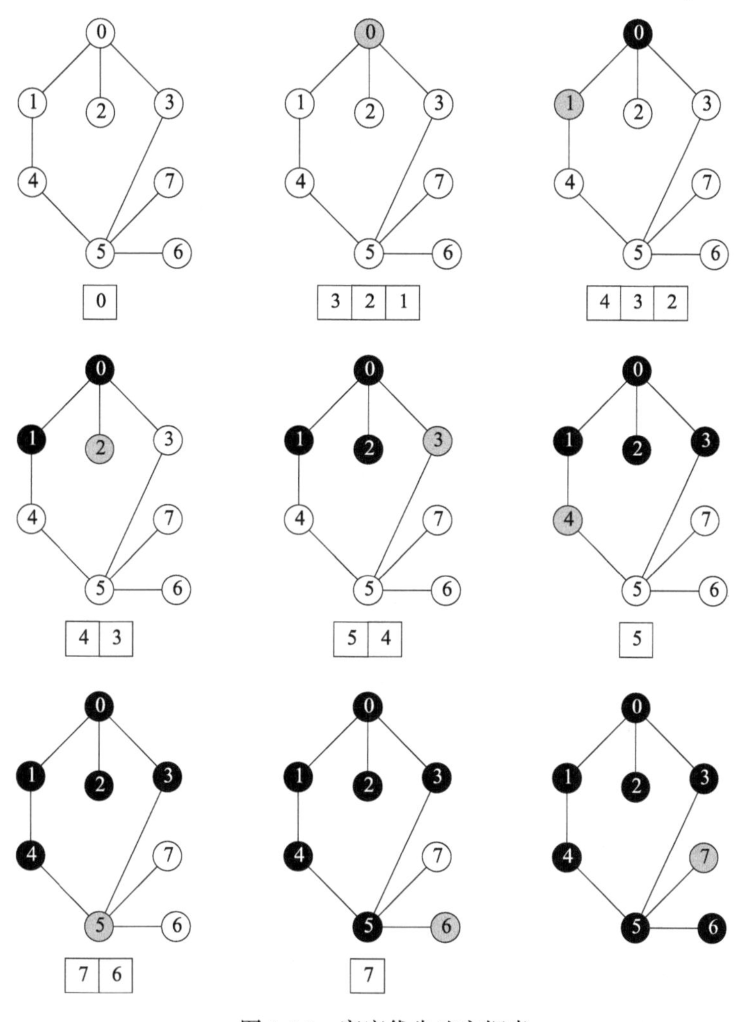

图 2-26　宽度优先迷宫探索

52

图 2-27　队列中添加和移除元素

为实现宽度优先搜索，我们需要使用一种新的数据结构——队列（queue），它提供了记录未访问顶点的能力，如同图2-26中图探索的每个快照下显示的那样。队列就是保存的元素的一个序列。我们可在序列后端添加元素，在序列前端移除元素。其工作机制就像现实生活中的队列一样，队列中第一个人是最先出队的（除非有人插队）。更明确地说，我们是在谈论先进先出（First In First Out，FIFO）队列。我们称队列后端为其尾（tail），队列前端为其首（head，因此链表和队列都有首）。在图2-27中你可以看到在一个队列中是如何添加和移除元素的。下面是队列的一些基本操作：

- CreateQueue() 创建一个空队列。
- Enqueue(Q，i) 将元素 i 添加到队列 Q 的尾。
- Dequeue(Q) 从队列前端移除一个元素。具体地，它移除队首并将下一个元素作为新的队首。如果队列空，则操作不被允许（我们得到一个错误）。
- IsQueueEmpty(Q)，如果队列空返回 TRUE，否则返回 FALSE。

有了这些操作，我们就可以写出算法2-5，它实现了图中的宽度优先搜索。由于队列是在队尾添加元素，在队首清除元素，因此如图2-26所示，我们按由右至左的顺序访问其内容。

算法2-5 图宽度优先搜索

```
BFS(G, node) → visited
    输入：一个图G=(V, E)
          node，图G中的起始顶点
    输出：visited，一个大小为|V|的数组，如果已访问过顶点i，则visited[i]为TRUE，
          否则为FALSE
1   Q ← CreateQueue()
2   visited ← CreateArray(|V|)
3   inqueue ← CreateArray(|V|)
4   for i ← 0 to |V| do
5       visited[i] ← FALSE
6       inqueue[i] ← FALSE
7   Enqueue(Q, node)
8   inqueue[node] ← TRUE
9   while not IsQueueEmpty(Q) do
10      c ← Dequeue(Q)
11      inqueue[c] ← FALSE
12      visited[c] ← TRUE
13      foreach v in AdjacencyList(G, c) do
14          if not visited[v] and not inqueue[v] then
15              Enqueue(Q, v)
16              inqueue[v] ← TRUE
17  return visited
```

此算法很像算法2-4。它返回一个数组 *visited*，指出哪些顶点可达。它使用一个数组 *inqueue* 记录哪些顶点当前在队列中。在算法开始，我们初始化队列（第1行），然后创建并初始化 *visited* 和 *inqueue*（第2～6行）。

53

队列总是记录那些我们知道存在但尚未访问的顶点。在算法开始，我们只知道起始顶点，因此我们将其加入队列（第 7 行）并将此记录在 *inqueue* 中。接下来，只要队列不空（第 9～16 行），我们就从队首取出元素（第 10 行），记录它已不在队列中（第 11 行），并将其标记为已访问（第 12 行）。然后将其邻接表中每个（第 13～16 行）未访问且不在队列中的顶点（第 14 行）加入队列（第 15 行）并记录顶点进入队列（第 16 行）。这样，在算法主循环未来的某步迭代中，顶点会离开队列。图 2-28 是图 2-26 的一个缩减版本。 54

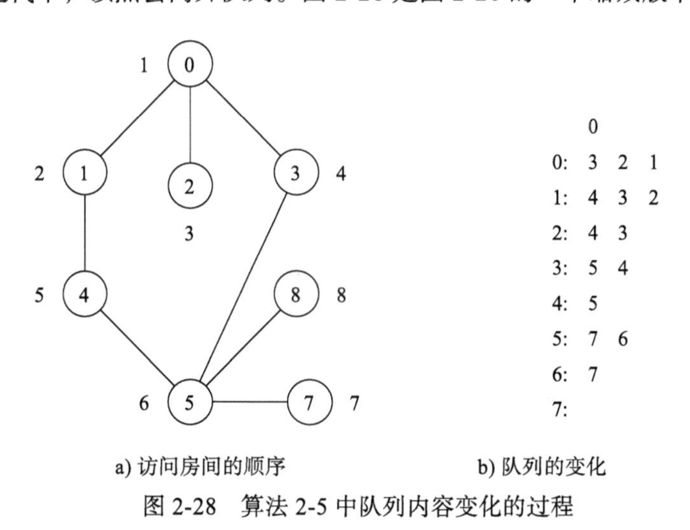

图 2-28 算法 2-5 中队列内容变化的过程

我们来考察算法的复杂度，第 9 行会执行 $|V|$ 次。然后开始于第 13 行的循环会对图的每条边执行一次，共 $|E|$ 次。因此宽度优先搜索的复杂度是 $\Theta(|V|+|E|)$，与深度优先搜索一样。这很令人高兴。这意味着我们有两个复杂度相同的图搜索算法可用，每个算法以不同的、但都正确的策略探索图。这样，我们就可以根据要求解的问题来选择更适合的算法。

注释

图论的基础是欧拉于 1736 年奠定的，当时他发表了一篇论文，探究对哥尼斯堡的七座桥，是否能穿过且仅穿过一次（当时哥尼斯堡在普鲁士境内，如今它被称为加里宁格勒，位于俄罗斯境内，而且只有五座桥留存下来），答案是否定的 [56]。由于最初的论文是用拉丁文写的，这可能不是你的强项，你可以查阅 Biggs、Lloyd 和 Wilson 撰写的书 [19]，其中包含最初论文的译文以及很多其他有趣的史料。 55

了解图论的一种简单方法是阅读 Benjamin、Chartrand 和 Zhang 撰写的介绍性书籍 [15]。如果你希望更为深入地学习，可以查阅 Bondy 和 Murty 写的书 [25]。近年来，图论的一些分支关注于各种网络的不同方面，例如可参考 Barabási [10]、Newman[150]、David 和 Kleinberg[48] 以及 Watts[214] 等人的书。对于（不同种类的）网络、万维网和互联网中的图的研究可被看作三个不同的学科 [203]，其中图被用来解释由大规模互联结构引起的各种现象。

深度优先搜索已经有很长的历史了。早在 19 世纪，法国数学家 Charles Pierre Trémaux 就发表了一个版本。对此的全面介绍以及图论的其他方面可参见 Even 的书 [57]。Hopcroft 和 Tarjan 提出了计算机中的深度优先搜索并提出用邻接表表示图 [96，197]。读者还可参考 Tarjan 关于数据结构和图的简短的经典教材 [199]。

迷宫探索问题出现在深度优先搜索之后，在20世纪50年代由E. F. Moore发表[145]。C. Y. Lee也独立发现了此问题[126]，是作为一种电路板布线算法。

与我们将要遇到的所有其他数据结构一样，栈有很多用途。在计算机中LIFO行为是很常见的，因此从机器语言写成的底层程序到运行于超级计算机中的大型程序，你都能在其中发现栈。这就是数据结构存在的首要原因。数据结构不是别的什么，就是人类用计算机求解问题长年经验的精髓。事实一次又一次地证明，算法在用相似的方式来组织它们所处理的数据。人们将这些方法整理起来，使得当我们围绕一个问题寻找方法时，可直接找到它们，利用它们的功能来设计算法。

习题

1. 在所有流行的程序设计语言中都有高质量的链表实现，你自己实现链表并不困难，而且很有学习价值。基本思想可在图2-13和图2-15中找到。一个空链表就是一个指向NULL的指针。当你向链表头插入一个元素时，需要调整链表以指向新表头并令新插入的表头指向插入之前链表指向的内容——即旧表头或NULL。为了将一个元素插入到一个现有元素之后，你需要调整前驱元素的指针指向新插入的元素，并令新插入元素指向插入之前前驱元素指向的元素。为了在链表中搜索一个元素，你需要从链表头开始循着链接检查每个元素，直到找到你要查找的元素或者到达NULL。为了移除一个元素，你需要首先找到它，然后令指向它的指针指向下一个元素或者是NULL——如果你在移除最后一个元素的话。

56

2. 队列可以用数组实现，你需要记录队首索引 h 和队尾索引 t，两个索引均初始化为0：

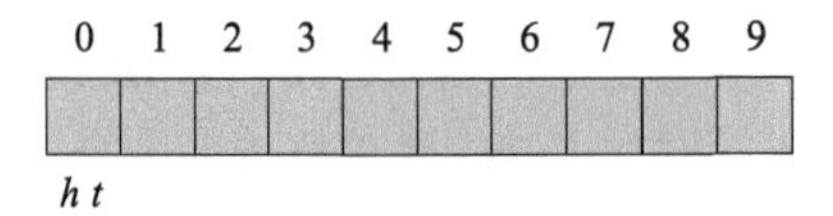

当你将一个元素插入队列时，要增加队尾的索引。类似地，当你从队列移除一个元素时，要增加队首的索引。在插入5，6，2和9，并移除5之后，数组变为：

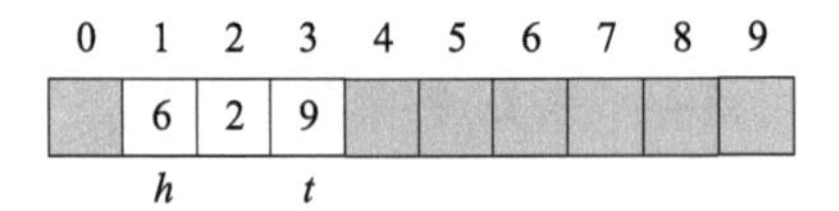

如果数组能保存 n 个元素，当队首或队尾到达索引 $n-1$ 时，会绕回到索引0。因此，经过更多插入和移除操作后，队列看起来可能是这样：

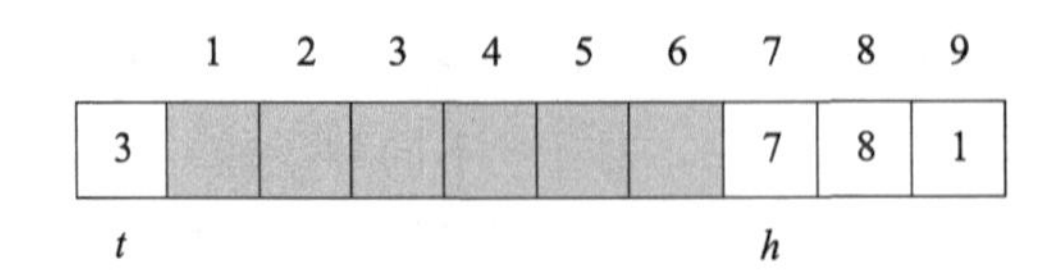

采用这种思想实现一个队列：当队首到达队尾时队列为空，当队尾将要追上队首时队列为满。

3. 使用邻接矩阵表示而不是我们已经用过的邻接表来实现深度优先搜索（使用或不使用递归均可）和宽度优先搜索。

4. 深度优先搜索不仅可用来探索迷宫，还可用来创建迷宫。我们从一个拥有 $n \times n$ 个顶点的图开始，将顶点排列为网格。例如，如果 n=10，我们用顶点的位置 (x, y) 来为它们命名，于是得到：

```
(0,0)—(0,1)—(0,2)—(0,3)—(0,4)—(0,5)—(0,6)—(0,7)—(0,8)—(0,9)
  |     |     |     |     |     |     |     |     |     |
(1,0)—(1,1)—(1,2)—(1,3)—(1,4)—(1,5)—(1,6)—(1,7)—(1,8)—(1,9)
  |     |     |     |     |     |     |     |     |     |
(2,0)—(2,1)—(2,2)—(2,3)—(2,4)—(2,5)—(2,6)—(2,7)—(2,8)—(2,9)
  |     |     |     |     |     |     |     |     |     |
(3,0)—(3,1)—(3,2)—(3,3)—(3,4)—(3,5)—(3,6)—(3,7)—(3,8)—(3,9)
  |     |     |     |     |     |     |     |     |     |
(4,0)—(4,1)—(4,2)—(4,3)—(4,4)—(4,5)—(4,6)—(4,7)—(4,8)—(4,9)
  |     |     |     |     |     |     |     |     |     |
(5,0)—(5,1)—(5,2)—(5,3)—(5,4)—(5,5)—(5,6)—(5,7)—(5,8)—(5,9)
  |     |     |     |     |     |     |     |     |     |
(6,0)—(6,1)—(6,2)—(6,3)—(6,4)—(6,5)—(6,6)—(6,7)—(6,8)—(6,9)
  |     |     |     |     |     |     |     |     |     |
(7,0)—(7,1)—(7,2)—(7,3)—(7,4)—(7,5)—(7,6)—(7,7)—(7,8)—(7,9)
  |     |     |     |     |     |     |     |     |     |
(8,0)—(8,1)—(8,2)—(8,3)—(8,4)—(8,5)—(8,6)—(8,7)—(8,8)—(8,9)
  |     |     |     |     |     |     |     |     |     |
(9,0)—(9,1)—(9,2)—(9,3)—(9,4)—(9,5)—(9,6)—(9,7)—(9,8)—(9,9)
```

我们从图中一个顶点开始，将其标记为已访问，并按某种随机顺序取其邻居顶点。对每个邻居，如果我们尚未访问它，就记录走过的边，来到此顶点，递归地继续此过程。这意味着我们执行了一次深度优先遍历，其中访问邻居的顺序是随机的，并记录了我们走过的边。当我们结束深度优先搜索时，我们已有了一个新的图：它由相同的个顶点和边的一个子集（我们走过的边）组成。这就是我们的迷宫。编写一个程序创建这样的迷宫。在这个练习中，学习一个绘图库是必要的，这样你就能将结果可视化。 57

5. 如你在图 2-10 中所见，确定一个图是否是二部图仅通过目测不是那么容易。取而代之，我们可以使用下面的方法。我们遍历图，轮流使用两种不同颜色对顶点着色。当我们对一个顶点着色时，当然并不是真的去涂抹它，我们只是将其标记为具有该颜色。如果颜色为“红色”和“绿色”，我们将第一个顶点着红色，下一个顶点着绿色，依此类推。如果在遍历中任何时刻我们为当前顶点着色时遇到一个已经涂上了相同颜色的邻居，则图不是二部图。如果我们完成遍历，未遇到这种冲突，则图是二部图。将这一过程实现为一个算法，用于二部图检测。 58

压缩算法

我们使用 0 和 1 的序列，或称比特序列来保存数字数据。你阅读的任何文字，包括本书，都是表示成这样一个比特序列。考虑句子“I am seated in an office”，对计算机来说这是什么？

计算机需要将句子中的每个字母编码为一个位模式。编码方法有很多，但对于英语，最直接的方法是使用 ASCⅡ 编码。ASCⅡ 意为美国标准信息交换编码（American Standard Code for Information Interchange），这种编码用 128 个字符表示英语字母表以及标点和一些控制字符。这不是一个新标准。它从 20 世纪 60 年代就出现了，之后经过了多次修订。这种编码对使用拉丁字符集的语言很有效，但无法适应其他不使用拉丁字符集的语言，因此对那些语言我们必须使用其他编码，如 Unicode，它能表示超过 110000 个来自不同语言字母的字符。ASCⅡ 只能表示 128 个字符是因为它用 7 个比特表示每个字符，而 7 个比特能表示的可能字符数为 2^7=128。这意味着这样一个事实：用 7 个比特我们只能表示 2^7 个不同的数，其中每个数我们用来表示一个字符。

我们用 7 个比特能表示的不同字符的数目等于 7 个比特能产生的不同位模式的数目，如图 3-1 所示。在图中，每个比特用一个方框表示，取值可以是 0 或 1，于是对于单个比特就有两个不同的模式，0 和 1。从 1 个比特序列的末端开始，如果我们取最后 2 个比特，每个比特都有两种可能的模式，则它们一起考虑的话就有 2×2 种可能的模式（00, 01, 10, 11）。对 3 个比特的情况，我们对每种可能的 2 比特模式都有两种可能模式，因此共 2×2×2 种可能的模式。依此类推，直到我们覆盖所有 7 个比特。一般而言，如果我们有 n 个比特，我们可以表示 2^n 个不同的数。

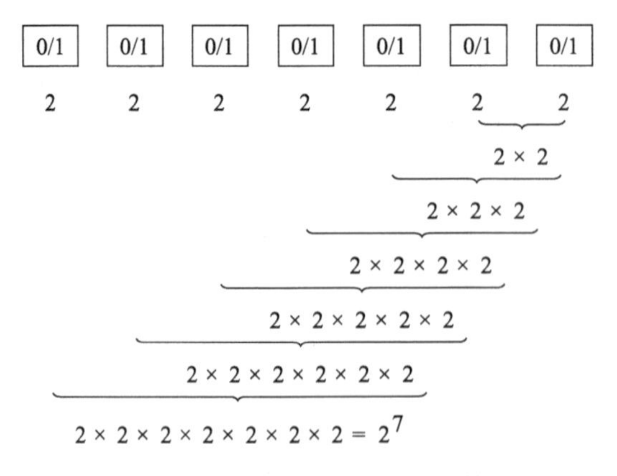

图 3-1　7 个比特能表示的字符数

在表 3-1 中你可以看到 ASCⅡ 编码。每个字符对应一个唯一的位模式，依次对应唯一一个数，即模式在二进制中的值。表 3-1 有 8 行 16 列。方便起见我们对列使用十六进制编号。十六进制数没什么特别的。不过是不再使用九个数字 0, 1, …, 9，而是使用十六个数字 0, 1, …, 9, A, B, C, D, E, F。数 A 在十进制中是 10，B 是 11，依此类推，直到 F 为 15。记住，在十进制中，一个数如 53 的值是 5 × 10+3，一般而言，一个由数字 $D_nD_{n-1}\cdots D_1D_0$ 组成的数，其值为 $D_n\times 10^n+D_{n-1}\times 10^{n-1}+\cdots+D_1\times 10^1+D_0\times 10^0$。在十六进制中，逻辑完全一样，只是用 16 替代 10 作为计算的底。在十六进制中数 $H_nH_{n-1}\cdots H_1H_0$ 的值为 $H_n\times 16^n+H_{n-1}\times 16^{n-1}+\cdots+H_1\times 16^1+H_0\times 16^0$。例如，在十六进制中，数 20 的值为 2 × 16+0=32，数 1B 的值为 1 × 16+11=27。我们通常为十六进制数加上前缀 0x 来表明我们在使用十六进制记数系统，避免混淆。因此，我们会写成 0x20 来表明这是一个十六进制数而非十进制数。虽然很明显 1B 不会是一个十进制数，但出于一致性考虑，我们还是会将其写成 0x1B。

表 3-1 ASCⅡ编码

	0	1	2	3	4	5	6	7	8	9	A	B	C	D	E	F
0	NUL	SOH	STX	ETX	EOT	ENQ	ACK	BEL	BS	HT	LF	VT	FF	CR	SO	SI
1	DLE	DC1	DC2	DC3	DC4	NAK	SYN	ETB	CAN	EM	SUB	ESC	FS	GS	RS	US
2	SP	!	"	#	$	%	&	'	(	)	*	+	,	-	.	/
3	0	1	2	3	4	5	6	7	8	9	:	;	<	=	>	?
4	@	A	B	C	D	E	F	G	H	I	J	K	L	M	N	O
5	P	Q	R	S	T	U	V	W	X	Y	Z	[	\	]	^	_
6	、	a	b	c	d	e	f	g	h	i	j	k	l	m	n	o
7	p	q	r	s	t	u	v	w	x	y	z	{	|	}	~	DEL

顺便提一下，上述逻辑除了 10 和 16 外，对其他底也适用。*二进制记数系统*（binary number system）就直接遵循这一逻辑，只是用数 2 作为计算的*底*（base）。一个由数字 $B_nB_{n-1}\cdots B_1B_0$ 组成的二进制数，其值为 $B_n\times 2^n+B_{n-1}\times 2^{n-1}+\cdots+B_1\times 2^1+B_0\times 2^0$。

60

所有这些例子都是*按位记数系统*（positional number system），即在这种记数系统中，一个数的值由其中数字的位置和系统的底推导出。在一个以 b 为底的系统中，获得一个数的值的一般规则为：

$$X_nX_{n-1}\cdots X_1X_0=X_n\times b^n+X_{n-1}b^{n-1}+\cdots+X_1\times b^1+X_0\times b^0$$

如果你用 2, 10 或 16 替换 b，就得到了我们上面使用过的公式。表示不同记数系统中的数的一般符号是 $(X)_b$。例如，$(27)_{10}=(1B)_{16}$。

现在你可能会奇怪我们为什么要卷入十六进制数的麻烦之中。因为计算机在内存中用多个字节保存数据，每个字节包含 8 个比特。如果回到图 3-1，你会看到 4 个比特组成了 $2\times 2\times 2\times 2=2^4=16$ 种模式。用单个十六进制数字，我们可以表示 4 个比特组成的所有模式。于是通过将一个字节拆分为两个 4 比特的部分，我们就可以用两个十六进制字符（从 0x0 到 0xFF）表示所有可能的字节。以字节 11100110 为例，如果我们将它拆分为两半，就得到 1110 和 0110。我们将每一半看作一个二进制数。二进制数 1110 的值为 $2^3+2^2+2^1=14$。二进制数 0110 的值为 $2^2+2^1=6$。十六进制数 0xE 的值为 14，0x6 的值为 6。因此，我们可以将字节 11100110 写为 0xE6。这比其十进制表示 230 更为精炼。而且，除了进行完整的计算 $2^7+2^6+2^5+2^2+2^1$，没有更容易的方法推导出 230，而从等价的十六进制数我们立即有 $E\times 16+6=14\times 16+6$。

如果你还不确信十六进制的用处，请注意，你可以写出 0xCAFEBABE 这样很酷的数。碰巧的是，0xCAFEBABE 用于辨识 Java 程序编译后的文件。用十六进制字符拼写英语单词被称为十六语（Hexspeak），如果你搜索一下，就会发现丰富的例子。

我们回到ASCⅡ，前33个字符和第128个字符是控制字符。这些字符最初是为了控制打印机这种使用ASCⅡ的设备。除了少数现在还有意义外，大多数控制字符已不再使用了。因此字符32（0x20，第33个字符，因为我们从0开始编号）是空格符，字符127(0x7F)表示删除。字符27(0x1B)是转义符，字符10(0xA)和13(0xD)分别表示回车和换行：它们用于开始新的一行（在不同的计算机操作系统中，可能只用回车，也可能两个字符都要用）。其他字符更为独特，例如字符7用于在电传打字机上响铃。

61

利用表3-1，你可以发现句子“I am seated in an office”对应表3-2中的十六进制和二进制表示的ASCⅡ序列。由于每个字符对应一个7位二进制数，句子包含24个字符，因此我们需要24 × 7=168比特。

表3-2　ASCⅡ编码例子

I		a	m		s	e	a
0x49	0x20	0x61	0x6D	0x20	0x73	0x65	0x61
1001001	100000	1100001	1101101	100000	1110011	1100101	1100001
t	e	d		i	n		a
0x74	0x65	0x64	0x20	0x69	0x6E	0x20	0x61
1110100	1100101	1100100	100000	1101001	1101110	100000	1100001
n		o	f	f	i	c	e
0x6E	0x20	0x6F	0x66	0x66	0x69	0x63	0x65
1101110	100000	1101111	1100110	1100110	1101001	1100011	1100101

3.1　压缩

我们能做得更好吗？如果我们能发现某种更紧凑地表示文本的方式，那么就能节省很多存储比特。而且考虑到我们每天都要保存的文本数字信息的量，最终的节省会是很巨大的。实际上，我们保存的很多信息都是用某种方法压缩过的，当我们希望读取时进行解压。

62

更精确地说，*压缩*（compression）是一个过程，通过这个过程，我们将一定量的信息进行编码，从而用比其初始表示更少的比特来表示。取决于我们如何减少所需的比特数，压缩可分为两种。

如果是通过检测并消除冗余信息来减少比特数，我们称之为*无损压缩*（lossless compression）。一种简单无损压缩方法是*游程*（run-length）编码。例如，考虑一个黑白图像。图像的每条线是一系列的黑白像素，像下面的例子：

□□□□■□□□□□□□□□□■■□□□□□□□□□□□□□□□■■□□□□□□□□□□□□□

游程编码利用*连串数据*（run of data），即相同值的序列，可用值和数量表示。上面这条线就可以用下面序列表示：

□ 4 ■ 1 □ 9 ■ 2 □ 15 ■ 2 □ 13

这比原来所用比特数少得多，而且没有信息丢失：我们可以从压缩表示精确恢复原始那条线。

另一类压缩方法检测我们认为没什么必要的信息，以便将其删除又不会造成可辨别的损失，我们称之为*有损压缩*（lossy compression）。例如，JPEG图像就是原始图像的有损版本，

MPEG-4 视频和 MP3 音乐也是如此：一个 MP3 音频文件可比其原始音频文件小得多，而人的耳朵(或者说至少大多数人的耳朵)可能辨别不出它们的差别。

为了弄清我们如何继续前进，让我们先来一次怀旧旅行，考虑一种表示信息的古老编码。在表 3-3 中我们可以看到莫尔斯电码，最初是由塞缪尔・F・B・莫尔斯、约瑟夫・亨利和阿尔弗雷德・韦尔于 1836 年开发的，用于通过电报传输信息（实际上这是莫尔斯电码的现代版本，最初的莫尔斯电码有一些不同）。莫尔斯电码用点和破折号编码字符和数。仔细观察一下，你会发现所有字符使用的都是不同数量的点和破折号。当韦尔尝试如何表示不同字母时，有了一个想法——用短的编码表示频繁出现的字符，用长的编码表示出现频率不高的字符。这样，点和破折号的总数就会降低。为了找到英语中字母的频率，韦尔来到所在小镇——新泽西州的 Morristown——的地方报纸的办公室。他在那里数了排字工人使用的铅字盘中的铅字数目。频繁使用的铅字盘中会有更多铅字，因为它们在文本中出现次数更多。表 3-3 还包含了现在我们所知的英语中字母出现的频率。你可以验证韦尔和排字工人做得很好。

63

表 3-3　莫尔斯电码

A .-	8.04%	J .---	0.16%	S . . .	6.51%	2 . .---
B -. . .	1.48%	K -.-	0.54%	T -	9.28%	3 . . .--
C -.-.	3.34%	L .-. .	4.07%	U . .-	2.73%	4 . . . .-
D -..	3.82%	M --	2.51%	V . . .-	1.05%	5 . . . . .
E .	12.49%	N -.	7.23%	W .--	1.68%	6 -. . . .
F . .-.	2.4%	O ---	7.64%	X -. .-	0.23%	7 --. . .
G --.	1.87%	P .--.	2.14%	Y -.--	1.66%	8 ---. .
H	5.05%	Q --.-	0.12%	Z --. .	0.09%	9 ----.
I . .	7.57%	R .-.	6.28%	1 .----		0 -----

如今我们可以使用相同的思想来更节约地表示文本：对文本中出现更频繁的字母用更少的比特，对出现不频繁的字母用更多比特。

那么假定我们想编码“ effervescence”，对更频繁的字母使用更短的位模式。你可以在表 3-4 中看到这个单词中字母的频率。我们想让字母 E 有最短的位模式，然后是字母 F 和 C，随后是其他字母。

表 3-4　单词“effervescence”的字母出现的频次

E:5	F:2	R:1	V:1	S:1	C:2	N:1

在我们继续设计编码之前，思考一下用普通 ASCⅡ 编码 effervescence 需要多大空间。由于单词长度为 13，你需要 $13 \times 7=91$ 比特。但现在注意，这个单词只包含 7 个不同的字符，因此你不需要完整的 ASCⅡ 编码来表示它。你只需 7 个字符，这样在编码中只需使用 3 个比特：$2^3=8 > 7$ 就能表示所有字符。因此你可以枚举不同的 3 比特位模式，创建一个如表 3-5 的编码，这是一个*定长编码*（fixed-length encoding），因为所有字符需要相同的、固定的长度。采用此编码，我们只需 $13 \times 3=39$ 比特来表示这个单词。相对于 ASCⅡ 的 91 比特有明显改进。

表 3-5 中的编码还对所有字符使用相同数量的比特。我们根据字符的频率使用不同数量的比特，即*可变长度编码*（variable-length encoding）应该是怎样的呢？你可以从表 3-6 中那样的编码开始，只是这个编码是错的。码字可能以 011110 开始，当我们希望解码时，无法

64

知道它是以一个E（0）开始后接两个F（1和1）还是后接一个R（11）。为了确保我们能明确地解码码字，变长编码必须做到：没有任何一个字符以另一个字符的比特序列作为开始，换句话说，没有任何一个字符的编码是另一个字符编码的前缀。我们称这种编码为*前缀编码*（prefix-free encoding）。

表 3-5　单词“effervescence”的定长编码

E:000	F:001	R:010	V:011	S:100	C:101	N:110

表 3-6　单词“effervescence”的变长编码：错误！

E:0	F:1	R:11	V:100	S:101	C:10	N:110

表3-7显示了effervescence的前缀变长编码。单词会被编码为010010001100111001111101011011010，共32比特，比之前更好。确实，对于某些定长编码只用3个比特的字符现在不得不使用4个比特，但这种开销被抵消了——对最常见的字母我们只用1个比特，对次频繁的字母只用2个比特，因此总空间非常好。我们是如何想出表3-7的呢？一定有一个算法来创建前缀变长编码。

表 3-7　单词“effervescence”的正确的前缀变长编码

E:0	F:100	R:1100	V:1110	S:1111	C:101	N:1101

确实有这样一个算法，但当我们描述它之前，你需要熟悉几个数据结构。

3.2　树和优先队列

一棵树（tree）就是一个无环的无向连通图。在图3-2中，你可以看到两个图。左边的图不是一棵树，而右边的图是一棵树。

65

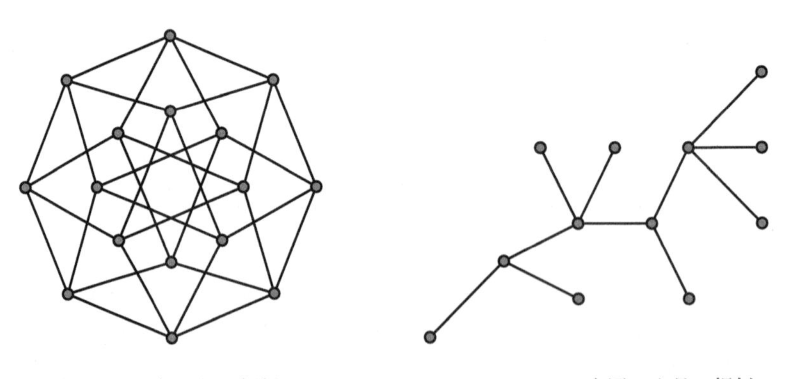

a) 一个图，但不是一棵树　　b) 一个图，也是一棵树

图 3-2　图和树

我们通常画树的方式会令我们想起现实世界中的树。我们指定一个节点为树的*根*（root），与之相连的节点，称为它的*孩子*（children），画在它的下方或上方。没有孩子的节点称为*叶*（leaf）。对根节点的每个孩子，我们遵循相同的规则。这给了我们树的另一个定义，一个递归的定义：一棵树是一个结构，它有一个根节点和一组与之相连的节点，这些节点中每一个都是另一棵树的根。图3-3给出了一棵树。在左侧，树是向上生长的，像自然界中的

树。在右侧，同样是这棵树，是向下生长的。你将遇到的与计算机相关的大多数树都是向下生长的。

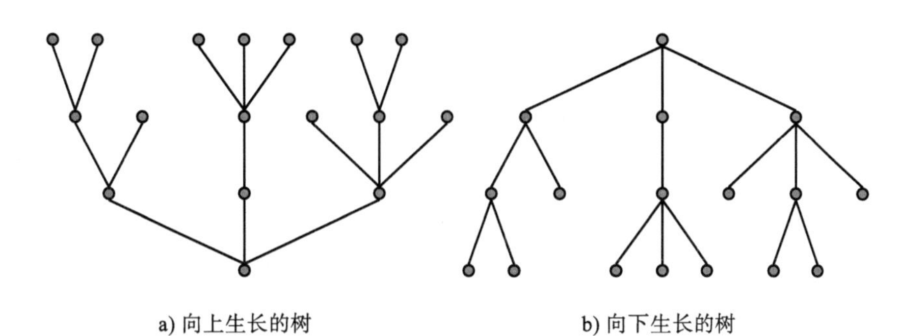

a) 向上生长的树　　b) 向下生长的树

图 3-3　向上和向下生长的树

66

一个节点的孩子数目称为它的度（degree）。现在我们来关注**二叉树**（binary tree）。一棵二叉树就是一棵每个节点最多有两个孩子的树，即每个节点的度至多为 2。一个准确的定义是：一棵二叉树是这样一种结构，它有一个根节点，最多有两个节点与之相连，其中每个节点是另一棵二叉树的根。

树是很有用的，不仅因为其结构，还因为每个节点都保存一些数据。数据是节点的载荷，而且与孩子节点的数据间具有某种联系。这种关系是层次化的，反映了树的层次化结构。

树是一种常见的数据结构，出现在很多不同的场景中。树支持很多操作，如插入节点、删除节点以及查找一个节点，但我们暂时只需要一个操作，即创建一棵有一个根和两个孩子的树：

- CreateTree(d, x, y) 接受一段数据 d 和两个节点 x, y，创建一个新节点，其载荷为 d，x, y 为其左、右孩子。然后函数返回新节点。x, y 都可以为 NULL，于是我们可以创建一棵有零个、一个或两个孩子的树。

树就是图，我们可以对其进行宽度优先遍历，访问每层的节点然后进入下一层，或者进行深度优先遍历，一直前进到叶节点然后回溯。树可以表示为图，但通常我们使用其他表示方式。常见的是链接表示，其中每个节点包含两个链接，指向两个孩子或 NULL。对于只有一个孩子的节点或叶节点，链接为 NULL。于是 CreateTree 操作就是创建一个节点，初始化其链接指向 x 和 y。

图 3-4 显示了如何用链接的节点表示二叉树。我们自底向上、从孩子节点到父节点来创建一棵树。则图中这棵树的左子树可通过下面操作创建出来：

$n_1 \leftarrow$ CreateTree(7，NULL，NULL)

$n_2 \leftarrow$ CreateTree(1，NULL，NULL)

$n_3 \leftarrow$ CreateTree(5，n_1，n_2)

继续这样做，我们就能构造出整棵树。

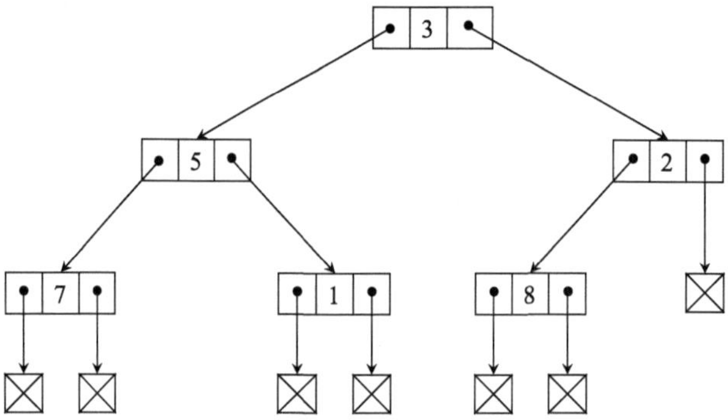

图 3-4　链接节点表示的二叉树

我们创建编码所需的下一个数据结构是*优先队列*（priority queue）。优先队列是这样一个数据结构，当我们在其中移除元素时，我们移除具有最大值或最小值的元素，取决于我们使用的是*最大优先队列*（max-priority）还是*最小优先队列*（min-priority）。在一个最大优先队列中，如果你移除一个元素，移除的将是具有最大值或者说是最高优先级的元素。如果你再移除一个元素，则会移除剩余元素中具有最大值的那个，即原来具有次高优先级的元素，依此类推。相反地，在一个最小优先队列中，你移除的是具有最低优先级的元素，然后是具有次低优先级的元素，依此类推。因此优先队列有如下操作：

67

- CreatePQ() 创建一个新的空优先队列。
- InsertInPQ(*pq*, *i*) 将元素 *i* 插入到优先队列 *pq* 中。
- FindMinInPQ(*pq*) 或 FindMaxInPQ(*pq*) 对最小优先队列返回队列中最小元素，或对最大优先队列返回最大元素。FindMinInPQ(*pq*) 和 FindMaxInPQ(*pq*) 仅返回最小或最大值，并不改变队列——返回的值仍在队列中。
- ExtractMinFromPQ(*pq*) 或 ExtractMaxFromPQ(*pq*) 对最小优先队列移除并返回队列中最小元素，对最大优先队列移除并返回最大元素。
- SizePQ(*pq*) 返回优先队列 *pq* 中的元素数。

68

3.3　赫夫曼编码

如果我们有一个最小优先队列可供使用，则能利用一棵二叉树来构建一个前缀编码。这种编码称为*赫夫曼编码*（Huffman code），是以戴维·A·赫夫曼的名字命名的，他在 1951 年设计了这个方案，当时还是一名研究生。我们将会看到，赫夫曼编码是一个高效的无损编码方案，它利用了我们要压缩的信息中符号的频率。

我们从一个优先队列开始，其元素是一些二叉树。这些二叉树的每个叶节点包含一个字母及其在文本中的频率。初始时每棵二叉树都包含单一节点，因此这个节点既是叶也是根。对之前遇到的单词“effervescence”，我们作为开始的优先队列如图 3-5 的第 1 行所示，其中最小值在左边。

我们两次取队列的最小元素。这是两棵具有最小频率的单节点树，对应字母 R 和 N。然后我们创建一棵新的二叉树，为其创建一个新的根节点，其孩子是我们从优先队列中取出的两棵树。新树的根节点的频率设置为字母 R 和 N 的频率之和，表示两个字母的组合频率。我们将新创建的树放入队列中，如图 3-5 第 2 行所示。我们对接下来两个节点 V 和 S 重复上面步骤，如第 3 行所示。然后我们组合在前两个步骤创建的两棵树，创建出一棵包含所有四个节点 R, N, S, V 的树。我们重复这样的过程直至最终所有节点都放入同一棵树中。

算法 3-1 描述了这一过程。我们传递给算法一个优先队列。其中每个元素都是一棵单元素的树，包含一个字母及其频率。在算法中，我们假定已有一个函数 GetData(*node*) 返回保存在节点中的数据。在本例中数据是保存在每个节点中的频率。只要优先队列包含不止一个元素（第 1 行），算法就从优先队列中提取两个元素（第 2 行和第 3 行），将它们的频率相加（第 4 行），创建一棵新的二叉树，将频率和作为根，两个元素为其孩子（第 4 行），并将这棵树加回队列中（第 6 行）。在算法结束时，优先队列包含单一二叉树，它指明了我们的编码，我们将它从队列中提取出来并返回给调用者（第 7 行）。为了得到一个字母的编码，我们从根节点遍历到此字母对应的叶节点。每当我们向左走时，就将 0 放入编码中，向右走时将 1 放入编码中。得到的 0/1 序列就是此字母的赫夫曼编码。因此在本例中，E 的编码为 0，F 为 100，C 为 101，其他字母依此类推，最终我们填好了表 3-7。你可以在图 3-6 中看到这些路径。

69

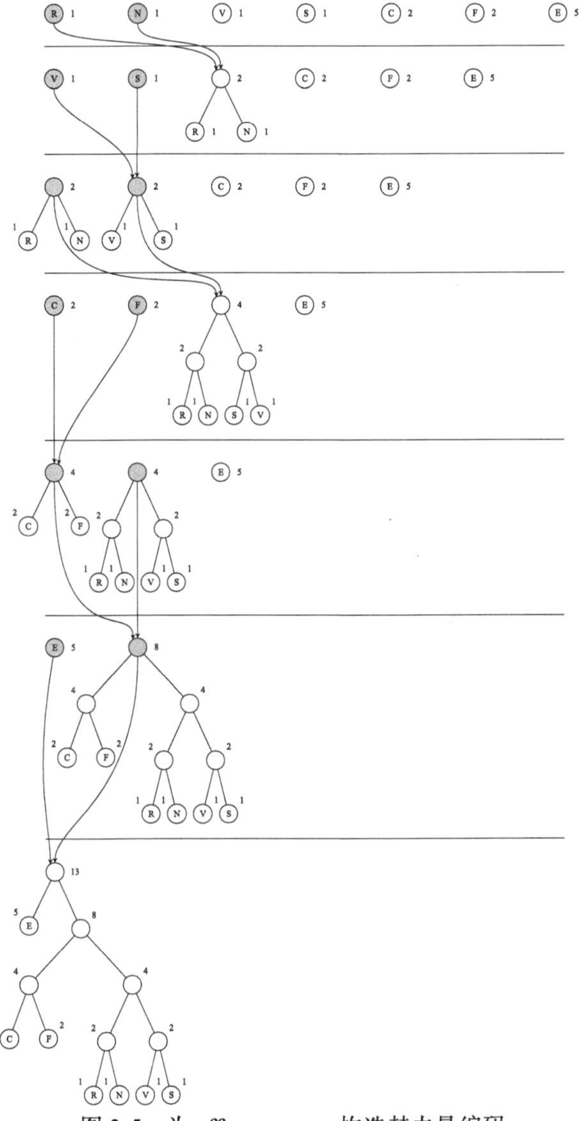

图 3-5 为 effervescence 构造赫夫曼编码

70

算法3-1 创建赫夫曼编码

```
CreateHuffmanCode(pq) → hc
    输入：pq，一个优先队列
    输出：h，表示赫夫曼编码的二叉树
1   while Size(pq) > 1 do
2       x ← ExtractMinFromPQ(pq)
3       y ← ExtractMinFromPQ(pq)
4       sum ← GetData(x) + GetData(y)
5       z ← CreateTree(sum, x, y)
6       InsertInPQ(pq, z)
7   return ExtractMinFromPQ(pq)
```

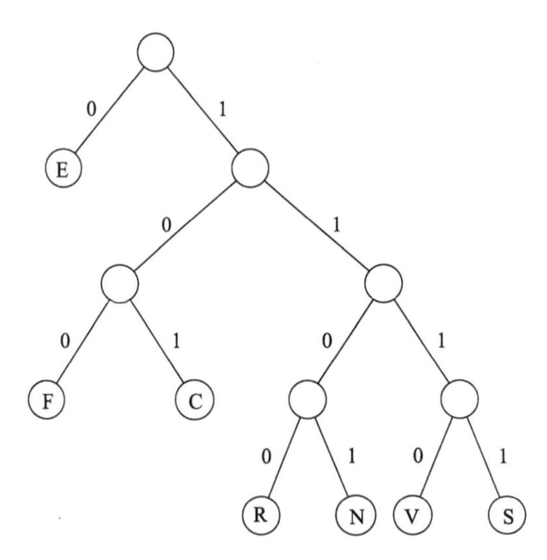

图 3-6　effervescence 的赫夫曼编码

注意，为了用赫夫曼编码压缩一个字符串，我们需要两次扫描它，因此这是一个*两遍扫描*（two-pass）算法。首先我们需要扫描字符串、测量字母的频率并构造其赫夫曼树。然后再次扫描它并用赫夫曼编码对每个字母进行编码，编码结果就是压缩的文本。

为解压已用哈夫曼编码压缩的数据，我们需要在压缩过程中就已使用的赫夫曼编码树。这棵树应该作为压缩文件的一部分保存起来。我们首先从文件提取赫夫曼编码树（我们应该以某种已知的约定好的格式保存它），然后开始读取文件的剩余部分，当作一个比特序列进行处理。我们自顶向下访问赫夫曼编码树，根据从文件中读取的比特确定访问路径。每当我们到达一个叶节点，就输出一个字母并回到赫夫曼编码树的根，然后从文件读取下一个比特。

例如，如果我们需要解压一个二进制比特序列 010010001100111001111101011011010，其赫夫曼树如图 3-6 所示，则我们从树的根节点开始。读取比特 0，它令我们来到字母 E，这是输出的第一个字母。我们回到树的根节点，读取比特 1，它令我们来到右子树，然后是两个 0，令我们来到字母 F，这是输出的第二个字母。我们再回到树的根节点，重复上述步骤，直至处理完所有剩余比特。

算法 3-1 使用了优先队列，其内容是二叉树。你现在有资格提问了，优先队列是如何完成这些魔法的？我们如何令 ExtractMinFromPQ(*pq*) 和 InsertInPQ(*pq*，*i*) 正确工作？

71

优先队列可实现为树。为理解这一点，首先考虑图 3-7 中的两棵树。它们都是二叉树，同样具有 11 个节点。但左边这棵比右边的更深。对于 11 个节点的二叉树来说，右边这棵树是层数最小的。一棵具有最小层数的树称为*完全树*（complete tree）。在一棵二叉树中，我们称其最底层上的最右节点为其*最后节点*（last node）。

优先队列用一种称为堆（heap）的数据结构实现。堆是完全二叉树，其中每个节点都大于或等于或者小于或等于其孩子。*最大堆*（max-heap）是一棵二叉树，其中每个节点的值都大于或等于其孩子的值。这意味着堆的根是树的所有节点中值最大的那个。相反地，如果一棵二叉树中每个节点的值都小于或等于其孩子节点的值，我们称它是一个*最小堆*（min-heap）。在一个最小堆中，根具有树中最小值。因此最小优先队列可用最小堆实现。

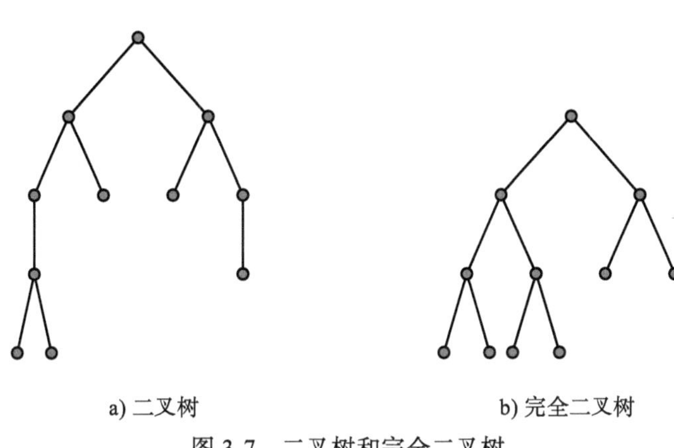

a) 二叉树　　b) 完全二叉树

图 3-7　二叉树和完全二叉树

可以将最小堆想象为一组有重量的节点，漂浮在液体中。更重的节点会降到较轻的节点下面。为了向一个最小堆中添加一个节点，我们将其添加到最低一层，令其成为最后节点。如果它小于其父节点，就会浮上去，与其父节点交换位置。如有必要，重复此过程，直到节点浮到恰当的位置。恰当的位置可能是根节点，也可能是下面的某个位置——如果我们找到一个更轻的节点的话，它会成为新节点的父节点。算法 3-2 描述了此方法。图 3-8 展示了一个例子。在算法中，我们假定已有函数 AddLast(*pq*，*c*) 可将节点 *c* 添加到优先队列 *pq* 作为其最后节点，函数 Root(*pq*) 返回优先队列的根，函数 Parent(*c*) 返回优先队列中节点 *c* 的父节点，GetData(*x*) 返回节点 *x* 中保存的数据，以及 Exchange(*pq*，*x*，*y*) 交换树中节点 *x* 和 *y* 的值。注意重点：我们希望交换节点的值而非节点本身。交换节点本身需要将要移动的节点及其所有子树放到新的位置。在算法的第 1 行中，我们将元素添加到队列的末尾。然后第 2～5 行的循环将其提升到恰当的位置。只要元素还未到达树的根节点且它的值小于其父节点（第 2 行），它就会继续上升。如果这些条件成立，我们交换元素与其父节点的值（第 3～5 行）。为此，我们使用 *p* 指向节点 *c* 的父节点（第 3 行），我们在第 4 行调用 Exchange(*pq*，*c*，*q*)，并在第 5 行令 *c* 指向 *p*（*c* 的父节点）。通过最后一个操作，我们令元素在树中上升一层。

72

算法3-2 优先队列，最小堆插入算法

```
InsertInPQ(pq, c)
    输入：pq，一个优先队列
          c，要插入队列的一个元素
    结果：元素c被添加到pq
1   AddLast(pq, c)
2   while c ≠ Root(pq) and GetData(c) < GetData(Parent(c)) do
3       p ← Parent(c)
4       Exchange(pq, c, p)
5       c ← p
```

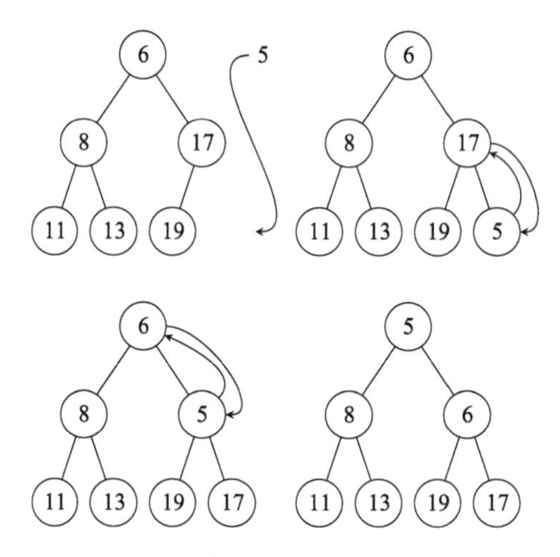

图 3-8 优先队列中的插入过程

从一个优先队列中提取最小值的方法类似。我们取出队列的根，根据最小堆的定义，它是具有最小值的节点。然后我们将最后节点放到根的位置。如果它小于孩子节点，则我们完成了任务。否则，将它下沉一层：我们将它与两个孩子中较小的那个进行交换。我们重复这一过程，直至发现它小于孩子节点，或到达树的底部。算法 3-3 描述了这一方法，图 3-9 显示了算法的运转过程。我们引入了几个新函数，即 ExtractLastFromPQ(*pq*) 提取优先队列 *pq* 的最后元素，Children(*i*) 返回一个节点的孩子 HasChildren(*i*)，如果节点有孩子它返回 TRUE，否则返回 FALSE，以及 Min(*values*) 返回传递给它的节点中值最小的那个。

73

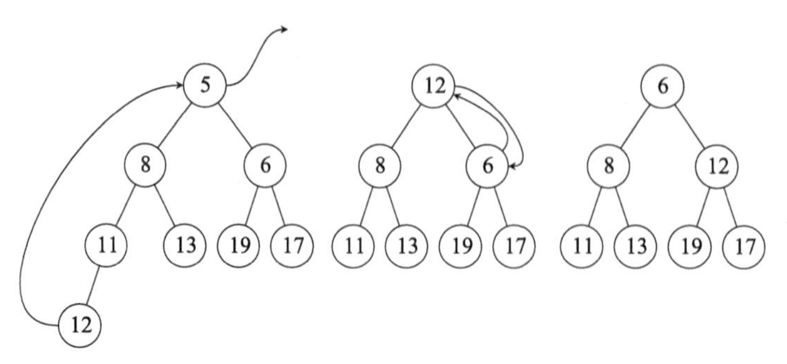

图 3-9 优先队列中最小值的提取过程

算法3-3 优先队列，最小堆提取算法

```
ExtractMinFromPQ(pq) → c
    输入：pq，一个优先队列
    输出：c，队列的最小元素
1   c ← Root(pq)
2   Root(pq) ← ExtractLastFromPQ(pq)
3   i ← Root(pq)
4   while HasChildren(i) do
5       j ← Min(Children(i))
6       if GetData(i) < GetData(j) then
7           return c
8       Exchange(pq, i, j)
9       i ← j
10  return c
```

ExtractMinFromPQ 开始将优先队列的根放入变量 c 中（第 1 行）。这是我们要从队列提取的最小值。算法的完整工作是在最小值被移除后重构队列，使得它仍保持是一个最小堆。我们将最后元素放到根的位置（第 2 行）并将新的临时根放在变量 i 中（第 3 行）。第 4～9 行的循环将 i 送到恰当的位置。若 i 有孩子（第 4 行），算法获得孩子节点并求它们中最小者，比如说 j（第 5 行）。如果 j 的值不小于 i 的值，则算法结束，重构完成，我们在第 7 行返回 c。否则，i 的值必须与 j 的值交换位置（第 8 行），且 i 必须指向 j（第 9 行）。如果我们是因为到达树的底部而退出循环，则我们返回 c（第 10 行）。

74

75

这些算法还剩最后一件事。在算法 3-2 和 3-3 中我们提到了一些辅助函数。如果我们用一个数组实现优先队列（堆的根节点在数组索引 0 处），这些辅助函数很容易编写。采用这种存储方式，每个节点 i 的左孩子就在 $2i+1$，右孩子在 $2i+2$，如图 3-10 所示。反过来，如果我们在节点 i，其父节点的位置就在 $[(i-1)/2]$，其中 $[x]$ 为数 x 的整数部分（或称向下取整（floor））。如果优先队列有 n 个元素，则为了检查位置 i 处的节点是否有孩子，我们只需检查是否 $2i+1 < n$。最终，为了提取 n 个元素的优先队列的最后元素，我们只需取数组的第 n 个元素并将队列的大小减 1。记住，我们说过树的常用表示方式是链接结构。常用不意味着总是这样，在这里我们的确看到用数组表示堆（也是树）更为方便。

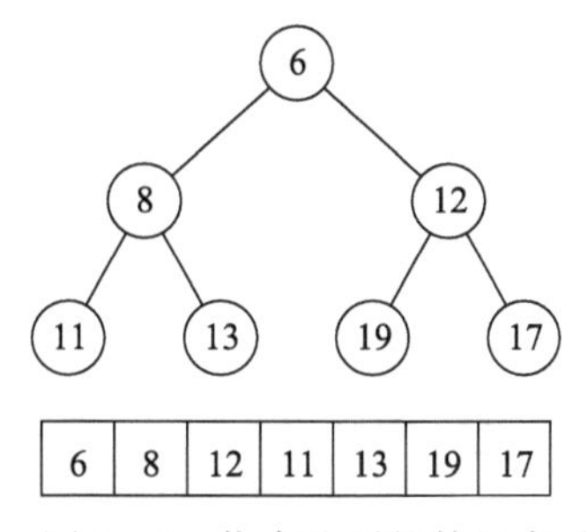

图 3-10　优先队列的数组表示

这样，为了创建一个赫夫曼编码，我们使用了树的两种不同表示方式。我们用数组表示实现优先队列的那棵树，用链接方式表示包含赫夫曼编码的树。图 3-5 上方那些行可用数组

实现，数组元素是链接的树。

这个算法是构造赫夫曼编码的高效算法吗？如果回到算法 3-1，你可以看到循环恰好执行了 $n-1$ 次，n 是我们要编码的字符数。其原因是，在每步迭代，我们进行两次提取和一次插入，因此优先队列的大小减少了 1。当优先队列只有一个元素时迭代停止。初始时它有 n 个元素，每个元素对应一个我们要编码的字符，因此经过 $n-1$ 步迭代队列的大小将等于 1，我们可返回这个唯一元素。

76

现在我们必须分析插入和提取的复杂度。在算法 3-2 中，一次插入操作需要的迭代步数最多与堆的深度相等。由于堆是一个完全二叉树，这个值是队列大小的以 2 为底的对数，即 $\lg(n)$，这是因为从一个节点到其父节点需要将位置编号除以 2，每上升一层我们都需要做这样一次运算知道树的顶端到达根节点。类似地，在算法 3-3 中，一次提取操作需要的迭代步数也是最多与堆的深度相等。总体而言，一个赫夫曼编码的构造可能花费 $n-1$ 乘以两次提取和一次插入的时间，或者说 $O((n-1)3\lg(n))$ 与 $O(n\lg(n))$ 是相等的。

3.4　伦佩尔 – 齐夫 – 韦尔奇压缩算法

赫夫曼编码背后的思想是对常见项使用更短的编码，对出现不频繁的项使用更长的编码。假如我们不是变化项的编码长度，而是变化*要编码的项*的长度，将会怎样呢？这就是伦佩尔 – 齐夫 – 韦尔奇（Lempel-Ziv-Welch，LZW）压缩算法背后的思想，这个算法是由亚伯拉罕・伦佩尔、雅各布・齐夫和特里・韦尔奇发明的，它是一种高效且非常易于实现的算法。

假定我们有一个用 ASCⅡ 编码的文本。如我们已经看到的，这需要每个字符用 7 个比特表示。此时我们向相反的方向走一点儿，对编码使用更多的比特：比如说，我们用 8 个比特而不是最少所需的 7 个比特来编码每项。这看起来有些疯狂，但疯狂中也有好方法。使用 8 个比特我们可以表示 $2^8=256$ 个不同的项。我们使用从 0x00(0) 到 0x7F(127) 这些数表示 ASCⅡ 字符（回忆表 3-1）。然后还有从 0x80(128) 到 0xFF(255) 这些数可用来表示我们想要表示的其他任何东西。我们将使用这 128 个数表示 2 个、3 个或更多个字符的序列，而不是只表示一个字符。2 个字母的序列被称为*二元组*（bigram），3 个字母的序列被称为*三元组*（trigram），更长的序列命名为其长度加上后缀“gram”，例如“四元组”（four-gram），一般序列我们称为 *n 元组*（*n*-gram）。如果 n 元组只包含单一项，我们称之为*一元组*（unigram）。因此，我们可以说从 0 到 127 的数将用来表示一元组，而从 128 到 255 的数用来表示大小大于 1 的 n 元组，即非一元组的 n 元组。

表示哪些 n 元组呢？我们预先并不知道哪些 n 元组会出现在文本中。对一个包含 26 个字母的字母表，共有 $26\times 26=26^2=676$ 种可能的二元组，$26^3=17576$ 种三元组以及 26^n 种 n 元组。我们只能选择其中一个小的子集。特别是，我们将在扫描待压缩文本的过程中寻找 n 元组。这意味着我们是在压缩进程中逐步地构造编码：我们将在一遍扫描中同时完成压缩编码的构造和数据的压缩，这是一个很优雅的方式。

77

让我们通过一个例子来看看如何做这样一个压缩过程。假定我们希望压缩短语“MELLOW YELLOW FELLOW”。如前所述，开始时我们决定对每个一元组，即我们会遇到的每个单一字符，用一个 8 比特数表示。低七个比特对应字符的 ASCⅡ 编码。最左比特为 0。我们将使用一个表保存从项到数值的映射。

78

在图 3-11 中你可以看到顶部的表 t 包含了这些映射。简洁起见，我们只显示了大写 ASCⅡ 字符和空格（␣）。在它下面，我们在每行中显示了逐字符读取短语的过程。当前字符周围有一个边界。

t = {…, ␣: 32, …,
A: 65, B: 66, C: 67, D: 68, E: 69, F: 70, G: 71, H: 72, I: 73
J: 74, K: 75, L: 76, M:77, N: 78, O: 79, P: 80, Q: 81, R: 82
S: 83, T: 84, U: 85, V: 86, W: 87, X: 88, Y: 89, Z: 90, …}

输出	文本	插入
	M E L L O W ␣ Y E L L O W ␣ F E L L O W	
M ◁ 77	M E L L O W ␣ Y E L L O W ␣ F E L L O W	{ME: 128 }→t
E ◁ 69	M E L L O W ␣ Y E L L O W ␣ F E L L O W	{EL: 129 }→t
L ◁ 76	M E L L O W ␣ Y E L L O W ␣ F E L L O W	{LL: 130 }→t
L ◁ 76	M E L L O W ␣ Y E L L O W ␣ F E L L O W	{LO: 131 }→t
O ◁ 79	M E L L O W ␣ Y E L L O W ␣ F E L L O W	{OW: 132 }→t
W ◁ 87	M E L L O W ␣ Y E L L O W ␣ F E L L O W	{W␣ 133 }→t
␣ ◁ 32	M E L L O W ␣ Y E L L O W ␣ F E L L O W	{␣Y: 134 }→t
Y ◁ 89	M E L L O W ␣ Y E L L O W ␣ F E L L O W	{YE : 135 }→t
	M E L L O W ␣ Y E L L O W ␣ F E L L O W	
EL ◁ 129	M E L L O W ␣ Y E L L O W ␣ F E L L O W	{ELL: 136 }→t
	M E L L O W ␣ Y E L L O W ␣ F E L L O W	
LO ◁ 131	M E L L O W ␣ Y E L L O W ␣ F E L L O W	{LOW: 137 }→t
	M E L L O W ␣ Y E L L O W ␣ F E L L O W	
W␣ ◁ 133	M E L L O W ␣ Y E L L O W ␣ F E L L O W	{W␣F: 138 }→t
F ◁ 70	M E L L O W ␣ Y E L L O W ␣ F E L L O W	{FE: 139 }→t
	M E L L O W ␣ Y E L L O W ␣ F E L L O W	
	M E L L O W ␣ Y E L L O W ␣ F E L L O W	
ELL ◁ 136	M E L L O W ␣ Y E L L O W ␣ F E L L O W	{ELLO: 140 }→t
	M E L L O W ␣ Y E L L O W ␣ F E L L O W	
OW ◁ 132	M E L L O W ␣ Y E L L O W ␣ F E L L O W	

图 3-11 LZW 压缩

在图中第 1 行，我们读取一个字符，也是一个一元组“M”。我们检查“M”是否在表中，答案是肯定的。我们并不立即输出其数值，而是稍等一下，看看它是否是表中一个更长的 *n* 元组的开始。现在表中是没有更长的 *n* 元组的，但这是一个总体上的逻辑，我们会统一地应用这一策略。

在图中第 2 行，我们读取字符“E”。我们现在有了二元组“ME”。在图中，我们自始至终用灰色背景表示字符是已在表中的 *n* 元组的一部分。我们检查“ME”是否在表中——它不在。于是我们输出表中存在的 *n* 元组“M”的值 77，并将新二元组“ME”插入表中，为它指派下一个可用数值，即 128。我们使用符号◁表示输出。你可以把它想象为一个理想化的喇叭。我们将压缩输出显示在图的左侧：M ◁ 77 的意思是我们输出 77 来表示“M”。我们在表的右侧显示插入映射表的操作：{ME ：128} → *t* 的意思是我们将 128 插入表 *t* 中作为“ME”的编码。从现在开始，如果我们在后面文本的某处遇到“ME”，就会输出 128，表示两个字符。由于我们已经输出了“M”的编码，不再需要这个 *n* 元组了。我们只保留最后读取的字符“E”，作为下一个 *n* 元组的开始。一如以往，“E”是表中存在的一元组，但我们希望查找以“E”开始的更长的 *n* 元组。

在图中第 3 行，我们读取字符“L”。它扩展了“E”，生成二元组“EL”。此二元组不在表中，因此我们输出“E”的值 69，将“EL”插入到表中，编码为 129，并保留字母“L”作为下一个 *n* 元组的开始。

我们继续按照完全相同的方法进行压缩，即使在“MELLOW”末尾遇到空格时也是如此。二元组“W␣”不在表中，因此我们输出“W”的编码，并将“W␣”的映射插入表中。我们丢弃“W”并从“YELLOW”中读出“Y”，形成二元组“␣Y”，它不在表中，于是我们输出空格的编码，丢弃空格，读出“E”形成一个新的二元组“YE”。

现在，请注意当我们读出“YELLOW”中第一个“L”时会发生什么。当前的 n 元组是“EL”。当检查它是否在映射表中时，我们发现它确实在，因为之前已经将其插入到表中。于是我们可以尝试将此 n 元组扩展一个字符，为此我们读出第二个“L”。我们得到了三元组“ELL”，它不在表中，于是我们将其插入到表中，其值为136。然后我们输出二元组“EL”的值（129），丢弃它，并开始一个新的 n 元组“L”，即我们最后读出是字符。

我们的总体逻辑是：读取一个字符，用它扩展当前的 n 元组，如果得到的 n 元组在映射表中，重复这一过程，读取下一个字符；否则，将新 n 元组插入表中，输出前一个 n 元组的编码，开始一个新的 n 元组——即刚刚读取的那个字符；重复上述过程，读取下一个字符。简而言之，我们尝试编码尽可能长的 n 元组。每次当我们遇到一个未曾见过的 n 元组时，为其指派一个编码，使得下次遇到它时我们能使用此编码。之后，我们会编码一组 n 元组，希望它们随后在文本中出现很多次，于是我们就能节省表示信息所需的空间。这一思想在实践中是有效的：找到的 n 元组确实在文本中反复出现，我们的确能节省空间。

在我们的例子中，短语的长度为20个字符，因此用ASCⅡ表示的话需要 $20\times7=140$ 个比特。而使用每个编码8比特的LZW压缩方法，短语被编码为[77，69，76，76，79，87，32，89，129，131，133，70，136，132]，包含14个8比特长的数，总共占用 $14\times8=112$ 比特。我们将短语压缩为原大小的80%。

你可能反驳说，考虑到短语“YELLOW MELLOW FELLOW”是一个人造短语，比一般3个单词的短语包含更多的重复 n 元组，因此80%的压缩率不那么令人印象深刻。这是事实，但我们选择这个短语是因为它能在这么短的文本中展示算法的工作机制。我们对初始字母表使用了七个比特，对每个编码使用了八个比特。在实际应用中，我们会使用更长的编码，以便能容纳更大的字母表和更多的 n 元组，比如说8比特的字母表和12比特的编码。于是从0到255的编码就表示单个字符，从256到4095的值就用来表示 n 元组。在更长的文本中，出现重复 n 元组的几率更大，n 元组也会变得越来越长。如果我们使用这种参数设置的LZW来压缩James Joyce的Ulysses一书，会将文本的大小减少到原大小的41%。在图3-12中，你可以看到在压缩过程中得到的 n 元组的分布。大多数 n 元组长度为3个或4个字符，但也存在一个长度甚至为10的 n 元组（“Stephen's␣”）和两个长度为9的 n 元组（“Stephen␣b”和“Stephen's”）。Stephen Dedalus是这本书中的一个主要角色。

算法3-4显示了LZW算法。算法假定我们有一个如前所述的映射表，允许我们查找字符串对应的数值以及插入新的字符串到数值的映射。这样一个表可用一种称为映射（map）、字典（dictionary）或是关联数组（associative array）的数据结构实现。称它为映射是因为它将称为关键字（key）的项映射到对应的值。而这类似于我们在字典中查找东西，其中关键字为单词，其值为单词定义，虽然计算机中字典的关键字不必是单词，值也不必是单词定义。称它是关联数组的原因是其工作方式类似数组，但并不是为每个数值索引关联一个值，而是可以为任何东西，例如一个字符串关联一个值。由于这种保存与项关联的值的需求经常出现，因此在计算机程序中映射很常用。我们将在第13章更多地讨论映射及其工作机制。特别重要的是，通过使用映射，我们可以在常量时间 $O(1)$ 内完成查找和插入操作，这与普通数组一样快。但现在了解映射的基本操作就够了。在LZWCompress中，我们用到映射的如下函数：

79 80 81

- CreateMap() 创建一个新的空的映射。
- InsertInMap(*t*, *k*, *v*) 将项 *k* 插入映射 *t* 中，其值为 *v*。图 3-11 中的符号 {ME：128} → *t* 的意思是调用 InsertInMap(*t*, "ME", 128)。
- Lookup(*t*, *k*) 在映射 *t* 中执行一个查找项 *k* 的操作。如果存在，它返回与其关联的值 *v*；否则，就返回 NULL。图 3-11 中的符号 OW ⊲ 132 的意思是调用 Lookup(*t*, "OW") 返回值 132。

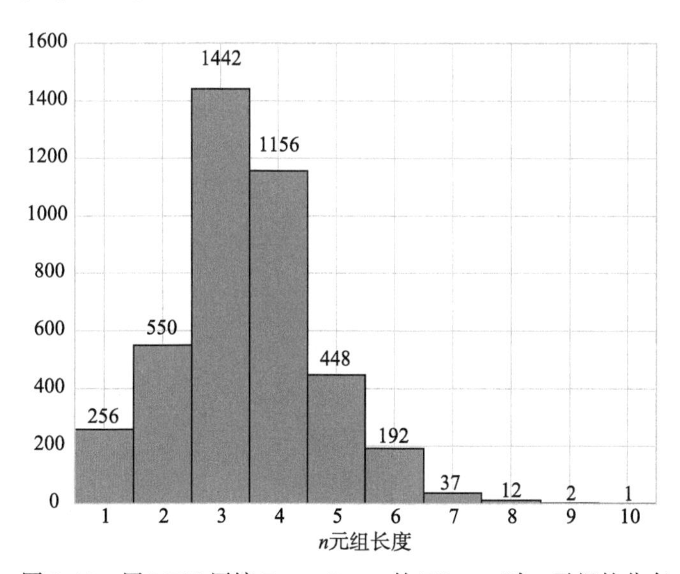

图 3-12 用 LZW 压缩 James Joyce 的 *Ulysses* 时 *n* 元组的分布

LZWCompress 对字符串进行操作，因此我们还需要一些字符串处理功能。函数 CreateString 创建一个新的空字符串。如果我们有两个字符串 *a* 和 *b*，可以用加法符号将它们连接起来：*a*+*b*。如果我们有一个字符串，则可用一个 **foreach** 语句遍历字符串中所有字符。最后，我们可用 |*a*| 得到字符串 *a* 的长度。

算法接受的输入包括一个要压缩的字符串 *s*、用来编码每项的比特数 *nb* 以及我们要压缩的字符串的字母表大小 *n*。我们在开始的第 1～6 行为算法的主要部分进行重要的初始化工作。我们创建一个空链表 *compressed*，它将包含压缩结果（第 1 行）。可能的编码值为 0 到 $2^{nb}-1$，我们在第 2 行将其保存在 *max_code* 中。在我们的例子中，编码值从 0 到 255，因为我们对每个编码使用 8 个比特，因此 *max_code* 被设置为 255。接下来，我们在第 3 行中创建一个空映射 *t*。在第 4～6 行的循环中向 *t* 插入形如 *k*：*v* 的关联对，其中 *k* 是单字母字符串，*t* 是对应的数值编码。为此，我们使用函数 Char(*i*)，它返回 ASCⅡ值为 *i* 的 ASCⅡ字符。例如 Char(65) 返回字符 "A"。我们在第 6 行将要插入表中的下一项的编码保存在变量 *code* 中。在初始时它等于字母表的大小。在我们的例子中，*code* 被设置为 128。在第 6 行结束时，我们已经填好了映射表，如图 3-11 顶部所示，我们已准备好向表中插入新的映射。

我们将使用 *w* 保存已经读取且已确定包含在表中的 *n* 元组。此 *n* 元组在图 3-11 中用灰色背景的字符表示。初始时我们还没有任何 *n* 元组，于是在第 7 行将其设置为一个空字符串。我们还使用一个指针 *p* 指向链表 *compressed* 的最后一项。初始时它是一个空链表，因此指针为 NULL（第 8 行）。然后真正的压缩工作开始，即第 9～20 行的循环。对待压缩字符串 *s* 中的每个字符 *c*（第 9 行），我们将其附加到当前 *n* 元组的末尾形成一个 *n* 元组 *wc*（第

82

10行)。我们尝试在映射中查找它(第11行)。如果新的n元组在映射中(第12行),我们尝试寻找一个更长的n元组,因此将w设置为wc(第13行)并重复循环。

算法3-4 LZW压缩

```
LZWCompress(s, nb, n) → compressed
    输入: s,一个待压缩字符串
          nb,表示一个项所用的比特数
          n,字母表中项数
    输出: compressed,保存LZW压缩算法表示s的数值的链表
1   compressed ← CreateList()
2   max_code ← 2^nb − 1
3   t ← CreateMap()
4   for i ← 0 to n do
5       InsertInMap(t, Char(i), i)
6   code ← n
7   w ← CreateString()
8   p ← NULL
9   foreach c in s do
10      wc ← w + c
11      v ← Lookup(t, wc)
12      if v ≠ NULL then
13          w ← wc
14      else
15          v ← Lookup(t, w)
16          p ← InsertInList(compressed, p, v)
17          w ← c
18          if code ≤ max_code then
19              InsertInMap(t, wc, code)
20              code ← code + 1
21  if |w| > 0 then
22      InsertInList(compressed, p, v)
23  return compressed
```

如果新的n元组不在映射中(第14行),我们查找当前n元组w(第15行),我们知道它在映射中。我们是如何知道这一点的?因为在上一步迭代中,只有在我们已经确认wc包含在表t中之后,才会在第13行将wc赋予w令w变长。

我们将w的编码插入到链表*compressed*的末尾(第16行)。注意,InsertInList返回执行新插入项的指针,因此p将指向新的链表尾,这令我们在刚刚新插入的项之后可以在下一次调用中将下一个编码值附加到链表尾。

做完这些之后,我们已经处理完w,因此丢弃其内容,将其重置为读取的最后一个字符(第17行),以便为下一步循环做准备。在此之前,我们将扩展的n元组wc保存到映射表中,如果可能的话——即我们还未用光所有可能编码(第18行)。如果是这样的话,我们将它插入到t中(第19行),并增大将用来编码下一个n元组的数值(第20行)。

第21～22行处理的情况是:当我们正处在寻找一个更长的n元组的过程中时,发现已

经到了待压缩文本的末尾。这就是图 3-11 最后一行所发生的情况。此时我们简单地输出当前 n 元组的编码，压缩结束。

为了解压一个用 LZW 压缩的消息，我们使用相反的过程。给定的输入是一个编码序列，我们希望推导出编码背后的文本。在开始时，除了一元组的编码之外，我们不知道 n 元组已被哪些数值所编码，即我们在压缩过程开始使用的原始映射表简单翻转过来。

如果我们回到图 3-11，就会看到每当我们输出一些东西时，就会用输出内容和读取的下一个字符创建一个新的 n 元组。因此，为了重建编码表的逆表，我们必须记录输出内容，读取下一个字符，找到对应的编码值，并由上一步的输出和刚刚找到的解码值的首字符构成新的 n 元组，将其插入表中。

83~84

在图 3-13 中我们可以看到解压过程。在顶部是解码表 dt 的初始状态。在每一行中，我们读取一个编码值，然后在解码表中查找它。我们必须仔细行事，使得随着压缩进行，能将遇到的 n 元组的编码填入解码表中。在第 1 行，我们没什么事可做，因为只有一元组。但从第 2 行开始向前，我们必须用上一步的输出和当前输出的首字母构成 n 元组，将其插入解码表中。这样，解码表能跟上输入的脚步，当我们读入编码时，比如说编码 129，能在解码表中成功地找到它，因为我们之前已经将其插入到解码表中。

dt = {..., 32:␣, ...,
65: A, 66: B, 67: C, 68: D, 69: E, 70: F, 71: G, 72: H, 73: I
74: J, 75: K, 76: L, 77: M, 78: N, 79: O, 80: P, 81: Q, 82: R
83: S, 84: T, 85: U, 86: V, 87: W, 88: X, 89: Y, 90: Z, ...}

77 ◁ M	**77**	69	76	76	79	87	32	89	129	131	133	70	136	132	
69 ◁ E	77	**69**	76	76	79	87	32	89	129	131	133	70	136	132	{128: ME}↦ dt
76 ◁ L	77	69	**76**	76	79	87	32	89	129	131	133	70	136	132	{129: EL}↦ dt
76 ◁ L	77	69	76	**76**	79	87	32	89	129	131	133	70	136	132	{130: LL}↦ dt
79 ◁ O	77	69	76	76	**79**	87	32	89	129	131	133	70	136	132	{131: LO}↦ dt
87 ◁ W	77	69	76	76	79	**87**	32	89	129	131	133	70	136	132	{132: OW}↦ dt
32 ◁ ␣	77	69	76	76	79	87	**32**	89	129	131	133	70	136	132	{133: W␣}↦ dt
89 ◁ Y	77	69	76	76	79	87	32	**89**	129	131	133	70	136	132	{134: ␣Y}↦ dt
129 ◁ EL	77	69	76	76	79	87	32	89	**129**	131	133	70	136	132	{135: YE}↦ dt
131 ◁ LO	77	69	76	76	79	87	32	89	129	**131**	133	70	136	132	{136: ELL}↦ dt
133 ◁ W␣	77	69	76	76	79	87	32	89	129	131	**133**	70	136	132	{137: LOW}↦ dt
70 ◁ F	77	69	76	76	79	87	32	89	129	131	133	**70**	136	132	{138: W␣F}↦ dt
136 ◁ ELL	77	69	76	76	79	87	32	89	129	131	133	70	**136**	132	{139: LOW}↦ dt
132 ◁ OW	77	69	76	76	79	87	32	89	129	131	133	70	136	**132**	{140: ELLO}↦ dt

图 3-13 LZW 压缩

但解码表能一直跟上我们读取的当前编码的脚步，以便我们能在表中找到它吗？在我们的例子中，我们查找的每个 n 元组都是在几步（几行）之前就插入到了解码表中。这是因为在镜像的情况下（压缩过程中），对应 n 元组的编码也是在几步之后创建的。在压缩过程中，如果我们为一个 n 元组创建了一个编码并恰好在下一个步骤立即输出它，会发生什么？

85

这是临界情况（corner case）的一个例子。临界情况是算法或计算机程序处理的极端情况。因为临界情况可能不是那么典型，因此测试算法在临界情况下的表现总是一个好主意。

其遵循的原则是：当我们检查产品中的错误时，必须对临界情况格外警惕。例如，我们的程序对一组值可能工作得很好，但可能对最小值或最大值就失效了。这就是潜藏在临界情况中的一个错误。

如前所述，LZW 压缩算法中的临界情况发生在压缩过程中，当我们创建一个 n 元组并立即输出其编码时。图 3-14a 展示了这种情况，此时我们在压缩字符串“ABABABA”。我们编码了“AB”，然后是“BA”，再然后是“ABA”，它们的编码都是我们紧接着就输出的。压缩结果是链表 [65，66，128，130]。

如果我们要解压链表 [65，66，128，130]，则我们从数值 65 开始，根据表 dt，它对应字符串“A”，参见图 3-14b。然后我们取出数值 66，它对应“B”。我们将二元组“AB”添加到解码表中，对应的值为 128。接下来我们从链表中取出 128，它被解压为“AB”。到目前为止一切都好，虽然我们刚刚才将“AB”添加到解码表中。我们最后取出数值 130。现在事情就不那么好了，因为 130 还被插入到解码表中。

为了弄清应如何处理这种情况，我们需要稍微退回压缩过程，记住，这种情况只发生在压缩过程中我们编码了一个 n 元组并立即输出其编码时。假定我们已经读取了字符串 $x[0]x[1]\cdots x[k]$，且已在编码表中找到了它。然后我们读取 $x[k+1]$，但在编码表中找不到 $x[0]x[1]\cdots x[k]x[k+1]$。我们通过其编码压缩 $x[0]x[1]\cdots x[k]$，然后创建 $x[0]x[1]\cdots x[k]x[k+1]$ 的新编码。如果我们压缩的下一个 n 元组就是 $x[0]x[1]\cdots x[k]x[k+1]$，这只有当输入字符串是下面形式时才会发生这种情况：

$$\cdots x[0]\quad x[1]\cdots x[k]\quad x[k+1]$$
$$x[0]\quad x[1]\cdots x[k]\quad x[k+1]\cdots$$

即 $x[0]=x[k+1]$，且新创建的 n 元组等于前一个 n 元组末尾附加其首字符。这就是图 3-14 中发生的情况。

86

让我们回到解压过程，当遇到一个编码值还未进入解码表的情况时，我们可以向解码表插入新的一项，其关键字等于最后插入的 n 元组末尾附加其首字符。然后就可以输出这个新创建的 n 元组。在我们的例子中，当读出 130 时，我们注意到它还不在解码表中。我们刚刚将“AB”插入到了解码表中。因此我们将“A”附加在“AB”的末尾，创建出“ABA”，将其插入到解码表中并立即输出它。

t = {…, ␣: 32, …,
A: 65, B: 66, C: 67, D: 68, E: 69, F: 70, G: 71, H: 72, I: 73
J: 74, K: 75, L: 76, M:77, N: 78, O: 79, P: 80, Q: 81, R: 82
S: 83, T: 84, U: 85, V: 86, W: 87, X: 88, Y: 89, Z: 90, …}

	A B A B A B A	
A ◁ 65	A B A B A B A	{AB: 128 }↦ t
B ◁ 66	A B A B A B A	{BA: 129 }↦ t
	A B A B A B A	
AB ◁ 128	A B A B A B A	{ABA: 130 }↦ t
	A B A B A B A	
ABA ◁ 130	A B A B A B A	

a)LZW 压缩临界情况

dt = {…, 32:␣, …,
65: A, 66: B, 67: C, 68: D, 69: E, 70: F, 71: G, 72: H, 73: I
74: J, 75: K, 76: L, 77: M, 78: N, 79: O, 80: P, 81: Q, 82: R
83: S, 84: T, 85: U, 86: V, 87: W, 88: X, 89: Y, 90: Z, …}

65 ◁ A	65 66 128 130	
66 ◁ B	65 66 128 130	{AB: 128 }↦ dt
128 ◁ AB	65 66 128 130	{BA: 129 }↦ dt
130 ◁ ABA	65 66 128 130	{ABA: 130 }↦ dt

b)LZW 解压缩临界情况

图 3-14 LZW 压缩和解压临界情况

我们用算法 3-5 实现这种方法，它与算法 3-4 相对。此算法接受的输入包括一个保存压缩字符串对应编码值的链表，我们表示一项所用的比特数以及字母表的大小。我们在第 1 行计算最大编码值，在第 2～4 行创建解码表的初始版本。它类似编码表，只是它保存相反方向的映射，即从整数编码到字符串的映射。我们在第 5 行注意到此时已使用了 n 个编码。 87

算法3-5 LZW压缩

```
LZWDecompress(compressed, nb, n) → decompressed
    输入：compressed，表示压缩字符串的链表
          nb，表示一个项所用的比特数
          n，字母表中项数
    输出：decompressed，原始字符串
1   max_code ← 2^nb − 1
2   dt ← CreateMap()
3   for i ← 0 to n do
4       InsertInMap(dt, i, Char(i))
5   code ← n
6   decompressed ← CreateString()
7   c ← GetNextListNode(compressed, NULL)
8   RemoveListNode(compressed, NULL, c)
9   v ← Lookup(dt, GetData(c))
10  decompressed ← decompressed + v
11  pv ← v
12  foreach c in compressed do
13      v ← Lookup(dt, c)
14      if v = NULL then
15          v ← pv + pv[0]
16      decompressed ← decompressed + v
17      if code ≤ max_code then
18          InsertInMap(dt, code, pv + v[0])
19          code ← code + 1
20      pv ← v
21  return decompressed
```

88

我们在第 6 行创建一个空字符串，它会逐渐增长，保存解压结果。为了启动解压过程，我们获取第一个编码（第 7 行），将其从链表中移除（第 8 行），并在解码表中查找它（第 9 行）。我们肯定会找到它，因为第一个编码总是字母表中一个单一字符。我们将解码值添加到解压结果中（第 10 行）。在算法剩余部分，我们将使用一个变量 pv 保存最后一个解压值。我们在第 11 行对它进行了初始化。

第 12～20 行的循环解压链表剩余部分，即除了我们已处理的第一项之外的所有项。对每个链表项，我们在解码表中查找它（第 13 行）。如果找到，则再次将解码值添加到解压结果中（第 16 行）。如果未找到（第 14 行），则我们遇到了前面解释的临界情况，因此解码值就是上一个解码值在其末尾附加上其首字符（第 15 行）。我们将此值添加到解压结果（第 16 行）。

在第17～19行，如果解码表中还有空间（第17行），我们将新的映射加入表中（第18行）并注意到在表中又多了一项（第19行）。在下一步迭代之前，我们将新解压的值保存在pv中（第20行）。最终我们返回重构出的字符串（第21行）。

LZW算法可以高效实现，因为它只需遍历其输入一次：一个*单遍扫描*（single-pass）方法。它边读取输入边进行编码、边扫描压缩值边进行解码。压缩和解压操作都很简单。算法的运行速度大体上依赖于操纵编码表和解码表的速度。我们可以实现映射使其插入和查找操作都是$O(1)$时间的。因此，压缩和解压都是$O(n)$线性时间，其中n是输入的长度。

89

注释

关于ASCⅡ和相关编码直到1980年的历史和发展情况，可参考Mackenzie的著作[132]。数据压缩已融入我们的日常生活中，如果你希望更深入地钻研压缩技术，有大量资源可供参考，例如可参考Salomon的书[170]、Salomon和Motta的书[171]以及Sayood的书[172]，还可参考Lelewer和Hirschberg撰写的综述[128]。

莫尔斯电码的故事记载在Russel W. Burn的书中[32，第68页]。表3-3中的英文字母出现频率是由Peter Norvig统计的，可在http：//norvig.com/mayzner.html找到。制表符的频率统计是一个有趣的任务，我们将在第4章中对其进行更多讨论。

1951年，David A. Huffman还是麻省理工学院的一名电子工程专业的研究生，他选修了信息论课程。学生们被要求在学期论文和期末考试间做出选择。学期论文要求他们找到数值、文本和其他符号最高效的二进制编码表示。赫夫曼编码就是他为此发明的方案。在一卷《科学美国人》[192]中精彩地讲述了这个故事。赫夫曼编码得到了广泛应用，这要归功于其简单性以及Huffman从未试图为其发明申请专利。Huffman最初的论文发表于1952年[99]。

Abraham Lempel和Jacob Ziv在1977年发表了LZ77算法，也被称为LZ1算法[228]，在1978年发表了LZ78算法，也被称为LZ2算法[229]。Terry Welch在1984年改进了LZ78算法[215]，即LZW算法。在最初的LZW论文中，数据是由8比特字符（而不是我们描述的7比特ASCⅡ字符）组成的，用12比特编码压缩。LZW算法申请了专利，但专利已过期。在此之前，LZW专利的持有者Unisys公司试图提高GIF图像（使用了LZW压缩）的专利使用费，受到了广泛的批评。

习题

1. 在电影《火星救援》中，宇航员马克·沃特尼（马特·达蒙饰演）被困在火星上。与地球上的地面指挥中心通信的唯一方法是使用旋转相机。沃特尼设计了如下计划：由于每个ASCⅡ字符可以用两个十六进制符号编码，他将十六进制符号板放在一个圆的圆周上，这样，对要发回地球的每个单词，他将其分解为ASCⅡ字符，然后对每个字符用相机发送两幅图片，每一幅表示一个十六进制符号。沃特尼的职业是植物学家，因此他需要一些帮助。编写一个程序，接收一个ASCⅡ消息为输入，输出相机的一系列旋转角度。

90

2. 使用数组实现一个最小优先队列和一个最大优先队列，采用书中描述的约定：数组位置0处的元素是最小值或最大值，对每个节点i，其左孩子在位置$2i+1$处，其右孩子在位置$2i+2$处。尝试设计你的代码，使得你能重用尽量多的代码——最小优先队列和最大优先队列的实现共享尽量多的代码。

3. 使用数组实现优先队列的一种替代方式是令位置 0 处的元素为空，以便对每个节点其左孩子在位置 $2i$ 处，其右孩子在位置 $2i+1$ 处。用这种方式重做上一题。
4. 我们已经描述了如何构造赫夫曼编码，但我们并未深入如何在计算机中编程实现的细节。在能够调用算法 3-1 之前，我们需要遍历要编码的文本并统计字符在文本中出现的频率。在算法 3-1 结束之后，我们可创建一个类似表 3-7 的表，用来将文本中每个字符编码为其赫夫曼编码值。压缩后的输出通常是一个文件，必须包含两部分：一是我们创建的表，二是实际压缩后的文本。我们需要这个表，否则将来无法知道如何解码文本。编码后的文本由比特序列（而非字符序列）组成。再次以表 3-7 为例，对 V，你不应该输出字符串“1110”，而应输出四个数字 1，1，1，0。这可能不像很多程序设计语言默认输出字节的方式那么直截了当，因此你需要将这些比特打包到字节中再输出。有了上述这些讨论，你可以编写自己的赫夫曼编码器和解码器了。
5. 使用赫夫曼编码器编码一个较大规模的英文文本，并检查每个字母的编码长度与莫尔斯电码有多接近。
6. 编写一个程序，随机生成一个字符序列，使得每个字符等概率出现。程序接收序列长度为输入。对这个程序的输出运行赫夫曼编码器，验证对这样的文本，赫夫曼编码器的表现不会优于定长编码。
7. 我们已经使用解码表描述了 LZW 解压方法。但这个表将数值映射到字符串，因此我们可以使用一个字符串数组代替它。重写算法 3-5，用数组实现解码表 *dt*。

91

第4章

秘　　密

你如何保守一个秘密？比如说你希望写下的一些东西只有预定的接收者能读取，其他任何人都不能读取。更接近日常生活的一个例子是，你想从一个在线供应商那里购买商品。你需要将你信用卡的详细信息发给供应商。你希望信用卡详细信息是你和供应商之间的秘密，确保没有人能窃听你们的通信从而获得你的信用卡的详细信息。

为了保持信息的秘密性，我们使用*密码学*（cryptography）技术。在密码学中，我们使用一些*加密*（encryption）机制，可将一个初始消息，称为*明文*（plaintext），进行*加密*（encrypt）。也就是说，我们将其转换为一些本身不能读取的东西，称为*密文*（ciphertext）。为了读取密文，必须*解密*（decrypt）它。这个过程称为解密（decryption）。解密应该只能由我们认可的一些人进行。否则我们称加密被攻破了。如你将要看到的，加密和解密工作要使用*密钥*（encryption key），它帮助我们隐藏和揭示想要保护的信息。

我们使用加密保护隐私。借用菲利普·齐默尔曼——一位密码学先驱的话：

> 有些事是个人的、私人的、与他人无关的。你可能正在计划一场政治运动，讨论你的税收，或者有一段秘密的恋情；可能在一个专制国家与政治异见者交流。不管是哪种情况，你都不希望你的私人电子邮件或机密文件被其他人阅读。维护你的隐私并没有错，隐私应该像宪法一样不容侵犯。

每当你输入一次密码，你就使用了密码学；每当你在互联网上进行了一次金融交易，你就使用了密码学。如果你想进行一次安全的语音或视频通话，其中安全意味着除了通话的参与者之外没有人能参加进来，那么你必须使用密码学。再次借用齐默尔曼简洁有力的话：

> 你应该能“在千里之外与某人耳语”。

密码学之旅的一个很好起点是用一种显而易见的方法加密消息，这是一种几乎每个孩子都会在不经意间发现的方法，这种方法在古代用于伪装。具体方法是发明一种杜撰的字母表，将消息中每个字母用杜撰字母表中的一个字符替换。也可以不使用杜撰的字母表，而是将消息中的每个字母替换为原字母表中另一个字母。这种加密方法被称为*替代密码*（substitution cipher）。一个著名的替代密码就是所谓的*凯撒密码*（Caesar cipher），据传闻是尤利乌斯·凯撒所使用的。在这种密码中，每个字母被字母表中从它开始越过特定数目个字母所到达的那个字母替代，如果必要的话进行环绕。我们寻找替代字母所用的字母个数就是这种密码的密钥。如果密钥为5，则A变为F，B变为G，…，依此类推直到Z变为E。你可以检查：明文“I am seated in an office”被编码为普通文本N FR XJFYJI NS FS TKKNHJ。为解密消息，你只需向后移位5个字符。这种密码也被称为*移位密码*（shift cipher）。

4.1 一个解密挑战

现在想象给定了如图 4-1 所示的密文。你能弄明白它的含义吗？最初它看起来像是一堆胡言乱语的话，但你可能怀疑它表示某个英文文本。由于到目前为止我们只介绍了替代密码，因此你可能怀疑这是一个用替代密码加密的文本，将英文字母表中的字母用另一个字母表中的字母进行了替换。

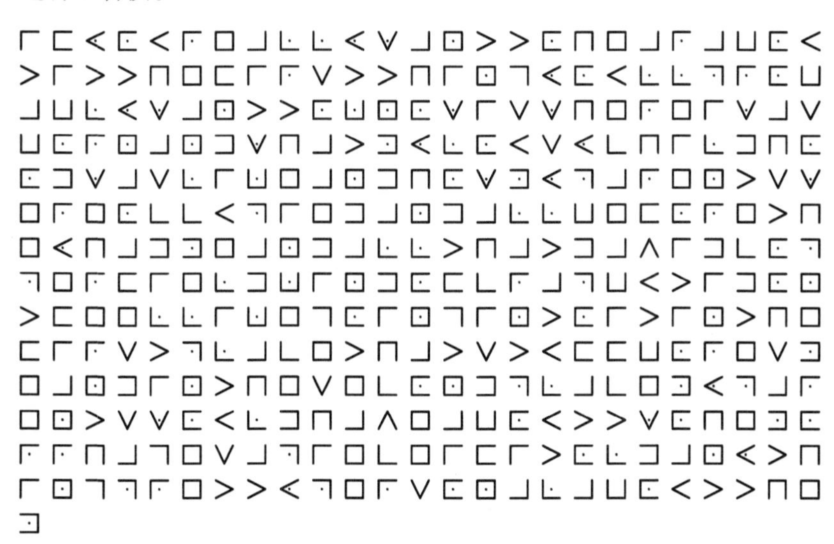

图 4-1 一个解密挑战

语言和文本的一个特点是都遵循某些规则。单词由字母组成，遵循词法规则。句子由单词组成，遵循语法规则。某些单词比其他单词出现更频繁。而且，某些字母比其他字母出现频繁，某些字母序列（比如说连续两个或三个字母）比其他字母序列出现更频繁。如果我们有一个大的文本语料库，就可以确定语言中字母的频率。马克·梅兹纳 1965 年发表了字母频率表。采用当时的技术，他精选了一个包含 20000 个单词的语料库。在 2012 年 12 月 17 日，他联系了 Google 研究部主任 Peter Norvig，询问 Google 是否可以利用其资源更新字母频率表。Norvig 进行了这一工作并发表了结果。表 4-1 是其中一部分结果，是在统计了 Google 语料库中 3563505777820 个字母后汇总的结果。每个字母后面的数字是以十亿为单位的频率计数及其对应的百分比。 94

现在回到图 4-1。如果你对密文中的不同符号进行统计，就会发现最常见的是□，出现了 35 次。然后是>，出现了 33 次，以及┘ 出现了 32 次。如果你尝试对密文进行替换：□→ E、>→ T 及┘ → A，就会得到图 4-2 中的三个文本。

文本看起来还是没有什么意义，于是你继续进行更多的替换。密文中接下来的频率是⊏ 出现了 28 次，┌出现了 24 次以及⊡出现了 22 次。通过进行替换⊏→ O、┌→ I 及⊡→ N，你又填入了几个字母，结果如图 4-3a 所示。

现在注意，并非只有单个字母的出现频率不同，两字母序列，即二元组（bigram）的出现频率也不同，如表 4-2 所示。这也是 Norvig 给出的统计结果，数字还是以十亿为单位。在英文文本中出现最频繁的二元组是 TH。在密文中出现最频繁的二元组是 T⊓，因此尝试用 H 替换⊓是有意义的。 95

表 4-1　英文字母频率

E	445.2	12.49%	M	89.5	2.51%
T	330.5	9.28%	F	85.6	2.40%
A	286.5	8.04%	P	76.1	2.14%
O	272.3	7.64%	G	66.6	1.87%
I	269.7	7.57%	W	59.7	1.68%
N	257.8	7.23%	Y	59.3	1.66%
S	232.1	6.51%	B	52.9	1.48%
R	223.8	6.28%	V	37.5	1.05%
H	180.1	5.05%	K	19.3	0.54%
L	145.0	4.07%	X	8.4	0.23%
D	136.0	3.82%	J	5.7	0.16%
C	119.2	3.34%	Q	4.3	0.12%
U	97.3	2.73%	Z	3.2	0.09%

表 4-2　前 10 位二元组

TH	100.3	3.56%
HE	86.7	3.07%
IN	68.6	2.43%
ER	57.8	2.05%
AN	56.0	1.99%
RE	52.3	1.85%
ON	49.6	1.76%
AT	41.9	1.49%
EN	41.0	1.45%
ND	38.1	1.35%

事情看起来好多了。在图 4-3 中你可以看到一些单词，如 THE 和 THAT 出现在密文中。密文中第二频繁的二元组是┌E，出现了 8 次。在英文文本中，RE 是一个频繁二元组，因此你可以尝试用 R 替换┌。

我们现在已到达图 4-4a，其中在第 1 行你可以看到序列 REA└└<。这会是 REALLY 吗？通过进行替换，我们得到了图 4-4b 中结果，而且看起来这是一次好的选择，因为现在我们可以猜测更多的字母了。在前两行中有两个 YO <，可能是 YOU。在最后一行有一个单词 ANYTHIN┐，可能是 ANYTHING。然后┐RETTY 可能是 PRETTY。继续采用这种有根据的推测，我们不难到达图 4-5。

96

```
┌ ⊏ < ⊏ < ┌ E ┘ └ └ < V ┘ □ > > ⊏ ⊓ E ┘ ┌ ┘ ⊔ ⊏ < > ┌ > > ⊓ E ⊏ ┌ ┌ V > >
⊓ ┌ □ ┐ < ⊏ < └ └ ┐ ┌ ⊏ ⊔ ┘ ⊔ └ < V ┘ □ > > ⊏ ⊔ □ ⊏ V ┌ V V ⊓ E ┌ E ┌ V
┘ V ⊔ ⊏ ┌ □ ┘ □ ⊐ V ⊓ ┘ > ⊐ < └ ⊏ < V < └ ⊓ ┌ └ ⊐ ⊓ ⊏ ⊏ ⊐ V ┘ V └ ┌ ⊔ E
┘ □ ⊐ ⊓ ⊏ V ⊐ < ┐ ┘ ┌ E □ > V V E ┌ E ⊏ └ └ < ┐ ┌ E ⊐ ┘ □ ⊐ ┘ └ └ ⊔ E ⊏ ⊏ ┌
E > ⊓ E < ⊓ ┘ ⊐ ⊐ E ┘ □ ⊐ ┘ └ └ > ⊓ ┘ > ⊐ ┘ Λ ┌ ⊐ └ ⊏ ┐ ┐ E ┌ ⊏ ┌ E └ ⊐ ⊔ ┌
□ ⊐ ⊏ ⊏ └ ┌ ┘ ┐ ⊔ < > ┌ ⊐ ⊏ □ > ⊏ E E └ └ ┌ ⊔ E ┐ ⊏ ┌ □ ┐ ┌ □ > ⊏ ┌ > ┌ □
> ⊓ E ⊏ ┌ ┌ V > ┐ └ ┘ └ E > ⊓ ┘ > V > < ⊏ ⊏ ⊔ ⊏ ┌ E V ⊐ E ┘ □ ⊐ ┌ □ > ⊓ E V
E └ ⊏ □ ⊐ ┐ └ ┘ └ E ⊐ < ┐ ┘ ┌ E □ > V V ⊏ < └ ⊐ ⊓ ┘ Λ E ┘ ⊔ ⊏ < > > V ⊏ ⊓ E
⊐ ⊏ ┌ ┌ ⊓ ┘ ┐ E V ┘ ┐ ┌ E └ E ┌ ⊏ ┌ > ⊏ └ ⊐ ┘ □ < > ⊓ ┌ □ ┐ ┐ ┌ E > > < ┐ E
┌ V ⊏ □ ┘ └ ┘ ⊔ ⊏ < > > ⊓ E ⊐
```

a) 解密：□→ E

```
┌ ⊏ < ⊏ < ┌ E ┘ └ └ < V ┘ □ T T ⊏ ⊓ E ┘ ┌ ┘ ⊔ ⊏ < T ┌ T T ⊓ E ⊏ ┌ ┌ V T T ⊓ ┌
□ ┐ < ⊏ < └ └ ┐ ┌ ⊏ ⊔ ┘ ⊔ └ < V ┘ □ T T ⊏ ⊔ □ ⊏ V ┌ V V ⊓ E ┌ E ┌ V ┘ V ⊔
⊏ ┌ □ ┘ □ ⊐ V ⊓ ┘ T ⊐ < └ ⊏ < V < └ ⊓ ┌ └ ⊐ ⊓ ⊏ ⊏ ⊐ V ┘ V └ ┌ ⊔ E ┘ □ ⊐
⊓ ⊏ V ⊐ < ┐ ┘ ┌ E □ T V V E ┌ E ⊏ └ └ < ┐ ┌ E ⊐ ┘ □ ⊐ ┘ └ └ ⊔ E ⊏ ⊏ ┌ E T ⊓ E
< ⊓ ┘ ⊐ ⊐ E ┘ □ ⊐ ┘ └ └ T ⊓ ┘ T ⊐ ┘ Λ ┌ ⊐ └ ⊏ ┐ ┐ E ┌ ⊏ ┌ E └ ⊐ ⊔ ┌ □ ⊐ ⊏
⊏ └ ┌ ┘ ┐ ⊔ < T ┌ ⊐ ⊏ □ T ⊏ E E └ └ ┌ ⊔ E ┐ ⊏ ┌ □ ┐ ┌ □ T ⊏ ┌ T ┌ □ T ⊓ E ⊏ ┌
┌ V T ┐ └ ┘ └ E T ⊓ ┘ T V T < ⊏ ⊏ ⊔ ⊏ ┌ E V ⊐ E ┘ □ ⊐ ┌ □ T ⊓ E V E └ ⊏ □ ⊐ ┐
└ ┘ └ E ⊐ < ┐ ┘ ┌ E □ T V V ⊏ < └ ⊐ ⊓ ┘ Λ E ┘ ⊔ ⊏ < T T V ⊏ ⊓ E ⊐ ⊏ ┌ ┌ ⊓ ┘
┐ E V ┘ ┐ ┌ E └ E ┌ ⊏ ┌ T ⊏ └ ⊐ ┘ □ < T ⊓ ┌ □ ┐ ┐ ┌ E T T < ┐ E ┌ V ⊏ □ ┘ └ ┘
⊔ ⊏ < T T ⊓ E ⊐
```

b) 解密：>→ T

图 4-2　解密挑战

c) 解密：┘→ A

图 4-2（续）

从这里继续进行猜测变得更简单了，因为更多单词有意义了，我们会到达图 4-5，此时我们已经推断出原始明文。如果结果看起来有点儿奇怪，是因为缺少了标点和大小写，简单起见我们省略了这两步。如果你加上标点，文本就会是这样：

If you really want to hear about it, the first thing you'll probably want to know is where I was born, and what my lousy childhood was like, and how my parents were occupied and all before they had me, and all that David Copperfield kind of crap, but I don't feel like going into it. In the first place, that stuff bores me, and in the second place, my parents would have about two hemorrhages apiece if I told anything pretty personal about them. 97

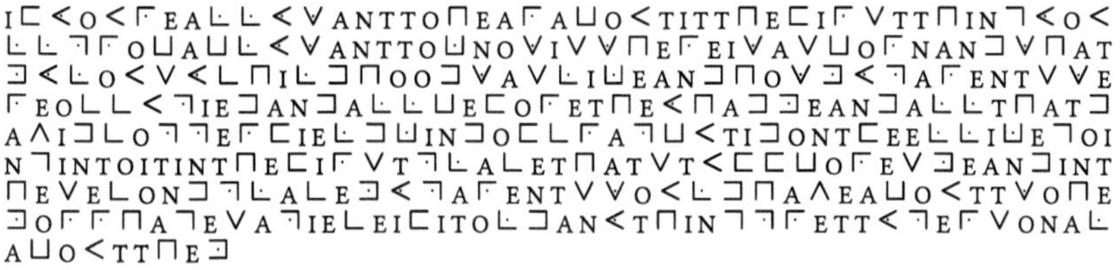

a) 解密：⊏→ O、┌→ I 及⊡→ N

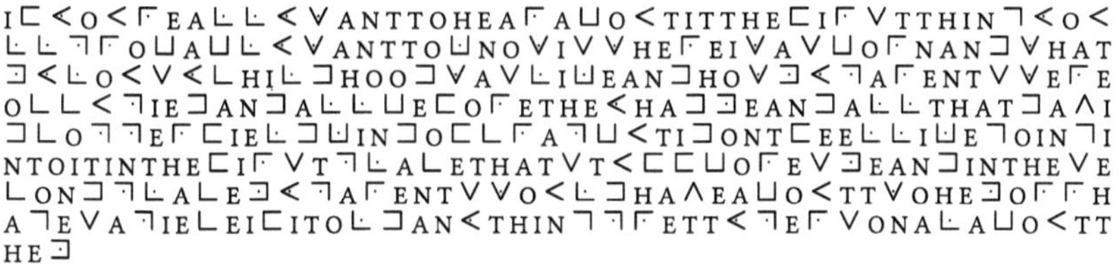

b) 解密：⊓→ H

图 4-3　继续解密挑战

这就是 J · D · 塞林格的《麦田里的守望者》的开头。

这是一个有趣的练习，但内有深意。如果人类通过一些猜测、一点儿努力就可能攻破一个加密方案，那么它就是毫无价值的，而且计算机攻破它肯定更轻而易举，因为采用字典查找，计算机做猜测要快得多。如果我们希望保守一个秘密，就必须做得更好。

顺便提一下，在这个替代密码例子中使用的符号形成了所谓的“猪圈密码”，它至少在 18 世纪就已出现。我们仍能在流行文化和儿童益智游戏中发现它。你可能好奇这些符号是从哪里来的，它们源自字母表中字母在网格中的放置位置，我们在字母周围画上线，并添加一些点。参见图 4-6：每个字符用它周围的线和点替换。

我们能够攻破这个密码是因为利用了密文中的规律。这些规律反映了语言的规律。这是所有编码破解工作所采用的方式：检测并利用密文中的规律。由此可知，如果我们希望一种编码牢不可破，就必须确保加密过程毫无规律。换句话说，我们必须令密文尽可能随机。理 98

想情况下，密文应是完全随机的。一个完全随机的符号序列是不可能通过检测其规律被解密回明文消息的，因为在其中找不到规律。

I⊏<O<REA∟∟<∨ANTTOHEARA⊔O<TITTHE⊏IR∨TTHIN¬<O<∟
∟¬RO⊔A⊔∟<∨ANTTO⊔NO∨I∨∨HEREI∨A∨⊔ORNAN⊐∨HAT⊐<
∟O<∨<∟HI∟⊐HOO⊐∨A∨∟I⊔EAN⊐HO∨⊐<¬ARENT∨∨EREO∟
∟<¬IE⊐AN⊐A∟∟⊔E⊏ORETHE<HA⊐⊐EAN⊐A∟∟THAT⊐A∧I⊐∟
O¬¬ER⊏IE∟⊐⊔IN⊐O⊏∟RA¬⊔<TI⊐ONT⊏EE∟∟I⊔E¬OIN¬INTOI
TINTHE⊏IR∨T¬∟A∟ETHAT∨T<⊏⊏⊔ORE∨⊐EAN⊐INTHE∨E∟ON
⊐¬∟A∟E⊐<¬ARENT∨∨O<∟⊐HA∧EA⊔O<TT∨OHE⊐ORRHA¬E∨
A¬IE∟EI⊏ITO∟⊐AN<THIN¬¬RETT<¬ER∨ONA∟A⊔O<TTHE⊐

a) 解密：⌐ → R

I⊏YO<REALLY∨ANTTOHEARA⊔O<TITTHE⊏IR∨TTHIN¬YO<LL¬RO
⊔A⊔LY∨ANTTO⊔NO∨I∨∨HEREI∨A∨⊔ORNAN⊐∨HAT⊐YLO<∨Y∟
HIL⊐HOO⊐∨A∨LI⊔EAN⊐HO∨⊐Y¬ARENT∨∨EREO∟∟<¬IE⊐AN⊐
ALL⊔E⊏ORETHEYHA⊐⊐EAN⊐ALLTHAT⊐A∧I⊐∟O¬¬ER⊏IEL⊐⊔IN
⊐O⊏∟RA¬⊔<TI⊐ONT⊏EELLI⊔E¬OIN¬INTOITINTHE⊏IR∨T¬LA∟
ETHAT∨T<⊏⊏⊔ORE∨⊐EAN⊐INTHE∨E∟ON⊐¬LA∟E⊐Y¬ARENT∨
∨O<L⊐HA∧EA⊔O<TT∨OHE⊐ORRHA¬E∨A¬IE∟EI⊏ITOL⊐ANYTH
IN¬¬RETTY¬ER∨ONALA⊔O<TTHE⊐

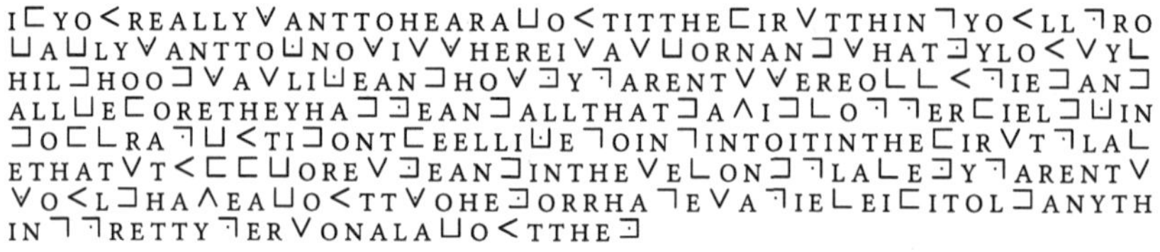

b) 解密：∟ → L、< → Y

图 4-4　解密挑战的更多步骤

IFYOUREALLYWANTTOHEARABOUTITTHEFIRSTTHINGYOULLPROBABL
YWANTTOKNOWISWHEREIWASBORNANDWHATMYLOUSYCHILDHOOD
WASLIKEANDHOWMYPARENTSWEREOCCUPIEDANDALLBEFORETHEYH
ADMEANDALLTHATDAVIDCOPPERFIELDKINDOFCRAPBUTIDONTFEELL
IKEGOINGINTOITINTHEFIRSTPLACETHATSTUFFBORESMEANDINTHESE
CONDPLACEMYPARENTSWOULDHAVEABOUTTWOHEMORRHAGESAPIE
CEIFITOLDANYTHINGPRETTYPERSONALABOUTTHEM

图 4-5　挑战被解密

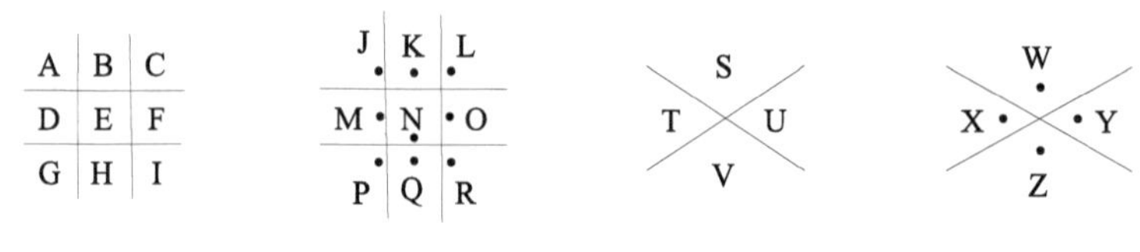

图 4-6　猪圈密码

4.2　一次性密码本

有一种令密文随机的加密方法，而且是唯一一种保证牢不可破的加密方法。我们为字母表中每个字母赋予一个数，从A开始为其赋予0，为B赋予1，直到为Z赋予25。每次从原始消息中取一个字母，还使用一个完全随机的字母序列作为密钥。我们遍历随机序列，每次取一个字母，与明文一致。在每一步，我们有一个来自明文的字母和一个来自密钥的字母。例如，我们可能有明文字母W和密钥字母G，即数22和6。我们将它们相加：22+6=28。由于Z是25，我们回绕到字母表的开头，计数三个字符，到达了C。这就是我们输出到密文的字符。

99

这种回绕加法在密码学中很常见，它被称为*模加运算*（modular addition），因为它归结为将两个数相加并求除以一个给定数值的余数。我们称这种运算为*取模*（modulo）运算。这与我们将分钟数相加完全一样：如果达到60，我们取分钟数除以60的余数，称之为分钟数模60。参见图4-7中的例子。取模运算的符号为mod，因此23 mod 5=3。在我们的例子中我们有 (22+6) mod 26=28 mod 26=2，而2对应字符C。

取模运算的数学定义是，$x \bmod y$ 的结果为余数 $r \geqslant 0$，使得 $x=qy+r$，其中 q 为除法运算 x/y 的向下取整结果 $[x/y]$。因此，我们有 $r=x-y[x/y]$。此定义涵盖了被除数为负情况下的取模运算。实际上，$-6 \bmod 10=4$，因为 $[-6/10]=-1$，因而 $r=-6-10\times(-1)=-6+10=4$。

解密也类似，只是使用减法代替加法。我们取密文并使用和加密时相同的密钥，逐个字符地遍历两个序列。如果我们从密文中取出 C，从密钥中取出 G，则我们得到 $(2-6) \bmod 26=-4 \bmod 26=22$，即字母 W。

100

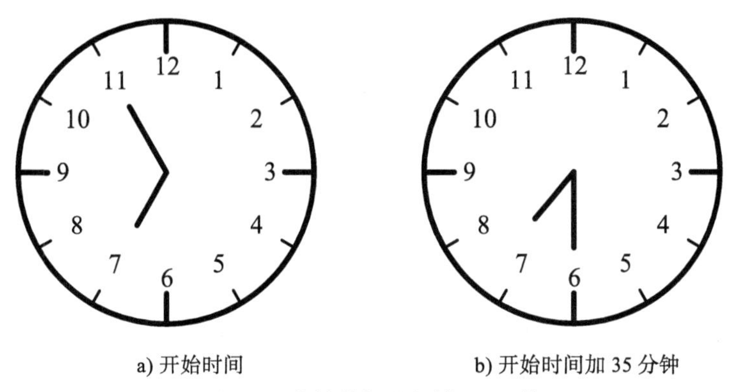

a) 开始时间　　b) 开始时间加 35 分钟

图 4-7　分钟数加法是模 60 运算

这种加密方法被称为**一次性密码本**（one-time pad），如图 4-8 所示。如前所述，它是彻底安全的，因为我们得到了一个完全随机的密文。明文的每个字母 $m[i]$ 与一次性密码本中的对应随机字符 $t[i]$ 相加并进行取模运算，如果消息仅包含英文字母表中的字母，则模 26，得到密文中字符 $c[i]$，因此我们有 $c[i]=(m[i]+t[i]) \bmod 26$。如果 $t[i]$ 是随机的，则 $c[i]$ 也是随机的。如你所见，密文中没有可检测的模式。相同的字母被加密为密文中不同的字母，因此我们无法利用任何规律来进行频率分析。如果我们拥有一次性密码本，解密是很容易的。如果加密计算是 $c[i]=(m[i]+t[i]) \bmod 26$，则解密计算就是 $m[i]=(c[i]-t[i]) \bmod 26$。但如果我们没有一次性密码本，则没有方法能猜测它。更糟的是，我们可能猜测出一个错误的一次性密码本，解密出其他消息：由于一次性密码本中每个字符都是随机的，每个一次性密码本的可能性都和其他任何一次性密码本一样。我们若尝试猜测，可能碰巧得到一个错误的猜测结果，如图 4-9 所示。在图 4-9a 中，我们取密文和正确的一次性密码本，因此得到了原始明文。在图 4-9b 中，我们看到另一个等可能性的一次性密码本，基于它我们有可能攻破密码，生成完全可读的结果。

我们可以将一次性密码本中的模加运算简化为二进制异或（XOR）运算。异或运算的符号通常是⊕，它接受两个二进制数字为输入。如果两个数字相同，即均为 1 或均为 0，则它输出 0。如果两个数字不同，则它输出 1。换句话说，我们有 $1 \oplus 1=0$，$0 \oplus 0=0$，$1 \oplus 0=1$，$0 \oplus 1=1$。因此它是一种“非此即彼”的运算，被称为异或，如表 4-3 所示。为了使用 XOR，我们将明文当作一个二进制数字序列处理。这总是可能的，因为每个字符就用一个二进制数表示。例如，当使用 ASCⅡ 编码时，A 通常表示为 1100001。于是一次性密码本就是一个随机的二进制序列，例如 1101011…。我们逐位计算明文和一次性密码本的 XOR。结果就是密文，在我们的例子中就是 0001010。XOR 运算的一个有趣之处是，除了计算本身直截了当之外，其逆运算就是自身。如果 $c=a \oplus b$，则 $c \oplus a=b$。因此只需再次 XOR 密文和一次性密码本即可解密。你可以检查一下 $0001010 \oplus 1101011=1100001$。使用 XOR 比

101

使用取模运算更为常见，因为这样处理的是二进制串而非某种特定的字母编码。而且，XOR 运算非常快。

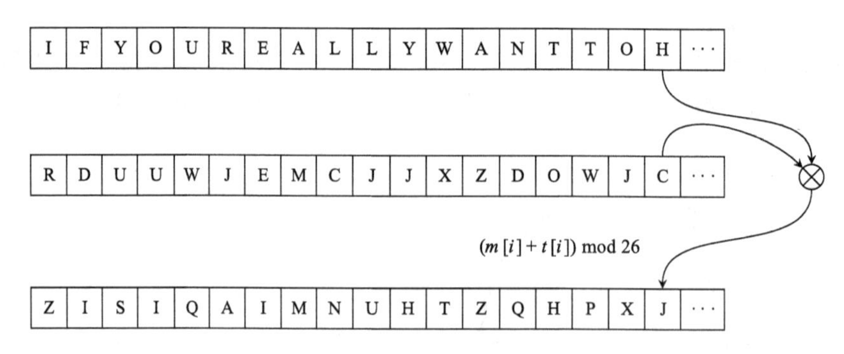

图 4-8　一次性密码本

遗憾的是，一次性密码本并不实用。随机字母序列必须严格完全随机。大量生成真正随机的字母并不容易。存在计算机方法能生成看起来随机的序列，但它们其实只是伪随机的。如果你思考一下，就会知道通过一个定义良好的过程生成一些随机的东西是不可能的，而计算机所能做的就是定义良好的过程。你需要的是某种程度的混沌，一些不可预知的东西，我们将在 16.1 节讨论相关内容。

102

表 4-3　异或 (XOR) 运算

		x	
		0	1
y	0	0	1
	1	1	0

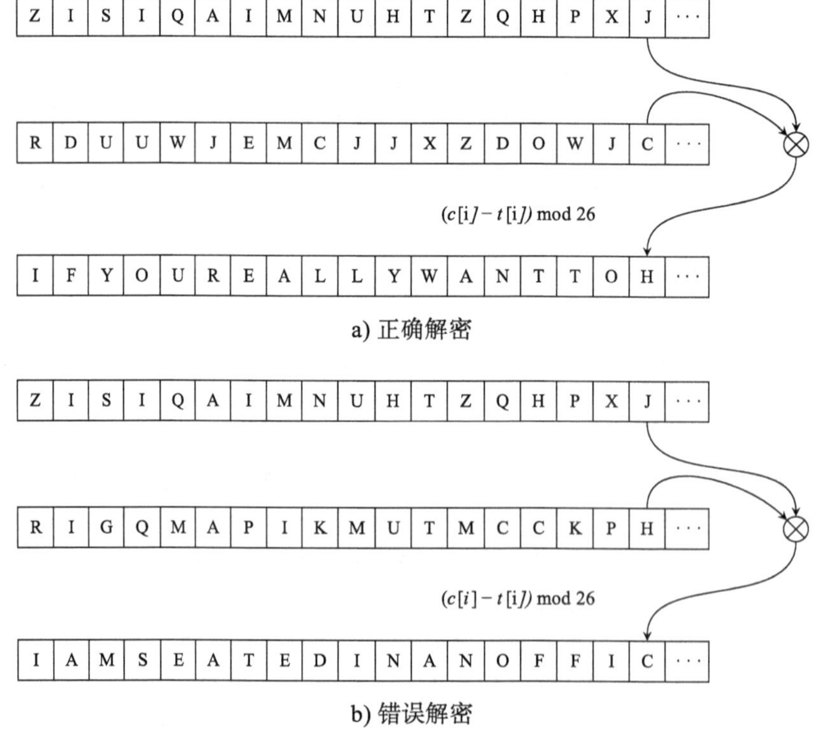

a) 正确解密

b) 错误解密

图 4-9　一次性密码本的正确解密和错误解密

除此之外，一次性密码本只能使用一次。如果我们重复序列，则在序列长度之后就会发生相同的替换：它将退化为一种移位密码。因此，一次性密码本必须和消息一样长，否则我

们就会开始重复替换。 [103]

这些缺点意味着，除了特殊情况外，一次性密码本无法用于实践。大的随机序列通常保存于某种便携介质上，运送给接收者。然后发送者和接收者开始使用随机序列，直到保存的序列到了生命周期的终点。随后他们必须使用一个新的随机序列。因此后勤保障很复杂，需要经常性地传输大量随机序列，且首先实际生成它们需要很大的负担。

4.3 AES 加密

现代密码学使用特定数学方法来生成密文，这些方法接收一个相对较小的密钥：长数百或数千比特。这些方法接受明文和密钥，用复杂的方法转换明文，除非你拥有密钥，否则这些方法是不可逆的。我们将介绍一种方法，高级加密标准（Advanced Encryption Standard，AES），其应用几乎是无所不在。很可能你每次使用浏览器传输加密信息，背后使用的就是AES。AES 是美国国家标准技术局（National Institute of Standards and Technology，NIST）2001 年所采用的一个标准，是公开征集替换旧标准——数据加密标准（Data Encryption Standard，DES）的最终结果。公开征集过程从 1997 年持续到 2000 年。NIST 请密码学社区提交提案。经过认真的分析，NIST 于 2000 年 10 月 2 日宣布两个保加利亚密码学家琼·德门和文森特·雷曼提交的名为 Rijndael 的提案被选中。

AES 是一个复杂的算法，初学者第一次遇到它感到绝望是很正常的。我们不期待读者记住 AES 的每个步骤，但我们期待读者能体会深入设计一个可靠的密码方案所付出的努力，以及在计算机时代为了对抗计算机解密一个密码方案必须具备什么，这样就会对那些尚未经过密码学家和计算机科学家的严格公共监督就四处兜售的魔法式的隐私保护技术或工具保持警惕。因此，亲爱的读者，请准备好一段坎坷的旅程。

AES 对明文执行一系列的操作。首先，我们将明文划分为 128 比特或者说 16 字节的块（分组）。AES 在比特块上执行，因此它是一种*分组密码*（block cipher）。与之相对，*流密码*（stream cipher）在单个字节或单个比特上执行。它使用 128, 192 或 256 比特长的密钥。字节按列主次序放入一个矩阵中，即我们一列一列地填充矩阵。这个矩阵被称为*状态*（state）。 [104] 如果块由字节 $p_0, p_1, \cdots, p_{15}$ 组成，则将字节 p_i 放入状态矩阵作为元素 $b_{j,k}$，其中 $j=i \bmod 4$，$k=i/4$。图 4-10 显示了矩阵的转换。我们假定有一个称为 CreateState 的操作实现了转换过程，它接收块 b 作为输入，返回状态矩阵 S。

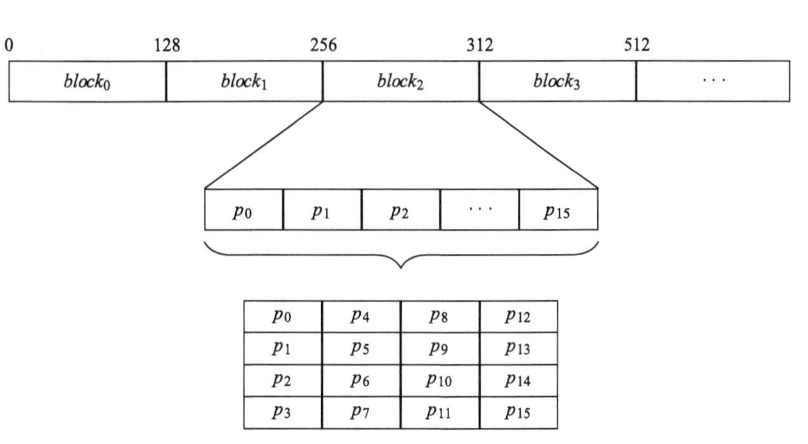

图 4-10　AES 的 CreateState 操作

然后我们取出密钥，用它来导出一系列额外密钥，其字节按列主次序安排，类似状态矩阵。这些密钥被称为轮密钥（round key），因为我们将看到核心 AES 算法的每一轮（round）或者说每步迭代使用一个密钥。实际上，我们使用的密钥数量恰好比轮数多 1，因为在所有轮次开始之前我们就需要一个密钥。生成额外密钥的操作称为 KeyExpansion。更改密钥使得加密方法对特定类型的攻击更具抵抗力的思想称为密钥白化（key whitening）。我们不会进一步探究 KeyExpansion。这是一个小巧但微妙的算法。

假定已经扩展了密钥，我们取出第一轮的密钥，将轮密钥的每个字节与状态的每个字节进行 XOR 运算。这个操作被称为 AddRoundKey。于是我们得到了一个新状态，其元素为 $x_{i,j}=p_{i,j} \oplus k_{i,j}$，如图 4-11 所示。

现在我们对 AddRoundKey 的结果执行若干轮操作。轮数依赖于密钥的长度。我们对 128 比特密钥进行 10 轮，对 192 比特密钥进行 12 轮，对 256 比特密钥进行 14 轮。

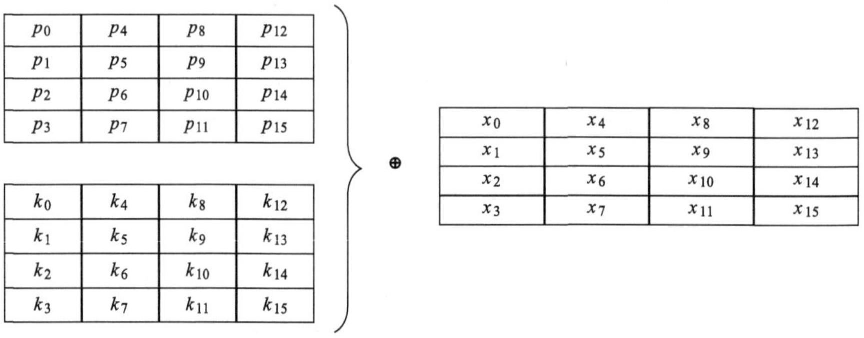

105

p_0	p_4	p_8	p_{12}
p_1	p_5	p_9	p_{13}
p_2	p_6	p_{10}	p_{14}
p_3	p_7	p_{11}	p_{15}

$\oplus$

k_0	k_4	k_8	k_{12}
k_1	k_5	k_9	k_{13}
k_2	k_6	k_{10}	k_{14}
k_3	k_7	k_{11}	k_{15}

x_0	x_4	x_8	x_{12}
x_1	x_5	x_9	x_{13}
x_2	x_6	x_{10}	x_{14}
x_3	x_7	x_{11}	x_{15}

图 4-11 AES 的 AddRoundKey 操作

每轮的第一个操作称为 SubBytes，它取出当前状态，将其中每个字节用另一个称为 S 盒（S-box）的矩阵中的字节替换。S 盒是一个的矩阵，其内容是用具有特定密码学特性的函数计算出来的。你可以在表 4-4 中看到这个矩阵。如果状态的元素 $x_{i,j}$ 的值为 X，由于 X 是一个字节，它可以用两个十六进制数字 h_1h_2 表示。$x_{i,j}$ 的 SubBytes 操作的结果就是 S 盒中的元素（h_1，h_2），或者说 S_{h_1,h_2}。图 4-12 显示了这一过程。

表 4-4 AES 的 S 盒

	0	1	2	3	4	5	6	7	8	9	A	B	C	D	E	F
0	63	7C	77	7B	F2	6B	6F	C5	30	01	67	2B	FE	D7	AB	76
1	CA	82	C9	7D	FA	59	47	F0	AD	D4	A2	AF	9C	A4	72	C0
2	B7	FD	93	26	36	3F	F7	CC	34	A5	E5	F1	71	D8	31	15
3	04	C7	23	C3	18	96	05	9A	07	12	80	E2	EB	27	B2	75
4	09	83	2C	1A	1B	6E	5A	A0	52	3B	D6	B3	29	E3	2F	84
5	53	D1	00	ED	20	FC	B1	5B	6A	CB	BE	39	4A	4C	58	CF
6	D0	EF	AA	FB	43	4D	33	85	45	F9	02	7F	50	3C	9F	A8
7	51	A3	40	8F	92	9D	38	F5	BC	B6	DA	21	10	FF	F3	D2
8	CD	0C	13	EC	5F	97	44	17	C4	A7	7E	3D	64	5D	19	73
9	60	81	4F	DC	22	2A	90	88	46	EE	B8	14	DE	5E	0B	DB
A	E0	32	3A	0A	49	06	24	5C	C2	D3	AC	62	91	95	E4	79
B	E7	C8	37	6D	8D	D5	4E	A9	6C	56	F4	EA	65	7A	AE	08
C	BA	78	25	2E	1C	A6	B4	C6	E8	DD	74	1F	4B	BD	8B	8A
D	70	3E	B5	66	48	03	F6	0E	61	35	57	B9	86	C1	1D	9E
E	E1	F8	98	11	69	D9	8E	94	9B	1E	87	E9	CE	55	28	DF
F	8C	A1	89	0D	BF	E6	42	68	41	99	2D	0F	B0	54	BB	16

实际上并没有看起来那么复杂。假定在图 4-12 中我们有 x_4=168。十进制的 168 就是十六进制的 A8。我们来到表 4-4 的行 A 和列 8，在那里我们找到了十六进制数 C2，或者说十进制数 194。这意味着 sb_4=194。我们对状态中所有数都做同样的操作。

106

x_0	x_4	x_8	x_{12}
x_1	x_5	x_9	x_{13}
x_2	x_6	x_{10}	x_{14}
x_3	x_7	x_{11}	x_{15}

$s_{0,0}$	$s_{0,1}$	$\cdots$	$s_{0,F}$
$s_{1,0}$	$s_{1,1}$	$\cdots$	$s_{1,F}$
$\cdots$	$\cdots$	$\cdots$	$\cdots$
$s_{F,0}$	$s_{F,1}$	$\cdots$	$s_{F,F}$

$$x_i = h_1h_2 \rightarrow sb_i = s_{h_1,h_2}$$

sb_0	sb_4	sb_8	sb_{12}
sb_1	sb_5	sb_9	sb_{13}
sb_2	sb_6	sb_{10}	sb_{14}
sb_3	sb_7	sb_{11}	sb_{15}

图 4-12　AES 的 SubBytes 操作

每轮中在 SubBytes 操作之后的第二个操作是将得到的状态进行行移位。不出意外，这被称为 ShiftRows 操作。它将状态中除第 1 行外的每行都进行左移，移位的距离逐行增加。第 2 行左移 1 个位置、第 3 行左移 2 个位置、第 4 行左移 3 个位置，如图 4-13 所示，必要的话进行回绕。

每轮的第三个操作称为 MixColumns，我们对列进行处理，取出当前的状态的每一列，将其转换为新的一列。转换操作是将每一列乘以图 4-14 所示的固定矩阵，图中还给出了对第 2 列进行操作的过程。所有列都乘以相同的矩阵。你可能注意到了，我们没有使用常见的加法和乘法符号，而是分别使用了⊕和•。这是因为我们并不是执行通常的算术运算，而是执行多项式上的加法和乘法运算，多项式对有限域 $GF(2^8)$ 中一个 8 次不可约多项式取模。这句话很拗口，但幸运的是，不了解其准确含义也不会妨碍你理解 AES 算法。加法就是位模式的简单 XOR 运算。乘法有一点棘手，虽然本质上还是简单的。

107

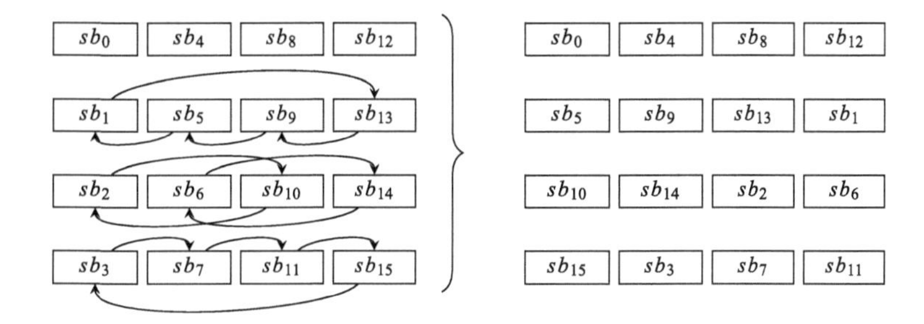

图 4-13　AES 的 ShiftRows 操作

实际上已经证明，虽然其基本理论对外行来说有些复杂，但实际的乘法操作是直截了当的。如果 a 表示 sb_i 的一个值，则从图 4-14 可以看到，我们只需定义与 1, 2 或 3 的乘法。我们观察到：

$$1 \bullet a = a$$
$$3 \bullet a = 2 \bullet a \oplus a$$

这意味着我们只需知道如何计算 $2 \bullet a$。我们考虑 a 的二进制表示 $a=(a_7, a_6, \cdots, a_0)$，其中每个 a_i 是一个单个比特。则我们有：

$$2 \bullet a = \begin{cases} (a_6, \ldots, a_0, 0), & \text{若} a_7 = 0 \\ (a_6, \ldots, a_0, 0) \oplus (0,0,0,1,1,0,1,1), & \text{若} a_7 = 1 \end{cases}$$

对实现 AES 的人来说，整个 MixColumns 操作可写为寥寥几行计算机代码。MixColumns 描述上的复杂度并未转化为笨拙的实现。

每一轮中最后一个操作是将轮密钥再次加到状态上，即对当前的状态执行 AddRoundKey 操作。

我们对除最后一轮之外的所有轮次执行相同的操作序列，在最后一轮，我们不执行 MixColumns 操作。算法 4-1 概括了 AES 加密过程。我们在第 1 行创建状态，然后在第 2 行扩展密钥。密钥保存在数组 rk 中，其大小为 $n+1$，n 为轮数。第 3 行将第一轮的密钥加到状态上。第 4～8 行执行前 $n-1$ 轮，而第 9～11 行执行最后一轮。

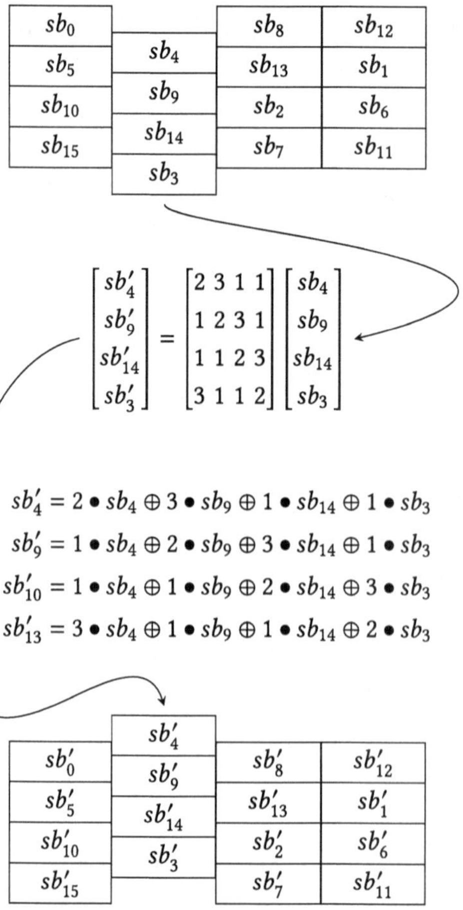

108

sb_0	sb_4	sb_8	sb_{12}
sb_5	sb_9	sb_{13}	sb_1
sb_{10}	sb_{14}	sb_2	sb_6
sb_{15}	sb_3	sb_7	sb_{11}

$$\begin{bmatrix} sb'_4 \\ sb'_9 \\ sb'_{14} \\ sb'_3 \end{bmatrix} = \begin{bmatrix} 2 & 3 & 1 & 1 \\ 1 & 2 & 3 & 1 \\ 1 & 1 & 2 & 3 \\ 3 & 1 & 1 & 2 \end{bmatrix} \begin{bmatrix} sb_4 \\ sb_9 \\ sb_{14} \\ sb_3 \end{bmatrix}$$

$$sb'_4 = 2 \bullet sb_4 \oplus 3 \bullet sb_9 \oplus 1 \bullet sb_{14} \oplus 1 \bullet sb_3$$
$$sb'_9 = 1 \bullet sb_4 \oplus 2 \bullet sb_9 \oplus 3 \bullet sb_{14} \oplus 1 \bullet sb_3$$
$$sb'_{10} = 1 \bullet sb_4 \oplus 1 \bullet sb_9 \oplus 2 \bullet sb_{14} \oplus 3 \bullet sb_3$$
$$sb'_{13} = 3 \bullet sb_4 \oplus 1 \bullet sb_9 \oplus 1 \bullet sb_{14} \oplus 2 \bullet sb_3$$

sb'_0	sb'_4	sb'_8	sb'_{12}
sb'_5	sb'_9	sb'_{13}	sb'_1
sb'_{10}	sb'_{14}	sb'_2	sb'_6
sb'_{15}	sb'_3	sb'_7	sb'_{11}

图 4-14　AES 的 MixColumns 操作

算法4-1 AES加密算法

```
AESCipher(b, k, n) → s
   输入：b，一个16字节的块
         k，加密密钥
         n，轮数
   输出：s，对应b的密文
1  s ← CreateState(b)
2  rk ← ExpandKey(k)
3  s ← AddRoundKey(s, rk[0])
4  for i ← 1 to n do
5      s ← SubBytes(s)
6      s ← ShiftRows(s)
7      s ← MixColumns(s)
8      s ← AddRoundKey(s, rk[i])
9  s ← SubBytes(s)
10 s ← ShiftRows(s)
11 s ← AddRoundKey(s, rk[n])
12 return s
```

当然，没有对应的解密算法的话，任何加密算法都是没有价值的。实际上 AES 解密是直截了当的。算法 4-1 中所有步骤都是可逆的，假如在 SubBytes 操作中我们有一个特殊逆 S 盒可用的话，表 4-5 给出了这个逆 S 盒。算法 4-2 给出了 AES 解密算法。所有操作都加上了 Inv 前缀，表明它们是原始加密算法中操作的简单变体。除了操作顺序上的某些改变，算法逻辑几乎是完全一样的。注意，轮密钥的使用顺序与加密时相反。

总之，如果你希望安全地加密一个消息，就可以使用 AES。你需要选择一个密钥，将其提供给 AES 算法的实现，并将得到的密文发送给接收者。接收者使用相同的密钥，运行 AES 加密相反的过程恢复你的消息。

109～110

算法4-2 AES解密算法

```
AESDecipher(b, k, n) → s
   输入：b，一个16字节的块
         k，加密密钥
         n，轮数
   输出：s，对应b的明文
1  s ← CreateState(b)
2  rk ← ExpandKey(k)
3  s ← AddRoundKey(s, rk[n])
4  for i ← 1 to n do
5      s ← InvShiftRows(s)
6      s ← InvSubBytes(s)
7      s ← AddRoundKey(s, rk[n − i])
8      s ← InvMixColumns(s)
9  s ← InvShiftRows(s)
10 s ← InvSubBytes(s)
11 s ← AddRoundKey(s, rk[0])
12 return s
```

AES已经被使用了很多年了，尚未发现实际弱点。这意味着除非一个人拿到了密钥，否则尚无已知的可行方法能恢复出明文。AES是*对称密码*（symmetric cipher）的一个例子，即加密和解密使用相同的密钥。如果加密使用一个密钥，解密使用另一个不同密钥，就称为*非对称密码*（asymmetric cipher）。

所有安全性都依赖于安全密钥。这意味着你的秘密的安全性和你的密钥一样。如果密钥泄露，则AES也就被攻破了，但这不是AES的缺点。所有密码方案都使用某种密钥。而且，AES和其他任何优秀的密码方案的安全性都依赖于且仅依赖于密钥的机密性，这是一个特性而非错误。回到1883年，荷兰语言学家及密码学家、巴黎高等商业研究学院的语言学教授奥古斯特·柯克霍夫斯主张，密码的工作机制不应被要求是秘密的，而且如果它落入敌人手中也不应导致问题。用当今的术语讲，一个密码方案的全部秘密性应依赖于密钥而非方案。

111

表4-5 AES的逆 S 盒

	0	1	2	3	4	5	6	7	8	9	A	B	C	D	E	F
0	52	09	6A	D5	30	36	A5	38	BF	40	A3	9E	81	F3	D7	FB
1	7C	E3	39	82	9B	2F	FF	87	34	8E	43	44	C4	DE	E9	CB
2	54	7B	94	32	A6	C2	23	3D	EE	4C	95	0B	42	FA	C3	4E
3	08	2E	A1	66	28	D9	24	B2	76	5B	A2	49	6D	8B	D1	25
4	72	F8	F6	64	86	68	98	16	D4	A4	5C	CC	5D	65	B6	92
5	6C	70	48	50	FD	ED	B9	DA	5E	15	46	57	A7	8D	9D	84
6	90	D8	AB	00	8C	BC	D3	0A	F7	E4	58	05	B8	B3	45	06
7	D0	2C	1E	8F	CA	3F	0F	02	C1	AF	BD	03	01	13	8A	6B
8	3A	91	11	41	4F	67	DC	EA	97	F2	CF	CE	F0	B4	E6	73
9	96	AC	74	22	E7	AD	35	85	E2	F9	37	E8	1C	75	DF	6E
A	47	F1	1A	71	1D	29	C5	89	6F	B7	62	0E	AA	18	BE	1B
B	FC	56	3E	4B	C6	D2	79	20	9A	DB	C0	FE	78	CD	5A	F4
C	1F	DD	A8	33	88	07	C7	31	B1	12	10	59	27	80	EC	5F
D	60	51	7F	A9	19	B5	4A	0D	2D	E5	7A	9F	93	C9	9C	EF
E	A0	E0	3B	4D	AE	2A	F5	B0	C8	EB	BB	3C	83	53	99	61
F	17	2B	04	7E	BA	77	D6	26	E1	69	14	63	55	21	0C	7D

这是一个合理的工程原理，也是对*隐匿性安全*（security by obscurity）概念的提防，隐匿性安全的思想是如果攻击者不知道安全方案的工作机制，他们就无法攻破它。这是错误的。如果这就是你最好的防御方法，那么你必须牢记，攻击者有最优秀的人才可供调遣，他们会弄清楚你的系统是如何工作的，或者他们可能只是贿赂某人就够了。这些都只是可能，但将安全性约束在密钥上，能使得：只要密钥保持秘密，我们就能保证秘密性，这种主张远比试图保持整个设计的秘密性简单。

除AES外还有其他对称加密方案，在所有这些方案中安全性都是依赖于保持密钥隐秘。这些方案还要求通信双方商定相同的密钥。但这是一个问题。如果你希望加密一些东西发送给某人，则你们必须以某种方式商定使用的密钥。如果你们碰巧在物理世界中距离很近，这可能很简单：你们碰面交换密钥即可。但如果不是这样，你没有简单的方法将密钥发送给接收者。由于密钥未加密，它可能在传输过程中被拦截，从而全部安全性都丧失了。

4.4 迪菲-赫尔曼密钥交换

密钥交换问题的解决方案令安全数字通信真正成为可能。初看起来它好像使用了魔法一样。通信的双方，比如说 Alice 和 Bob（密码学中表示参与方的代表性名字，是按字母表顺序选取的）希望交换一个密钥，用于加密和解密消息。在此之前，他们交换一系列其他消息。这些消息都是明文传输的，并不包含他们希望共享的密钥。但是，当 Alice 和 Bob 完成这些消息的传输时，他们手上都有了相同的密钥。由于密钥从未从一方发送给另一方，因此没有人能拦截它。 112

让我们看一下这如何成为可能。Alice 和 Bob 执行下面一系列步骤。首先，两人商定两个数——一个素数 p 和另一个不必为素数的数 g，使得 $2 \leqslant g \leqslant p-2$（如果现在你觉得这个限制看起来没有意义，请保持耐心，你将会看到其意义）。由于他们将要执行的所有计算都是模 p 的，因此 p 是整个方案的模数（modulus）。g 称为方案的基（base）。假定两人选取 $p=23$ 和 $g=14$。他们无须保持这两个数的秘密性。可以公开商定并可以在任何地方公布。

然后 Alice 选取一个秘密数 a，满足 $1 \leqslant a \leqslant p-1$。假定她选取了 $a=3$，并计算下面的数

$$A=g^a \bmod p=14^3 \bmod 23=2744 \bmod 23=7$$

由于计算是模 p 的，因此对 Alice 来说，选取 $a \geqslant p$ 是无意义的。她将数 A，即 7，发送给 Bob。现在 Bob 选取一个秘密数 b，也是满足 $1 \leqslant b \leqslant p-1$。假定他选取 $b=4$。像 Alice 处理自己的秘密数 a 那样对 b 执行相同的运算，即计算

$$B=g^b \bmod p=14^4 \bmod 23=38\ 416 \bmod 23=6$$

Bob 将数 B，也就是 6，发送给 Alice。Alice 计算下面的数

$$B^a \bmod p=6^3 \bmod 23=216 \bmod 23=9$$

Bob 计算下面的数

$$A^b \bmod p=7^4 \bmod 23=2401 \bmod 23=9$$

即：9 是两人的秘密。注意到，他们从未交换这个数，但通过各自的计算得到了相同的结果。而且，不存在已知可行的方法能借助拦截他们的通信推导出这个秘密。换句话说，没有方法能在知道 p，g，A 和 B 的情况下推导出秘密。在图 4-15 中，你可以验证真正的秘密并未相互发送。

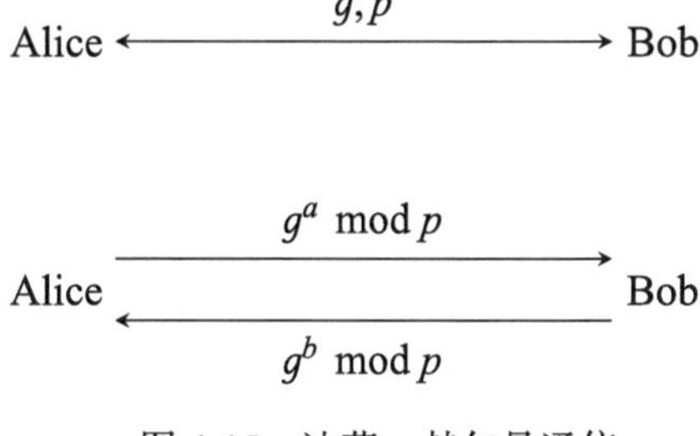

图 4-15　迪菲 – 赫尔曼通信

这种交换密钥的方法称为迪菲 – 赫尔曼（Diffie-Hellman）密钥交换，是 Whitfield Diffie Martin Hellman 于 1976 年发表的，因而得名。若干年前，马尔科姆 · 威廉姆斯在英国政府 113

通讯总部（Government Communications Headquarters，GCHQ）——负责通信情报的政府机构——工作时就已经发明了这种方法，但一直保密，因此迪菲、赫尔曼以及几乎其他所有人都不知道。表 4-6 显示了迪菲 – 赫尔曼密钥交换方法。你可以看到它为何奏效：Alice 和 Bob 计算出相同的数是因为 $g^{ba} \bmod p = g^{ab} \bmod p$。为论证此结论，我们需要知道，由模运算的基本原则我们有

$$(u \bmod n)(v \bmod n) \bmod n = uv \bmod n$$

由此可得到

$$(u \bmod n)^k \bmod n = u^k \bmod n$$

因此有

$$(g^b \bmod p)^a \bmod p = g^{ba} \bmod p$$

以及

$$(g^a \bmod p)^b \bmod p = g^{ab} \bmod p$$

只要 Alice 和 Bob 保持 a 和 b 的秘密性（他们也没有理由不这么做），迪菲 – 赫尔曼密钥交换方法就是安全的。实际上，他们可以在完成交换后将两个数丢弃，因为再也不需要了。

这个方案的安全性依赖于求解下面问题的困难性。如果我们有一个素数 p、一个数 g 以及 $y = g^x \bmod p$，离散对数问题（discrete logarithm problem）就是求出方程中的 x，其中 $1 \leqslant x \leqslant p-1$。整数 x 被称为 y 对基 g 的离散对数（discrete logarithm of y to the base g），我们可以写出 $x = \log_g y \bmod p$。这个问题很困难，因为 $y = g^x \bmod p$ 是一个单向函数（one-way function）。给定 g, x 和 p 很容易计算出 y（我们马上将看到其高效计算方法），但我们不知道给定 y, g 和 p 计算 x 的高效方法。所能做的就是尝试 x 的不同值，直到找到正确结果。

114

表 4-6　迪菲 – 赫尔曼密钥交换

Alice	Bob
Alice 和 Bob 商定 p 和 g	
选取 a 计算 $A = g^a \bmod p$ 发送 A 给 Bob 计算 $s = B^a \bmod p$ $= (g^b \bmod p)^a \bmod p$ $= g^{ba} \bmod p$	选取 b 计算 $B = g^b \bmod p$ 发送 B 给 Alice 计算 $s = A^b \bmod p$ $= (g^a \bmod p)^b \bmod p$ $= g^{ab} \bmod p$

实际上，指数函数的行为是可预测的，增大指数就会产生更大的值，但乘方后对一个素数取模就显得有点儿古怪了。见表 4-7。给定 g^x，你可以很容易通过取对数得到 x。但你不能对 $g^x \bmod p$ 取对数来得到 x，采用任何其他已知方法都办不到。

表 4-7　对 g=2，p=13 的乘方和余数计算结果

x	1	2	3	4	5	6	7	8	9	10	11	12
g^x	2	4	8	16	32	64	128	256	512	1024	2048	4096
$g^x \bmod p$	2	4	8	3	6	12	11	9	5	10	7	1

在表 4-7 中，连续加倍即可生成正常的 2 的幂，而 2 的幂模 13 取遍了从 1 到 12 的所有数，没有明显的模式。从这时起，就会重复出现相同的循环。实际上，从等式 $2^{12} \bmod 13=1$ 我们可得到 $2^{13} \bmod 13=(2^{12}\times 2) \bmod 13=((2^{12} \bmod 13)\times(2 \bmod 13))=(1\times 2) \bmod 13=2$。我们再次使用模运算的性质，允许将模运算移入或移出乘法。一般而言，你会发现函数 $2^x \bmod 13$ 是周期性的，周期为 12，因为 $2^{12+k} \bmod 13=((2^{12} \bmod 13)\times(2^k \bmod 13))=(1\times 2^k) \bmod 13= 2^k \bmod 13$。而且，12 是最小周期。不存在其他更小的周期。

115

注意，情况并非总是如此。表 4-8 显示了连续的 3 的幂对 13 取模的情况。这一回幂的模并未取遍从 1 到 12 的所有值，而是只取到了一个子集。$3^x \bmod 13$ 的基本周期为 3。如果我们这样选取 g 和 p 的话，只需尝试 3 个不同的值就能求得离散对数问题的解，而不是尝试所有可能的 12 个值。

表 4-8　对 g=3，p=13 的乘方和余数计算结果

x	1	2	3	4	5	6	7	8	9	10	11
g^x	3	9	27	81	243	729	2187	6561	19683	59049	177147
$g^x \bmod p$	3	9	1	3	9	1	3	9	1	3	9

如果连续的 $g^x \bmod p$ 的值覆盖了从 1 到 $p-1$ 的所有值，我们就说 g 是一个*生成元*（generator）或*本原元*（primitive element）。更准确地说，它是一个*群生成元*（group generator）或*群本原元*（group primitive element），因为当 p 是一个素数时，数 $1, 2, \cdots, (p-1)$ 形成了一个乘法群，其中乘法运算是模 p 的，这是代数和数论中的一个重要概念。因此我们选取的 g 应该是生成元。实际上，如果不用生成元，只要连续的 $g^x \bmod p$ 值是数 $1, 2, \cdots, (p-1)$ 的一个足够大的子集，方案也尚可一用，因为此时尝试寻找离散对数问题的解也是不可行的。

一旦 $g^x \bmod p$ 变为 1，幂的模就开始重复了。如果我们有 $g=p-1$，则 $g^1 \bmod p=(p-1) \bmod p$，$g^2 \bmod p=(p-1)^2 \bmod p=1$，因为 $(p-1)^2=p(p-2)+1$，因此所有模的模会交替取 $p-1$ 和 1。如果我们有 $g=1$，则所有幂的模都等于 1。这也是为什么我们要求 Alice 和 Bob 选取的数值应该满足 $2 \leqslant g \leqslant p-2$ 的原因。

我们回到迪菲 – 赫尔曼方案，为了确保密钥交换不被攻破，我们需要保证没有人能从 $g^x \bmod p$ 猜测出 x。这意味着 p 应该非常大。我们可以选择一个素数 p，其二进制表示达到 4096 个比特，即其十进制表示至少有 1233 个数字。存在很好的方法能找到这种素数，无须盲目搜索。我们将在 16.4 节讨论一种流行的寻找素数的方法。我们还需选择一个恰当的 g。与 p 相对，无须选择一个很大数 g 来得到一个生成元（或是接近生成元的数），甚至像 2 这么小的数就可以。然后我们就可以交换密钥了。

116

把所有这些方法组合在一起，如果 Alice 希望与 Bob 安全通信，他们首先将使用迪菲 – 赫尔曼方案创建某个秘密的密钥，只有他们两人知晓。他们将使用这个密钥加密消息，密码方案使用 AES。当他们结束通信时，可以丢弃这个秘密密钥，因为在未来他们希望通信的

任何时候都可以再次执行整个流程。

这里有一个小小的警示。上述讨论只对我们目前所了解的计算机成立，而为量子计算机（quantum computer）设计的算法可在多项式时间内求解出离散对数问题。如果量子计算机成为现实，则迪菲 – 赫尔曼方案以及其他密码学方法都将面临严峻挑战。出于这种考虑，研究者已经在研究能抵抗量子计算的密码学方法。

4.5 快速模幂运算

迪菲 – 赫尔曼密钥交换方法需要计算一个素数的幂的模。这称为模幂运算（modular exponentiation）。对于 $g^x \bmod p$ 的计算，我们当然可以先计算 g 的 x 次幂，然后计算它除以 p 的模。但是，稍微思考一下，我们就可以发现这很浪费。像 g^x 这样的数可能非常大，而最终结果却总是小于 p。如果我们能找到这个表达式的一种计算方法，使得不必只是为了最终减小为模 p 的结果而计算可能非常大的幂，那就非常好了。利用模运算的特性，我们有：

$$
\begin{gathered}
g^2 \bmod p = g \cdot g \bmod p = ((g \bmod p)(g \bmod p)) \bmod p \\
g^3 \bmod p = g^2 \cdot g \bmod p = ((g^2 \bmod p)(g \bmod p)) \bmod p \\
\vdots \\
g^x \bmod p = g^{x-1} \cdot g \bmod p = ((g^{x-1} \bmod p)(g \bmod p)) \bmod p
\end{gathered}
$$

因此我们可以避免计算很大的幂值模 p，首先从平方模 p 开始，然后用其结果计算立方模 p，依此类推知道 x 次幂。

117

还有一个更高效的方法，也是模幂运算的标准计算方法。为了得到这种方法，我们首先需要推导出一般的快速乘方（不取模）计算方法。这可以提供一种计算大乘方的一般工具，我们可用来计算大的模幂。

为了弄明白其工作机制，我们首先将指数写成二进制形式：

$$x = b_{n-1}2^{n-1} + b_{n-2}2^{n-2} + \cdots + b_0 2^0$$

其中每个 b_i 是 x 的二进制表示中的单个比特。有了这种表示方法，我们可以计算 g^x 如下：

$$g^x = g^{b_{n-1}2^{n-1} + b_{n-2}2^{n-2} + \ \ + b_0 2^0}$$

此公式等价于：

$$g^x = (g^{2^{n-1}})^{b_{n-1}} \times (g^{2^{n-2}})^{b_{n-2}} \times \cdots \times (g^{2^0})^{b_0}$$

从右至左地处理这个表达式，我们首先计算 $(g^{2^0})^{b_0}$。然后计算 $(g^{2^1})^{b_1}$, $(g^{2^2})^{b_2}$, $(g^{2^3})^{b_3}$，依此类推。但 $g^{2^0}=g^1=g$，g^{2^1} 是 g 的平方，g^{2^2} 是 g^{2^1} 的平方，g^{2^3} 是 g^{2^2} 的平方，一般而言 $g^{2^k}=(g^{2^{k-1}})^2$，因为 $(g^{2^{k-1}})^2=g^{2\times 2^{k-1}}$。这意味着我们可以对 $i=1$，2，⋯，$n-1$ 由右至左地计算每个因子的幂基 g^{2^i}，只要不断地计算前一个因子的基的平方即可。这就产生了算法 4-3：通过反复平方来计算幂。

算法接受 g 和 x 作为输入，返回 g^x。其工作机制就是按由右至左的顺序执行前述计算。在第 1 行我们设置基 c 等于 g，即 g^{2^0}。使用变量 d 来获得 x 的二进制表示，在第 2 行将其初

始化为 x。计算结果保存在变量 r 中，在第 3 行将其初始化为 1。第 4～8 行的循环的执行次数等于 x 的二进制表示的比特数。如果 d 的最右比特为 1（第 5 行检测），则将当前结果乘以已经计算的因子 c，然后需要在 x 的二进制表示中左移一个比特。通过将 d 除以 2(整数除法) 来实现左移，这个运算砍掉右边一个比特（第 7 行）。在每步循环结束时，在第 8 行计算当前 c 的平方。这样，我们开始第 k 步迭代时有 $c=g^{2^{k-1}}$，第一步迭代也符合此条件，因为我们有 $g^{2^0}=g^1=g$。

算法4-3　反复平方计算幂

```
ExpRepeatedSquaring(g, x) → r
    输入：g，整数基
          x，整数指数
    输出：r，等于g^x
1   c ← g
2   d ← x
3   r ← 1
4   while d > 0 do
5       if d mod 2 = 1 then
6           r ← r × c
7       d ← ⌊d/2⌋
8       c ← c × c
9   return r
```

第 5 行的模 2 运算并不真的需要一次除法运算。如果一个数最后一个比特为 0，则它能被 2 整除，否则不能。因此我们只需检查 d 的最后一个比特是否为 0。这很容易办到，用一个称为按位（bitwise）与（AND）的运算即可，它逐比特处理两个数，如果两个数第 i 个比特都是 1，则返回结果的第 i 个比特为 1，否则为 0。在本例中，我们只需对 d 和一个比特数相同的数执行按位 AND——这个数所有比特都设置为 0，只有最后一个比特设置为 1。我们将在 13.7 节中再次遇到按位 AND 运算。你可以提前看一下表 13.4，看看它是如何工作的。

118

类似地，第 7 行中除以 2 的整数除法也不真的需要一次除法运算。我们只需去掉最右比特。这等价于所有比特右移一个位置（从而最右比特被去掉了）。这可以通过一个称为*右移位*（shift right）的操作实现。我们将在 16.1 节中看到按位右移操作的详细讨论。同时你可以查看图 16-1。

表 4-9 给出了算法操作的一个例子，其中我们计算 13^{13}。除了最后一行之外，每一行都对应算法循环中第 5 行的 c、r 和 d 的值，最后一行显示了循环退出时得到的最终结果。你可以验证，当 d 的最后一个数字为 1 时，下一行中的 r 值为 c 和当前行 r 值的乘积，否则 r 保持不变。完整的计算进行了四步循环，远少于常规方法计算 13^{13} 所需的 13 次乘法。

表 4-9　反复平方计算幂 13^{13}

$c = g^{2^i} = 13^{2^i}$	r	d
13	1	1101
169	13	110
28561	13	11
815730721	371293	1
	302875106592253	

我们可以从循环迭代次数推断出算法性能。

119 如前所述，它等于指数 x 的二进制表示中的比特数，即 $\lg x$。因此，反复平方计算幂的方法需 $O(\lg x)$ 迭代。

于是剩下的问题就是每步循环需要多少时间。模运算和除 2 运算花不了多少时间，因为它们是通过简单的二进制位运算实现的。第 6 行的乘法和第 8 行的平方可能花费一些时间。一般而言，计算机使用固定的比特数表示一个整数，比如说 32 比特或 64 比特。这种数的运算会非常快，被称为*单精度运算*（single-precision arithmetic）。如果涉及的数不能用计算机提供的比特数表示，则计算机就不得不使用*多精度运算*（multiple-precision arithmetic），也被称为*任意精度计算*（arbitrary-precision arithmetic）或*大数计算*（bignum arithmetic）。多精度运算比单精度运算的计算代价更高。做个类比，考虑由人来执行乘法。早在学生年代，我们就熟记了乘法表。因此，我们可以立即算出单个数字的乘法结果。但为了计算多位数字，我们必须采用长乘法，明显花费更多时间（你思考一下即可知，对于两个 n 位数字的数，要进行 n^2 次乘法和 n^2 次加法）。计算机也是如此。两个分别为 n 个和 m 个比特的数 a 和 b 进行多精度乘法，使用恰当的算法的话（学校中讲授的传统长乘法的一个改编版本）需要 nm 次单精度乘法，即 $O(nm)=O(\lg a\lg b)$。一个 n 个比特的数的平方运算比乘法快两倍，复杂度为 $O((n^2+n)/2)$。虽然在实际应用中时间减半可能是重大的改进，但复杂度仍然是 $O(n^2)$，不会改变算法 4-3 整体的复杂度。

120 我们假定在每步迭代中得到的数比上一步得到的数多出一倍比特。第 6 行的执行次数比第 8 行少，且 r 小于 c，因此我们只需分析第 8 行。第一步迭代包含最大为 g 的数的乘法，需要 $O((\lg g)^2)$ 的时间。第二步迭代包含大小为 g^2 的数的乘法，需要 $O((\lg g^2)^2)=O((2\lg g)^2)$ 的时间。最后一步迭代包含大小为 $g^{x/2}$ 的数的乘法，需要 $O((\lg g^{x/2})^2)=O((x/2\lg g)^2)$ 的时间。总结起来，我们有 $O((\lg g)^2)+O((2\lg g)^2)+\cdots+O((x/2\lg g)^2)$。其中每一项都是 $O((2^{i-1}\lg g)^2)$ 的形式，$i=1$，2，…，$\lg x$(我们执行 $\lg x$ 步迭代)。这个和式有很多项，都对总体计算复杂度有贡献，但最大项支配了复杂度函数的增长，因此总体复杂度为 $O((x/2\lg g)^2)=O((x\lg g)^2)$。

算法4-4　反复平方计算模幂

```
ModExpRepeatedSquaring(g, x, p) → r
    输入：g，整数基
          x，整数指数
          p，除数
    输出：r，等于g^x mod p
1  c ← g mod p
2  d ← x
3  r ← 1
4  while d > 0 do
5      if d mod 2 = 1 then
6          r ← (r × c) mod p
7      d ← ⌊d/2⌋
8      c ← (c × c) mod p
9  return r
```

现在我们处于一种难题之中，因为我们得到了两种不同的复杂性度量结果。那么两者哪个成立？ $O(\lg x)$ 还是 $O((x\lg g)^2)$？答案取决于我们对复杂度的估计想包含的因素。$O(\lg x)$ 是迭代次数，而如果我们关心多精度运算需要执行的乘法操作的复杂度，则应使用 $O((x\lg g)^2)$。

现在回忆一下，我们想要一种执行模幂运算的高效方法。算法 4-3 仅仅是其一小步。归功于模运算的算术性质，我们可以每次计算 c 和 r 时取模。这产生了算法 4-4，反复计算平方来实现模幂运算。这个算法与之前一样，但所有乘法运算都对除数 p 取模。表 4-10 给出了算法运转的一个例子。我们可以只用寥寥几次乘法而且完全不必处理任何大数就能计算 $155^{235} \bmod 391$ 这样的数，这令人印象相当深刻。第 4～8 行的循环执行 $\lg x$ 次，如果我们不关心第 6 行的乘法和第 8 行的平方花费的时间，算法的复杂度就是 $O(\lg x)$。但我们可能关心这两个操作花费的时间，因为可能涉及多精度运算。与之前算法一样，由于第 6 行的执行次数小于第 8 行，且 r 小于 c，我们只需分析第 8 行。而且，由于模运算，我们有 $c < p$。如前所见，一个 $\lg p$ 位数字的数的平方运算可在 $O((\lg p)^2)$ 时间内完成。因此总体复杂度为 $O(\lg x(\lg p)^2)$。如果我们假定 $x \leqslant p$，则复杂度为 $O((\lg p)^3)$。

表 4-10　重复平方模幂运算 $155^{235} \bmod 391$

$c = g^{2^i} = 155^{2^i} \bmod 391$	r	d
155	1	11101011
174	155	1110101
169	382	111010
18	382	11101
324	229	1110
188	229	111
154	42	11
256	212	1
	314	

121

注释

密码学有着悠久的、吸引人的历史。David Kahn 对此有精彩的介绍 [104]。另一本关于密码和密码破解的颇受欢迎的书是 Simon Singh 撰写的 [187]。我们引用的 Philip Zimmermann 的第一段话来自于他为最初 PGP 用户指南 [224] 撰写的一部分内容。PGP(Pretty Good Privacy，完美隐私）是第一个可供大众使用的强有力的密码学应用。我们引用的他的第二段话来自《卫报》(*The Guardian*）对他的录音采访 [225]。

122

Peter Norvig 包含字母频率的统计结果发布在 http：//norvig.com/mayzner.html。

更多有关 AES 设计方面的信息，你可以查阅 Rijndael 的开发者撰写的设计文档 [46]。在特定体系结构上实现 AES 的细节可参考 [74]。美国国家标准技术局已经发布了 AES[206]。公钥密码学首次被公众所知就是 Whitfield Diffie 和 Martin Hellman 的开创性论文 [50]。

Bruce Schneier 撰写了很多关于密码学和隐私的书，他的《应用密码学》[174] 是这个领域的经典。[63] 则是更高层次的讨论。Katz 和 Lindell 的教材 [105] 包含了很多密码学的内容，结合了理论和实践问题。《应用密码学手册》[137] 是一本密码学家和计算机科学家信赖的指南，可在网上免费得到。

如果你对密码学背后的数学概念很感兴趣，请参考 [153]。Oded Goldreich 撰写了一部全面描述密码学理论基础的两卷本著作 [79，80]。对密码学更深入的理解需要很好的数论知识。Silverman 的介绍性书籍是一个很好的起点 [186]。

据 Knuth 说 [113，第 461～462 页]，通过反复平方求幂值的思想很古老，公元前 200 年就在印度出现了。我们所使用的模幂算法发表于 1427 年的波斯。

在 1994 年，Peter Shor 提出了一个能在多项式时间内求解离散对数问题的算法 (1997 年以期刊形式发表)[185]，量子计算的介绍可参考 [151]。

习题

1. 使用互联网上能得到的频率表实现一个程序，解密替代密码生成的密文。为猜测单词可以使用单词列表，操作系统中的拼写词典或在线寻找均可。
2. 实现一个一次性密码本加密解密程序。它应能工作于两种不同模式：一种使用模运算进行加密解密，另一种使用 XOR 加密解密。测量两种模式的性能。

123

3. 为体会 AES 如何工作，一个好办法是计算它仅在一轮中如何改变消息。所有输入比特都设置为 0，追踪一轮中 AES 状态的变化。对仅最后一个比特不为 0 的输入做同样的计算。
4. 编写一个程序，对给定素数 p，找到其乘法群的本原元。为此，你可以从 2, 3, ⋯, $(p-1)$ 中随机选取一个数，检查它是否为生成元。生成元并不罕见，因此你应该能遇到。
5. 用两种方式实现反复平方计算幂的方法。第一种方式，使用程序设计语言供你选择的标准除法和模运算；第二种方式，使用按位 AND 和右移操作。测量两种实现的性能。

124

秘密分割

设想你经营着一家名为超级可信保险箱(Super Trustworthy Boxes，STB)的公司。你的公司开发了一种新的保险箱。普通保险箱有一个锁和一把钥匙，STB保险箱则有一个锁和两把钥匙。这种两把钥匙的设计，使得如果你用其中一把将保险箱锁上，则只能用另一把打开。

你们的产品与传统保险箱相比，优点是什么？如果某人，让我们称她为Alice，想要发送一些东西给另外一个人，我们称之为Bob，她可以将东西放入一个传统的保险箱，并将其寄送给Bob。在路途中没有人能打破保险箱，只有Bob能打开它，假如他已有备份钥匙的话。这里存在一个问题，因为你不能将钥匙与保险箱一起寄送。沿途中的某人，我们称之为Eve（eavesdropper，窃听者之意），会用钥匙打开保险箱。你必须找到一种将钥匙交给Bob的方法，使得任何其他人都无法得到钥匙。

考虑使用STB保险箱的情况。Alice可以将保险箱与第二把钥匙一起寄送给Bob。她保持第一把钥匙是秘密的。Bob将他的消息放入保险箱，锁上它，将它寄回给Alice。只有Alice有第一把钥匙，她既没有与任何人共享这把钥匙，也没将它寄给过Bob。因此只有Alice可以打开保险箱并恢复Bob的消息。

而且，STB保险箱为你的客户提供了一些额外功能。Alice可以将一个消息放到保险箱中并使用第一把钥匙锁上它。她将保险箱与第二把钥匙一起发送给Bob。Bob可以打开保险箱，他知道只会是某个有第一把钥匙的人锁上了它。如果他知道第一把钥匙属于Alice，他就可以确认是Alice寄出了这个保险箱，而不会是其他任何人。

5.1 公钥密码学

我们现在从现实世界的类比来到数字世界，特别针对密码学。当你希望保存一个消息时，你用一个密钥加密它，而消息的接收者用一个密钥解密它。注意，我们使用了“一个密钥”而非“这个密钥”的表达。如果加密和解密的两个密钥是相同的，则加密是对称的。但这并不是必需的。你可以设想一个方案，类似我们描述的STB的方案，其中加密和解密使用了不同的密钥。这就是*非对称密码*（asymmetric cryptography）。其工作方式是使用两个密钥，一个用于加密，另一个用于解密。在方案的施行中，一个密钥是公用的，另一个是私有的。Alice一直保持其私钥的秘密性，但可以分发公钥。任何人都可以用Alice的公钥加密信息。但只有Alice才能解密，因为只有她拥有对应的私钥。由于一个密钥是公用的，整个方法被称为*公钥密码体制*（public key cryptography）。

公钥密码体制解决了密钥分发问题，即Alice和Bob如何交换加密消息所用的密钥的问题。实际上，他们完全不需要交换密钥了。Bob可以使用Alice的公钥加密发送给她的消息，Alice可以用自己的私钥解密消息。Alice可以用Bob的公钥加密发送给他的消息，Bob可以用自己的私钥解密消息。密钥都是成对的，因此我们用$P(A)$表示密钥对A中的公钥，用$S(A)$表示密钥对A中的私钥。一个公钥只有一个私钥与之相对应，因此每个密钥对是唯一

的。如果 M 是原始明文消息，则使用公钥 $P(A)$ 加密消息的操作为

$$C = E_{P(A)}(M)$$

其逆操作，即用密钥 $S(A)$ 解开用公钥 $P(A)$ 加密的消息的操作为

$$M = D_{S(A)}(C)$$

加密过程由上述描述直接得到。

1.Bob 生成一个密钥对 $B = (P(B), S(B))$。

2.Alice 得到 Bob 的公钥 $P(B)$。这可能通过多种方式实现，例如，Bob 可能将其发布在一个公共服务器上，或直接通过电子邮件发给 Alice。

126

3.Alice 用 $P(B)$ 加密她的消息：

$C = E_{P(B)}(M)$

4.Alice 将 C 发送给 Bob。

5.Bob 使用他的私钥解密消息：

$M = D_{S(B)}(C)$

只有一个密钥对应一个公钥的事实意味着，类似 Alice 锁上保险箱，我们也可以用秘密的私钥加密一个消息：

$$C = E_{S(A)}(M)$$

得到的加密消息只能用对应的公钥解密：

$$M = D_{P(A)}(C)$$

为什么有人要这么做呢？因为公钥对应唯一一个私钥，Bob 可以确定收到的消息是由私钥的拥有者加密的。因此如果他知道拥有者是 Alice，那么也就知道了收到的消息来自 Alice。因此，用私钥加密、用公钥解密是证明消息来自于哪里的一种方法。这等价于我们签署一份文件时所做的。由于我们的签名是唯一的，因此任何认识我们签名的人都可以验证我们签署了这份文件。因此用私钥加密被称为*消息签名*（signing the message），而用私钥加密过的消息被称为*数字签名*（digital signature）。前面的总体过程类似于加密。

1.Alice 生成一个密钥对 $A=(P(A), S(A))$。她用任意方便的方法将 $P(A)$ 分发给 Bob。

2.Alice 用其私钥 $S(A)$ 对其消息 M 进行签名：

$C = E_{S(A)}(M)$

3.Alice 将 (M, C) 发送给 Bob。

4.Bob 用 Alice 的公钥 $P(A)$ 验证 C：

$M \stackrel{?}{=} D_{P(A)}(C)$

概括来说，在公钥密码体制中，每个参与者有一组两个密钥而非单一密钥。一个密钥可与任何人共享，或是放在公共数据仓库中。另一个密钥必须保持秘密。任何人都可以用公钥加密消息，密文只能用私钥解开。如果一个窃听者，比如说 Eve，窃听了 Bob 和 Alice 的通信，她只能得到公钥和加密的消息，因此她无法解密出原始明文，你可以在图 5-1 中检查这一点。此外，你可以用私钥加密消息，即对消息签名。任何人都可以得到公钥并确认消息是

127

使用私钥签名的。如果他们知道私钥的拥有者是谁，就知道了是谁对消息进行了签名。

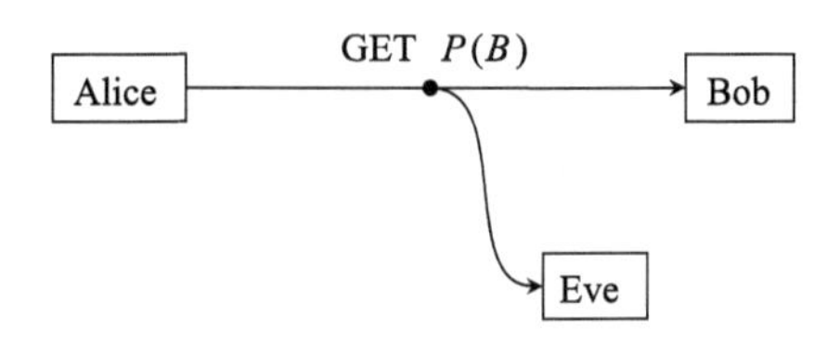

a）Alice 向 Bob 请求他的公钥

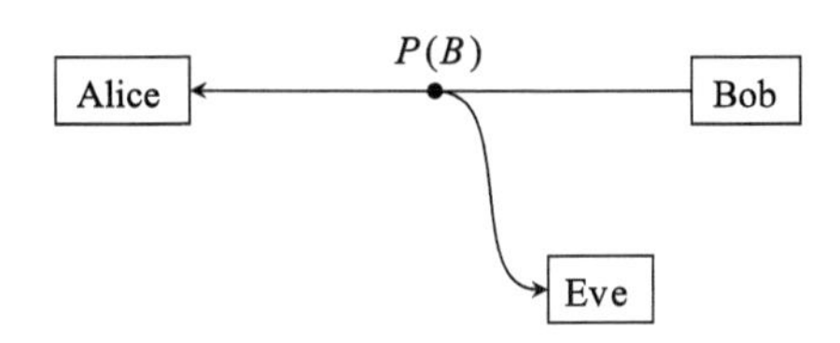

b）Bob 将他的公钥发送给 Alice

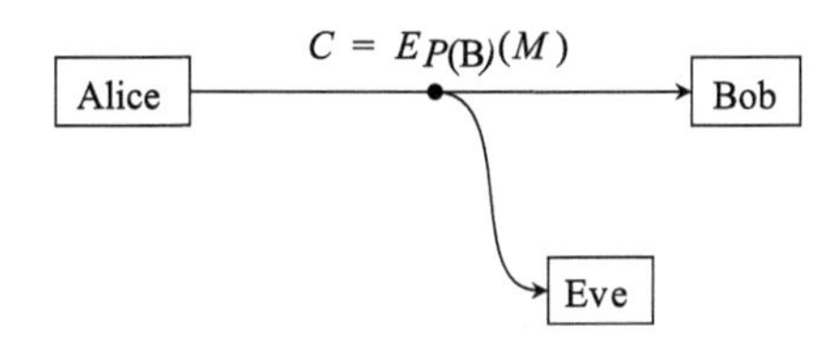

c）Alice 将加密的消息发送给 Bob

图 5-1　Alice 和 Bob 间的公钥加密

有了加密和签名这两个操作，你可以组合它们实现对消息既加密又签名。首先，你用自己的私钥对消息签名。然后，你用接收方的公钥对消息和签名进行加密。接收方首先用对应的私钥解密消息，获得明文消息和签名。然后接收方用你的公钥解密签名消息来验证它是否与解密后的明文消息匹配。Alice 和 Bob 会执行如下操作步骤。 128

1.Alice 生成一个密钥对 $A=(P(A), S(A))$，她用任意方便的方法将 $P(A)$ 分发给 Bob。

2.Bob 生成一个密钥对 $B=(P(B), S(B))$，他用任意方便的方法将 $P(B)$ 分发给 Alice。

3.Alice 用其私钥 $S(A)$ 对其消息 M 进行签名：

$$C_1 = E_{S(A)}(M)$$

4.Alice 用 Bob 的公钥 $P(B)$ 加密她的消息和计算出的签名，即 (M, C_1)：

$$C_2 = E_{P(B)}(M, C_1)$$

5.Alice 将 C_2 发送给 Bob。

6.Bob 用自己的密钥解密 C_2：

$$(M, C_1) = D_{S(B)}(C_2)$$

7.Bob 用 Alice 的公钥 $P(A)$ 验证 C_1：

$$(M) \stackrel{?}{=} D_{P(A)}(C_1)$$

5.2　RSA 密码系统

RSA 密码体制是第一个应用于实践的公钥密码体制，现在已被广泛使用。其命名源自其发明者罗恩·李维斯特（Ron Rivest）、阿迪·沙米尔（Adi Shamir）和伦纳德·阿德曼

(Leonard Adleman)，他们在1977年首次发表了这个密码体制。但其实在更早的1973年，为英国政府通讯总部（Government General Communications Headquarters，GCHQ）工作的克利福德·柯克斯就已独立发明了这个密码体制。但柯克斯的工作直到1997年才公开。我们在4.4节看到迪菲－赫尔曼（Diffie-Hellman）密钥交换方案也发生过相同的事情，在Diffie和Hellman之前，在GCHQ工作的马尔科姆·威廉姆森就已发现了这个方案。实际上，柯克斯的发明在前，威廉姆森是他的朋友，学习了他的发明，从中受到启发，继续开发了迪菲－赫尔曼密钥交换方案。

129

RSA提供了一种生成公私密钥对的方法。在继续深入到方法的步骤之前，我们需要一个定义。如果两个数没有除1之外的公因子，则称它们*互素*或*互质*（relatively prime，coprime）。基于这个定义，RSA由如下一系列步骤组成。

1. 选取两个较大的素数，比如说p和q，满足$p \neq q$。
2. 计算它们的积$n=pq$。
3. 选取一个整数e，它与$(p-1)(q-1)$互素。
4. 找到一个数d，$1 \leqslant d < (p-1)(q-1)$，使得：

$$(e \cdot d) \bmod [(p-1)(q-1)]=1$$

5. 公私密钥对为$A=(P(A), S(A))=((e, n), (d, n))$。
6. 元组$P(A)=(e, n)$为你的RSA公钥。
7. 元组$S(A)=(d, n)$为你的RSA私钥。

我们需要解释一下在第4步中d是如何选取的。我们将会看到选取方法，但首先让我们看一下RSA的实际工作过程。

我们说两个数p和q必须很大，越大越好，但越大，加密和解密所需计算工作量就越高。不过，没有任何理由不使用2048比特这样的长度，当然4096比特更好。

对e就没有大小要求了。它甚至可以等于3。一个流行的选择是$e=2^{16}+1=65537$。这个数有一些很好的性质，使得用它对消息进行RSA加密很难被攻破。

加密和解密使用相同的函数：

$$f(m, k, n) = m^k \bmod n$$

但在加密和解密时传递给函数的参数是不同的。在加密时，m是明文消息，k等于参与者的公钥中的e。在解密中，m是密文，k等于参与者的私钥中的d。

换句话说，采用这种方案，加密一个消息M，即计算M的密文C使用下面公式：

130

$$C = E_{P(A)}(M) = m^e \bmod n$$

解密一个密文C则是计算：

$$M = D_{S(A)}(C) = C^d \bmod n$$

消息签名计算为：

$$C = E_{S(A)}(M) = M^d \bmod n$$

签名验证公式如下

$$D_{P(A)}(C) = C^e \bmod n$$

由于对任意整数 u，v 下式成立：

$$(u \bmod n)(v \bmod n) \bmod n = uv \bmod n$$

因此解密公式为：

$$M = D_{S(A)}(C) = C^d \bmod n = (M^e \bmod n)^d \bmod n = M^{ed} \bmod n$$

类似地，签名验证计算如下：

$$D_{P(A)}(C) = C^e \bmod n = (M^d \bmod n)^e \bmod n = M^{de} \bmod n$$

你可以看到实际上解密和签名验证在计算相同的东西，它们也本该如此。当你解密一个加密消息时，你得到明文。当你验证一个签名时，你也得到原始消息。唯一的变化是密钥的应用顺序：在加密和解密中，首先应用公钥，然后应用私钥；在签名和验证中，首先应用私钥，然后应用公钥。

现在 Alice 希望加密一个消息 M。如果 p 和 q 都是 2048 个比特，则 $p-1$ 和 $q-1$ 必然是 2047 个比特，n 必然是 2047+2047=4094 个比特。因此，M 必须少于 4094 个比特。否则，Alice 必须将 M 拆分为小于 4094 个比特的块。Alice 知道 Bob 的公钥 $P=(e, n)$，为了发送 M 给 Bob，她采用前面给出的公式计算 C，Bob 会收到 C 并解密它。

为了令计算可行，明文消息 M 必须是一个整数。这并未局限 RSA 的应用。一个文本消息在计算机中实际上就是一系列比特，是用适合的编码如 ASCⅡ 对文本进行编码的结果。于是我们将文本拆分为所需长度的比特块，一个块的十进制值就是数 M。

你可以用一个例子验证 RSA 的确可行。Bob 希望加密消息 $M=314$ 并将其发送给 Alice。 131

1. Alice 取 $p=17$ 和 $q=23$。
2. Alice 计算 $n=pq=17 \times 23=391$。
3. 她选取 $e=3$，你可以检查 e 与下面的数互素

$$(p-1)(q-1) = (17-1)(23-1) = 16 \times 22 = 352$$

4. Alice 找到 $d=235$，满足 $1 \leqslant d < 352$ 且 $(e \cdot d)\bmod[(p-1)(q-1)]=1$，即 $(3 \times 235)\bmod 352=1$。
5. 则公私密钥对为 $A=((3, 391), (235, 391))$。

   元组 $P(A)=(3, 391)$ 为 RSA 公钥。

   元组 $S(A)=(235, 391)$ 为 RSA 私钥。
6. Bob 从 Alice 那里得到 $P(A)$ 并加密 M 如下：

$$C = M^e \bmod n = 314^3 \bmod 391 = 155$$

7. Bob 将 C 发送给 Alice。
8. Alice 用如下计算解密 C：

$$C^d \bmod n = 155^{235} \bmod 391 = 314$$

即为原始明文信息。

如果 $155^{235} \bmod 391=314$ 这样的表达式令你望而生畏，你可以在4.5节的表4-10中看到究竟是如何高效计算它的。

这很好，但步骤4还是个谜。为了弄清如何找到 d，我们需要一些数论方面的背景知识。我们知道一个数 x 的乘法逆元（multiplicative inverse）或称倒数（reciprocal）为数 $1/x$ 或 x^{-1}，使得 $xx^{-1}=1$。在模运算中，一个整数 x 模 $n(n>0)$ 的模乘法逆元（modular multiplicative inverse）为整数 x^{-1}，$1 \leqslant x^{-1} \leqslant n-1$，使得 $xx^{-1} \bmod n=1$。这等价于 $xx^{-1}=kn+1$ 或 $1=xx^{-1}-kn$，k 是某个整数。因此在第4步中当我们寻找数 d 满足 $1 \leqslant d<(p-1)(q-1)$，使得 $(e \cdot d)\bmod[(p-1)(q-1)]=1$ 时，我们实际上是在寻找 e 模 $(p-1)(q-1)$ 的模乘法逆元，对某个整数 k 满足：

$$1 = ed + k(p-1)(q-1)$$

这是从 $1=xx^{-1}-kn$ 直接得到的结果，只是 k 之前的符号不同，这并没有关系，因为 k 只是一个整数，我们可以为其取负值。在实数域中，对任意数 $x \neq 0$，我们总是能找到其逆元。但我们如何找到模逆元？而且，模逆元总是存在吗？

132

x 模 n 的模乘法逆元存在当且仅当 x 和 n 互素。这也是为什么当我们选取 e 时坚持它应该与 $(p-1)(q-1)$ 互素。有了这样一个 e，我们知道存在一个满足我们希望的性质的 d。下面我们看一下如何找到它。

算法5-1 欧几里得算法

```
Euclid(a, b) → d
    输入：a，b，正整数
    输出：d，a和b的最大公约数
1   if b = 0 then
2       return a
3   else
4       return Euclid(b, a mod b)
```

两个整数的最大公约数（greatest common divisor，gcd）是能同时整除两个数的最大整数。为了找到两个正整数的gcd，我们使用一个经典的算法，它来自于欧几里得的《几何原本》，描述如算法5-1所示。欧几里得的算法遵循这样一个事实：两个整数 $a>0$ 和 $b>0$ 的gcd等于 b 和 a 除以 b 的余数的gcd，除非 b 整除 a。对这种特殊情况，由定义，gcd就是 b 自身。算法5-1是递归运行的，每次递归调用时用 b 和 $a \bmod b$ 代替 a 和 b（第4行）。当 $b=0$ 时递归停止（第1～2行），其中 b 为上一次递归调用时 $a \bmod b$ 的结果。

证明 a 和 $a \bmod b$ 具有相同的gcd依赖于除法的基本性质。如果 d 是 a 和 b 的一个公因子，则 $a=k_1d$，$b=k_2d$，k_1, k_2 为两个整数。而且，如果 $r=a \bmod b$，我们有 $r=a-k_3b$，k_3 为某个整数。将 a 和 b 的值代入，我们有 $r=k_1d-k_3k_2d=(k_1-k_3k_2)d$，因此 d 整除 r，这意味着所有 a 和 b 的公因子也都是 b 和 $a \bmod b$ 的公因子。

相反地，如果 d 是 b 和 $r=a \bmod b$ 的公因子，则 $b=z_1d$，$r=z_2d$，z_1，z_2 为两个整数。同时，我们有 $a=z_3b+r$，z_3 为某个整数。将 r 和 b 的值代入，我们得到 $a=z_3z_1d+z_2d=(z_3z_1+z_2)d$，因此 d 整除 a，这意味着所有 b 和 $a \bmod b$ 的公因子也都是 a 和 b 的公因子。因此，a 和 b 的公因子与 b 和 $a \bmod b$ 的公因子完全一样，它们必然具有相同的最大公约数。

表 5-1 给出了一个例子，显示了欧几里得算法确定 160 和 144 的 gcd 的过程，你可以看到结果为 16。表的每行显示了每次递归调用发生了什么。可以证明，如果 $a > b$，算法所需的递归调用次数为 $O(\lg b)$。如果 $b > a$，则为 $O(\lg a)$。这是因为第一次调用只是调换了 a 和 b：跟踪算法确定 144 和 160 的 gcd 的操作过程来验证这一点。

表 5-1　欧几里得算法运行示例

a	b	$a \bmod b$
160	144	16
144	16	0
16	0	

欧几里得算法有一个扩展版本，除了能用来寻找两个正整数的 gcd 外，还能找到将 gcd 表示为两个数的乘加组合的方式。具体地，如果 $r=\gcd(a, b)$，则我们可以找到整数 x 和 y，使得：

133

$$r = \gcd(a, b) = xa + yb$$

算法 5-2 描述了扩展的欧几里得算法，它是寻找模乘法逆元的关键。如果 $a>b$，递归调用次数还是 $O(\lg b)$，若 $a < b$，还是 $O(\lg a)$。可证明：

$$|x| \leqslant \frac{b}{\gcd(a,b)} \text{且} |y| \leqslant \frac{a}{\gcd(a,b)}$$

其中，当 a 是 b 的倍数或 b 是 a 的倍数时等号成立。如果 a 和 b 互素，则我们有 $\gcd(a, b)=1$。这意味着我们可以使用扩展欧几里得算法找到两个整数 x 和 y，使得：

$$1 = xa + yb\text{，其中 } |x| < b\text{，}|y| < a$$

这意味着，如果 $0 < x < b$，则 x 是 a 模 b 的乘法逆元。如果 $x < 0$，则通过在上式中加减 ab，我们得到 $1=xa+ab+yb-ab=(x+b)a+(y-a)b$，$0 < x+b < b$。因此，如果 $x < 0$，则 a 模 b 的乘法逆元为 $x+b$。

134

算法 5-3 显示了寻找模乘法逆元的过程。你可能注意到了，如果扩展欧几里得算法返回的 gcd 不是 1，则模乘法逆元不存在，因此我们返回 0，这是一个无效值。

图 5-2 显示了对两个互素的数 3 和 352 运行扩展欧几里得算法的例子。为了看懂这个图，你需要自顶向下地读 a, b 和 $a \bmod b$ 这三列，然后自底向上地读最后一列，这一列展示了每次递归调用返回时形成的三元组 (r, x, y)。在算法结束时我们有：

$$1 = 3 \times (-117) + 352 \times 1$$

我们可以验证这个结果是正确的。因此，3 模 352 的乘法逆元为 $-117+352=235$。这就是我们在前面的 RSA 例子中使用的 d 值。

算法5-2　扩展欧几里得算法

```
ExtendedEuclid(a, b) → (r, x, y)
    输入：a，b，正整数
    输出：r，x，y，满足r=gcd(a，b)=xa+yb
1   if b = 0 then
2       return (a, 1, 0)
3   else
4       (r, x, y) = ExtendedEuclid(b, a mod b)
5       return (r, y, x − ⌊a/b⌋ · y)
```

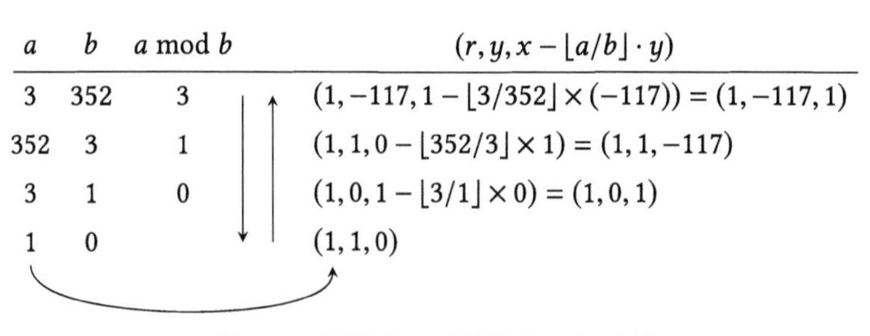

135

图 5-2　扩展欧几里得算法运行示例

概括起来，为了寻找秘密的 RSA 密钥所需数 d，我们需要找到 e 的模 $(p-1)(q-1)$ 的乘法逆元。为此，我们使用扩展欧几里得算法。输入为 e 和 $(p-1)(q-1)$，输出为三元组 (r, x, y)。如果 $x>0$，则它就是我们要找的数；如果 $x<0$，$x+(p-1)(q-1)$ 为我们要找的数。

算法5-3 模逆元算法

```
ModularInverse(a, n) → r
    输入：a，n，正整数，n为模数
    输出：r，满足r=a^-1 mod n，如果存在的话；否则为0
1   (r, x, y) = ExtendedEuclid(a, n)
2   if r ≠ 1 then
3       return 0
4   else if x < 0 then
5       return x + n
6   else
7       return x
```

我们现在解释 RSA 的不同步骤如何实现。剩下的问题首先就是为什么 RSA 能正确运转了。为此，我们需要一些更多的数论知识。对任意正整数 n，满足 $1 \leqslant k \leqslant n$ 且与 n 互素的整数 k 的数量是一个函数的值，该函数被称为欧拉函数（Euler's totient function）或欧拉 φ 函数（Euler's phi function），符号为 $\varphi(n)$。如果 n 是一个素数，则它与所有更小的自然数互素，因此对素数 n 我们有 $\varphi(n)=n-1$。

在 RSA 中，我们利用 $p-1=\varphi(p)$ 和 $q-1=\varphi(p)$。当 p 和 q 两个数互素时，$\varphi(pq)=\varphi(p)\varphi(p)=(p-1)(q-1)$。$p$ 和 q 都是素数，因此它们是互素的，这意味着在步骤 3 中我们选取一个整数 e 与 $\varphi(pq)=n$ 互素。实际上，我们会在下面的描述中用 $\varphi(n)$ 替代有些烦琐的 $(p-1)(q-1)$。

欧拉 φ 函数出现在欧拉定理中，欧拉定理陈述的是，对任意正整数 n 和任意 $0<a<n$，$a^{\varphi(n)} \bmod n=1$。欧拉定理的一个特例情况发生在 n 是素数时。如果我们用 p 表示这种 n，我们有 $a^{p-1} \bmod p=1$。这被称为费马小定理，以便与困惑了数学家们几个世纪的费马大定理区别开。

136

让我们回到 RSA，为了证明它是正确的，我们必须验证解密的结果的确是原始消息。由于签名和验证与加密和解密完全一样，我们只需证明加密和解密的情形。由于我们有：

$$D_{S(A)}(C) = C^d \bmod n = (M^e \bmod n)^d \bmod n = M^{ed} \bmod n$$

必须证明：

$$M^{ed} \bmod n = M \bmod n = M$$

首先，考虑 M=0 的情形。于是有：

$$M^{ed} \bmod n = 0^{ed} \bmod n = 0 \bmod p = 0 = M$$

因此得证。我们还需证明对 $M \neq 0$ 结论也成立。如果 $M \neq 0$ 且 p 是一个素数，则根据费马小定理，我们有 $M^{p-1} \bmod p$=1。回忆一下：

$$1 = ed + k(p-1)(q-1)$$

对某个整数 k 成立，或令 k'=$-k$，有等价的：

$$ed = 1 + k'(p-1)(q-1)$$

于是我们得到：

$$\begin{aligned}
M^{ed} \bmod p &= M^{1+k'(p-1)(q-1)} \bmod p \\
&= MM^{k'(p-1)(q-1)} \bmod p \\
&= [(M \bmod p)((M^{p-1})^{k'(p-1)} \bmod p)] \bmod p \\
&= [(M \bmod p)((M^{p-1} \bmod p)^{k'(p-1)} \bmod p)] \bmod p \\
&= [(M \bmod p)((1 \bmod p)^{k'(q-1)} \bmod p)] \bmod p \\
&= [(M \bmod p)(1^{k'(q-1)} \bmod p)] \bmod p \\
&= M \bmod p
\end{aligned}$$

用几乎相同的方法，使用费马小定理，有

$$M^{ed} \bmod q = M \bmod q$$

这也是我们为什么使用乘积 $(p-1)(q-1)$ 的原因：我们要对 $p-1$ 和 $q-1$ 使用费马小定理。现在，根据另一个数论定理——中国剩余定理——由中国数学家孙子发表于 3 世纪到 5 世纪之间，我们有： 137

$$M^{ed} \bmod p = M \bmod p$$

和

$$M^{ed} \bmod q = M \bmod q$$

于是有：

$$M^{ed} \bmod pq = M \bmod pq$$

但 pq=n，因此

$$M^{ed} \bmod n = M \bmod n = M$$

即我们要证明的结论。

RSA 解决了密钥分发问题并经过了多年的分析。它的安全性依赖于素因子分解（prime factorization）的困难性——一个数的因子（factor）就是能整除这个数的整数，素因子（prime factor）就是本身也为素数的因子。素因子分解就是找到一个数的素因子，将这个数表示为素因子的乘积形式。求解这个问题的当前已知算法都是计算非常密集的，因此分解一个大整数需要花费非常多的时间。在我们的例子中，给定 n，找到数 p 和 q 是非常困难的。如果你有一个高效的素因子分解算法可供使用，则你就可以用它来找到数 p 和 q。由于 e 是公开的，在 RSA 的第 4 步你可以自己计算出 d，就可得到私钥。

当然某人会开始检查所有小于 n 的正整数，期待找到其因子。这也是 p 和 q 应该很大的重要原因。与迪菲－赫尔曼方案中一样，我们不会盲目寻找素数。我们可以使用算法寻找我们需要的素数。16.4 节给出了一个能高效寻找素数的方法。

量子计算的进展会潜在威胁 RSA 密码体制，因为在一台量子计算机中有可能在多项式时间内实现分解。但眼下 RSA 还是安全的。

既然 RSA 还保持安全并能解决密钥分发问题，你可能会问我们究竟为什么还要使用对称加密。无论如何你都可以使用 RSA 加密任何消息。对此问题的回答是，RSA 比 AES 这样的对称加密方案慢得多。因此我们通常以一种混合的方式使用 RSA。在这种系统中，参与者用 RSA 来协商 AES 所使用的密钥，而不是使用迪菲－赫尔曼密钥交换方案：

138

1. Alice 想发送一个长消息 M 给 Bob，在此场景中 RSA 会很慢，因此她选择一个随机密钥 K，可用于一种对称密码如 AES。
2. Alice 用 Bob 的公钥加密 K：
   $C_K = E_{P(B)}(K)$
3. Alice 用 AES 加密 M，密钥为 K：
   $C_M = E_{AES(K)}(M)$
4. Alice 将 (C_K, C_M) 发送给 Bob。
5. Bob 用他的私钥解密消息 C_K，得到 AES 密钥 K：
   $K = D_{S(B)}(C_K)$
6. Bob 用密钥 K 解密消息 M：
   $M = D_{AES(K)}(C_M)$

这样，我们得到了一个两全其美的方案：利用 RSA 得到了通信所需的安全的密钥，然后用 AES 加密大量数据。我们也可使用迪菲－赫尔曼密钥交换方案达到同样的目的，两种方法都很流行。但如果你希望用一种方法既实现签名也实现解密，则我们主张使用 RSA。

5.3 消息哈希

对于数字签名的速度，我们也有同样的担心。如果消息 M 很长，那么对整个消息进行签名就可能很慢。于是 Alice 可以对消息签一个*数字指纹*（digital finerprint），或简称*指纹*（fingerprint）。消息的指纹就是一小段标识数据，我们通过对消息应用一个特殊的快速函数 $h(M)$ 获得。指纹也被称为*消息摘要*（message digest）。对任何消息，这个函数会从中生成一个固定大小的较短的比特序列，比如说 256 比特。这个函数被称为*哈希函数*（hash function）。由于这个原因，指纹也被称为*消息哈希*（message hash）。我们还要求找到具有相同指纹的两个消息是困难的，即找到 M 和 M' 使得 $h(M)=h(M')$。我们称具有这个性质的哈希函数是*抗碰撞哈希函数*（collision-resistant hash function）。这样，指纹就能标识消息，因为很难伪造具有相同指纹的另一个消息。Alice 通过执行下面一系列步骤来对 M 签名。

1. Alice 计算 M 的指纹：

139

   $H = h(M)$

2. Alice 对 M 的指纹签名：
$C = E_{S(A)}(H)$
3. Alice 将 (M，$C=E_{S(A)}(H)$) 发送给 Bob。
4. Bob 自己计算 $H=h(M)$。
5. Bob 验证从 Alice 那里收到的签名：
$H \stackrel{?}{=} D_{P(A)}(C)$
6. Bob 验证他在第 4 步计算的指纹与他在第 5 步验证的签名吻合。

当然，不发生碰撞是很重要的，即不同消息不会有相同的指纹。例如，如果消息长度为 10K 字节，则有 2^{80000} 种可能的消息，因为 10K 字节是 10000 字节或 80000 比特。哈希函数将这 2^{80000} 个消息映射到少得多的指纹。如果它生成的摘要长度为 256 比特，则可能的指纹数目为 2^{256} 个。因此，理论上碰撞的数目极其大：$2^{80000}/2^{256}=2^{79744}$。但是，在实际中我们只会遇到理论上可能的 2^{80000} 个消息中的一小部分。我们只想对这一小部分消息进行签名。我们希望 $h(M)$ 将其中两个消息映射到相同指纹的可能性很低，而且实践证明确实存在这样的函数，但是在学术界已经论证抗碰撞能力足够强的这些函数中，我们还是必须小心选择。

我们应该注意，术语哈希（hash）被用来表示很多相关但不相同的东西。哈希（hashing）在数据存储和检索中是一种很重要的技术。我们将在第 13 章探究哈希。一般而言，哈希函数就是一种将任意大小的数据映射到小得多的数据的函数。好的哈希函数是抗碰撞的。我们用于数字前面和指纹的哈希函数还有一个额外性质，即它们是单向函数：给定哈希函数的输出，不可能推导出我们传递给哈希函数的输入数据。这样的哈希函数被称为加密哈希函数（cryptographic hash function）。SHA-2（安全哈希标准 2，Secure Hash Standard-2）是一种广泛使用的、具有良好安全记录的加密哈希函数。 140

5.4 互联网通信匿名化

结合对称加密和公钥加密还能解决其他问题。一个例子是组合 RSA、AES 和迪菲 - 赫尔曼密钥交换来解决互联网通信的匿名化。这是一个更一般的安全问题的例子，不仅对数据加密，也对*元数据*（metadata）加密。元数据指的不是数据本身，而是与数据关联的数据。在一次电话通信中，元数据由通话人身份和通话的日期时间组成。在互联网中，通信的元数据可能不是指实际传输的数据，而是涉及的通信方的详细信息。如果 Alice 发送一封电子邮件给 Bob，则电子邮件消息的内容是数据，电子邮件的日期时间和 Alice 发送电子邮件给 Bob 这个事实是元数据；如果 Alice 访问一个网站，网站的内容是数据，Alice 在特定日期访问特定网站这个事实是元数据。

使用迪菲 - 赫尔曼或 RSA，我们可以获得安全的私钥，用来加密我们通信的内容。没有窃听者能知道 Alice 告诉了 Bob 什么，但窃听者能知道 Alice 正在和 Bob 谈话，而这个事实本身可能就很重要。即使它不重要，它也不关 Alice 和 Bob 之外其他人的事。

当 Alice 访问 Bob 的网站时，Alice 和 Bob 间的信息是分组传输的，一台计算机一台计算机这样一跳一跳地传输，从 Alice 的计算机到达 Bob 的计算机然后返回。途中指挥互联网通信的每台计算机被称为*路由器*（router），它们都知道自己传输了从 Alice 到 Bob 的数据。即使它们之间的通信是加密的，但加密也只是应用于通信的内容，即数据。传输加密数据的分组中的 Alice 和 Bob 的地址还是明文，可被任何侦听中间计算机的人所捕获。图 5-3 中例子，显示一个消息从 Alice 传输到 Bob 的过程中经过了三个路由器。

使用加密实现互联网上的匿名通信是可能的，其思想称为洋葱路由（onion routing）。它将数据包封装在一系列分层数据包中，就像一个洋葱，如图 5-4 所示。第一个从 Alice 得到数据包的路由器只能读取最外层，其中给出了它应该转发数据包的下一个路由器的地址。第二个路由器将得到去除了最外层的数据包，它只能读取新的最外层（即初始分层数据包的第二层）。这会将第三个路由器的地址提供给第二个路由器以继续转发数据包。第三个路由器会继续相同的过程，剥去又一层数据包，依此类推直到数据包到达 Bob。

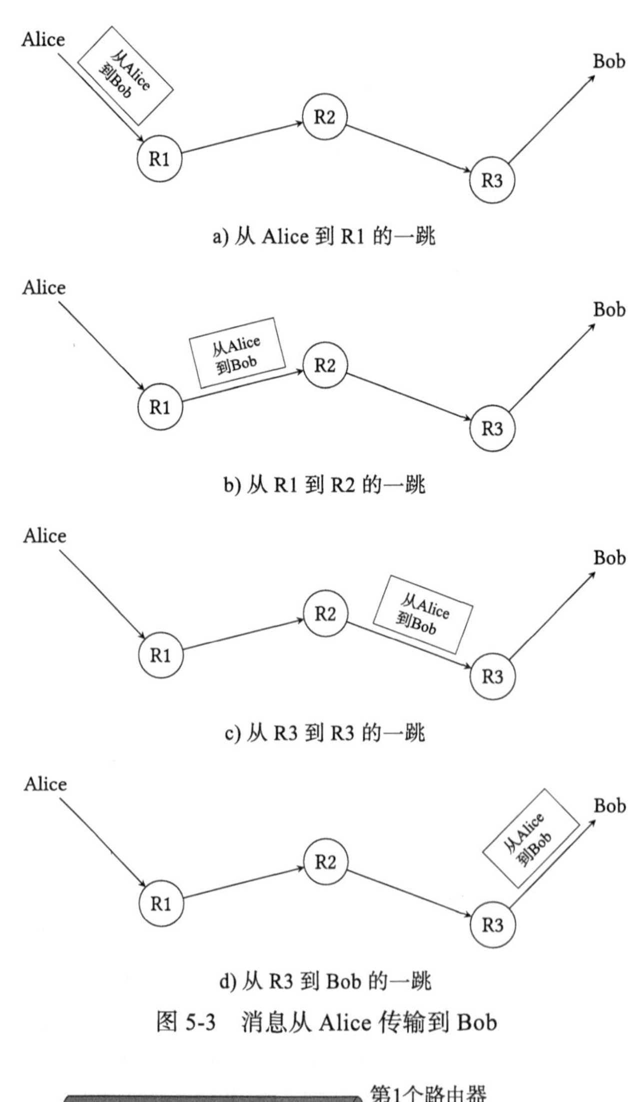

a) 从 Alice 到 R1 的一跳

b) 从 R1 到 R2 的一跳

c) 从 R3 到 R3 的一跳

d) 从 R3 到 Bob 的一跳

图 5-3　消息从 Alice 传输到 Bob

第1个路由器
第2个路由器
第3个路由器
消息

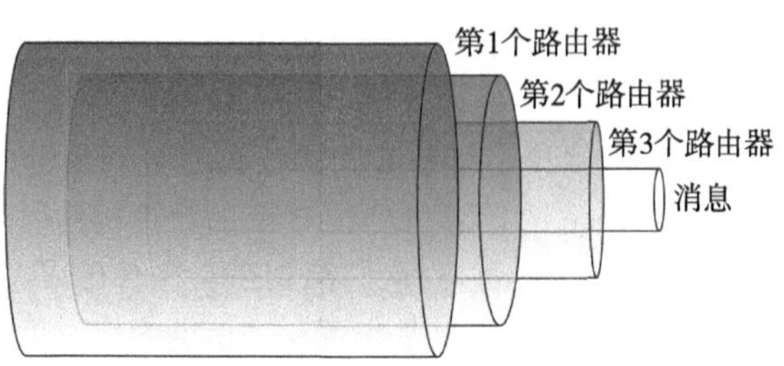

图 5-4　洋葱路由的一个分层数据包

现在注意到第一个路由器只知道它得到了一个从 Alice 到第二个路由器的数据包，第二个路由器只知道它得到了一个从第一个路由器到第三个路由器的数据包。Bob 会知道他从某个路由器得到了一个数据包。除了 Alice 没有人知道数据包最初是从她发送给 Bob 的。

Alice 如果创建洋葱分层数据包，她又如何创建到 Bob 的路由使得中间路由器不知道这次传输的信息呢？一种众所周知的洋葱路由器是 Tor（洋葱路由器 The onion router 的缩写），其工作原理大致如下。

Tor 由 Alice 可用的一些中间路由器组成。首先，Alice 选取一组她将使用的中间路由器，这些路由器被称为洋葱路由器（Onion Router，OR）。假定她选取了三个 OR：OR_1，OR_2 和 OR_3，希望消息的传输路由是 Alice → OR_1 → OR_2 → OR_3 → Bob。只有她自己知道路由。消息将逐个路由器地传输，在每个路由器会剥去一层加密层。你可以在图 5-5 中看到示例，其中我们假定 Tor 由 $3n$ 个洋葱路由器组成，它们规则地排列为一个矩阵。当然真实的 Tor 拓扑可能不像这样，而且随着洋葱路由器的增加或减少会发生改变。下一次 Alice 想和 Bob 通信时她可能选择不同的路由器，因此随着时间的变化追踪她的通信是不可能的。

142 ~ 143

通信开始时，Alice 使用 RSA 与 OR_1 通信，发送设置通信路由的指令。由于这是一个 Alice 用来指挥 OR_1 做特定事情的数据包，所以我们可以想象它是一个命令包，包含了 Alice 与 OR_1 进行迪菲 – 赫尔曼密钥交换中 Alice 部分的信息。此外，它还包含了一条命令，告诉 OR_1 Alice 将用她选取的一个称为*电路标识*（circuit id）的特殊 ID（比如说 C_1）来标记数据包。我们称这个命令包为一个 CreateHop（C_1，g^{x1}）包，用我们的符号简写了迪菲 – 赫尔曼部分。OR_1 回复迪菲 – 赫尔曼密钥交换中它的部分。Alice 发送给 OR_1 的所有信息都将用她构造的密钥（比如说 DH_1）进行加密。

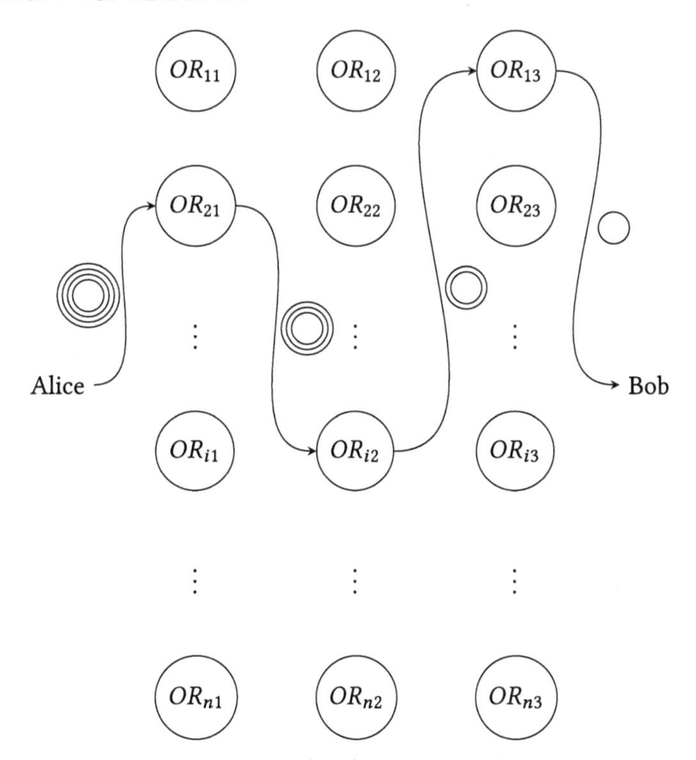

图 5-5 Alice 通过洋葱路由发送一个消息给 Bob

接下来 Alice 继续与 OR_1 通信，告诉 OR_1 现在希望它将她发送来的所有消息转发给 OR_2。为此，她发送给 OR_1 一个命令包，其中包含扩展路由的命令以及新的迪菲－赫尔曼密钥交换中她的部分。迪菲－赫尔曼部分用 OR_2 的 RSA 公钥加密，整个命令包用 DH_1 加密。我们称这个命令包为一个 ExtendRoute(OR_2，g^{x2}) 包。当 OR_1 得到这个包时，对它进行解密，然后创建一个新的 CreateHop(C_2，g^{x2}) 包并发送给 OR_2。这个命令包包含 Alice 发送给 OR_2 的迪菲－赫尔曼部分，并告诉 OR_2 将用另一个电路 ID（比如说 C_2）来标记数据包。OR_1 将这些告诉 OR_2，但并未透露消息是从 Alice 那里发送来的。OR_1 记录这样的事实：用 C_1 标记的包将发送给 OR_2，而从 OR_2 收到的用 C_2 标记的包将传递回 Alice。OR_1 把从 OR_2 那里接收的迪菲－赫尔曼应答传递回 Alice，因此 Alice 和 OR_2 共享一个迪菲－赫尔曼密钥 DH_2。

144

为了创建到 OR_3 的路由，Alice 创建一个 ExtendRoute(OR_3，g^{x3}) 命令包来扩展 OR_2 到 OR_3 的路由。这个包包含她希望与 OR_3 创建的迪菲－赫尔曼密钥中她的这部分。迪菲－赫尔曼部分用 OR_3 的 RSA 公钥加密，整个包用 DH_2 加密然后在其上再用 DH_1 加密。Alice 将这个包发送给 OR_1。当 OR_1 得到这个包，它只能解密第一层。OR_1 知道用 C_1 标记的单元必须转发给与 C_2 关联的目的地——OR_2，但它不知道其内容。它用 C_2 标记数据包，并将剥去一层的数据包发送给 OR_2。

OR_2 从 OR_1 收到数据包，用 DH_2 对其进行解密，提取出 ExtendRoute(OR_3，g^{x3}) 命令包。OR_2 执行与前述 OR_1 同样的一系列步骤，因为 OR_2 收到了一个扩展路由的命令包，其中包含 Alice 与 OR_3 的迪菲－赫尔曼密钥交换的 Alice 的部分。OR_2 创建一个新的 ExtendRoute(OR_3，g^{x3}) 命令包并发送给 OR_3。命令包包含 Alice 发给 OR_3 的迪菲－赫尔曼部分，并告诉它将用另一个电路 ID(比如说 C_3) 来标记数据包。OR_2 记录这样的事实：用 C_2 标记的数据包将发送给 OR_3，从 OR_3 接收的用 C_3 标记的数据包将被传回给 Alice。OR_2 将 OR_3 发来的迪菲－赫尔曼应答通过 OR_1 传回给 Alice，因此 Alice 和 OR_3 共享迪菲－赫尔曼密钥 DH_3。

现在 Alice 可以将她的消息发送给 Bob 了，而且知道不仅消息内容保持秘密，路由也保持秘密。为了给 Bob 发送一条消息，Alice 创建一个数据包，包含她的消息，接收地址为 Bob，用 DH_3 加密，然后用 DH_2 加密，最后用 DH_1 加密并用 C_1 标记。数据包首先来到 OR_1。因为数据包用 C_1 标记，OR_1 知道应该将它转发给 OR_2。OR_1 用 DH_1 剥去第一层并将其转发给 OR_2，用 C_2 标记。OR_2 用 DH_2 剥去第二层。它知道用 C_2 标记的包应该转发给 OR_3，因此它用 C_3 标记包并发送给 OR_3。

145

OR_3 从 OR_2 得到数据包并使用 DH_3 解密它，发现这是一条收信地址为 Bob 的消息，于是将它转发到那里。从 Bob 来的应答沿着完全相反的路由 Bob → OR_3 → OR_2 → OR_1 → Alice，再次用 DH_1 加密，然后用 DH_2 加密，最后是 DH_3，使用标记 C_3, C_2, C_1 按相同方式进行路由。在图 5-6 中你可以看到整个交互过程，顺序是自顶向下、由左至右。每一行对应一个消息。箭头上的标签对应消息内容，箭头下的标签对应使用的加密操作，要么是迪菲－赫尔曼，要么是使用接收方公钥的 RSA。Alice 要求 Bob 的网站将其主页发送给她，Bob 应答这个网页。为了请求主页，Alice 必须用超文本传输协议（HyperText Transfer Protocol，HTTP）向 Bob 的网站发出一个 GET 请求，但这里我们不讨论细节。

Tor 还能使用一种不用 RSA 的新协议创建迪菲－赫尔曼密钥。这个新协议更快更好，但更难描述。而且，在 Tor 中两点（Alice、洋葱路由器和 Bob）之间的所有通信都使用认证和加密协议。毕竟，Tor 是健壮的，是维护互联网匿名性的主要方法。

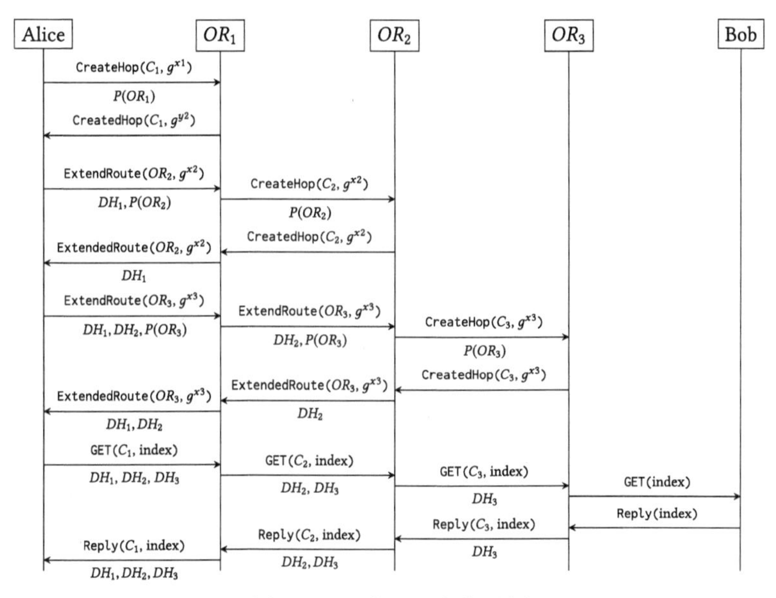

图 5-6 一个 Tor 交换示例

146

注释

密码学的相关资料可参考上一章的注释。RSA 算法是 Ron Rivest、Adi Shamir 和 Leonard Adleman 于 1977 年公开发布的，并登记为 4405829 号美国专利。Martin Gardner 在 1977 年 8 月号的《科学美国人》他的“数学游戏”专栏中介绍了这个算法 [75]。RSA 的论文是一年后发表的 [165]。如果我们建造出量子计算机，在其上运行 Shor 算法 [185] 的话就能攻破 RSA。

数字签名的概念是 Whitfield Diffie 和 Martin Hellman 在介绍密钥交换方案的论文中提出的 [50]，但他们并未给出一个实际的签名方法。第一个签名方法随 RSA 算法而产生，从那时起产生了很多签名方案。Merkle 签名 [138] 因 Ralph Merkle 而命名，能抵抗量子计算攻击，因此用于文件系统中保证完整性，也用于 BitTorrent 这样的点对点协议中。

SHA-2（Secure Hash Algorithm 2，安全哈希算法 2）是一个哈希函数族，是由美国国家安全局 (National Security Agency，NSA) 设计的，由美国国家标准技术局 (National Institute of Standards and Technology，NIST) 发布为一个标准 [207]。SHA-2 族中的哈希函数生成 224, 256, 384 或 512 比特的摘要，即哈希值，因此它们分别被命名为 SHA-224, SHA-256, SHA-384 和 SHA-512，其中 SHA-256 最流行。在 2015 年 8 月，NIST 发布了一个新的密码哈希函数 SHA-3[208]，它不是 SHA-2 的替代者（因为它并未受到威胁），而是一个可选项。选中的算法是 NIST 组织的一个哈希函数比赛的获胜者。密码哈希函数的严谨介绍请见 [167]。

Tor 的技术描述请见 [52]。其基本原理的更早讨论请见 [81]。洋葱路由最早是由美国海军研究实验室（U.S. Naval Research Laboratory）于 20 世纪 90 年代中期、随后由美国国防高级研究计划局（Defense Advanced Research Projects Agency，DARPA）开发的。海军研究实验室以自由版权许可发布了 Tor 的代码。随后 Tor 项目在 2006 发展为一个非营利组织，继续支持和开发 Tor。

147

习题

1. 公钥加密并未使对称加密黯然失色，因为它很慢。找到一个实现 RSA 的软件库和一个实现 AES 的软件库，并使用不同大小的消息比较它们的性能，确保两个软件库使用相同的编程语言实现。特别是，脚本语言中既有纯粹用脚本语言编写实现，也有用更快的编译语言编写库、加上脚本语言接口的实现，它们之间进行比较是不公平的。
2. SHA-2 这样的加密哈希函数的一个应用是检查数据分片已保存在某处。例如，我们可以不将一个文件作为整体保存，而是将其划分为固定大小的块。数据块被保存起来，可通过它们的 SHA-2 哈希值检索。如果另一个要保存的文件与第一个文件相等或相似，则所有或很多数据库具有相同的 SHA-2 哈希值，因此只有那些哈希值与已保存的哈希值不匹配的块才需要保存。这是一种称为*重复数据删除*（deduplication）的存储技术的基础，因为这种技术删除重复的数据块。编写一个程序，它接收一个文件和一个块大小，将文件划分为块，并计算块的 SHA-2 哈希值。

148

排序问题

考虑你必须完成一组任务，一般而言任务极少是没有限制的。任务间可能相互关联，一个任务必须在其他某个或多个任务完成后才能开始。让我们限定在个人事务上，我们小时候就学过，为了把水烧开，首先要将水灌到水壶中，并将水壶的插头插到电源插座中。我们做这个任务（倒不如说水壶为我们做这个任务）可以与面包机烤几片面包的任务并行进行。但冲一杯咖啡的任务就必须等待烧开水的任务完成。

我们做的可能不是个人任务。可能是一个项目的不同部分，之间有特定的依赖关系，要求按特定顺序完成；可能是学术任务。为了获得学位，你必须修完一定数量的课程，其中一些课程通常以其他课程为先导课。一般而言，你可以将任务看作相互之间有顺序约束的工作，因此某些工作必须先于其他工作，在其完成之后更多的工作才能开始。

这种任务的一个原型例子是穿衣问题。大多数人在蹒跚学步的时期就掌握了这一能力（虽然能穿衣服并不意味着穿着得体），因此我们视这种能力为理所当然的。但如果你仔细思考，它还是包含了很多步骤。在一个冬日，你要穿上内衣、袜子、好几层外衣、夹克、帽子、手套和靴子。这里有一些特定限制，在同一只脚穿上袜子之前不能穿靴子。不过也有一些余地，你可以先穿左脚的靴子再穿右脚然后是夹克。你也可以先穿右脚的靴子再穿夹克然后是左脚的靴子。当你学习穿衣服时，你也学习了如何排列这些任务的顺序。

另一个例子是组织一场活动。我们希望联系很多人，给他们提供优惠或是向他们要些东西：我们可能提供一张优惠券或一次免费试用，或者我们可能为了某个目标募集捐赠。一个已经确认的事实是：影响人们决定的最好方法是给他们看其他人是怎么做的，特别是他们认识或尊敬的人。因此，如果我们知道：如果 Alice 响应了我们的活动，那么 Bob 也很可能响应，则先接触 Alice 然后接触 Bob 就是有意义的。设想我们已经确认了活动需要联系的一些人并画出了他们之间的关系。你可以在图 6-1 中看到得到的关系图。

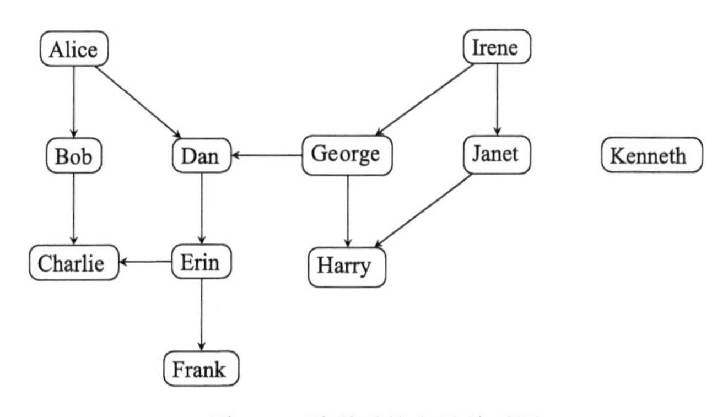

图 6-1　需联系的人员关系图

则问题变为，我们以怎样的顺序联系这些人？我们不希望在联系 Bob 和 Erin 之前就来联系 Charlie；类似地，我们不希望在联系 Alice 之前就联系 Bob；Kenneth 是独立的，我们可以在任何时候联系他。这个问题的解不是唯一的。在图 6-2 中，你可以看到两种不同的、但都有效的顺序，通过重排图中的人员顺序显示出来。两种顺序都没有违反人员之间的关系，因为没有箭头是反方向的。

6.1 拓扑排序

我们希望找到一种通用的方法来得到这种顺序。使用图论中的术语，我们对有向无环图（Directed Acyclic Graph，DAG）的特定排序方法感兴趣。有向无环图 $G=(V, E)$ 的一个**拓扑排序**（topological ordering 或 topological sort）就是图的顶点 V 的一个排序，使得对 E 中每条边 (u, v)，顶点 u 在排序中都出现在顶点 v 之前。

150

如图 6-2 所示，一个图可能有多个拓扑排序。反过来也成立：一个图可能没有拓扑排序。特别是，考虑在有向有环图中会发生什么。在我们的例子中，我们希望 Alice 在 Bob 之前，Bob 在 Charlie 之前，因此 Alice 在 Charlie 之前。假如有一条从 Charlie 到 Alice 的边，则我们也希望 Charlie 在 Alice 之前，因此会形成一个死锁。在有向有环图中不存在拓扑排序，因为根本没有意义。因此，你导出一个图的拓扑排序时要做的第一件事就是确保图是无环的，换句话说，它是一个有向无环图。

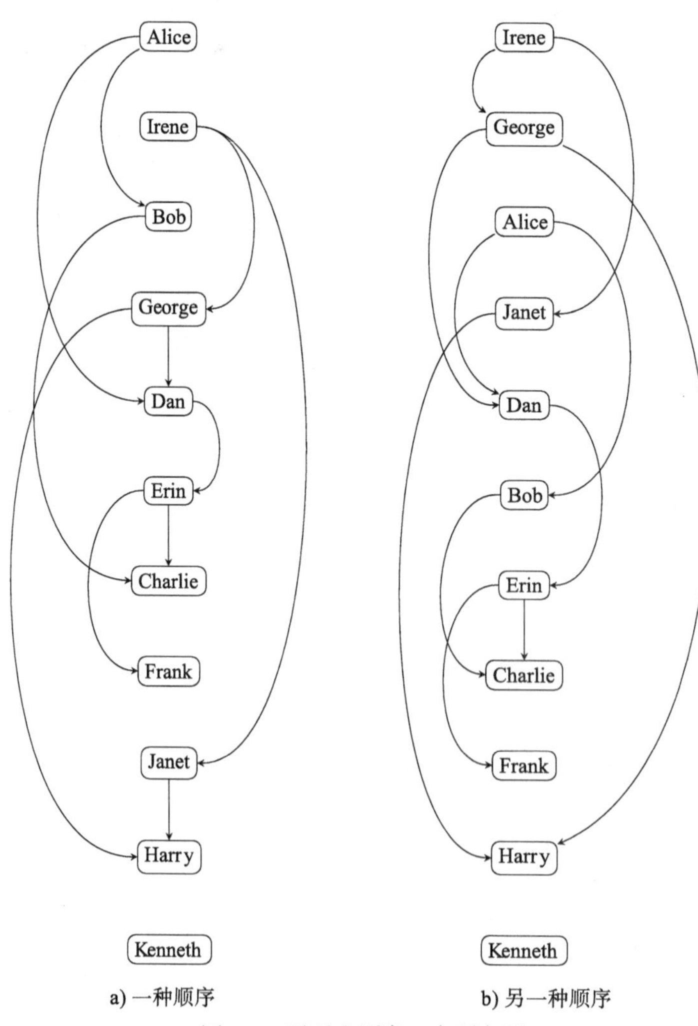

a) 一种顺序　　b) 另一种顺序

图 6-2　联系人顺序，自顶向下

回到我们的例子，图是有向无环的，因此你可以在其上进行拓扑排序。你想得到图的一个拓扑排序，然后就按照这个顺序来联系这些人，对某个人，只有在你已经联系了他之前的人之后，才能联系他。通过按相反的方式思考，很容易解决这个问题：你应该最后联系哪个人？显然，你应该最后联系的是不会将你导向其他人的那个人。即没有出边的人，没有连接到任何其他人的那个人。在我们的例子中，Frank、Harry、Kenneth 或 Charlie 都是最后联系的候选者。现在你已经找到最后联系的人了，那么谁又是在他之前应该联系的人呢？你可以再次应用相同的规则——联系不再将你导向其他人的人。如果你已经选出 Frank 作为最后联系的那个人，则现在你可以在 Charlie、Harry 和 Kenneth 中选择。比如说你现在选择了 Charlie，你将最后联系 Frank，在他之前联系 Charlie。那么在 Charlie 之前你联系谁呢？你可在 Harry 和 Kenneth 之间进行选择，但 Bob 也是候选者之一，因为他只导向 Charlie，而你已将 Charlie 放入拓扑排序的倒数第二位。

这种从后向前选择联系人的方法等价于按深度探索图：从开始顶点前进到你能到达的最深顶点，然后移动回开始顶点。沿尽可能深的方向探索图就是深度优先搜索所做的事情。而且实际上在一个有向无环图中应用深度优先搜索就会生成图的一个拓扑排序。

按照这些思路，算法 6-1 给出了一个深度优先搜索的修改版本。其运行像深度优先搜索一样，但它使用了一些额外的数据：*sorted* 是一个链表，每当深度优先搜索走到尽头需要回溯时，我们就将元素添加到表头。特别地，算法 6-1 背后的思想是，当我们在深度优先搜索过程中走到尽头开始回溯时，我们就处在第 5 行。通过将对应递归调用的尽头，也就是当前顶点 *node*，添加到链表头，我们实现了从后向前填充链表，即将我们遇到的每个尽头由后至前地填入了链表。

算法6-1 **用深度优先搜索进行拓扑排序**

```
DFSTopologicalSort(G, node)
    输入：G=(V, E)，一个有向无环图
          node，G中一个顶点
    数据：visited，一个大小为|V|的数组
          sorted，一个链表
    结果：如果顶点i从node可达，则visited[i]为TRUE
          sorted逆序保存我们从node开始进行深度优先搜索所到达的尽头顶点
1   visited[node] ← TRUE
2   foreach v in AdjacencyList(G, node) do
3       if not visited[v] then
4           DFSTopologicalSort(G, v)
5   InsertInList(sorted, NULL, node)
```

151 ~ 152

有了算法 6-1，我们现在就可以来到实现拓扑排序的算法 6-2 了。本质上这个算法为 DFSTopologicalSort 打下了基础。它会初始化 *visited* 和 *sorted*。然后它只需在第 5～7 行调用 DFSTopologicalSort 直到访问完所有顶点。如果我们从顶点 0 可以访问所有顶点，则循环只需执行一步；如果不能，则循环会对第一个未访问顶点再次运行，依此类推。

性能方面，由于算法实际上是对图的一次深度优先遍历，且一次深度优先遍历需要 $\Theta(|V|+|E|)$ 时间，因此拓扑排序需要 $\Theta(|V|+|E|)$ 时间。

让我们看一下算法如何运行。如前所述，在运行算法之前我们赋予每个顶点唯一的索

引。如果我们按字典序指派索引，则 Alice 为 0，Bob 为 2，依此类推。于是图 6-1 中的图变为图 6-3a 中等价的图，在图 6-3b 中你可以看到图的深度优先遍历过程。顶点旁边的数指出我们遍历它们的顺序，虚线矩形框显示了每次 DFSTopoloticalSort 调用是如何访问这个图的。

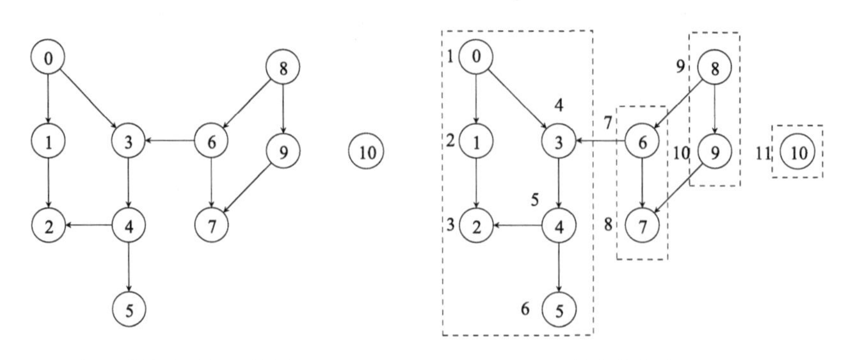

a) 标记数值索引的人员图　　b) 人员图的深度优先遍历

图 6-3　标记数值索引的人员图及其深度优先遍历

由于这个图不是强连通的，则对它的遍历首先访问从顶点 0 可达的顶点。然后访问从顶点 6 可达的顶点。顶点 3 除外，因为我们已经访问过它了，因此这一步只访问顶点 7。然后继续来到顶点 8，访问它唯一尚未访问的邻居——顶点 9。最后，访问顶点 10。因此算法 6-2 的循环执行四次。在算法的第 5 行，我们按编号递增顺序检查未访问顶点及其邻居，但这是不必要的。无论我们选择以什么顺序检查顶点，算法都能正确运行。

153

算法6-2　有向无环图上的拓扑排序

```
TopologicalSort(G) → sorted
    输入：G=(V, E)，一个有向无环图
          node，G中一个顶点
    输出：sorted，一个大小为|V|的链表，保存了图中顶点的拓扑次序
1   visited ← CreateArray(|V|)
2   sorted ← CreateList()
3   for i ← 0 to |V| do
4       visited[i] ← FALSE
5   for i ← 0 to |V| do
6       if not visited[i] then
7           DFSTopologicalSort(G, i)
8   return sorted
```

我们将图放大，来看一下算法 6-2 中循环的每步迭代发生了什么。在第一步迭代中，对顶点 0 调用 DFSTopologicalSort。记住，访问了一个顶点的所有邻居后，我们知道当前顶点是需要联系的所有剩余顶点中最后那个。于是，如果我们从顶点 0 开始，然后经过顶点 1 到达顶点 2，看到从顶点 2 无法导向任何顶点，因此将顶点 2 插入（空）链表 *sorted* 的开始位置。然后回到顶点 1，我们看到无法导向任何尚未访问的顶点，于是将顶点 1 插入到 *sorted* 的开始位置。现在，顶点 0 尚有邻居顶点 3 尚未访问，于是我们来到顶点 3，访问它，然后从那里到达 4 和 5。顶点 5 无法导向任何顶点，于是我们将它插入到 *sorted* 的前端，然后将

顶点 4、顶点 3 最终是顶点 0 插入到 *sorted* 前端。在第一步迭代结束时我们有 *sorted*=[0，3，4，5，1，2]。接下来，我们对顶点 6 调用 DFSTopologicalSort，得到 *sorted*=[6，7，0，3，4，5，1，2]。然后，我们对顶点 8 调用 DFSTopologicalSort，得到 *sorted*=[8，9，6，7，0，3，4，5，1，2]。最后，我们对顶点 10 调用 DFSTopologicalSort，得到 *sorted*=[10，8，9，6，7，0，3，4，5，1，2]。

在图 6-4 中，你可以看到每个顶点的访问顺序及其拓扑次序。图的拓扑排序为 10 → 8 → 9 → 6 → 7 → 0 → 3 → 4 → 5 → 1 → 2。从索引回到名字，我们就得到 Kenneth → Irene → Janet → George → Harry → Alice → Dan → Erin → Frank → Bob → Charlie。在图 6-5 中，你可以验证，没有箭头是向上的，因此这是一个正确的解。而且，它与图 6-2 中的两个解都不同。 154

在算法 6-2 中，我们假定图是一个有向无环图。如果它不是，会发生什么？答案是拓扑排序会没有意义。图中的一个环意味着我们有一个前驱关系序列 $u_k \rightarrow \cdots \rightarrow u_k$，换句话说，一个顶点必须在它自己之前。在我们的人员例子中，假如还有一条从 Charlie 到 Alice 的连接，则无法说清我们应该先联系 Alice 还是 Charlie。

在任何需要找到任务执行顺序的场景，我们都可以使用拓扑排序。在我们的例子中，我们希望联系一些人，但任务可以是任何东西，例如可以是必须满足执行约束的进程，特定进程必须先于其他进程执行。一些书籍在其前言部分会给出导航图，指出读者阅读章节的顺序。一个术语表可能按字典序排序，或者可能按这样一种顺序排序：如果一个术语的定义依赖于另一个术语，则后者不能排在前者之后。 155

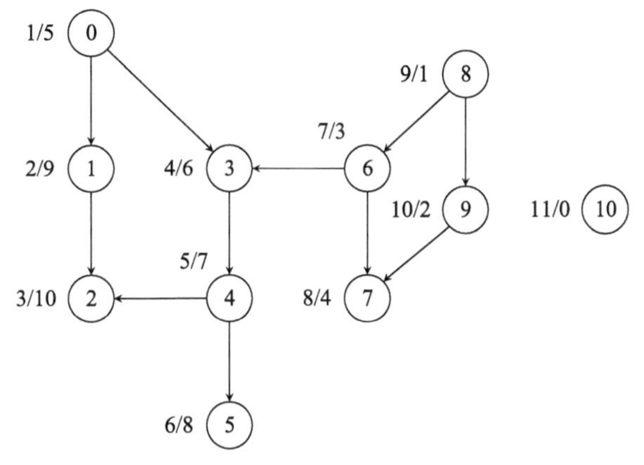

图 6-4 人员图的拓扑排序和深度优先遍历顺序。顶点旁边的标签 *i*/*j* 表示顶点在深度优先遍历中第 *i* 个被访问，在拓扑排序中第 *j* 个被访问

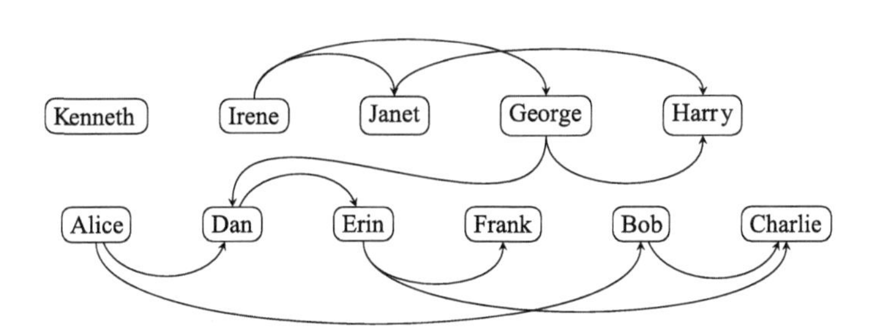

图 6-5 人员图的拓扑排序。顺序由左至右、自顶向下 156

6.2 加权图

到目前为止，我们已经用图来将实体显示为顶点，将它们的关系显示为边。我们可以扩展图，为每条边赋予一个数值，称为*权重*（weight）。这种图是无权图的一种推广，因为一个无权图可以看作所有边都具有相同权重，比如说1，从而我们可以忽略权重。我们将用 $w(u, v)$ 表示边 (u, v) 的权重。加权图是很有用的，因为它允许我们表示更多信息。如果一个图是一个道路网络，权重就可能表示距离或是两点间旅行所需时间。

图6-6中给出了一个加权有向图。它看起来可能很眼熟，你之前在第2章的图2-3中已经见到过它的一个无权无向图版本。虽然图中所有权重都是非负整数，但这并不是必需的。正权重和负权重都是允许的：顶点可能对应业绩，权重既可能是奖励也可能是惩罚。权重也可能是实数，这依赖于我们的应用的需求。在一个加权图中，当我们谈论两个顶点间一条路径的长度时，我们并不是指顶点间边的数目，而是那些边的权重之和。因此，在图6-6中，从0到2的路径的长度不是2而是17。

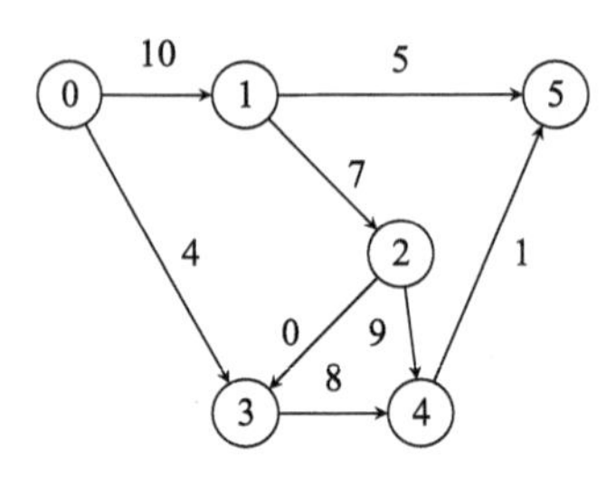

图6-6 一个加权图

加权图的表示类似无权图。在加权图的邻接矩阵中，矩阵项为边的权重或者表示无连接的特殊值。表6-1显示了图6-6中图的邻接矩阵。如果顶点间没有连接，我们用∞作为特殊值，不过我们可以采用任何其他不表示有意义权重的值。例如，如果权重非负，我们可以使用 −1，或者使用NULL，或者其他值。再次说明，这依赖于我们的应用的需求。

157

表6-1 图6-6中图的邻接矩阵

	0	1	2	3	4	5
0	∞	10	∞	4	∞	∞
1	∞	∞	7	∞	∞	5
2	∞	∞	∞	0	9	∞
3	∞	∞	∞	∞	8	∞
4	∞	∞	∞	∞	∞	1
5	∞	∞	∞	∞	∞	∞

我们也可以使用邻接链表表示。在链表的每个节点中，我们不只保存顶点名，还保存对应边的权重。图6-7给出了图6-6中加权图的邻接链表表示。

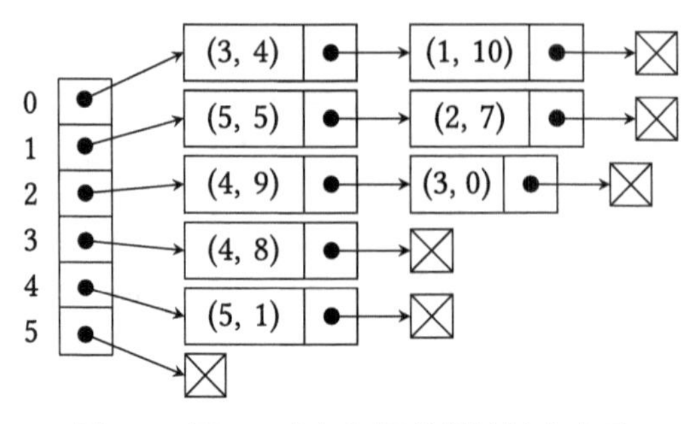

图6-7 图6-6中加权图的邻接链表表示

6.3 关键路径

我们现在聚焦于调度任务，这是一个与拓扑排序相近的问题，它在有向无环图中寻找一条关键路径（critical path），表示一个过程中执行的步骤。在此问题中，要完成的过程表示为一个图，其中顶点为任务，连接表示任务间的顺序约束。对每条边 (u, v)，我们赋予其一个权重 $w(u, v)$，表示完成任务 u 从而使得任务 v 可以开始所需的时间。图 6-8 显示了这样一个调度图（scheduling graph）：顶点对应离散任务（从 0 开始编号），权重对应从一个任务到另一个任务所需的时间单位，例如星期。 158

在图 6-8 中，从任务 0 到任务 1 需要 17 个星期。这里产生的问题是，完成整个过程最少需要多长时间？

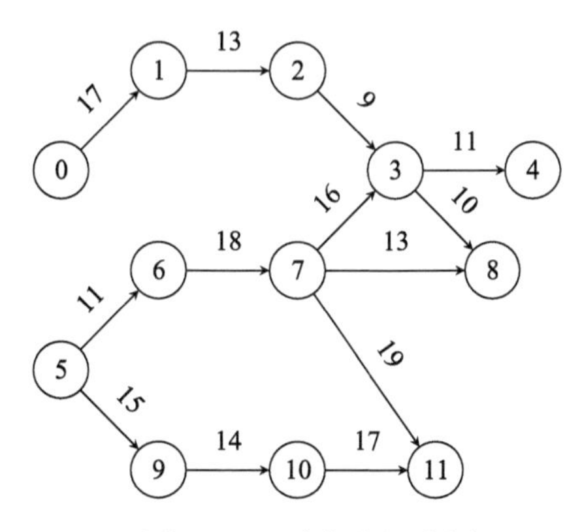

图 6-8 一个任务调度图

一些任务可以并行执行，例如，在过程开始时我们可以同时执行任务 0 和任务 5。类似地，当任务 0 和 5 完成等候，任务 1, 6 和 9 也可并行执行。但是，并非所有任务都可以并行执行：任务 3 只能在任务 2 和 7 完成后开始执行。那么考虑到并行执行任务的可能性，完成所有任务最少需要多长时间呢？

为了找到答案，我们可以这样做。首先，我们向图中添加两个额外顶点。一个起始顶点 s，我们假设它是整个过程的起点，称其为*源点*（source node）。我们连接 s 到图中所有没有前驱的顶点，表示在过程开始时可以执行的任务。添加的边的权重都设置为 0。我们还添加另一个顶点 t，假设它是整个过程的终点，称其为*汇点*（sink node）。我们将图中所有没有后继的顶点连接到 t。边的权重也是设置为 0。于是就得到了图 6-9。

当我们添加了源点和汇点后，问题就变为：从顶点 s 到顶点 t 的*最长路径*（longest path）是什么？因为我们需要访问图中所有顶点，因此需要遍历从 s 到 t 的所有路径。我们可能可以在一些路径上并行工作，但直至完成需要最长时间的路径才能结束整个过程。一个过程中的最长路径被称为关键路径。图 6-10 给出了一个很简单的例子。 159

路径 0 → 1 → 2 → 4 的长度为 16，路径 0 → 4 的长度为 14，而路径 0 → 3 → 4 的长度为 20。如果时间单位是星期，那么我们不可能在 20 个星期之前开始任务 4，因此关键路径是 0 → 3 → 4。我们用双线和双圈来表示路径中的顶点。同样地，在图 6-9 中的图中，如果求出了从 s 到 t 的最长路径的时间，我们无法在此时间之前开始任务 t（只是用来表示过程结束的占位符）。

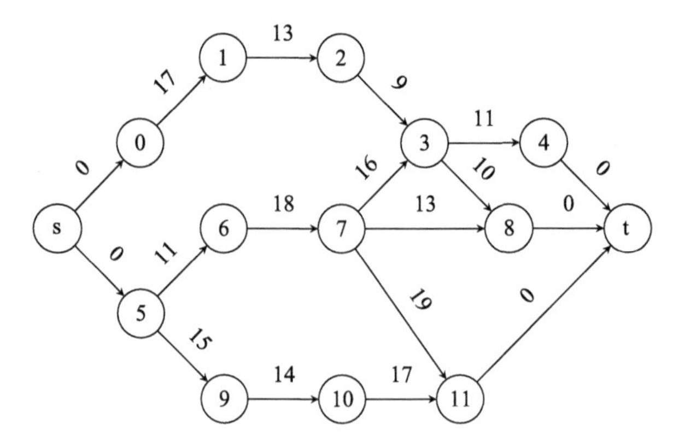

图 6-9　添加了源点和汇点的任务调度图

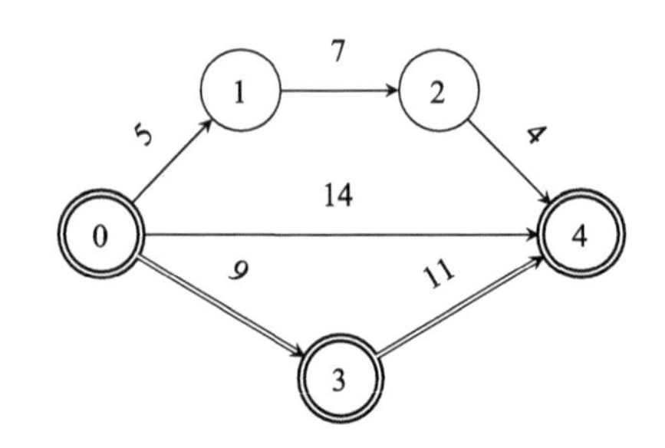

图 6-10　关键路径例子

我们如何找到最长路径呢？需要有序地遍历图。特别是，我们希望从 s 开始，访问图的所有顶点，在每个顶点计算从 s 到它的路径长度。初始时，我们知道的唯一长度是到 s 的长度，即 0。我们将在前进过程中访问顶点并更新长度。假设我们正在访问顶点 u 时，已经找到了从 s 到 u 的最长路径，而 u 连接到顶点 v。如果我们已经找到的从 s 到 v 的最长路径比从 s 到 u 的路径加上边 (u, v) 的权重更长，则我们无须做任何事。但如果我们已经找到的从 s 到 v 的最长路径小于或等于从 s 到 u 的路径加上边 (u, v) 的权重，则我们需要记录我们找到的到 v 的最长路径经过 u 这一信息，并相应地更新最长路径长度。由于我们希望每当找到一条最长路径时就更新长度，因此在初始时，我们将所有未知的长度，即除了到 s 之外的所有长度，都设置为最小可能值 $-\infty$。请看图 6-11a，来理解我们在说什么，在图中我们显示了一个从 s 到 t 有两条路径的图。我们用 $l(u)$ 表示从 s 到顶点 u 的路径的长度。

我们现在遍历图，访问顶点 u_1。这是遍历过程中连接到 v 的第一个顶点，因此我们记录事实：到目前为止找到的到 v 的最长路径经过 u_1，长度为 $l(v)=l(u_1)+w(u_1, v)$。请见图 6-11b。在接下来遍历过程中的某个时刻，我们访问顶点 u_2。我们检查从 s 到 v 且经过 u_2 的路径的长度 $l'(v)=l(u_2)+w(u_2, v)$，与之前找到的最长路径长度进行比较。如果它更长，则记录最长路径经过 u_2，如图 6-11c 所示；如果另一个顶点 u_3 也连接到 v，则我们在访问它时做相同的比较和更新（如果必要的话）。这种用一个更精确的测量值检查某个图指标的估计值、并在必要时更新的方法，在很多图的算法中都很常见，以至于有其专有名称：松弛（relaxation）。在这里，我们对路径长度的初始值估计为极小的 $-\infty$，每次我们更新路径长度时，它被放松为一个不那么极端的、更精确的值。

在我们第一次检查到 v 的路径时应该发现它具有最小可能值 $-\infty$，从而我们能将其正

确更新为经过 u_1 的路径的长度。这也解释了为什么初始时我们将所有路径的长度都设置为 $-\infty$，只将到 s 的路径长度设置为 0，如图 6-11a 所示，这能确保一切正常。此外，我们在访问了指向顶点 v 的所有顶点之后才能访问 v，这也是必要的。通过按拓扑次序遍历图很容易实现这一点。算法 6-3 将所有这些串在一起。我们依旧假设为顶点赋予了唯一的索引，因此当你看到 s 时，应该将其看作是与其他顶点索引不同的一个整数。

160～161

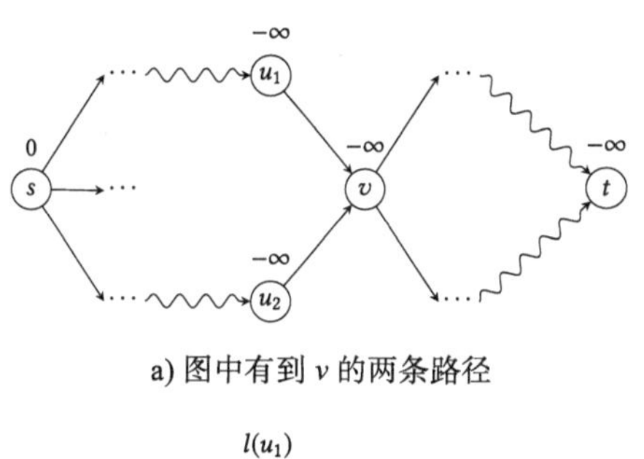

a) 图中有到 v 的两条路径

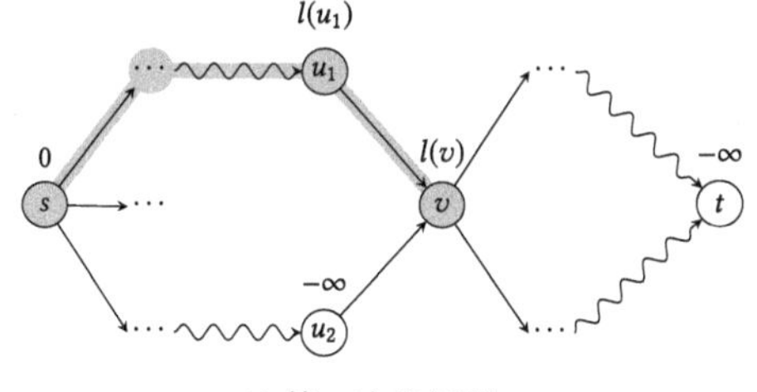

b) 第一次访问到 v

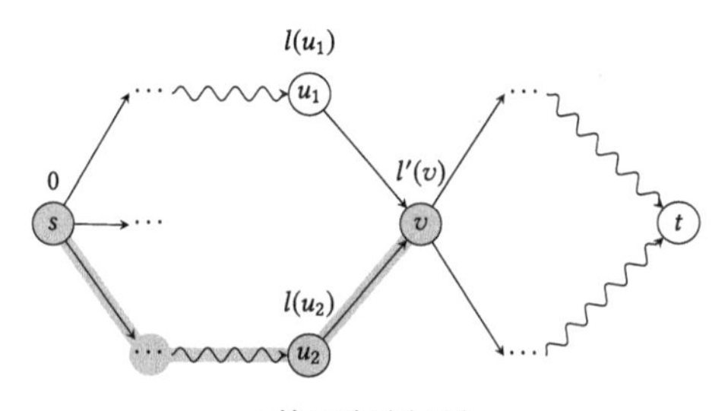

c) 第二次访问到 v

图 6-11　最长路径更新

我们使用了两个数据结构：一个数组 *pred* 和另一个数组 *dist*。*pred* 中第 i 个元素，即 *pred*[i]，指出我们找到的顶点 i 的关键路径中在 i 之前到达的顶点。*dist* 中第 i 个元素，即 *dist*[i]，保存我们找到的顶点 i 的关键路径的长度。我们还使用一个函数 Weight(G，u，v)，它返回图 G 中顶点 u 和 v 间的权重。注意，算法 6-3 不需要输入 t。知道它是哪个顶点。关键路径的长度由 *dist*[i] 给出，从 *pred*[t] 开始追踪 *pred* 即可找到关键路径，这就够了。

162

在第 1～6 行，我们创建并初始化数据结构 *pred* 和 *dist*。将 *pred* 的每个元素设置为一个不合法的、不存在的顶点 −1，并将每个顶点的长度，即 *dist* 的每个元素都设置为 $-\infty$，除了将源点 s 的长度设置为 0，然后我们对图执行一次拓扑排序。在第 8～12 行我们按拓扑次序处理每个顶点，依次对每个顶点遍历其邻接链表中所有邻居。在第 10～12 行我们检查经过当前顶点到达邻居的路径长度是否大于此时已经计算出的长度。如果大于，我们更新长度，并将邻居在其最长路径上的前驱更新为当前顶点。这是一种松弛。在算法 6-3

中我们首先从 -∞ 放松到第一次访问顶点时得到的长度，然后每次找到一个更长的长度时就放松为此值。

算法6-3 关键路径

CriticalPath(G) → ($pred$, $dist$)

输入：G=(V, E, s)，一个加权有向无环图，源点为s

输出：$pred$，一个大小为[V]的数组，使得$pred$[i]为从s到i的关键路径上i的前驱

$dist$，一个大小为[V]的数组，使得$dist$[i]保存从s到i的关键路径的长度

```
1   pred ← CreateArray(|V|)
2   dist ← CreateArray(|V|)
3   for i ← 0 to |V| do
4       pred[i] ← −1
5       dist[i] ← −∞
6   dist[s] ← 0
7   sorted ← TopologicalSort(V, E)
8   foreach u in sorted do
9       foreach v in AdjacencyList(G, u) do
10          if dist[v] < dist[u] + Weight(G, u, v) then
11              dist[v] ← dist[u] + Weight(G, u, v)
12              pred[v] ← u
13  return (pred, dist)
```

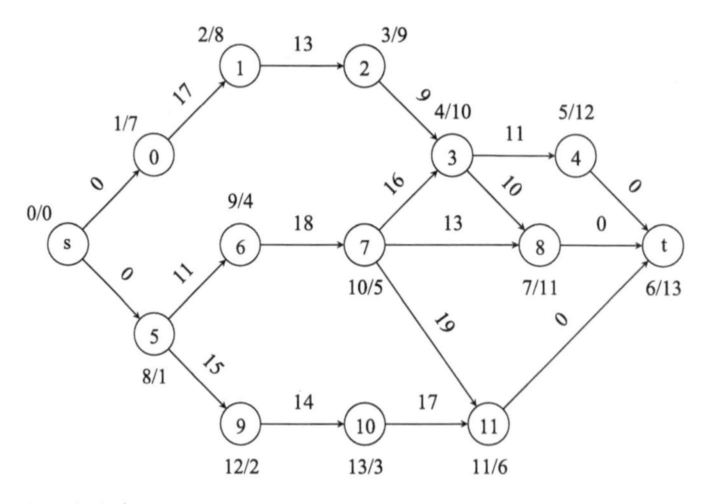

图 6-12　标有拓扑次序的任务调度图。与图 6-4 一样，顶点旁边的标签 i/j 表示它是深度优先遍历中第 i 个被访问的顶点，在拓扑排序中是第 j 个被访问

算法是高效的。拓扑排序花费 Θ(|V|+|E|) 时间。第 3～5 行的循环花费 Θ(|V|) 时间。然后第 8～12 行的循环对每条边执行第 11～12 行一次：每条边放松一次。这意味着总体上循环花费 Θ(|E|) 时间。总体上说，完整的算法需要 Θ(|V|+|E|+|V|+|E|)=Θ(|V|+|E|) 时间。

图 6-13 和图 6-14 给出了对图 6-9 中的图运行算法的示例。我们将顶点涂灰表示在拓扑次序中正在访问它。观察当我们访问顶点 7，这时我们更新之前已经计算的顶点 11 的长度

时发生了什么。当我们访问顶点 3, 8 和 4 时会发生相同的事情，松弛方法导致之前计算的路径长度被更新。每个图下面的矩阵显示了数组 *pred* 的内容。如前所述，*s* 和 *t* 实际上是顶点索引，因此我们有 s=12 和 t=13，但如果将 *s* 画在左边，*t* 画在右边，矩阵会更好看。在算法执行结束时，为获得关键路径，我们首先来到 *pred*[*t*]，其值为 4。然后我们来到 *pred*[4]，其值为 3，依此类推。于是得到关键路径

163～165

$$s \to 5 \to 6 \to 7 \to 3 \to 4 \to t$$

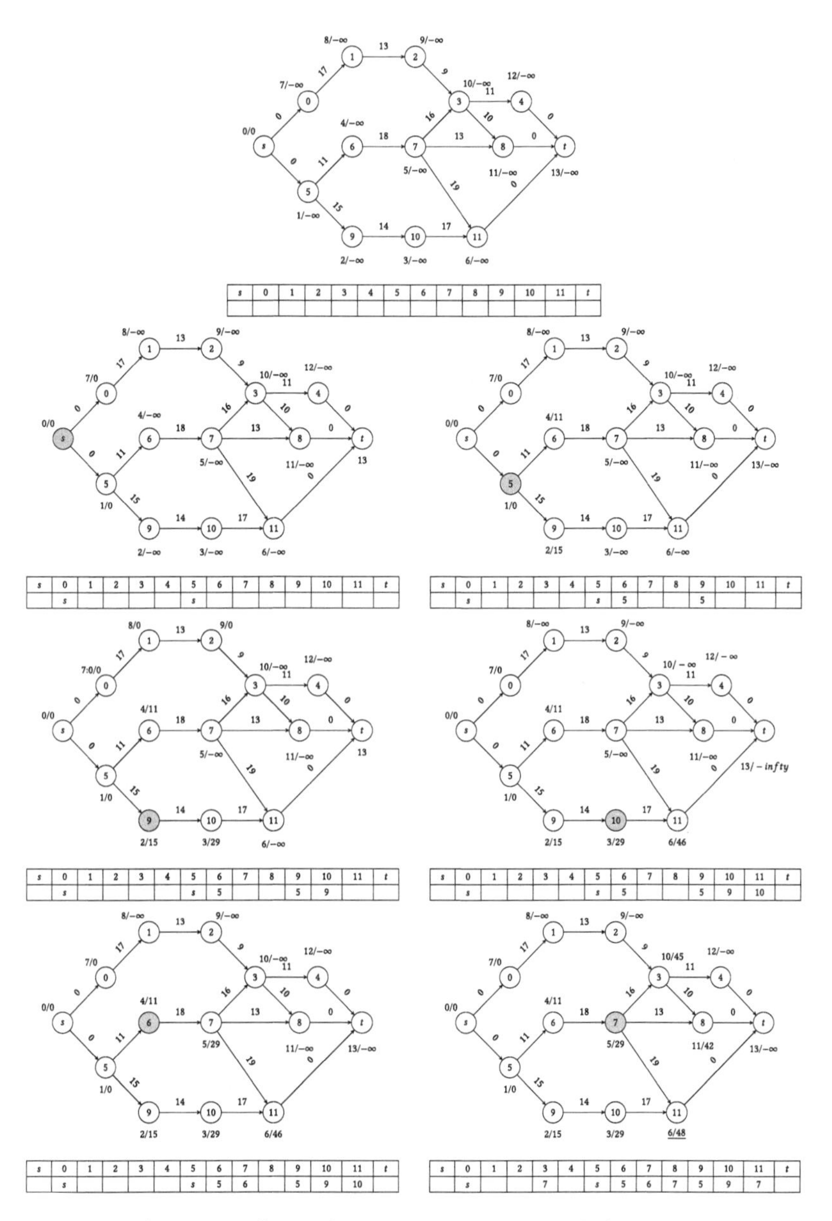

图 6-13　寻找关键路径。顶点旁边的标签 *i*/*j* 表示顶点的拓扑次序为 4，而距离为 *j*。每个子图下面的矩阵显示了 *pred* 的内容，用空项代替了 −1 以避免显示杂乱

166

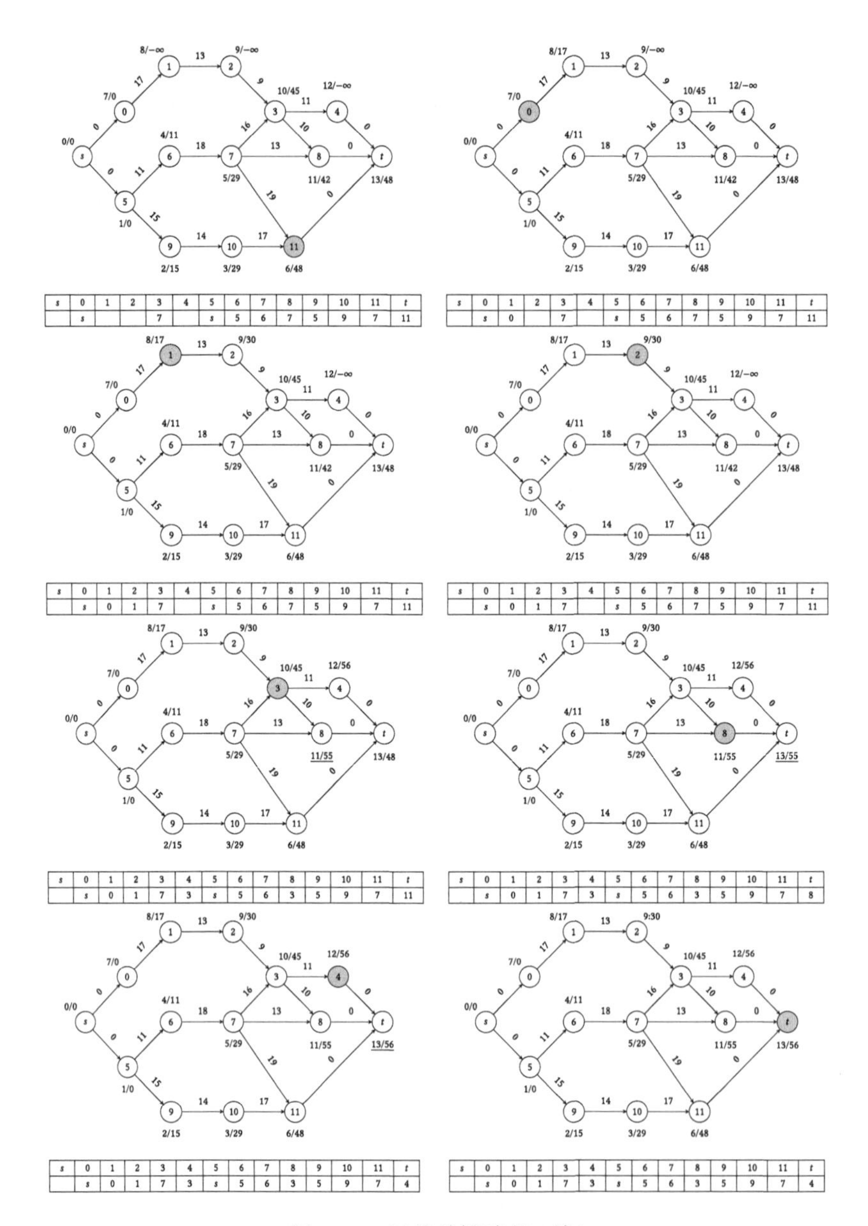

s	0	1	2	3	4	5	6	7	8	9	10	11	t
	s			7		s	5	6	7	5	9	7	11

s	0	1	2	3	4	5	6	7	8	9	10	11	t
	s	0		7		s	5	6	7	5	9	7	11

s	0	1	2	3	4	5	6	7	8	9	10	11	t
	s	0	1	7		s	5	6	7	5	9	7	11

s	0	1	2	3	4	5	6	7	8	9	10	11	t
	s	0	1	7		s	5	6	7	5	9	7	11

s	0	1	2	3	4	5	6	7	8	9	10	11	t
	s	0	1	7	3	s	5	6	3	5	9	7	11

s	0	1	2	3	4	5	6	7	8	9	10	11	t
	s	0	1	7	3	s	5	6	3	5	9	7	8

s	0	1	2	3	4	5	6	7	8	9	10	11	t
	s	0	1	7	3	s	5	6	3	5	9	7	4

s	0	1	2	3	4	5	6	7	8	9	10	11	t
	s	0	1	7	3	s	5	6	3	5	9	7	4

167

图 6-14　寻找关键路径 (续)

注释

Donald Knuth 在 [112] 中给出了一个与本书中不同的拓扑排序算法。本书介绍的算法是由 Cormen、Leiserson、Rivest 和 Stein 给出的 [42]。Robert Tarjan 曾给出过一个更早的版本 [198]。

类似项目建模技术、关键路径技术的应用也被称为关键路径方法（Critical Path Method，CPM)，它也是统筹法 (Program Evaluation and Review Technique，PERT，或称计划评审技术) 的基础。在图论术语中，寻找关键路径等价于寻找最长路径。

习题

1. 深度优先搜索和拓扑排序不要求我们按升序访问图中顶点。实现一个拓扑排序算法，能按升序或降序访问图中顶点，并检查其结果。验证结果都是正确的，虽然不一定相同。
2. 拓扑排序对有环图是无效的，因为毕竟在这种图中拓扑次序是无意义的。如果我们不确定图是无环的，在拓扑排序算法执行过程中能检测环并报告这一问题的话，就很方便了。已证明，实现这一点并不困难。在深度优先搜索中，只要可能，我们就沿着边向前走。如果我们将递归调用序列中的顶点保存在递归调用栈中，且要访问的顶点是当前递归调用序列中的顶点，则我们知道存在一个环。例如，在图 6-4 中，当我们在顶点 2 时，递归调用栈中依次保存了顶点 0，1 和 2。加入存在一条从 2 到 0 的边或者是从 2 到 1 的边，则图中存在一个环。通过检查，0 或 1 出现在我们的递归调用栈中，我们能立即检测出环。修改 DFSTopologicalSort，使得它能检测环并报告发生的情况。
3. 为了在图 G 中找到关键路径，需要添加一个源点 s 和一个汇点 t。我们还未介绍具体方法，但这并不困难。如果初始时图中有 $|V|$ 个顶点，编号从 0 到 $|V|-1$，我们向图中添加额外两个顶点：s 编号为 $|V|$，t 编号为 $|V|+1$。然后我们寻找那些没有其他顶点指向它们的顶点：s 应该连接到它们。接下来，我们寻找那些不指向其他顶点的顶点：它们应该连接到 t。实现这个方法，这样就有了一个能执行关键路径检测完整过程的程序了。 168

第 7 章

行、段落和路径

英文文本是由字母构成的，它们组成单词，排成行，划分为段落。当手写文本时，你开始写第 1 行，当到达笔记本的行尾时，你会安排最后一个单词，使得它要么结束这一行，要么在可能的情况下使用连字符。

类似地，当你用一个文字处理软件撰写文本时，程序会将新输入的单词附加到当前行，直至行尾。然后，当你再输入一个单词无法放入本行时，文字处理软件必须决定如何处理这个单词。它可能挤压前面单词的间距，从而将本行的长度压缩一点，使得能容纳最后一个单词；它也可能将整个单词放在下一行，并扩大前面单词的间距。如果两种方案都不太好——当前行会变得过于压缩或过于松散，文字处理软件会尝试使用连字符，将单词的一部分放在当前行，剩余部分作为下一行的开始。

将文本拆分为行的操作称为换行（line breaking）。我们手写文本时进行换行几乎不费什么力气，而文字处理软件则需要在我们输入每一行时做出换行决策。在图 7-1a 中，你可以看到将这一换行方法应用于格林兄弟的《青蛙王子》第一段的结果。这一方法在行长度接近 30 个字符（包括空格和标点）时进行换行。整个段落看起来不是很糟，但接着看图 7-1b。这是相同的一段文字，但我们使用了一种与上述方法不同的换行方法。整个段落缩短了两行，而且总体上空白的使用更加合适，因此看起来更加漂亮。

In olden times when wishing
still helped one, there lived
a king whose daughters were
all beautiful, but the youn-
gest was so beautiful that
the sun itself, which has seen
so much, was astonished
whenever it shone in her face.
Close by the king's castle lay
a great dark forest, and under
an old lime-tree in the forest
was a well, and when the day
was very warm, the king's
child went out into the forest
and sat down by the side of
the cool fountain, and when
she was bored she took a
golden ball, and threw it up
on high and caught it, and
this ball was her favorite
plaything.

a) 段落换行

In olden times when wishing still
helped one, there lived a king
whose daughters were all beauti-
ful, but the youngest was so beau-
tiful that the sun itself, which
has seen so much, was astonished
whenever it shone in her face.
Close by the king's castle lay a
great dark forest, and under an old
lime-tree in the forest was a well,
and when the day was very warm,
the king's child went out into the
forest and sat down by the side of
the cool fountain, and when she
was bored she took a golden ball,
and threw it up on high and caught
it, and this ball was her favorite
plaything.

b) 更好的段落换行

图 7-1　段落拆分成行

如果你思考一下，会发现我们所描述的方法是孤立地考虑每一行。但是，这个例子已经展示了决定在何处换行时将段落中的所有行一起考虑，会得到更好的结果。像这样考虑所有内容，而不是仓促换行，有可能得到更美观的段落。

169

实现这种效果的方法就是考虑将段落拆分为行的不同方法，并赋予每一行一个数值。这个数值应该对应换行有多么必要。值越低，我们就越希望在段落中的此处换行。值越高，我们就越希望对此行进行惩罚，尝试其他换行位置。

170

在图 7-3 中你可看到这一方法的运行过程，结果如图 7-2 所示。在左边你可以看到行号。对每一行，我们考虑可能的拆分点，使得段落不会超过一个特定宽度。第 1 行可以在 “lived” 或 “a” 两个地方换行。图中每条边上的数字对应每个换行点有多么糟糕。第二个换行点比第一个要好。在第 3 行只有唯一一个可行的换行点。在第 8 行和第 9 行有四个可能的换行点，然后来到最后一行，当然只有一个可能的换行点。

In olden times when wishing still helped one, there lived a
king whose daughters were all beautiful, but the youngest
was so beautiful that the sun itself, which has seen so much,
was astonished whenever it shone in her face. Close by the
king's castle lay a great dark forest, and under an old lime-
tree in the forest was a well, and when the day was very
warm, the king's child went out into the forest and sat
down by the side of the cool fountain, and when she was
bored she took a golden ball, and threw it up on high and
caught it, and this ball was her favorite plaything.

图 7-2　段落拆分为行，图 7-3 给出了拆分过程

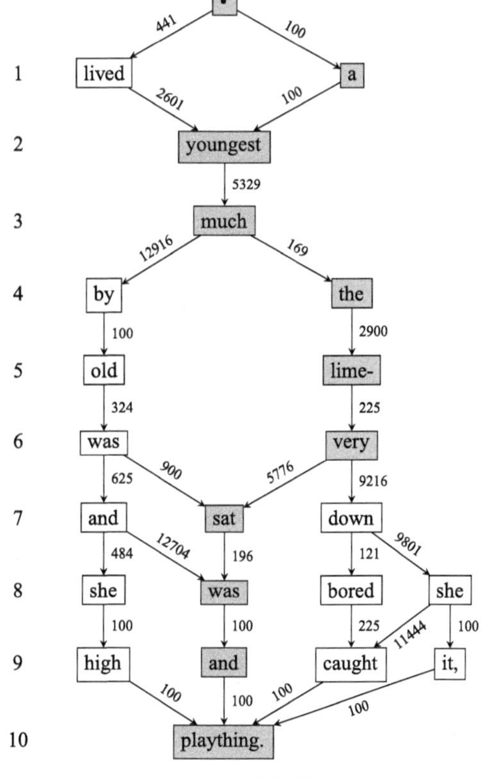

图 7-3　优化换行

图 7-3 实际上是一个图，顶点表示可能的换行点。边的权重衡量一个换行点有多么糟糕。权重是用一个特定算法计算的，我们现在不必关心它，只需知道对每一行算法都生成一个数值来表示它有多糟。更差的行得到更高的分数。我们希望整个段落具有最低的“糟糕度”，则以一种美观的方式布局段落的问题就归约为在图中寻找自顶向下的最短路径的问题，其中路径长度定义为路径上边的权重之和。糟糕度实际意味着什么，图 7-4 给出了一个例子。第 1 行对应在图 7-3 第 3 行中的“much”顶点选择左分支，而第 2 行对应选择右分支。

你可能认为差别很小，但如果你关心出版物质量的话，应该知道这很重要。我们刚刚描述的算法是 Donald Knuth 和 Michael Plass 发明的，它已经在一个在科学出版领域非常流行的排版软件 TeX 中得以实现。这个名字来自希腊语单词 $\tau\epsilon\chi$，意思是艺术和技术。一个称为 LaTeX 的文档排版系统是 TeX 的衍生物，用来撰写这种文本。

171

7.1 最短路径

自动换行 (word warpping)，或者说将段落拆分为行，是最短路径（shortest path）问题的一个应用，也就是在图中寻找从一个起始顶点到一个目的顶点的最短可能路径。最短路径问题是算法领域中一个最常见的问题。实际上大量现实世界问题是最短路径问题，对此问题的不同设定存在着不同的算法。在道路网络中导航当然是一个最短路径问题，其中你希望从出发点到目的地走尽可能短的路线，可能经过一系列城市。最短路线可能定义为你必须经过的总距离或总时间（如果你能估计出经过路线上的中间城市所花时间的话）。

172

was astonished whenever it shone in her face. Close by
was astonished whenever it shone in her face. Close by the

图 7-4 不好的例子

为了更细致地考察这个问题，设想你是在一个网格中导航，其中交点是交叉路口，从一个交点到另一个交点所需时间的估计已经给出。网格可能是规则的，如果它碰巧表示一个规则几何布局的城市。实际情况并不一定如此，但这样的假设会简化我们后面的讨论。图 7-5 显示了一个网格，我们没有为网格顶点标上名字，以免把图弄得杂乱。数值对应顶点间的权重，可能表示从一个顶点到另一个顶点需要多少分钟。如果我们希望表示一个特定顶点，就用（i，j）表示第 i 行第 j 列的顶点，行、列索引都从 0 开始。

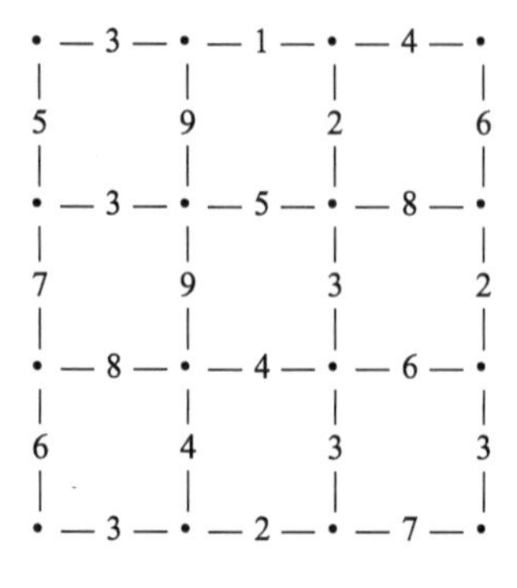

图 7-5 交通网格

为了解决从起始点到目的地导航的问题，我们将考虑更一般的寻找从起始点到网格中其他任意点的最短路径问题，这就是*单源最短路径问题*（single source shortest paths problem）。为解决此问题，我们需要采用松弛技术。初始时，我们知道的唯一距离是到起始点的距离，为 0。我们将所有其他距离的估计值初始化为最大可能值 ∞，然后选取估计值最小的顶点。在开始时就是起始点，我们刚刚将其估计值设置为 0。我们检查其所有邻居顶点，找到从当前顶点到每个邻居顶点的连接的权重，如果小于已得到的当前估计值，则调整估计值并将最短路径中邻居顶点的前驱记录为我们正在访问的当前顶点。当这一步完成后，再次选取具有最小估计值的顶点并放松其邻居顶点。当不再有顶点需要处理时，算法终止。图 7-6 和图 7-7 给出了算法执行过程，其中我们要寻找从左上角到其他每个顶点的最短路径。

173

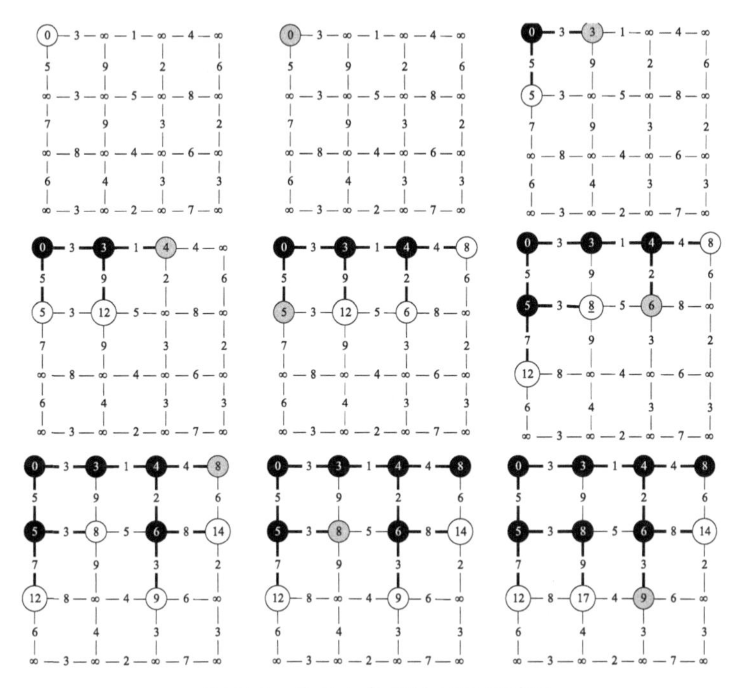

图 7-6　从左上角开始的最短路径

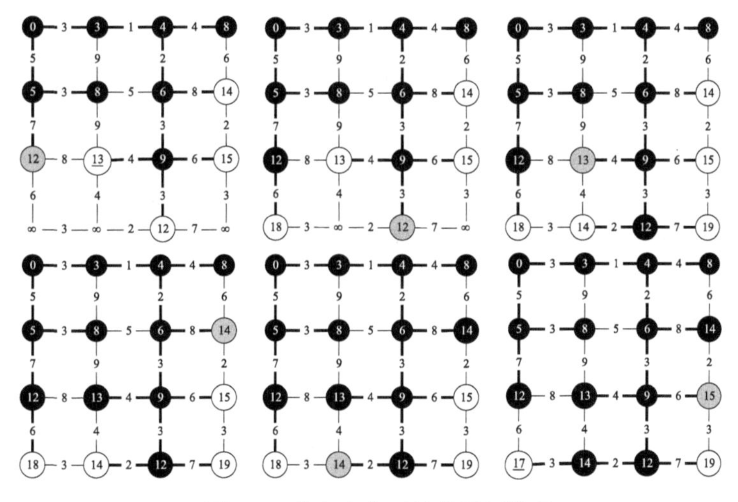

图 7-7　从左上角开始的最短路径

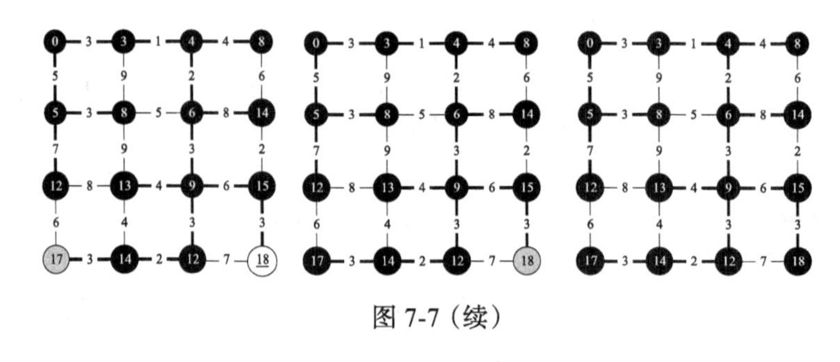

图 7-7（续）

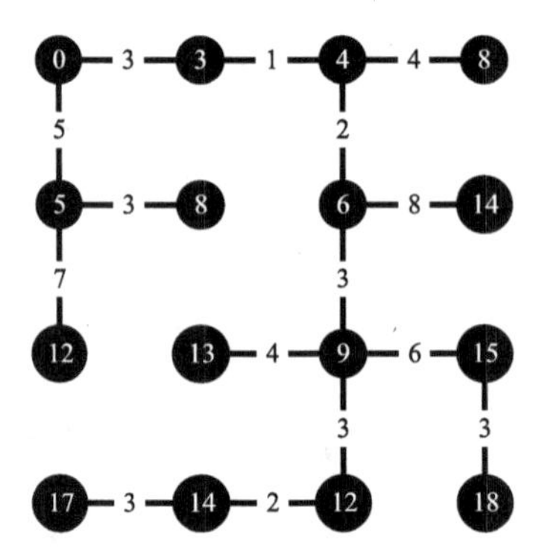

图 7-8　交通网格的生成树

开始时我们估计到左上角顶点的路径的代价，即 0，然后选取具有最小路径估计值的顶点，即左上角顶点 (0, 0)。我们访问这个顶点，将其标记为黑色，并估计到达其邻居的代价。顶点 (0, 1) 的估计值为 3，下面的顶点 (1, 0) 的估计值为 5。我们用粗线来指出到这些顶点的最短路径。现在顶点 (0, 1) 具有最小的路径估计值，因此它成为下一个我们将访问的顶点，将其标记为灰色。我们继续访问顶点 (0, 1) 并计算其邻居的估计值。持续这一过程，直至不再有顶点需要我们考虑更新其邻居的估计值。

注意访问顶点 (1, 1) 时发生了什么，如图 7-6 第五个子图所示。我们已经得到了顶点 (1, 1) 的估计值 12，对应最短路径经过顶点 (0, 1)。但现在如果我们经过顶点 (1, 0) 到达顶点 (1, 1)，就得到一条更短的路径，长度为 8。我们给顶点 (1, 2) 加上了下划线来指出这一点，并更新了路线。如图 7-7 所示，当更新顶点 (3, 0) 和 (3, 3) 的路径时发生了相同的事。在算法结束时，从 (0, 0) 到 (3, 3) 的路径长度为 18，完整路径为 (0, 0) → (1, 0) → (2, 0) → (2, 1) → (2, 2) → (3, 2) → (3, 3)。

174

从起始顶点到图中其他每个顶点的最短路径形成了一棵树，如图 7-8 所示。如果一棵树的节点为一个图的顶点，边为图的边的子集，则我们称它为图的生成树（spanning tree）。生成树对很多应用都很重要，特别是具有最小权重的生成树，即相对于其他方式选择边形成的生成树，其边的权重和最小。这种生成树称为最小生成树（minimum spanning tree）。注意，我们所描述的最短路径算法导出一棵生成树，但它不一定是最小生成树。

7.2　迪杰斯特拉算法

上述计算最短路径的方法对应迪杰斯特拉（Dijkstra）算法，以荷兰计算机科学家艾兹格·迪杰斯特拉的名字命名，他在 1956 年发现了这个算法，并在 1959 年发表。算法 7-1 描述了这个方法。它接受一个图和图中一个起始顶点作为输入，返回两个数组。

175

算法7-1 迪杰斯特拉算法

```
Dijkstra(G, s) → (pred, dist)
    输入：G=(V, E)，一个图
          s，起始顶点
    输出：pred，一个大小为|V|的数组，pred[i]为从s到i的最短路径中i的前驱
          dist，一个大小为|V|的数组，dist[i]为计算出的从s到i的最短路径的长度
1   pred ← CreateArray(|V|)
2   dist ← CreateArray(|V|)
3   pq ← CreatePQ()
4   foreach v in V do
5       pred[v] ← −1
6       if v ≠ s then
7           dist[v] ← ∞
8       else
9           dist[v] ← 0
10      InsertInPQ(pq, v, dist[v])

11  while SizePQ(pq) ≠ 0 do
12      u ← ExtractMinFromPQ(pq)
13      foreach v in AdjacencyList(G, u) do
14          if dist[v] > dist[u] + Weight(G, u, v) then
15              dist[v] ← dist[u] + Weight(G, u, v)
16              pred[v] ← u
17              UpdatePQ(pq, v, dist[v])
18  return (pred  dist)
```

算法使用一个最小优先队列追踪我们下一步应访问的顶点。优先队列必须支持 3.2 节所描述的操作，但做了一些修改，以满足迪杰斯特拉算法的需要。我们会将顶点和距离插入到优先队列中，还需要原地更新保存在优先队列中的顶点的距离，这意味着需要如下操作：

- CreatePQ()：创建一个新的空优先队列。
- InsertInPQ(pq, n, d)：将距离为 d 的顶点 n 插入到优先队列中。
- ExtractMinFromPQ(pq)：从队列中移除具有最小距离的顶点并将其返回给调用者。
- SizePQ(pq)：返回优先队列 pq 中的元素数。
- UpdatePQ(pq, n, d)：更新优先队列，将保存的顶点 n 的距离改为 d。

176

算法使用了两个额外的数据结构：数组 *pred* 和 *dist*。*pred* 中第 i 个元素，即 *pred*[i]，指出在我们已经找到的从顶点 s 到顶点 i 的最短路径上 i 之前是哪个顶点。*dist* 的第 i 个元素，即 *dist*[i]，保存我们已经找到的顶点 i 的最短路径的长度。算法第 1～10 行初始化数据结构，因此任何顶点都没有前驱（不存在顶点 −1）。而且，我们知道的唯一一条最短路径是到起始顶点的最短路径，距离为 0。因此在第 7 行将所有其他顶点的长度初始化为 ∞，除了起始顶点的距离被设置为 0（第 9 行）。然后我们在第 10 行将循环的当前顶点 v 加入优先队列中。只要优先队列不空（第 11 行），第 11～17 行的循环就会重复执行。循环从优先队列中抽取最小元素（第 12 行），然后在第 13～17 行的内层循环对获得了更好路径估计值的顶点进行松弛操作。具体地，第 14 行检查到 v（当前顶点 u 的邻居）的距离是否大于以边 (u, v) 结束

的路径的距离。如果是这样，第15行将 v 的距离更新为这条路径的距离，然后第16行将最短路径中 v 的前驱顶点更新为 u。如果算法对某个邻居放松了路径估计值，就必须确保优先队列相应更新，如第17行。最终，算法返回两个数组 *pred* 和 *dist*（第18行）。

177

注意，每个顶点恰好从优先队列移除一次，这是因为当我们将一个顶点从优先队列提取出来时，它的所有邻接顶点的路径估计值至少与它的一样大。实际上，从此时一直到算法运行结束，所有顶点的最短路径都至少与刚刚提取的路径一样长。因此，顶点不可能再次进入优先队列，因为第14行的条件会失败。

178

算法7-1中有一个精巧的小细节。在第14行，我们将一条边的权重加到一个路径估计值上，如果路径估计值为 ∞ 会发生什么？当一个顶点从源点不可达时就会发生这种情况，因此当我们将它从优先队列中提取出来时，其路径估计值仍保持初始值未改变，这样我们将一个数加到了无穷上。在数学中，这不是问题，无穷加一个数得到的还是无穷。但在很多计算机语言中没有无穷。一个常见的变通方案是使用最大可能数值代替无穷。如果我们将一个数加到这个数上，不会得到无穷，在大多数情况下会产生回绕，相当于将数加到最小负数上。第11行的检测就是比较 $dist[v]$ 和某个负数，从而为真，算法会产生无用数据。因此将第11行从算法的理想形式转换为一个实际实现可能需要检查 $dist[u]$ 不是 ∞，然后再进行加法。我们在11.7节中将对计算机算术的这些方面进行更多的讨论。

我们可能漏掉某个顶点的最短路径吗？假设我们从优先队列提取出顶点 v，它的路径估计值 $dist[v]$ 最小。如果估计值不正确，则存在其他某条我们未找到的路径，它比找到的这条更短。如前所述，所有使用尚未从优先队列中提取的顶点计算的路径都不会比刚提取的路径更短。因此，必然存在某条到 v 的路径，经过了我们之前提取的顶点，且比刚刚提取的路径更短。这条路径在顶点 v 结束。如果 u 是路径中紧挨着 v 之前的顶点，则当我们提取 u 时应该已经发现了最短路径，因为有 $dist[u] + \mathrm{Weight}(G, u, v) < dist[v]$。因此我们不可能漏掉最短路径。每当我们从优先队列中提取一个顶点时，就已找到了它的最短路径。在算法执行过程中，从优先队列提取出的顶点集合，就是已经找到了正确最短路径的顶点集合。

这意味着迪杰斯特拉算法可以用来寻找到单个顶点的最短路径。只要一个顶点从优先队列中被提取出来，我们就已经找到了到它的最短路径，因此如果这就是我们感兴趣的全部，就可以停止算法，返回结果。

我们假定用一个简单数组实现优先队列。则 InsertInPQ(pq，n，d) 等价于设置 $pq[n] \leftarrow d$，这花费常量时间，即 $O(1)$。由于数组从创建时起就具有固定数目的项，我们需要记录插入到优先队列中的元素数目，因此每当调用 InsertInPQ() 时就要递增计数器。UpdatePQ(pq，n，d) 也等价于 $pq[n] \leftarrow d$，因此也花费 $O(1)$ 时间。ExtractMinFromPQ(pq) 需要搜索整个数组，因为数组并未以任何方式排序，我们不得不遍历到其末端来寻找最小元素。对 n 个元素的优先队列，这花费 $O(n)$ 时间。由于我们实际上并不能真的从数组中提取出一个元素，因此将其值设置为 ∞，然后递减队列中保存元素数目的计数器就够了。即使并未真的做提取操作，这样做也不影响算法的正确性。在3.3节中我们看到了优先队列可用堆实现，但这并无必要。如果我们对从优先队列得到最佳性能不感兴趣，则总是可以采用简单数组实现，缺点是寻找最小项花费的时间比堆长。

179

算法的整个初始化部分，即第1～7行，会执行 $|V|$ 次。由于其中所有操作都花费常量时间，因此它需要 $O(|V|)$ 时间。算法第12行将每个顶点以最小元素提取恰好一次，因此执行了 $|V|$ 次 ExtractMinFromPQ(pq) 操作，每次花费 $O(|V|)$ 时间，因此总共花费 $O(|V|^2)$

时间。第 14～17 行的松弛序列最多执行 $|E|$ 次，每次处理图中一条边，因此我们最多执行 $|E|$ 次 UpdatePQ(pq，n，d) 操作，花费 $O(|E|)$ 时间。因此迪杰斯特拉算法总共花费 $O(|V|+|V|^2+|E|)=O(|V|^2)$ 时间。使用更高效的优先队列可以将时间降为 $O((|V|+|E|)\lg|V|)$。如果图中的所有顶点从源点都可达，则顶点数不会比边数更多，因此对这种图迪杰斯特拉算法的运行时间为 $O(|E|\lg|V|)$。

迪杰斯特拉算法对有向图和无向图都有效。是否有环没有关系，因为环只会增大路径的长度，因此路径不会是最短的。但是，权重为负就会影响算法了。如果权重不表示实际距离而表示其他某种既可能为正也可能为负的度量的话，就可能出现负的权重。迪杰斯特拉算法的正确执行依赖于找到的路径的长度是递增的。如果有负权重存在，则当我们从优先队列提取一个顶点时，不能保证所有未来计算出的路径不比已经计算出的路径更短。简言之，如果图可能有负权重，你就不能使用迪杰斯特拉算法。

考虑图 7-9。从顶点 0 到顶点 3 的最短路径为 0 → 1 → 2 → 3，总长度为 5-4+1=2。但是，看一下图 7-10 中迪杰斯特拉算法的执行过程，其表明由于我们之前已经从优先队列中提取过顶点 2，因此当更新经过顶点 1 的最短路径时，无法再次提取顶点 2。因此，到顶点 3 的最短路径也不会再被更新，我们找不到正确的最短路径。

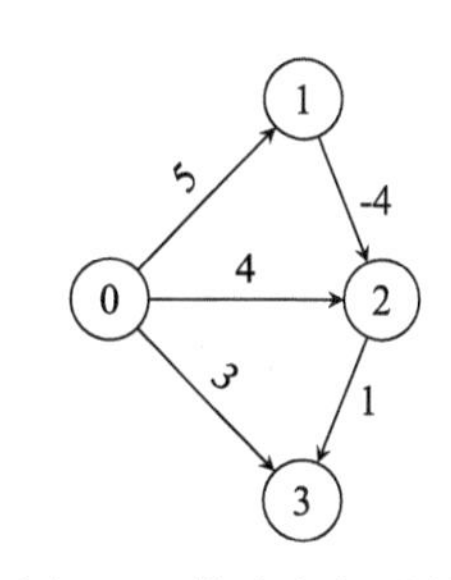

图 7-9 带有负权重的图

180

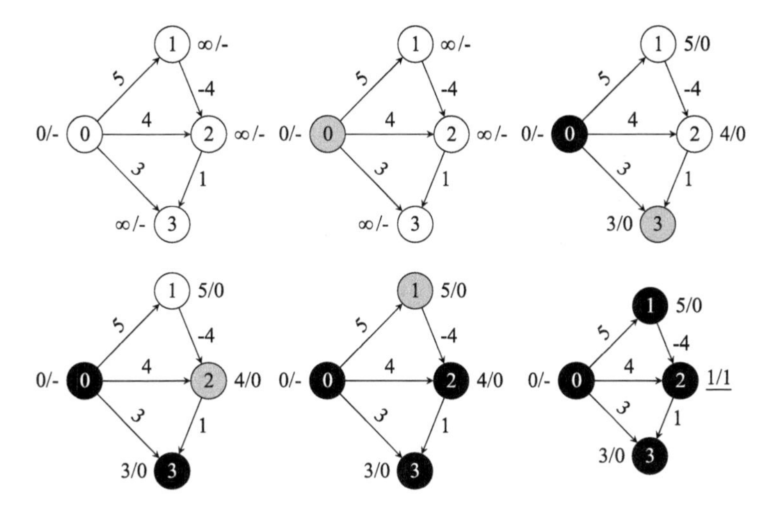

图 7-10 在带有负权重的图上执行迪杰斯特拉算法。顶点旁边的标签 i/j 表示路径估计值为 i，前驱顶点为 j

你可能认为将一个常量加到每条边的权重上，使得所有边都具有正权重，就能得到一个简单的求解方案，这是不奏效的。图 7-11 显示了调整权重后的图。现在从 0 到 3 的最短路径变成了 0 → 3，因此使用这种变换我们不能保持解不变。原因在于，我们不是只向顶点 0 到顶点 3 的路径中的一条边加上了 4，而是向顶点 0 到顶点 3 且经过顶点 1 和 2 的路径上的三条边加上了 4，这弄乱了路径和长度之间的关系。

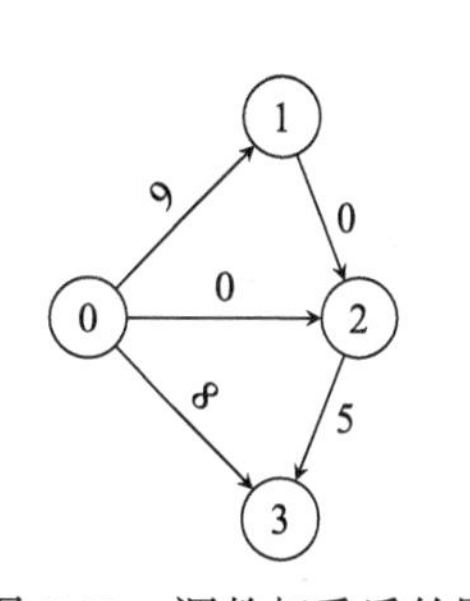

图 7-11 调整权重后的图

181

除了这个限制外，你可以用迪杰斯特拉算法获得图上的其他额

外信息。计算从任意顶点到任意其他顶点的所有最短路径是很简单的。这被称为所有点对最短路径问题（all pairs shortest paths problem）。你只需执行 $|V|$ 次迪杰斯特拉算法，每次从一个不同的顶点开始，如算法 7-2 所示。为了保存结果，我们使用两个 $|V|$ 个元素的数组 *preds* 和 *dists*，其元素指向迪杰斯特拉产生的结果数组。于是每次我们对一个顶点 u 调用迪杰斯特拉算法，将 *preds*[u] 和 *dists*[u] 设置为迪杰斯特拉算法返回的 *pred* 和 *dist* 数组。

算法7-2 所有点对最短路径

```
AllPairsShortestPaths(G) → (preds, dists)
  输入：G=（V, E），一个图
  输出：preds，一个大小为|V|的数组，pred[u]为对u调用迪杰斯特拉得到的前驱数组结果
        dists，一个大小为|V|的数组，dist[u]为对u调用迪杰斯特拉得到的距离数组结果
1  preds ← CreateArray(|V|)
2  dists ← CreateArray(|V|)
3  foreach u in V do
4      (preds[u], dists[u]) ← Dijkstra(G, u)
5  return (preds  dists)
```

计算了一个图中所有顶点对之间的最短路径之后，你就可以计算整个图的拓扑结构的一个指标：图的直径——定义为顶点间最短路径中最长者的长度。如果一个图中有两个顶点 v 和 u，它们间的最短路径的长度为 d，使得任何其他顶点对间的最短路径的长度都比 d 小，则我们能穿越图的最长最短路径就是沿着从 v 到 u 的路径。由于一个形状的直径通常理解为形状中两点间的最长距离，如果我们将图作为形状，顶点作为图中的点，则从 v 到 u 的路径就对应形状的直径，这个指标因此得名。为了计算图的直径，你首先要运行所有点对最短路径算法，然后搜索结果找到返回的最长路径，这就是图的直径。

图的直径给出了跨越图联系任意两个顶点需要经过的最大连接数。这样，它与所谓的“六度分隔”理论——每个人与任何其他人之间相距六步或更近——是有关系的。这个理论也被称为“小世界问题”。

182

也许与直觉相反，人们发现大型网络中的节点彼此之间的平均距离比我们想象的要近很多。

注释

本章描述的换行算法，也是 Knuth 和 Plass 提出的 TeX 和 LaTeX[114] 中所使用的，TeX 是在 TeXbook[111] 中以一种无法仿效的风格呈现的，LaTeX 是由 Leslie Lamport 开发的，[120] 中对其进行了介绍。

艾兹格·迪杰斯特拉在 1956 年发现了以他的名字命名的最短路径算法，并在 1959 年发表了这个算法 [51]。在一次访谈中，迪杰斯特拉叙述了这个发现的背景：“从鹿特丹到格罗宁根旅行的最短路途是怎样的？这是我花了大约 20 分钟设计的最短路径算法。一天早上，我和我的未婚妻在鹿特丹购物，我们有些累，就坐在一个咖啡馆里喝咖啡，我一直在考虑是否能解决这个问题，于是我设计了最短路径算法。如我所说，这是一个 20 分钟的发明”[141]。

如果我们使用恰当的优先队列实现，迪杰斯特拉算法的性能可以提高 [71]。如果基于其

他数据结构，而不是使用用堆实现的优先队列，迪杰斯特拉算法可以有进一步的提高：参见 Ahuja、Melhorn 和 Tarjan 提出的算法 [1]，Thorup 提出的算法 [201] 以及 Raman 提出的算法 [163]。 183

可以将迪杰斯特拉算法看作一个名为*最佳搜索* (best-first search) 的更一般的算法 [60] 的特化版本，它在实际中可能更高效。迪杰斯特拉算法的另一个推广是 Hart、Nilsson 和 Raphael 于 1968 年发明的 A* 算法 [87](1972 年对证明进行了加强 [88])。A* 算法得到了广泛使用，计算机游戏中的寻路普遍采用这个算法。

由于迪杰斯特拉算法可用于在道路网络中寻找一个城市到其他城市的最短路线，因此它被*网络路由协议*（networking routing protocol）所采用，其中的目标是在网络的节点间传输数据包，包括*开放最短路径优先*（Open Shortest Path First，OSPF）协议 [147] 和*中间系统路由交换*（Intermediate System to Intermediate System，IS-IS）协议 [34]。

对“小世界问题”研究最深入的是 Stanley Milgram[139，204]，John Guare 的“六度分隔理论”及其相关电影使该问题更加普及。

习题

1. 在算法 7-1 中，我们在初始化步骤将图的所有顶点插入到优先队列中。如果优先队列提供一个检查是否包含某个项的操作，则这个步骤就不必要了。当我们在松弛步骤中处理一个顶点 u 的邻居 v 并发现一条更好的路径经过 u 时，可以检查 u 是否已经在优先队列中。如果是，则我们如算法 7-1 中那样更新它；否则可以将其插入到优先队列中。按此思路修改迪杰斯特拉算法，使其仍能正确工作。
2. 编写迪杰斯特拉算法的两种实现：一种使用数组实现优先队列，如我们在本章中所描述的那样；另一种使用堆实现优先队列。测试两种实现的性能。
3. 现在，很容易检查现实世界中图的直径，因为有各种网络可供公开访问的版本；请获取一个这样的图，检查其直径有多大以及它是否符合六度分隔理论。如果图很大，你需要确保你的实现是高效的。 184

路由和套利

当你访问一个网页时，幕后发生了很多事情。你的浏览器向你访问的服务器发送了一条命令，这条命令指示服务器向你的浏览器发送你想看的网页的内容。这是用人类语言表达的，但不是计算机所能理解的。计算机不只是发送一条命令，或相互交谈。它们是以一种预先小心规定好的方式通信，在这种方式下，通信中的每一方都只能精确地按一种精心设计的方式表达特定的事情。

通信的组织是通过协议（protocol）实现的。你可以将一个通信协议理解为一组指令，类似一个角色扮演，指出谁说了什么，什么时间说的。通信协议不局限于计算机。以日常打电话为例，当 Alice 给 Bob 打电话，Bob 接电话时，Alice 期望 Bob 说"你好"或"我是 Bob"或类似的话来指出是他在接电话。如果 Bob 什么也没说，Alice 可能会问"你好，你是哪位？"来尝试引起回应，虽然这不是开始通电话的常态方式。然后，在通话双方交谈时，他们可能会无意识地应答对方的谈话片段。如果 Bob 讲了一大段话，Alice 会间或插入"嗯"或"是的"或"我明白"这类话语，她当然并不是真正"明白了"。但如果 Bob 讲了很长时间都没有得到类似这样的反馈，从 Bob 的角度就会尝试问"你听清楚了吗？"或"你明白我的意思吗？"来引起回应。

我们认为这样是理所当然的，因为这些场景每天都发生无数次，但这并非无足轻重，因为你可以随时检查线路是否良好或连接是否中断，特别是用手机通话时。

当你的浏览器与网络服务器通信并获取网页时，它也遵循一个称为 HTTP 的定义明确的协议，即*超文本传输协议*（Hypertext Transfer Protocol）。这个协议非常简单，只有浏览器可发送给服务器的几个指令，以及服务器可发送回浏览器的一组应答。在一次 HTTP 通信中，浏览器和服务器之间只能发送这些命令和应答。

185

其中最简单的命令称为 GET。浏览器向服务器发送一条 GET 命令，并将所需网页的地址也一并传递给服务器。一个例子如下：

GET http：//www.w3.org/pub/WWW/TheProject.html HTTP/1.1

这条命令要求名为 www.w3.org 的服务器使用 1.1 版本的 HTTP 协议将网页 /pub/WWW/TheProject.html 发送给浏览器，服务器将检索这个网页并将其发送回浏览器。

当我们说浏览器要求服务器做某事时，我们掩盖了很多细节。浏览器通过与服务器间的一条连接来发送这个指令。浏览器不关心连接是如何建立的以及它是如何工作的。它假定与服务器之间已有一条可靠的连接，可以通过这条连接向服务器发送数据。类似地，服务器可以通过相同的连接将数据发送回浏览器。你可以将连接理解为在浏览器和服务器之间建立起的一条管道，数据在其中双向流动。

由于浏览器和服务器都不关心连接如何建立、数据如何通过连接流动，因此其他某个东西就必须关注这个事情。这是另一个协议所负责的，它称为传输控制协议（Transmission Control Protocol，TCP）。TCP 协议负责向其用户，这里是 HTTP 协议，提供一条能双向移动数据的连接。TCP 协议对它在连接中可能传输的命令一无所知。它只知道接收一些数据，可能是一个 GET 命令，确保数据能到达连接的另一端，等待对方的应答，并确保应答能回到 GET 命令的最初发送者哪里。它将 HTTP 命令和应答组织为称为*段*（segment）的数据块，并通过连接发送。如果数据太大，它就可能将其拆分为特定大小的块。HTTP 协议对这些一无所知。TCP 会组合所有数据块来重构出完整的请求或应答，将其呈现给 HTTP。

186

TCP 负责建立连接并在其连接的两台计算机之间传输数据，但它不负责两台计算机之间实际的数据传输。它负责创建一个错觉：计算机之间存在可靠连接。虽然并不存在这样的物理电路，比如一条管道，或者更可能的一条电缆。而且，它甚至不知道数据应该如何传输到其目的地。就好像它在运转着一条连接，但实际上对连接如何建立毫无概念。想象有一条包含多方的管道，TCP 知道如何将数据放入管道，从中获取数据，以及留意放入管道的数据是否没有到达另一端，但它不知道管道本身是哪些参与方构成的，甚至不知道有多少参与方。在操作过程中，如果数据阻塞在路途中，管道甚至可能发生改变，有参与方加入或离开。管道甚至可能泄露导致数据丢失。TCP 会注意到这些并要求重传丢失的数据，但它并不知道数据进入管道后发生了什么。这是另一个协议的任务，即互联网协议（Internet Protocol，IP）。

IP 从 TCP 接收组织为段的数据，将它们封装为*数据包*（packet），每个包包含源和目的的地址。数据包有最大大小限制，依赖于在什么样的物理网络上发送，因此每个段可能拆分为若干数据包。发送方取出每个 IP 包，通过网络接口将其转发给其目的地，网络接口会将数据放到底层物理网络上，然后就会忘了它。少数情况下目的地是直接连到源的一台计算机，但通常情况不是这样。计算机相互连接，从源到目的地的路线可能经过很多跨越不同计算机的连接，这与道路网络类似，可能两个城市直接连接，但通常我们从源到目的地要经过多个城市。IP 协议不保证数据传递成功，也不追踪包；它不保证包按顺序传递，也不保证所有包按相同路线传递到目的地。它只是将数据包转发到目的地，只知道向哪里转发它收到的数据包，如果已经到达目的地的话就直接交付。当数据包到达目的地时，IP 以段的格式将其提交给 TCP，如果需要的话会重组数据包。TCP 负责接收这些数据段，恢复它们的顺序，检测丢失的段，以及要求通信的另一方重传丢失的段。总体上，TCP 负责在不可靠的传输层上建立可靠连接所需的所有事情，而传输层只是简单转发数据包并忘记它们。

有一个比喻也许能帮助你理解 TCP 和 IP 之间的相互作用——一个城市有一些虚构的自来水总管道。想象在这个城市中自来水龙头按人们的期望工作：自来水从龙头中倾泻而出形成水流。但如果你还想探究水是如何来到你的水龙头的，你可能会发现并没有管道从水库直接到你家。在水库有运水人，将自来水装满他们的桶。当你打开水龙头时，这些运水人将水桶运送到你家外的水箱中。他们会充满水箱，而水箱会为水龙头供水，所以你会有水不间断地从水库流到水龙头的印象，而实际上这是很多水桶在城市中周游的结果。而且，每个运水人可自由选择到你家的最佳路线。他们不必都选择相同路线。但如果他们走得足够快，会给你生活在一个具有完整自来水管道的城市中的错觉。运水人就是 IP 协议，你看到的水流就是 TCP 协议，它将你与底层现实屏蔽开来。

图 8-1 显示了整个过程。在每个层次上，协议操作时都给人这样一个印象：它们在与通信另一方的对应协议通信。实际上，所有东西都首先从上层协议下降到物理网络，如果必要的话会被拆分，然后在另一端从物理网络上升到上层协议，如果必要的话进行重组。

另一种思考整个过程的方式是自底向上。在图 8-1 的最底层，物理网络在使用某种物理机制移动数据，例如使用光波，如果物理网络是使用光纤构建的话。一台计算机通过其网络接口与物理网络通信，网络接口将数据推到网络上，也负责从网络接收数据。数据必须知道往哪里去，这是IP协议的责任，它处理数据的路由，令数据沿着构成互联网的计算机传输。IP协议并不保证数据送达，它只是一个转发和遗忘的协议。在不可靠数据移动机制上建立可靠连接、保证送达是TCP协议的职责范围。TCP协议会注意到它要求IP发送的某些数据没有真正送达，并请求它的TCP对方重发数据。这样，TCP令HTTP或任何其他应用层协议可以发出命令、得到应答而不必关心可靠传输的事情。

188

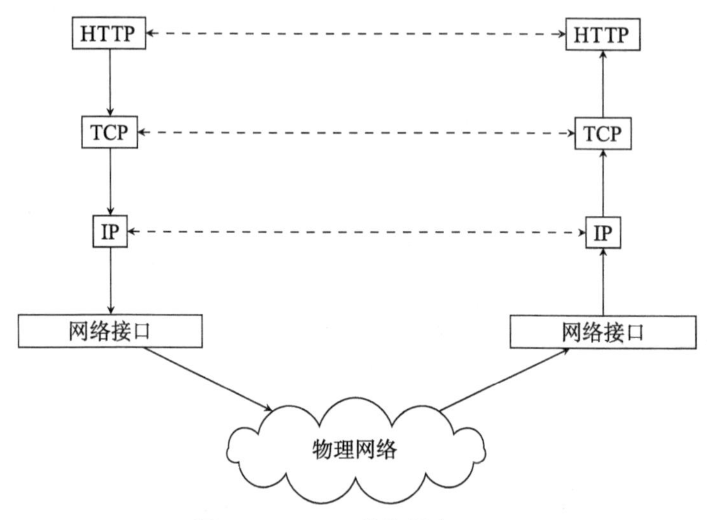

图8-1 TCP/IP协议栈与HTTP

整个互联网是建立在一个不可靠的传输机制之上的，这非常令人吃惊，但结合TCP和IP协议却令这成为可能。它们通常捆绑在一起，称为TCP/IP协议簇。互联网的一个定义就是世界上的计算机的集合用TCP/IP协议簇连接起来。

8.1 互联网路由

如前所述，除非两台计算机直接相互连接，即它们在相同的物理网络中，否则IP不能将数据包从源直接转发到目的地，而是必须发送到中间节点。我们称这些中间节点为**路由器**(router)，因为它们负责在网络中引导数据的路线。IP了解其工作方式，在每个数据包中都能看到一个地址，指向继续转发此包的路由器，期望这个路由器知道接下来怎么做更好，并能令数据包更接近目的地。为了帮助理解这一工作方式，可以想象在不同的城镇中有一些信使。如果一个信使从另一个信使接收到一条消息，它检查目的地是否是当前城镇中的本地地址。如果是，它直接投递消息；如果不是，而且地址是与当前城镇直接相连的一个城镇，则它知道应该将消息送往那里。否则，它检查自己的记录并做出类似这样的推理："据我所知，所有具有这种形式地址的消息应该转发到这个城市。"例如，它可能知道目的地在"北方"的所有东西都应转发给它北边的邻居，那个信使应该知道如何处理这种消息。

189

IP如何知道向哪里转发数据包呢？互联网中没有中央集权，也没有中央网络图。互联网是由称为*自治系统*（autonomous system）的大型子网组成的。每个自治系统可能对应一个校园网或一个大型*互联网服务提供商*（Internet Service Provider，ISP）的网络。一个称为*边界网关协议*（Border Gateway Protocol，BGP）的复杂协议负责安排路由器和不同自治系统间的路由。另一个称为*路由信息协议*（Routing Information Protocol，RIP）负责安排每个自治系统内路由器间的路线。

为了理解 RIP 是如何工作的，回到信使的比喻，想象每个信使都是一个善意的官僚。当信使坐上它们的位置时，它们除了所在的城镇与哪些其他城镇直接连接的信息之外，对其他一无所知。唯一能做的是向邻居城镇发送消息以及从那里接收消息。它们还有一个账本，指出了转发指令。初始时账本几乎就是空的，只包含向邻居城镇递送消息的指令。

信使之间发送一些特殊的消息，描述它们连接了哪些城镇以及这些城镇的距离。这些消息非常重要。当一个信使从一个与其连接的城镇收到一个消息时，它会看到那个城镇连接的更远的城镇。从这时起，这个信使就知道了目的地是邻居城镇或任何邻居的邻居城镇的消息应该投递到邻居城镇，因为那里的信使知道如何处理这些消息。 190

现在，邻居城镇的信使也会收到这种消息，因此它知道如何将消息传递到更远的地方。而且它会周期性更新知识库中的第一个信使。这样，过了一段时间后，对于向哪里转发收到的消息这件事，所有信使都有了一幅很好的图画。而且，有时一个信使可能收到这样的消息，它指出一条经过某个邻居的路线比之前了解的路线更短，这种情况下收到消息的信使就会相应地更新其账本。

如果所有这些看起来有点儿像变戏法，我们可以通过一个例子来解释。在图 8-2 中有一个具有五个路由器的自治系统。RIP 的操作如图 8-3 所示。

虽然图 8-3 显示了一张单一表，其中是路由器间的所有路线，在实际中这种表是不存在的。每个路由器有其自己的表，就像图中的表的一行，只是其中没有空单元。由于每个路由器并不知道共有多少个路由器，每个时刻路由器的表的大小就是此时路由器所知的其他路由器数量那么大。因此在初始时 R_1 的表有三项，随后变成四项，稍后又变为五项。在表的每个单元 (R_i, R_j) 中我们给出了从 R_i 到 R_j 的距离以及数据包应该转发的下一个路由器。因此如果单元 (R_5, R_2) 中的值是 $4/R_3$，就意味着从 R_5 到 R_2 的距离是 4，发送到 R_2 的数据包应该转发给 R_3。我们用 D 表示直接连接。

在表 8-3a 中，只有形如 x/D 的表项，因为我们只知道直接连接。然后在图 8-3b 中，我们显示了在 R_1 从 R_2 接收了一条消息后发生了什么。R_1 现在知道发送给 R_3 的消息可以转发给 R_2，因为 R_2 转发消息给 R_3 只需经过距离 1，从 R_1 经由 R_2 到 R_3 的总距离为 2，我们用下划线显示更新的项。然后在图 8-3c 中，R_2 从 R_3 收到一条消息，R_2 现在知道发送给 R_4 和 R_5 的消息可转发给 R_3，于是相关项被更新。

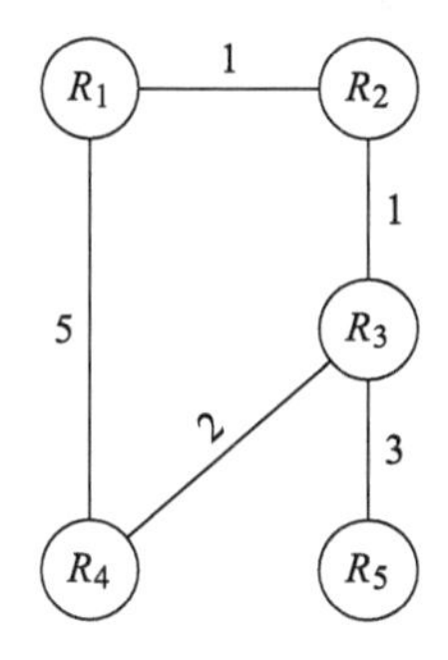

图 8-2 有五个路由器的自治系统

当我们结束图 8-3 中对 RIP 的跟踪时，R_4 知道到 R_1 的直接路由，但不知道经由 R_3 的更好选择。这是因为在 R_3 从 R_2 收到一条消息后，R_4 再未从 R_3 收到任何消息。而一旦 R_4

从 R_3 收到消息，它就会知道到 R_1 的最佳路由并更新其表项。在某个时刻，路由器间已经交换了所有必要的消息，从而所有路由器都知道了到所有其他路由器的最佳（也就是最短）的路径。

191

	R_1	R_2	R_3	R_4	R_5
R_1	0	1/D	-	5/D	-
R_2	1/D	0	1/D	-	-
R_3	-	1/D	0	2/D	3/D
R_4	5/D	-	2/D	0	-
R_5	-	-	3/D	-	0

a)初始状态

	R_1	R_2	R_3	R_4	R_5
R_1	0	1/D	2/R_2	5/D	-
R_2	1/D	0	1/D	-	-
R_3	-	1/D	0	2/D	3/D
R_4	5/D	-	2/D	0	-
R_5	-	-	3/D	-	0

b) $R_2 \rightarrow R_1$

	R_1	R_2	R_3	R_4	R_5
R_1	0	1/D	2/R_2	5/D	-
R_2	1/R_1	0	1/D	3/R_3	4/R_3
R_3	-	1/D	0	2/D	3/D
R_4	5/D	-	2/D	0	-
R_5	-	-	3/D	-	0

c) $R_3 \rightarrow R_2$

	R_1	R_2	R_3	R_4	R_5
R_1	0	1/D	2/R_2	4/R_2	5/R_2
R_2	1/R_1	0	1/D	3/R_3	4/R_3
R_3	-	1/D	0	2/D	3/D
R_4	5/D	-	2/D	0	-
R_5	-	-	3/D	-	0

d) $R_2 \rightarrow R_1$

	R_1	R_2	R_3	R_4	R_5
R_1	0	1/D	2/R_2	4/R_2	5/R_2
R_2	1/R_1	0	1/D	3/R_3	4/R_3
R_3	-	1/D	0	2/D	3/D
R_4	5/D	3/R_3	2/D	0	5/R_3
R_5	-	-	3/D	-	0

e) $R_3 \rightarrow R_4$

	R_1	R_2	R_3	R_4	R_5
R_1	0	1/D	2/R_2	4/R_2	5/R_2
R_2	1/R_1	0	1/D	3/R_3	4/R_3
R_3	-	1/D	0	2/D	3/D
R_4	5/D	3/R_3	2/D	0	5/R_3
R_5	-	4/R_3	3/D	5/R_3	0

f) $R_3 \rightarrow R_5$

	R_1	R_2	R_3	R_4	R_5
R_1	0	1/D	2/R_2	4/R_2	5/R_2
R_2	1/R_1	0	1/D	3/R_3	4/R_3
R_3	2/R_2	1/D	0	2/D	3/D
R_4	5/D	3/R_3	2/D	0	5/R_3
R_5	-	4/R_3	3/D	5/R_3	0

g) $R_2 \rightarrow R_3$

	R_1	R_2	R_3	R_4	R_5
R_1	0	1/D	2/R_2	4/R_2	5/R_2
R_2	1/R_1	0	1/D	3/R_3	4/R_3
R_3	2/R_2	1/D	0	2/D	3/D
R_4	5/D	3/R_3	2/D	0	5/R_3
R_5	5/R_2	4/R_3	3/D	5/R_3	0

h) $R_3 \rightarrow R_5$

192

图 8-3　对图 8-2 执行 RIP 协议的过程

为了彻底理解 RIP 为什么奏效，一个简单的方法是对单个路由器考虑发生了什么。初始时，路由器只知道到达距它一个链路的路由器的路径。然后它从这种路由器接收到一个数据包。假定第二个路由器尚未从其他路由器接收到任何数据包。然后发送到第一个路由器的这个数据包只告诉了它第二个路由器的直接连接。于是第一个路由器知道了距离它最多两个链路远且经由第二个路由器的路径。如果第二个路由器从第三个路由器接收到一个数据包，而第三个路由器也尚未从任何其他路由器接收任何数据包，则第二个路由器会知道距离它最多两个链路远的路径。当它再向第一个路由器发送一个新的数据包时，第一个路由器会知道距它最多三个链路远且经由第二个路由器的路径。

这看起来像一个松弛过程，其中每当我们收到一个数据包，就可能放松路径到更多的链路数。这就是实际所发生的：反复应用松弛，扩展路径的链路数。为了说服你自己 RIP 是奏效的，你需要观察在一个图中这样应用松弛技术是如何找到最短路径的。

不再令所有路由器相互交流，而是使用一个图，我们在其中寻找从一个起始顶点开始的最短路径。除了将起始顶点的估计值设置为 0，开始时我们将图中每条最短路径的估计值初始化为∞。

接下来我们取图中每条边，放松其目的顶点的路径估计值。换句话说，我们取图中每条边，检查从起始顶点经过这条边到其目的顶点的路径是否可能比我们已经找到的路径更短。当我们第一次进行放松时，将会找到直接连接到起始顶点的那些顶点的最短路径估计值，因此这会是一些只包含一条边的最短路径。这与单个路由器上 RIP 起始情况一样。

我们重复这个过程，对图的所有边再次执行放松操作。这一次，也就是第二步我们找到的最短路径估计值，是那些与起始顶点直接连接的顶点或与这些顶点直接连接的顶点的最短路径。这意味着我们找到最短路径估计值的顶点距离起始顶点最多两条边那么远。然后如果我们重复这个过程 $|V|-1$ 次，会找到距离起始顶点最多 $|V|-1$ 条边那么远的顶点的最短路径估计值。图中不可能存在超过 $|V|-1$ 条边的路径，除非路径中有环。如果环中路径的长度都是正值，则环不可能在任何最短路径中；如果环中有负长度的路径，则无论如何图的最短路径的概念是不成立的，因为我们可以永远绕着负长度的路径走，将路径长度减小到 $-\infty$。无论哪种情况，在对所有边进行 $|V|-1$ 步松弛过程后，我们就找到了从起始顶点到图中其他每个顶点的最短路径。

193

8.2 Bellman-Ford(-Moore) 算法

算法 8-1 显示的过程是 Bellman-Ford 算法的一个高层描述。Richard Bellman 和 Lester Ford Jr. 发表了这个算法，算法因此得名。这个算法也被称为 Bellman-Ford-Moore 算法，因为 Edward F.Moore 在同一时间也发表了这个算法。RIP 是 Bellman-Ford 算法的一个分布式版本，它不仅寻找从起始节点开始的最短路径，而且寻找任意节点对之间的所有最短路径。换句话说，它分布式地求解了所有点对的最短路径问题。

我们回到 Bellman-Ford 算法的基本版本，即非分布式版本。它使用一个数组 *pred* 保存每个顶点最短路径中的前驱，还使用一个数组 *dist* 保存最短路径长度值。

Bellman-Ford 算法开始的第 1～8 行初始化数据结构，使其反映当前状态——除了到起始顶点的路径外，我们不知道任何其他最短路径。因此，所有顶点都还没有前驱，所有最短路径的长度被设置为∞，除了从起始顶点到其自身的平凡路径长度等于 0。初始化之后，算法检查边数不断增长的最短路径。初始时路径可能只有一条边，然后有两条，直到我们达到路径中最大边数。边数最多的路径会包含图中所有顶点恰好一次，因而包含 $|V|-1$ 条边。所有这些是在第 9～13 行完成的。循环工作方式如下：

194

- 在第一步迭代后，我们已经找到包含不超过一条的连接最短路径。
- 在第二步迭代后，我们已经找到包含不超过两条连接的最短路径。
- 在第 k 步迭代后，我们已经找到包含不超过 k 条连接的最短路径。
- 在第 $|V|-1$ 步迭代后，我们已经找到包含不超过 $|V|-1$ 条连接的最短路径。

由于没有最短路径会包含超过 $|V|-1$ 条连接，否则的话我们会生成环，因此算法结束。

与迪杰斯特拉算法一样，如果你要实现算法 8-1，要小心第 11 行。如果你使用的编程语

195

言没有无穷的概念，而你使用一个大数代替，你就要确保不要向大数增加一个数，而因为溢出得到一个小数。

算法8-1 Bellman-Ford算法

```
BellmanFord(G, s) → (pred, dist)
    输入：G=(V, E)，一个图
          s，起始顶点
    输出：pred，一个大小为[V]的数组，pred[i]为从s到i的最短路径中i的前驱
          dist，一个大小为[V]的数组，dist[i]为计算出的从s到i的最短路径的长度
1   pred ← CreateArray(|V|)
2   dist ← CreateArray(|V|)
3   foreach v in V do
4       pred[v] ← −1
5       if v ≠ s then
6           dist[v] ← ∞
7       else
8           dist[v] ← 0
9   for i ← 0 to |V| do
10      foreach (u, v) in E do
11          if dist[v] > dist[u] + Weight(G, u, v) then
12              dist[v] ← dist[u] + Weight(G, u, v)
13              pred[v] ← u
14  return (pred, dist)
```

图 8-5 中给出了对图 8-4 中交通网格图执行 Bellman-Ford 算法的过程。我们用顶点的坐标表示它们，坐标从 0 开始编号，因此 (0, 0) 为左上角顶点，(3, 3) 为右下角顶点，依此类推。

图中每个子图对应对所有边进行松弛过程的一步迭代。第一个子图包含零条边的路径，第二个子图包含一条边的路径，直到最后一个子图，包含最多七条边的路径。我们对顶点加下划线来表示松弛过程中对此顶点的不同路径进行选择，即在这一步迭代中，在指向这个特定顶点的两条边中进行选择。因此，在第二步迭代中，有两条路径到达顶点 (1, 1)，也就是有两条边指向它，我们要选择最好的那个。在第五步迭代中，顶点 (2, 2) 的路径被改进，我们选择了经过顶点 (3, 2) 的路径而不是经过顶点 (1, 1) 的路径。一般而言，我们确认其估计值不会再改变的顶点不会有很多。顶点的最短路径可能在未来发生改变，直到算法结束。而且，即使在第六步迭代时看起来我们已经检查完所有顶点，其中仍存在边数更多且路径更好的。这就是第八步迭代所发生的，顶点 (3, 0) 得到了一条更好的路径，它经过顶点 (3, 1)，包含七条边 (0, 0) → (0, 1) → (0, 2) → (1, 2) → (2, 2) → (3, 2) → (3, 1) → (3, 0)，取代了仅包含三条边的旧路径 (0, 0) → (1, 0) → (2, 0) → (3, 0)。

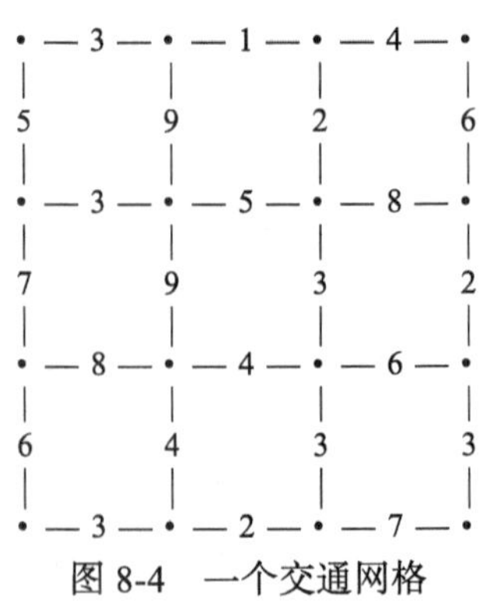

图 8-4　一个交通网格

196

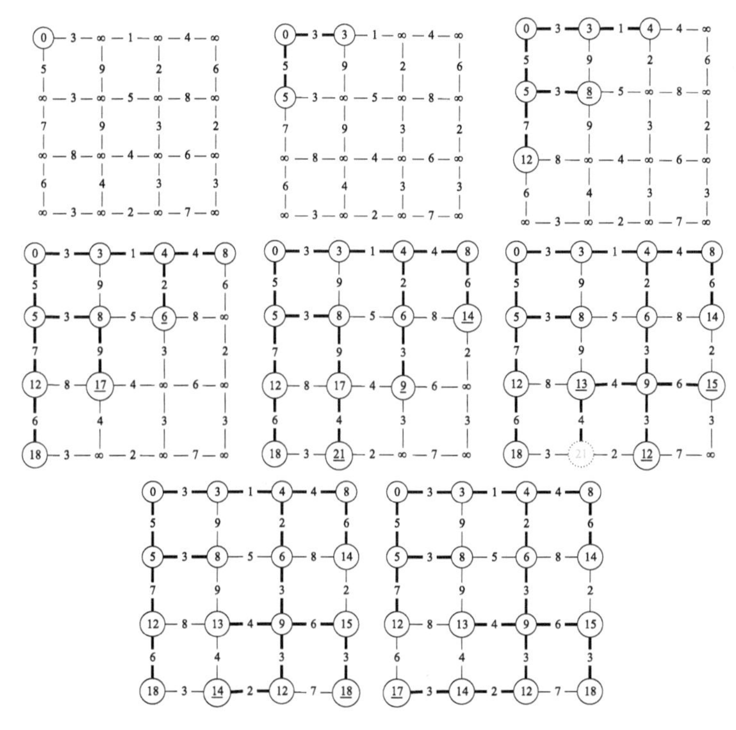

图 8-5 Bellman-Ford 算法求解最短路径过程

在第五步迭代中，我们将 (3, 1) 用灰色文本显示，置于虚线圆圈中，以此来突出显示它当前处于不定状态。到顶点 (2, 1) 的路径被更新，从第四步迭代得到的包含三条边的路径变为现在的包含五条边的路径。在第 i 步迭代，算法找到最多 i 条边的最短路径，不会更长。因此，由于到顶点 (3, 1) 的路径是从到顶点 (2, 1) 的更新路径而来的，它不是真正在第五步迭代找到的，因为它有六条边。它只是碰巧出现在这。如果我们放松边 (2, 2) → (2, 1) 之后放松边 (2, 1) → (3, 1)，可能意外发现这条路径，但在算法中没有任何逻辑指定了放松边的顺序。但对此不用担心，因为顶点 (3, 1) 会在下一步迭代纠正路径，而得到的最短路径甚至不是来自 (2, 1)。

197

在运行时间方面，Bellman-Ford 算法在初始化部分执行 $|V|$ 步迭代。初始化包含设置数组中的值，花费常量时间，即 $O(1)$，因此初始化部分花费时间 $O(|V|)$。第 9～13 行的循环重复 $|V|-1$ 次，每次检查图的所有边，因此它花费 $O((|V|-1)|E|)=O(|V||E|)$ 时间。整个算法花费 $O(|V|+|V||E|)$ 时间，即 $O(|V||E|)$ 时间。

注意，我们描述的算法并非在第七步迭代停止。它还会继续尝试寻找更多条边的最短路径，直到完成第十五步迭代。但在这个特定的图中，在剩余迭代中不会找到更短的路径，因此我们截短了算法运行过程。不过一般而言，这也显示了对算法 8-1 进行优化的机会。假定我们处于算法的第 i 步迭代，我们放松并更新了到 m 个顶点的最短路径，我们称这些顶点为 $i_1, i_2, \cdots, i_m$。到这些顶点的最短路径不会超过 i 条边。在算法的第 i+1 步迭代，我们只需检查邻接至 $i_1, i_2, \cdots, i_m$ 的那些边。为什么？因为在算法的第 i+1 步迭代，我们将寻找不超过 i+1 条边的最短路径，因为我们已经找到了不超过 i 条边的最短路径。但这些具有不超过 i 条边的路径就是那些最后一条边指向 $i_1, i_2, \cdots, i_m$ 中某个顶点的路径。因此，在算法的每步迭代，我们不必检查所有边，只需检查在上一步迭代更新了估计值的顶点发出的边。

在我们接下来考虑利用这种优化之前，你首先可能会怀疑算法为什么会奏效。论证与前面对优化策略的论证有些相似，都是采用归纳法。当算法开始时，在第一步迭代之前，数组 *dist* 保存从起始顶点到每个顶点的最短路径的长度，每条路径不超过零条边。实际的确如此，因此 $dist[s]=0$ 且对所有 $u \neq s$ 有 $dist[u]=\infty$。假设在第 i 步迭代时这一点也成立，则对每个顶点 u，$dist[u]$ 保存从 s 到 u 的不超过 i 条边的最短路径，然后考虑第 $i+1$ 步迭代发生了什么。在这步迭代中，从 s 到任何顶点 u 的路径不可能超过 $i+1$ 条边。如果这种路径包含不超过 i 条边，则我们是在前面的某步迭代中找到它的，因此 $dist[u]$ 在当前迭代中并未改变。如果存在 $i+1$ 条边的路径，则对每条这样的路径我们做如下推理：路径由两部分组成，它从顶点 s 开始，i 条边后到达某个顶点 w，这之后是一条从顶点 w 到 u 的边 $s \overset{i}{\rightsquigarrow} w \rightarrow u$，第一部分 $s \overset{i}{\rightsquigarrow} w$ 包含 i 条边，因此我们必然在第 i 步迭代就已找到了它，这意味着它不可能比从 s 到 w 的最短路径更短；在第 $i+1$ 步迭代我们找到了边 $w \rightarrow u$，它具有最小可能权重，将被加到路径 $s \overset{i}{\rightsquigarrow} w$ 的权重上，因此 $s \overset{i}{\rightsquigarrow} w \rightarrow u$ 是最多 $i+1$ 条链路的最短路径。

198

回到如何优化算法的问题上。在每步迭代我们可以保存更新的那些顶点，将它们放入一个先进先出（First-In-First-Out，FIFO）队列中，还需要一种方法判断一个项是否在队列中。一种简单的方法是使用一个布尔数组 *inqueue*，如果 i 在 q 中则 $inqueue[i]$ 为真，否则为假。于是我们可以将 Bellman-Ford 算法改为算法 8-2 那样。回到图 8-5 中的图，观察对其执行算法 8-2 的过程，如图 8-6 所示。在每个网格之下你可以看到队列的内容，还可在网格中看到它们：当前在队列中的顶点在网格中都被涂成灰色。

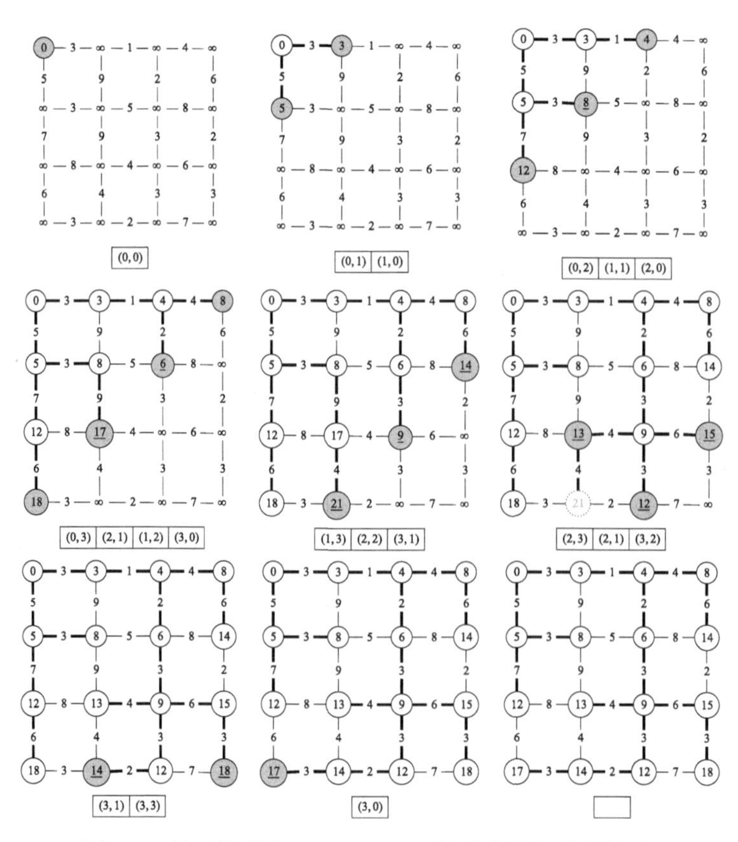

图 8-6 基于队列的 Bellman-Ford 算法求最短路径的过程

这一次算法确实在第九步迭代停止了，因此你可以看到新算法的优点。注意在第六步、第七步和第八步迭代发生了什么：之前在队列中的顶点重新进入了队列，因为我们找到了它们的更短但包含更多边的路径。在第四步迭代中我们找到了一条到顶点 (2, 1) 的路径，然后在第六步迭代中找到了一条更好的路径。在第四步迭代中我们还找到了到顶点 (3, 0) 的一条路径，然后再第八步迭代中找到了更好的一条路径。类似地，在第五步迭代中我们找到了一条到顶点 (3, 1) 的路径，在第七步迭代中将其更新为一条更好的路径。

Bellman-Ford 算法的运行时间 $O(|V||E|)$ 一般来说比迪杰斯特拉算法的 $O(|E|\lg|V|)$ 差。图 8-5 和 8-6 有一些迷惑性，因为它们显示了每步迭代的快照，而每步迭代其实发生了很多事情。在基于队列的版本中，所有邻接于队列中顶点的边都要被检查，这就是发生于两个快照之间的事情。在更简单的版本中，两个快照之间的迭代要重新检查图的所有边。很多情况下，基于队列的算法改进了算法 8-1 的运行时间，但并不总是如此。有可能在每步迭代中我们更新了所有顶点的路径估计值，因此在每步迭代中必须再次检查所有边。但在实践中，Bellman-Ford 算法是高效的。 199

算法8-2 基于队列的Bellman-Ford算法

```
BellmanFordQueue(G, s) → (pred, dist)
    输入：G=(V, E)，一个图
          s，起始顶点
    输出：pred，一个大小为|V|的数组，pred[i]为从s到i的最短路径中i的前驱
          dist，一个大小为|V|的数组，dist[i]为计算出的从s到i的最短路径的长度
1  inqueue ← CreateArray(|V|)
2  Q ← CreateQueue()
3  foreach v in V do
4      pred[v] ← −1
5      if v ≠ s then
6          dist[v] ← ∞
7          inqueue[v] ← FALSE
8      else
9          dist[v] ← 0
10 Enqueue(Q, s)
11 inqueue[s] ← TRUE
12 while Size(Q) ≠ 0 do
13     u ← Dequeue(Q)
14     inqueue[u] ← FALSE
15     foreach v in AdjacencyList(G, u) do
16         if dist[v] > dist[u] + Weight(G, u, v) then
17             dist[v] ← dist[u] + Weight(G, u, v)
18             pred[v] ← u
19             if not inqueue[v] then
20                 Enqueue(Q, v)
21                 inqueue[v] ← TRUE
22 return (pred, dist)
```

200

8.3 负权重和环

我们不可能总是那么奢侈，可以在迪杰斯特拉算法和 Bellman-Ford 算法之间进行选择。Bellman-Ford 算法能恰当地处理负权重，迪杰斯特拉算法则相反，对负权重会得到错误的结果。实际上，如果你要处理图 8-7 中的图，就应该采用 Bellman-Ford 算法，如图 8-8 所示，可以得到正确结果。

现在，让我们再转个圈子，问一下，如果图中既包含负权重又包含负环，如图 8-9，那么会发生什么？

201

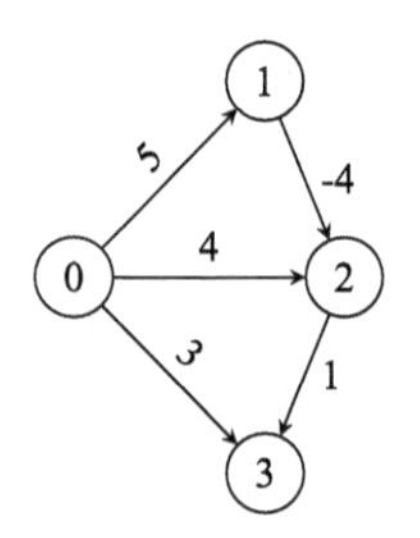

图 8-7 带负权重的图

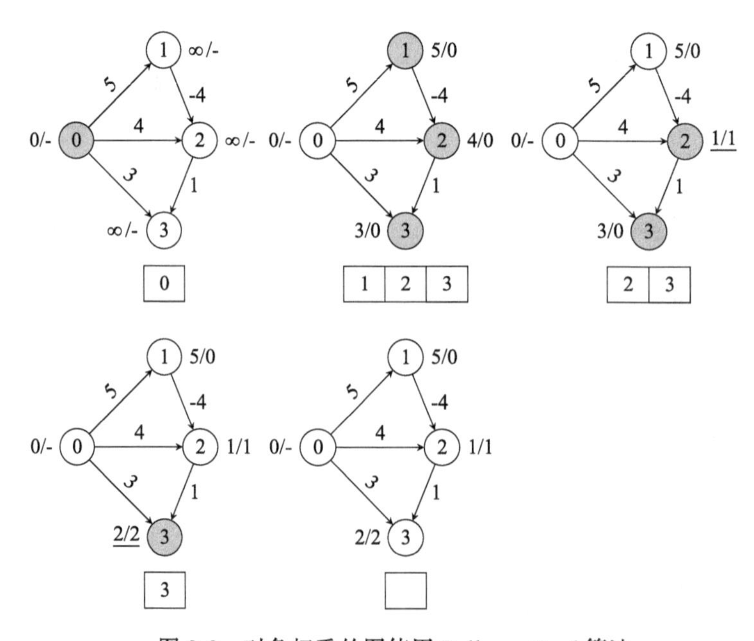

图 8-8 对负权重的图使用 Bellman-Ford 算法

算法 8-1 会在 $|V|$ 步迭代后停止，并输出其结果，但结果没有什么意义，因为如前所述，权重为负的环上的最短路径就是沿此环永远绕下去的路径，权重为 $-\infty$。算法 8-2 甚至更糟，因为它永远不会停止。当遇到一个环时，它会陷入一个无限循环中，不断将环上的顶点插入到队列并从队列提取它们，如图 8-10 所示。

所有这些意味着，为了令基于队列的算法在图中存在负环的情况下停止，我们必须做一些额外的工作。如果我们发现一条路径包含超过 $|V|-1$ 条边，就检测到一个环，因为在一个 $|V|$ 个顶点的图中最长路径就是包含所有顶点和 $|V|-1$ 条边的路径。包含更多条边的路径必然

是折回到了已经访问过的顶点。

回忆一下 Bellman-Ford 算法背后的基本思想——我们探索边数不断增大的路径。初始时，当我们从源点 s 开始，得到零条边的路径。当我们将 s 的邻居加入到队列时，就得到了一条边的路径。当我们将 s 的邻居的邻居加入到队列时，我们就得到了两条边的路径，依此类推。问题在于如何知道什么时候我们停止处理一组邻居继续处理另一组邻居。当这发生了 $|V|-1$ 次时，我们知道算法必须终止了。

算法8-3 基于队列、能处理负环的Bellman-Ford算法

```
BellmanFordQueueNC(G, s) → (pred, dist, ncc)
    输入：G=(V, E)，一个图
          s，起始顶点
    输出：pred，一个大小为|V|的数组，pred[i]为从s到i的最短路径中i的前驱
          dist，一个大小为|V|的数组，dist[i]为计算出的从s到i的最短路径的长度
          nnc，若存在负环，为TURE，否则为FALSE
1   inqueue ← CreateArray(|V|)
2   Q ← CreateQueue()
3   foreach v in V do
4       pred[v] ← |V|
5       if v ≠ s then
6           dist[v] ← ∞
7           inqueue[v] ← FALSE
8       else
9           dist[v] ← 0
10  Enqueue(Q, s)
11  inqueue[s] ← TRUE
12  Enqueue(Q, |V|)
13  i ← 0
14  while Size(Q) ≠ 1 and i < |V| do
15      u ← Dequeue(Q)
16      if u = |V| then
17          i ← i + 1
18          Enqueue(Q, |V|)
19      else
20          inqueue[u] ← FALSE
21          foreach v in AdjacencyList(G, u) do
22              if dist[v] > dist[u] + Weight(G, u, v) then
23                  dist[v] ← dist[u] + Weight(G, u, v)
24                  pred[v] ← u
25                  if not inqueue[v] then
26                      Enqueue(Q, v)
27                      inqueue[v] ← TRUE
28  return (pred, dist, i < |V|)
```

可以在队列中使用一个特殊的哨兵值来解决此问题。一般而言，哨兵值是无效值，用来指示某个特殊事件。在本例中，我们使用数值 $|V|$ 作为哨兵值，因为不存在这样的顶点。顶

点编号从 0 到 $|V|-1$。特别是，我们将使用数值 $|V|$ 在队列中为与 s 距离相同链路数的顶点划出界线。图 8-11 显示了这种方法是如何工作的。

202

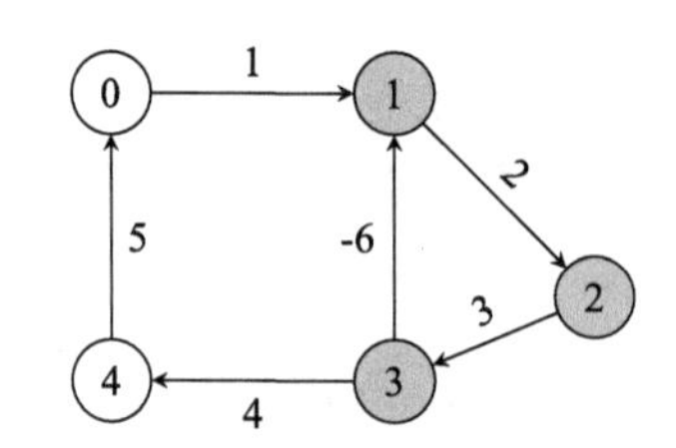

图 8-9　带负环的图

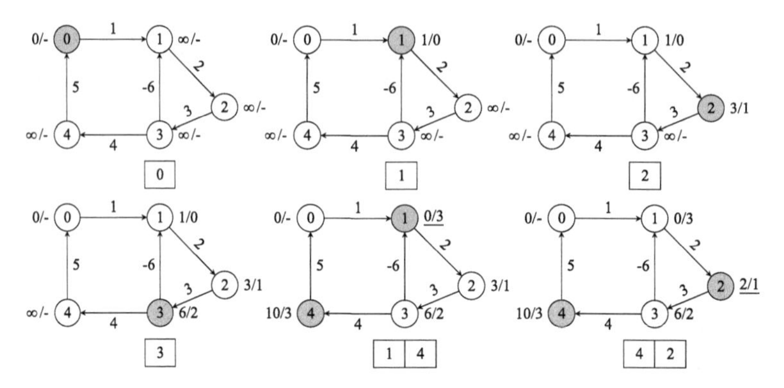

图 8-10　对负环执行 Bellman-Ford 算法的过程

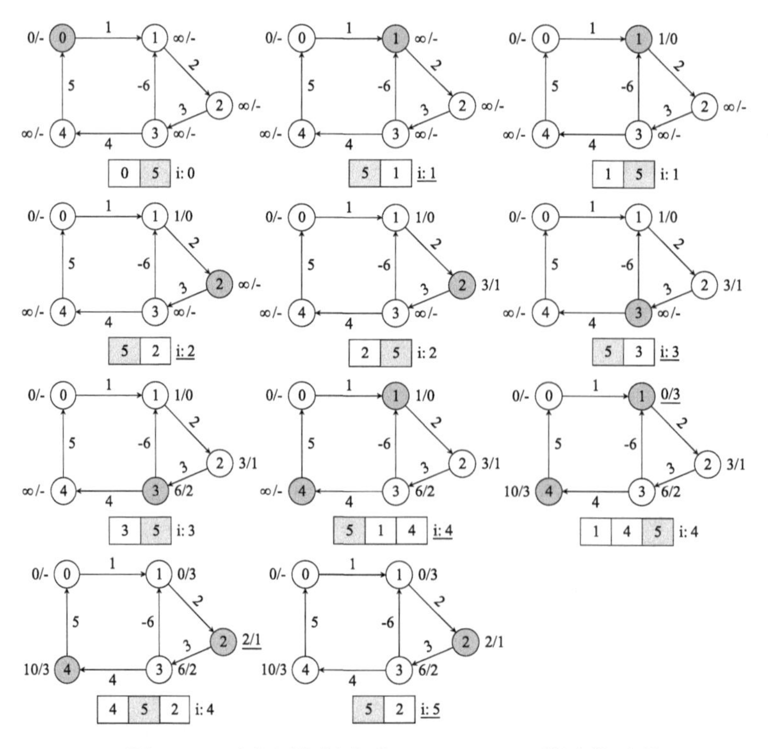

图 8-11　对负环执行改进 Bellman-Ford 算法的过程

在开始时，我们将源点 s 和哨兵 5 放入队列中。我们维护一个计数器 i，指示路径中的边数。每当 5 到达队首时，我们递增 i 并将 5 放回队尾。看一下当顶点 3 在队首时发生了什么。我们将 3 从队首移除，并将其两个邻居顶点 1 和顶点 4 添加到队尾。现在 5 来到队首，因此我们递增 i。我们将 5 再次放回队尾，指出顶点 1 和顶点 4 与顶点 0 相距相同的链路数。当哨兵再次回到队首且 i 变为 5 时，我们知道要开始形成环了，可以停止算法了。算法 8-3 给出了进行这种改进的 Bellman-Ford 算法。除了数组 *pred* 和 *dist* 外，算法 8-3 还返回一个布尔值，未检测到负环时，其值为真，若找到了负环，其值为假。算法在第 10 行初始化哨兵，在第 16～17 行处理计数器 i。我们在第 14 行检查 i 的值。注意到，现在我们不期待队列会变为空，因为哨兵会一直在队列中。

203 ~ 204

8.4 套利

你不应认为形成负环是难以理解的现象。负权重的环的确出现在现实的问题中。现实世界中一个涉及检测负权重环的应用是发现套利机会（arbitrage opportunity）。套利就像是免费午餐，它涉及一些可以交换和买卖的商品期货，可能包括铜、铅、锌等工业金属，欧元、美元等货币，或是可在市场上交易的任何东西。套利就是利用不同市场间的价格差获利。举个简单的例子，假定在伦敦，欧元和美元的汇率为€ 1=\$1.37；而在纽约，欧元和美元的汇率为 \$1= € 0.74。于是一个商人就可以在伦敦用€ 1 000 000 买入总共 \$1 370 000，电汇到纽约，在那里再买回欧元。商人最终会得到 \$1 370 000 × 0.74= € 1 013 800，从而无中生有地获得 € 13 800 的无风险的可观利润。

205

无法这样获利的原因通常是，当这样的套利机会出现时，商人们发现，市场会调节令其消失。因此，继续我们的例子，经过一定量的套利交易后，纽约的汇率会下降，或是伦敦的汇率会上升，从而两者恰好互逆：若伦敦的汇率为 x，很快会以纽约的汇率变为 $1/x$ 而告终。

但对于套利机会出现的很短的时间窗口，还是能赚取可观的利润，而一个套利机会可能不像两种货币简单地来回兑换那么明显。表 8-1 给出了 2013 年四月交易量排在前十名的货币。由于货币交易是成对的，所有货币的百分比之和为 200%（包括不在前十名的货币）。

206

表 8-1　2013 年四月交易量排在前十名的货币

排名	货币	代码	日常份额
1	U.S. dollar	USD	87.0%
2	European Union euro	EUR	33.4%
3	Japanese yen	JPY	23.0%
4	United Kingdom pound sterling	GBP	11.8%
5	Australian dollar	AUD	8.6%
6	Swiss franc	CHF	5.2%
7	Canadian dollar	CAD	4.6%
8	Mexican peso	MXN	2.5%
9	Chinese yuan	CNY	2.2%
10	New Zealand dollar	NZD	2.0%

如果我们可以在表中任意两种货币间进行兑换，则套利机会可能出现在图 8-12 的任何路径中。图下方的表显示了图中货币的交叉汇率。它们是边的权重，但在图中不好表示出来。

假定你有美元，且存在一个套利机会——将其兑换为澳元，然后兑换为加元，最后再兑换回美元。完整兑换序列为：

$$1 \times (\text{USD} \rightarrow \text{AUD}) \times (\text{AUD} \rightarrow \text{CAD}) \times (\text{CAD} \rightarrow \text{USD})$$

如果上面这个乘积的结果大于 1，你最终就会获利。一般而言，如果 c_1，c_2，…，c_n 为货币，则套利 a 存在，如果我们有：

$$a=1 \times (c_1 \rightarrow c_2) \times (c_2 \rightarrow c_3) \times \cdots \times (c_n \rightarrow c_1)$$

使得：

$$a > 1$$

来到图 8-12 中的图，这样一个兑换序列对应图中的一个环，经过这些货币顶点。任意套利机会都会是图中一个环，其权重之积大于 1。

207

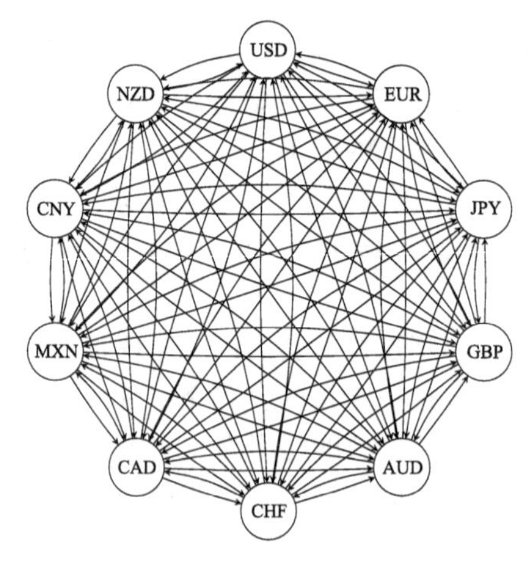

a) 交叉汇率图

	USD	EUR	JPY	GBP	AUD	CHF	CAD	MXN	CNY	NZD
USD	1	1.3744	0.009766	1.6625	0.9262	1.1275	0.9066	0.07652	0.1623	0.8676
EUR	0.7276	1	0.007106	1.2097	0.6739	0.8204	0.6596	0.05568	0.1181	0.6313
JPY	102.405	140.743	1	170.248	94.8421	115.455	92.8369	7.836	16.6178	88.8463
GBP	0.6016	0.8268	0.005875	1	0.5572	0.6782	0.5454	0.04603	0.09762	0.5219
AUD	1.0799	1.4842	0.010546	1.7953	1	1.2176	0.979	0.08263	0.1752	0.9369
CHF	0.8871	1.2192	0.008663	1.4748	0.8216	1	0.8042	0.06788	0.144	0.7696
CAD	1.1033	1.5163	0.010775	1.8342	1.0218	1.2439	1	0.08442	0.179	0.9572
MXN	13.0763	17.9724	0.1277	21.7397	12.1111	14.7435	11.8545	1	2.122	11.345
CNY	6.167	8.4761	0.06023	10.2528	5.7118	6.9533	5.5908	0.4719	1	5.3505
NZD	1.153	1.5846	0.01126	1.9168	1.0678	1.2999	1.0452	0.08822	0.1871	1

b) 交叉汇率图的邻接矩阵

208

图 8-12　交叉汇率图及其邻接矩阵

我们还没有一个可用的算法能找出这样的环，但借助数学上的一个小技巧，我们就可以利用已有的工具。我们不使用货币汇率作为图中的权重，而是使用汇率的负对数。也就是说，如果顶点 u 和 v 之间的边上的权重为 $w(u, v)$，则我们将其替换为 $w'(u, v)=-\log w(u, v)$。

这些对数中有些是正的，有些是负的。特别是，当 $w(u, v) > 1$ 时 $w'(u, v) < 0$。我们对带负权重环的图运行 Bellman-Ford 算法，观察它是否报告负权重环的存在。如果它报告了，则我们能找到环。假设环包含 n 条边，则沿此环走一圈的权重和应为 $w'_1+w'_2+\cdots+w'_n < 0$，其中 w'_1，w'_2，$\cdots$，w'_n，是构成两顶点间环的 n 条边的权重。我们有：

$$w'_1 + w'_2 + \cdots + w'_n = -\log w_1 - \log w_2 - \cdots - \log w_n$$

于是我们得到沿负权重环的路径的权重和：

$$-\log w_1 - \log w_2 - \cdots - \log w_n < 0$$

对数的一个基本性质是：对任意数 x 和 y，它们的积的对数 $\log(xy)$ 等于它们的对数的和 $\log x+\log y$，类似地，$\log(1/x \cdot 1/y)$ 等于 $\log(1/x)+\log(1/y)=-\log x-\log y$。由此得到上面最后一个不等式对应：

$$\log\left(\frac{1}{w_1}\times\frac{1}{w_2}\times\cdots\times\frac{1}{w_n}\right) < 0$$

两边做指数运算去掉对数，它变为：

$$\frac{1}{w_1}\times\frac{1}{w_2}\times\cdots\times\frac{1}{w_n} < 10^0 = 1$$

但这等价于：

$$w_1 w_2 \cdots w_n > 1$$

这就是最初我们想要找的东西——一个权重之积大于 1 的环。无论何时当你在图中找到了一个负权重环时，就发现了一个套利机会，别再迟疑了！ 209

注释

有很多关于 TCP/IP 以及互联网如何工作的书籍。Stevens 撰写（Fall 修订）的书是其中的经典 [58]。还可参考 Comer 的教材 [38]。为了了解一般概念如何转化为网络协议，可参考 Perlman 的书 [157]。对网络的一般介绍可参考 Kurose 和 Ross 的教材 [119]，或者是 Tanenbaum 和 Wetherall 的书 [196]。

Lester Ford 于 1956 年发表了本章介绍的路由算法 [69]，然后 Richard Bellman 于 1958 年发表了这个算法 [13]，同时 Edward Moore 于 1957 年发表了这个算法 [145]。如果图不包含负权重环，算法还可以改进，如 Yen 所展示的那样 [221]。另一种改进也是应用于没有负权重环的图，是最近由 Bannister 和 Eppstein 发表的 [8]。 210

什么最重要

网络爬虫（web crawler）每时每刻都在不间断地爬取互联网中数据，这种程序从一个页面跳转到另一个页面，爬取每个页面内容并为其建立索引。它们将每个页面拆解为单词、句子和段落，并提取页面中包含的指向网络中其他页面的链接。网络爬虫得到导出的页面内容，将其保存在一个称为*倒排索引*（inverted index）的大型数据结构中。这种索引类似你在一本书最后看到的索引，其中是一些词项及它们出现的页面集合。这种索引被称为倒排，因为其设计目的是能检索原始内容，即网页，而这种检索是从网页的一部分，即出现在网页中的词项，来进行的。通常，我们是在读一个网页时从网页来获取其内容。而当我们从内容获取网页时，正好是相反的，因此称为倒排。

除了索引，爬虫使用网页内包含的链接来寻找其他要访问的网页以及进行索引建立。还使用链接创建互联网的一幅大地图，显示哪些网页连接到哪些其他网页。

所有这些使得当你在一个搜索引擎搜索某些东西时，搜索引擎能给你所希望的查询结果。搜索引擎使用倒排索引寻找与你的搜索请求对应的网页。但类似一本书中的索引，可能有多个网页匹配你的搜索。在一本书中，这不是一个大问题，因为页数不会很多，而且通常你感兴趣的是词项第一次出现的那一页。但在互联网中，并不存在第一页，而且与你的搜索匹配的网页可能数以十亿计。你当然不会浏览所有匹配网页，你希望找到其中最相关的。

例如，当你在网上搜索“故宫”时，肯定会有无数网页包含“故宫”。列出与你的搜索查询匹配的所有网页几乎没有任何用处。但是，对于你的搜索来说，很可能某些网页比其他网页更相关。你所要寻找的很可能就是故宫本身的主页，而不是一个鲜为人知的提供对故宫旅游的另类观点的博客主页——除非你真的是在寻找这个博客。

211

应该给你哪些网页作为搜索结果呢，解决此问题的一种方法是按重要性为网页排序。于是问题就变为如何定义网页的重要性。

9.1 PageRank 思想

一种已经获得巨大成功的解决方案是 Google 的创始人谢尔盖 · 布林和拉里 · 佩奇所发明的方法，这种方法被称为 PageRank（网页排名），发表于 1998 年，它为每个网页赋予一个数，也称为网页的 PageRank。一个网页的 PageRank 越高，它就越重要。PageRank 方法背后的根本思想是，一个网页的重要性，即它的 PageRank，依赖于链接到它的网页的重要性。

每个网页都可能通过出链连接到其他一些网页，而其中一些网页可能通过入链连接到这个特定网页。我们用 P_i 表示网页 i。如果一个网页 P_j 有 m 个出链，则我们使用符号 $|P_j|$ 表示数 m。换句话说，$|P_j|$ 是网页 P_j 的出链数。于是我们假定网页 P_j 的重要性均匀地贡献给它链接到的网页。例如，如果 P_j 链接到三个网页，则它将自己的重要性的 1/3 贡献给每个网页。我们使用符号 $r(P_j)$ 表示网页 P_j 的 PageRank。这样，如果 P_j 链接到 P_i 且有 $|P_j|$ 个出链，则它将自己的 PageRank 的一部分贡献给 P_i，即 $r(P_j)/|P_j|$。一个网页的 PageRank 即为它从所有链接到它的网页获取的 PageRank 贡献之和。如果我们用 B_{P_i} 表示链接到 P_i 的网页集合，即

具有指向 P_i 的反向链接（backlink）的网页集合，则我们有

$$r(P_i)=\sum_{P_j\in B_{P_i}}\frac{r(P_j)}{|P_j|}$$

如果我们有图 9-1 中那样的图，则

$$r(P_1)=\frac{r(P_2)}{3}+\frac{r(P_3)}{4}+\frac{r(P_4)}{2}$$

于是，为了找到一个网页的 PageRank，我们需要知道链接到它的网页的 PageRank。为了找到那些网页的 PageRank，我们需要知道链接到它们的网页的 PageRank，依此类推。同时，它们之间的链接可能形成环。看起来我们要解决一个“先有鸡还是先有蛋”的问题，为了找到一个网页的 PageRank，我们需要计算某些依赖于这个网页的 PageRank 的东西。 212

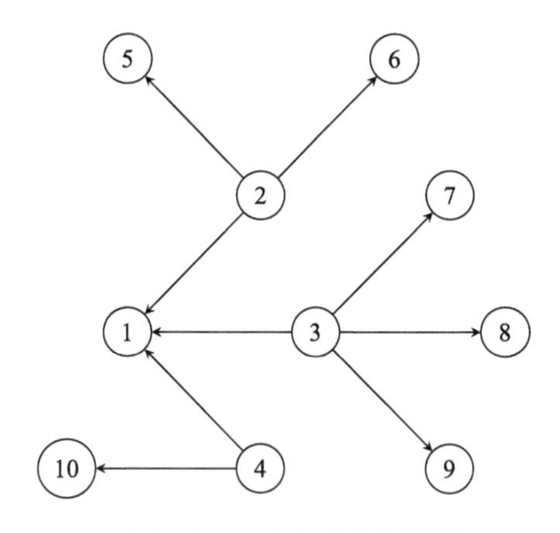

图 9-1　一个很小的网络图

我们采用迭代过程解决“先有鸡还是先有蛋”的问题。在开始时，我们为每个网页赋予一个 PageRank。如果我们有 n 个网页，则可以赋予每个网页 $1/n$ 作为其 PageRank。然后我们进行下面的迭代计算：

$$r_{k+1}(P_i)=\sum_{P_j\in B_{P_i}}\frac{r_k(P_j)}{|P_j|}$$

下标 k 和 k+1 分别表示 $r(P_i)$ 和 $r(P_j)$ 在第 k 步迭代和第 k+1 步迭代的值。这个公式意味着，一个网页的 PageRank 是用上一步迭代中链接到它的网页的 PageRank 计算的。我们迭代若干步，希望过一会儿 PageRank 的计算收敛到某个稳定且合理的值。

我们立刻会想到两个问题：

- PageRank 的迭代计算过程会在合理步数后收敛吗？
- PageRank 的迭代计算过程会收敛到一个合理结果吗？ 213

9.2　超链接矩阵

我们刚刚描述的过程显示了在每个网页个体发生了什么。通过使用矩阵，我们可以将其转换为描述对所有网页发生了什么的形式。特别是，我们首先定义一个矩阵，称为**超链接矩**

阵（hyperlink matrix）。超链接矩阵是一个方阵，行数和列数都等于网页数。每行每列对应一个网页。矩阵中每个元素定义为：

$$H[i,j] = \begin{cases} 1/|P_i|, & P_i \in P_{B_j} \\ 0, & \text{其他} \end{cases}$$

换句话说，如果从网页 P_i 到网页 P_j 没有链接，则元素 $H[i, j]$ 为 0，否则，它的值为网页 P_i 出链数的倒数。

考虑图 9-2，其超链接矩阵如下所示，为了更为清楚，我们标记了索引：

$$H = \begin{array}{c} \\ P_1 \\ P_2 \\ P_3 \\ P_4 \\ P_5 \\ P_6 \\ P_7 \\ P_8 \end{array} \begin{array}{c} \begin{array}{cccccccc} P_1 & P_2 & P_3 & P_4 & P_5 & P_6 & P_7 & P_8 \end{array} \\ \begin{bmatrix} 0 & 1/2 & 0 & 0 & 1/2 & 0 & 0 & 0 \\ 0 & 0 & 1/3 & 0 & 0 & 1/3 & 1/3 & 0 \\ 0 & 0 & 0 & 1 & 0 & 0 & 0 & 0 \\ 1/4 & 1/4 & 0 & 0 & 0 & 0 & 1/4 & 1/4 \\ 0 & 0 & 0 & 0 & 0 & 1 & 0 & 0 \\ 0 & 0 & 0 & 0 & 1/2 & 0 & 1/2 & 0 \\ 0 & 0 & 1/3 & 1/3 & 0 & 0 & 0 & 1/3 \\ 0 & 0 & 0 & 0 & 0 & 0 & 0 & 0 \end{bmatrix} \end{array}$$

214

你可以检查这个矩阵的一些性质。每行的和都为 1，因为每行的分母是该行中非零元素个数，网页没有出链的情况除外，这种情况下对应行为全 0。这个超链接矩阵的第 8 行就是全 0。

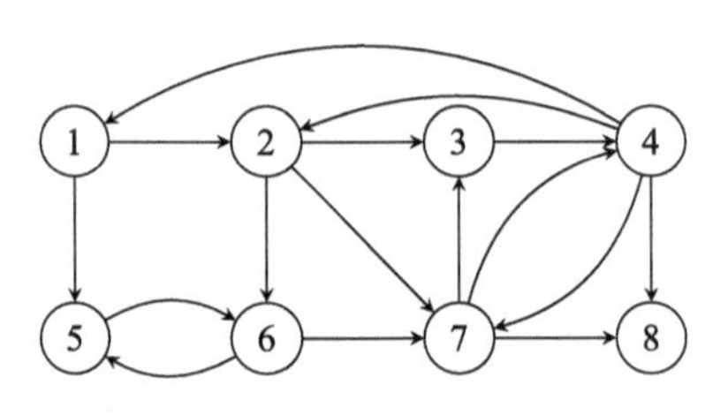

图 9-2　另一个网络图

我们也可以将 PageRank 值放在一个矩阵中，或者更准确地说，一个向量中。按惯例，向量被看作一列的矩阵。如果对于我们的 n 个网页，包含 PageRank 的向量为 π：

$$\pi = \begin{bmatrix} r(P_1) \\ r(P_2) \\ \vdots \\ r(P_n) \end{bmatrix}$$

如果我们希望将列向量转换为行向量，则使用如下符号：

$$\pi^{\mathrm{T}} = \begin{bmatrix} r(P_1)\ r(P_2) \cdots r(P_n) \end{bmatrix}$$

这看起来可能不是那么漂亮，但它得到了广泛使用，因此你必须熟悉它。T 表示转置。而且要记住，在计算机中我们用数组表示矩阵，而大多数计算机语言中数组是从索引 0 开始的，

因此我们有

$$\pi^{\mathrm{T}} = \left[r(P_1)\ r(P_2)\ \cdots\ r(P_n) \right] = \left[\pi[0]\ \pi[1]\ \cdots\ \pi[n-1] \right]$$

有了这些定义，我们计算 π^{T} 和 H 的矩阵乘积，将其作为迭代过程的基础：

$$\pi_{k+1}^{\mathrm{T}} = \pi_k^{\mathrm{T}} H$$

快速检查一下，这些矩阵乘法运算的确完全等价于之前描述的迭代过程。由于 n 列矩阵 C 和 n 行矩阵 D 的乘积 E 的计算定义为

$$E[i,j] = \sum_{t=0}^{n-1} C[i,t] D[t,j]$$

$\pi_{k+1}^{T} = \pi_k^{T} H$ 的第 i 个元素为

$$\begin{aligned}\pi_{k+1}[i] &= \sum_{t=0}^{n-1} \pi_k[t] H[t,i] \\ &= \pi_k[0] H[0,i] + \pi_k[1] H[1,i] + \cdots + \pi_k[n-1] H[n-1,i]\end{aligned}$$

215

在我们的例子中，每步迭代计算：

$$\begin{aligned}
r_{k+1}(P_1) &= \frac{r_k(P_4)}{4} \\
r_{k+1}(P_2) &= \frac{r_k(P_1)}{2} + \frac{r_k(P_4)}{4} \\
r_{k+1}(P_3) &= \frac{r_k(P_2)}{3} + \frac{r_k(P_7)}{3} \\
r_{k+1}(P_4) &= r_k(P_3) + \frac{r_k(P_7)}{3} \\
r_{k+1}(P_5) &= \frac{r_k(P_1)}{2} + \frac{r_k(P_6)}{2} \\
r_{k+1}(P_6) &= \frac{r_k(P_2)}{3} + r_k(P_5) \\
r_{k+1}(P_7) &= \frac{r_k(P_2)}{3} + \frac{r_k(P_4)}{4} + \frac{r_k(P_6)}{2} \\
r_{k+1}(P_8) &= \frac{r_k(P_4)}{4} + \frac{r_k(P_7)}{3}
\end{aligned}$$

这就是实际要计算的东西。

9.3 幂方法

连续的矩阵乘法形成了*幂方法*（power method），因为对其中一个向量，也就是我们例子中的 PageRank 值向量，进行连续自乘。在最初的迭代过程中陈述的两个问题现在都转变为幂方法的问题。本质上，我们想知道，在一定步数的迭代后，这一系列的乘法是否会收敛到一个稳定的、合理的 π^{T}。如果幂方法收敛，则我们称它收敛到的向量为*稳定向量*（stationary vector），因为幂方法继续迭代计算不会改变它的值。幂方法能成功找到一个稳定向量吗？

一个简单的反例就足以显示幂方法不总是成功，如图 9-3 所示。其中只有三个顶点，两个顶点间只有单一链接。

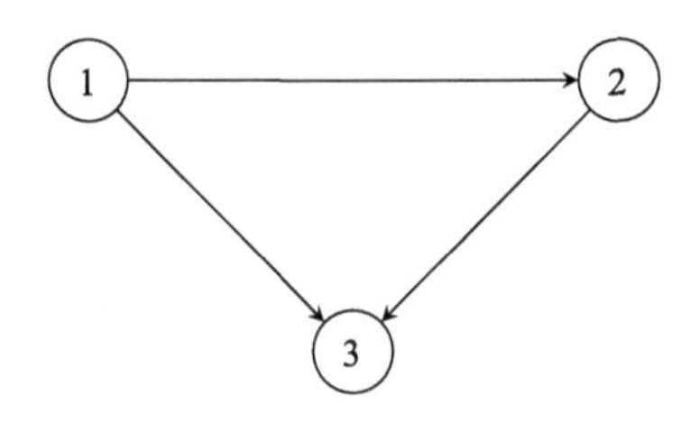

图 9-3 带汇点的 PageRank

216 我们所描述的 PageRank 计算方法，在每步迭代中，一个网页将自己的重要性给予它链接的网页。同时，它还从链接到它的网页获取重要性。在我们的反例中，P_1 会贡献重要性给 P_2，但不会从其他任何地方获得重要性。这会导致所有 PageRank 在仅仅三步之后就耗尽：

$$\begin{bmatrix}1/3 & 1/3 & 1/3\end{bmatrix}\begin{bmatrix}0 & 1/2 & 1/2\\0 & 0 & 1\\0 & 0 & 0\end{bmatrix}=\begin{bmatrix}0 & 1/6 & 1/2\end{bmatrix}$$

然后

$$\begin{bmatrix}0 & 1/6 & 1/2\end{bmatrix}\begin{bmatrix}0 & 1/2 & 1/2\\0 & 0 & 1\\0 & 0 & 0\end{bmatrix}=\begin{bmatrix}0 & 0 & 1/6\end{bmatrix}$$

最终

$$\begin{bmatrix}0 & 0 & 1/6\end{bmatrix}\begin{bmatrix}0 & 1/2 & 1/2\\0 & 0 & 1\\0 & 0 & 0\end{bmatrix}=\begin{bmatrix}0 & 0 & 0\end{bmatrix}$$

我们的反例只有三个顶点，但它显示了一个普遍问题：没有出链的网页的行为就像这样，从网络图中其他网页获得重要性，但没有任何回报。它们被称为*空悬顶点*（dangling node）。

为了能对付空悬顶点，我们必须在我们的模型中增加*概率*的概念。想象一个随机冲浪者从一个网页跳到另一个网页。超链接矩阵 H 给出了跳转概率，即如果冲浪者落在网页 P_i，则下一个访问的网页是 P_j 的概率等于 $H[i, j]$，其中 j 是网页 P_i 这行中任意非零元素。因此，对于与图 9-2 对应的 H 矩阵，如果冲浪者落在网页 3，则下一个访问的网页是 4 的概率 217 是 1/2，是 7 的概率是 1/4。问题出在冲浪者落在网页 8 时，此时已无路可走。为了走出死胡同，我们决定，当冲浪者到达一个没有出链的网页时，走到图中其他任何网页的概率都是 $1/n$。就像是假设随机冲浪者有一个隐形传输装置，在陷入一个没有出路的网页时，该装置能将持有人随机传输到图中任意点。这个传输装置就等价于将任何全 0 行设置为全 $1/n$ 的行。

为了在数学上实现这个想法，我们需要给 H 加上一个矩阵，其每一行都是全 0，除了对应 H 的全 0 行的那些行，这些行被设置为全 $1/n$。我们称这个矩阵为 A，而相加结果为 S，对图 9-3，我们有

$$S = H + A = \begin{bmatrix} 0 & 1/2 & 1/2 \\ 0 & 0 & 1 \\ 0 & 0 & 0 \end{bmatrix} + \begin{bmatrix} 0 & 0 & 0 \\ 0 & 0 & 0 \\ 1/3 & 1/3 & 1/3 \end{bmatrix} = \begin{bmatrix} 0 & 1/2 & 1/2 \\ 0 & 0 & 1 \\ 1/3 & 1/3 & 1/3 \end{bmatrix}$$

矩阵 A 可以用一个列向量 w 定义：

$$w[i] = \begin{cases} 1, & |P_i| = 0 \\ 0, & \text{其他} \end{cases}$$

即 w 是这样一个列向量：如果网页 P_i 有出链，则它的第 i 个元素为 0，否则为 1。换句话说，如果 H 的第 i 行的所有元素都是 0，则 w 的第 i 个元素为 1，否则为 0。有了 w，A 就变为：

$$A = \frac{1}{n} \boldsymbol{w} \boldsymbol{e}^{\mathrm{T}}$$

其中 $\boldsymbol{e}$ 是全 1 的列向量，$\boldsymbol{e}^{\mathrm{T}}$ 是全 1 的行向量，于是

$$S = H + A = H + \frac{1}{n} \boldsymbol{w} \boldsymbol{e}^{\mathrm{T}}$$

矩阵 S 对应一个新图，如图 9-4 所示。原图中的边用粗线画出，新增加的边用虚线画出。

矩阵 S 是一个*随机矩阵*（stochastic matrix）。随机矩阵是这样一种矩阵，其中所有元素都是非负的，每行元素之和都等于 1。更准确地说，这种矩阵称为*右随机矩阵*（right stochastic matrix）。如果每列元素之和都等于 1，则称之为*左随机矩阵*（left stochastic matrix）。这样命名的原因是，这种矩阵给出了随机过程中从一个单元移动到另一个单元的概率。一个给定状态中所有概率之和等于 1，且没有概率为负数，状态表示随机冲浪者在一个顶点，即矩阵 S 的一行。

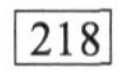

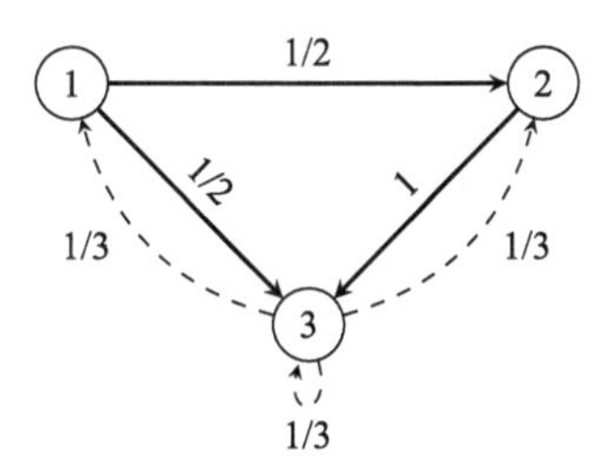

图 9-4　堵上汇点的 PageRank

我们可以验证，图 9-3 中顶点 3 处的死胡同在图 9-4 中不再存在，幂方法收敛到值：

$$\pi^{\mathrm{T}} = \begin{bmatrix} 0.18 & 0.27 & 0.55 \end{bmatrix}$$

矩阵 S 解决了避开死胡同的问题，从而幂方法会收敛，但随机冲浪者又产生了一个更迂回的问题。图 9-5 与图 9-2 相似，只是删除了从顶点 4 到顶点 1 和 2 的链接，并将从顶点 7 到顶点 8 的链接替换为从顶点 8 到顶点 7 的链接。现在如果随机冲浪者到达顶点 3, 4, 7, 8 几个顶点之一，就不可能走出这个环了。

这又是一个普遍问题的实例：如果图不是强连通的，如何处理死胡同。在这种图中，当随机冲浪者落在图的某个部分，而这部分与图的其他部分不相连时，它就不可能逃离。

219

我们来看一下幂方法如何应付。图 9-5 的矩阵 H 为

$$H = \begin{array}{c} \\ P_1 \\ P_2 \\ P_3 \\ P_4 \\ P_5 \\ P_6 \\ P_7 \\ P_8 \end{array} \begin{array}{c} \begin{array}{cccccccc} P_1 & P_2 & P_3 & P_4 & P_5 & P_6 & P_7 & P_8 \end{array} \\ \begin{bmatrix} 0 & 1/2 & 0 & 0 & 1/2 & 0 & 0 & 0 \\ 0 & 0 & 1/3 & 0 & 0 & 1/3 & 1/3 & 0 \\ 0 & 0 & 0 & 1 & 0 & 0 & 0 & 0 \\ 0 & 0 & 0 & 0 & 0 & 0 & 1/2 & 1/2 \\ 0 & 0 & 0 & 0 & 0 & 1 & 0 & 0 \\ 0 & 0 & 0 & 0 & 1/2 & 0 & 1/2 & 0 \\ 0 & 0 & 1/2 & 1/2 & 0 & 0 & 0 & 0 \\ 0 & 0 & 0 & 0 & 0 & 0 & 1 & 0 \end{bmatrix} \end{array}$$

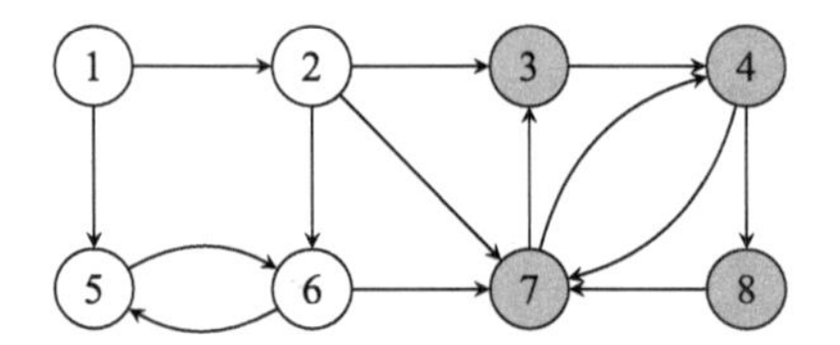

图 9-5 带有不连通环的网络图

其中没有全 0 行，因此 $S=H$。但如果你运行幂方法，就会发现它收敛到下面值：

$$\pi^{\mathrm{T}} = \begin{bmatrix} 0 & 0 & 0.17 & 0.33 & 0 & 0 & 0.33 & 0.17 \end{bmatrix}$$

问题在于顶点 3, 4, 7 和 8 组成的死胡同环耗尽了图中其他网页的 PageRank，死胡同环又起到了汇点一样的效果。

我们采用一种与处理单顶点汇点相似的方法。我们扩展了隐形传输装置的能力，使得随机冲浪者不总是使用矩阵 S 从一个顶点跳到另一个顶点。冲浪者会以概率 α（在 0 和 1 之间）使用 S，或者说以 $1-\alpha$ 的概率不使用 S 跳到任何地方。也就是说，冲浪者选取 0 到 1 之间的一个随机数：如果随机数小于或等于 α，则冲浪者按矩阵 S 跳到目的地；否则，隐形传输装置会启动，将随机冲浪者传输到图中某个其他的随机网页。

隐形传输装置的这个功能某种程度上对应用户每天上网冲浪时所做的事情。有些时候，用户沿着链接从一个网页跳到另一个网页。但在某个时刻，用户停止沿链接跳转，通过键入新的 URL 或点开朋友发送的链接，到一个完全不同的网页。

9.4 Google 矩阵

220

上述思想的数学表达方法是使用一个新的矩阵 G 来代替 S。矩阵 G 是由前面描述的概率表示，即它可以定义为

$$G = \alpha S + (1-\alpha)\frac{1}{n}J_n$$

其中 J_n 是 $n \times n$ 的方阵，其元素全部等于 1。由于 $\boldsymbol{e}$ 是全 1 的列向量，$\boldsymbol{e}^{\mathrm{T}}$ 是全 1 的行向量，我们有

$$J_n = ee^{\mathrm{T}}$$

这样，我们更倾向于将上式改写为

$$G = \alpha S + (1-\alpha)\frac{1}{n}ee^{\mathrm{T}}$$

原因在于，J_n 是一个 $n \times n$ 的矩阵，占用 n^2 空间，而 ee^{T} 是两个占用空间为 n 的向量的乘积，如果在计算过程中我们实际上并不需要保存整个 $n \times n$ 的矩阵，这种变换就是有用的。实际上也的确如此，稍后你会看到。

矩阵 G 是随机的，从其定义可以看出。取矩阵 S 的第 i 行，其中有一些元素，比如说 k 个，是正的，其余都是 0。矩阵 S 的第 i 行的和为

$$\sum_{S_{i,j}>0} S_{i,j} + \sum_{S_{i,j}=0} S_{i,j} = k\frac{1}{k} + (n-k)0 = 1$$

矩阵 G 中同一行 i 的和为

$$\sum_{S_{i,j}>0} G_{i,j} + \sum_{S_{i,j}=0} G_{i,j}$$

但和的第一项为

$$\sum_{S_{i,j}>0} G_{i,j} = \alpha k\frac{1}{k} + (1-\alpha)k\frac{1}{n} = \alpha + (1-\alpha)k\frac{1}{n}$$

第二项为

$$\sum_{S_{i,j}=0} G_{i,j} = (1-a)(n-k)\frac{1}{n}$$

于是完整的和为

$$\begin{aligned}\sum_{S_{i,j}>0} S_{i,j} + \sum_{S_{i,j}=0} S_{i,j} &= \alpha + (1-\alpha)k\frac{1}{n} + (1-a)(n-k)\frac{1}{n} \\ &= \frac{\alpha n + (1-\alpha)k + (1-\alpha)(n-k)}{n} \\ &= \frac{\alpha n + k - \alpha k + n - k - \alpha n + \alpha k}{n} \\ &= 1\end{aligned}$$

221

G 有另一个重要性质：它是一个**素矩阵**（primitive matrix）。一个矩阵 M 如果对某个幂 p，矩阵 M^p 的所有元素都是正数，则称之为素矩阵。这很容易验证。S 的所有零元素都被转化为值为（$1-\alpha$）$1/n$ 的正数，因此对 $p=1$，G 是素的。

图 9-6 对应 G，它与图 9-5 是不同的：我们再次用粗线表示原边，用虚线表示所有新添加的边。我们看到 G 实际上是一个完全图。

我们现在到达了一个关键节点：线性代数显示，若一个矩阵是随机的且是素的，则幂方法收敛到一个唯一的正值向量，而且向量的分量之和为 1。初始向量是什么都没有关系。因

222　此，虽然开始时我们将向量中所有 PageRank 值都初始化为 $1/n$，但实际上我们可以任何值开始，仍旧得到相同的结果。因此，如果幂方法对矩阵 G 在 k 步迭代后收敛，我们有

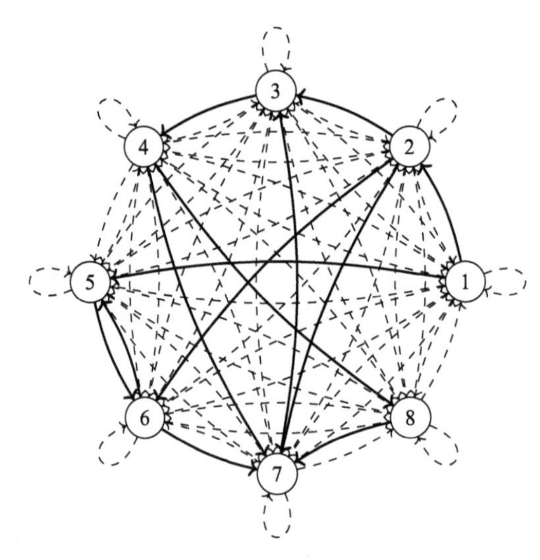

图 9-6　图 9-5 的 G 对应的图

$$\pi^{\mathrm{T}}G = 1\pi^{\mathrm{T}}$$

其中

$$\pi_1 > 0,\ \pi_2 > 0,\ \cdots,\ \pi_n > 0$$

且

$$\pi_1 + \pi_2 + \cdots + \pi_n = 1$$

这些条件对应一组合理的 PageRank 值，它们都是正的。

回到我们的例子，对 α=0.85，图 9-6 的矩阵 G 为

$$G = \begin{bmatrix}
\frac{3}{160} & \frac{71}{160} & \frac{3}{160} & \frac{3}{160} & \frac{71}{160} & \frac{3}{160} & \frac{3}{160} & \frac{3}{160} \\
\frac{3}{160} & \frac{3}{160} & \frac{29}{96} & \frac{3}{160} & \frac{3}{160} & \frac{29}{96} & \frac{29}{96} & \frac{3}{160} \\
\frac{3}{160} & \frac{3}{160} & \frac{3}{160} & \frac{139}{160} & \frac{3}{160} & \frac{3}{160} & \frac{3}{160} & \frac{3}{160} \\
\frac{3}{160} & \frac{3}{160} & \frac{3}{160} & \frac{3}{160} & \frac{3}{160} & \frac{3}{160} & \frac{71}{160} & \frac{71}{160} \\
\frac{3}{160} & \frac{3}{160} & \frac{3}{160} & \frac{3}{160} & \frac{3}{160} & \frac{139}{160} & \frac{3}{160} & \frac{3}{160} \\
\frac{3}{160} & \frac{3}{160} & \frac{3}{160} & \frac{3}{160} & \frac{71}{160} & \frac{3}{160} & \frac{71}{160} & \frac{3}{160} \\
\frac{3}{160} & \frac{3}{160} & \frac{71}{160} & \frac{71}{160} & \frac{3}{160} & \frac{3}{160} & \frac{3}{160} & \frac{3}{160} \\
\frac{3}{160} & \frac{3}{160} & \frac{3}{160} & \frac{3}{160} & \frac{3}{160} & \frac{3}{160} & \frac{139}{160} & \frac{3}{160}
\end{bmatrix}$$

如果我们执行若干步迭代，会发现幂方法现在收敛到下面的 PageRank 向量：

$$\pi^{\mathrm{T}} = \left[0.02^{+}\ 0.03^{+}\ 0.15^{+}\ 0.26^{-}\ 0.06^{+}\ 0.08^{+}\ 0.28^{-}\ 0.13^{-}\right]$$

紧挨着数值的加号或减号后缀表示在将结果舍入到两位十进制小数时，得到的数比真实值是大还是小。注意，如果我们将所有数加起来，由于舍入的原因，结果是 1.01 而不是 1。但这总比一个数一个数堆放在这里要好。 223

矩阵 G 被称为 Google 矩阵。Google 矩阵非常庞大。对整个万维网，它包含数十亿行和列。值得研究一下是否能节省存储。回忆一下：

$$G = \alpha S + (1-\alpha)\frac{1}{n}\boldsymbol{e}\boldsymbol{e}^{\mathrm{T}}$$

于是我们有

$$\pi_{k+1}^{\mathrm{T}} = \pi_k^{\mathrm{T}}\left(\alpha S + (1-\alpha)\frac{1}{n}\boldsymbol{e}_{n\times n}\right)$$

回忆一下我们还有

$$S = H + A = H + \frac{1}{n}w\boldsymbol{e}^{\mathrm{T}}$$

于是得到

$$\begin{aligned}
\pi_{k+1}^{\mathrm{T}} &= \pi_k^{\mathrm{T}}\left(\alpha H + \alpha\frac{1}{n}w\boldsymbol{e}^{\mathrm{T}} + (1-\alpha)\frac{1}{n}\boldsymbol{e}\boldsymbol{e}^{\mathrm{T}}\right) \\
&= \alpha\pi_k^{\mathrm{T}}H + \pi_k^{\mathrm{T}}\left(\alpha w\boldsymbol{e}^{\mathrm{T}}\frac{1}{n} + (1-\alpha)\boldsymbol{e}\boldsymbol{e}^{\mathrm{T}}\frac{1}{n}\right) \\
&= \alpha\pi_k^{\mathrm{T}}H + \pi_k^{\mathrm{T}}\left(\alpha w + (1-\alpha)\boldsymbol{e}\right)\boldsymbol{e}^{\mathrm{T}}\frac{1}{n} \\
&= \alpha\pi_k^{\mathrm{T}}H + \left(\pi_k^{\mathrm{T}}\alpha w + (1-\alpha)\pi_k^{\mathrm{T}}\boldsymbol{e}\right)\boldsymbol{e}^{\mathrm{T}}\frac{1}{n} \\
&= \alpha\pi_k^{\mathrm{T}}H + \left(\pi_k^{\mathrm{T}}\alpha w + (1-\alpha)\right)\boldsymbol{e}^{\mathrm{T}}\frac{1}{n} \\
&= \alpha\pi_k^{\mathrm{T}}H + \pi_k^{\mathrm{T}}\alpha w\boldsymbol{e}^{\mathrm{T}}\frac{1}{n} + (1-\alpha)\boldsymbol{e}^{\mathrm{T}}\frac{1}{n}
\end{aligned}$$

在倒数第二步，我们使用了 $\pi_k^{\mathrm{T}}\boldsymbol{e}=1$ 这一事实，因为这个乘法等价于所有 PageRank 值求和，结果为 1。在最后一行，注意 $\alpha w\boldsymbol{e}^{\mathrm{T}}(1/n)$ 和 $(1-\alpha)\boldsymbol{e}^{\mathrm{T}}(1/n)$ 实际上是常量值，因此只需计算一次。然后在每步迭代中，我们只需将 π_k 乘以一个常量值并加上另一个常量值。而且，矩阵 H 是极其稀疏的，因为每个网页包含大约十个指向其他网页的连接，而不是极度稠密的矩阵 G（完全图）。因此我们根本不需要真正保存 G，与简单使用 G 的定义相比，总操作数也少得多。 224

注释

PageRank 是由 Larry Page 和 Sergey Brin 发明的，于 1998 年发表，用 Larry Page 的名字来命名 [29]，它是 Google 搜索引擎所使用的第一个算法。现在 Google 使用了更多算法来生成结果，其确切机制也未公开。时至今日，PageRank 仍继续有其影响力，因为它概念上很简单，而且形成了历史上最大的公司之一的部分基础。

对 PageRank 背后的数学思想请看 Bryan 和 Leise 的论文 [31]。容易找到的对 PageRank 和搜索引擎的介绍，一般来说可看 Langville 和 Meyer 的书 [118]。还可参考 Berry 和 Browne 的一本较短的书 [18]。Manning、Raghavan 和 Hinrich Schütze 的书是关于信息检索的更一般的介绍，包括了索引。Büttcher、Clarke 和 Cormack 的书包括了信息检索以及高效并有效检索的内容 [33]。

PageRank 不是唯一使用链接进行排名的算法。这个领域中另一个重要算法是 HITS，是由 Jon Kleinberg 设计的 [105，106]。

225

第10章

投票力

一家公司希望选择为其员工提供每日膳食的餐饮服务。在经过一些市场调查后发现有三家服务商满足质量和价格要求。但是，其中有个陷阱：第一家餐饮服务名为“肉罢不能”，或简称 M，菜单中很多肉食供选择，同时辅以少量意面料理；第二家餐饮服务名为“面面俱到”，或简称 E，提供更多样的菜单，从肉类到素食菜肴；第三家餐饮服务名为“素食生活”，或简称 V，只提供素食菜肴。

公司的人力资源部决定询问员工更喜欢哪家餐饮服务，用投票方式解决这件事。投票结果如下：40% 的员工喜欢 M，30% 的员工倾向于 E，30% 的员工选择 V。M 得到了这份合同，因为整个过程的正当性都被追踪并得到了认可。

你能发现什么问题吗？公司里的素食者可能不太愿意遵从这个决定，但他们必须遵从，或者改为每天自己带食物。

如果你留意了，就会注意到是制定的选举规则导致了这个问题。虽然 30% 的员工选择 V，是相对少数，但他们很可能更喜欢 E 而非 M；而喜欢 M 的员工，从他们的角度，很可能更喜欢 E 而非 V。最后，选择 E 的人可能更喜欢 V 而非 M。我们可以用表格来表示这些倾向性：

40%：　[M，E，V]
30%：　[V，E，M]
30%：　[E，V，M]

现在我们计算一下成对偏好（pairwise preference），即对每对选择，有多少投票者偏好其中一个比另一个更多。我们先考察上述三组投票者对 M 和 E 的偏好：40% 的投票者将 M 作为第一选择，因此他们相对 E 更偏好 M；同时，30% 的投票者的第一选择是 V，在 M 和 E 中，他们偏向 E 更多；剩下 30% 的投票者将 E 作为第一选择，表明他们较之 M 偏好 E 更多一些。因此，60% 的投票者在 M 和 E 中更偏好 E，E 以 60% 对 40% 击败了 M。

我们继续处理 M 和 V，推理过程相同：40% 以 M 作为第一选择的投票者更偏好 M，但 30% 第一选择为 V 的投票者和 30% 第一选择为 E 的投票者都更偏好 V，因此 V 以 60% 对 40% 胜出。

最后，我们比较 E 和 V，40% 将 M 列为第一选择的投票者更偏好 E，30% 以 V 为第一选择的投票者当然更偏好 V。剩下 30% 的投票者将 E 作为第一选择，显然更偏好 E。因此，E 以 70% 对 30% 击败了 V。

综合起来，在成对比较中，E 击败了两个竞争者，对 M 是 60% 比 40%，对 V 是 70% 比 30%，而 V 击败了一个竞争者，M 没有击败任何竞争者。因此我们宣布 E 是选举的优胜者。

10.1 投票系统

上述例子显示了流行的*简单多数制投票*（plurality voting）系统中出现的一个问题。在简单多数制中，投票者将票投给第一选择，票数最多的候选人胜出。简单多数制的问题是投票者没有标明完整的偏好集，而只是给出了第一选择。因此，有可能一个候选人获得的偏好比任何其他候选人都多，但由于他不是大多数投票者的第一选择，因而不会赢得选举。

对于选举，有一条称为*孔多塞标准*（Condorcet criterion）的要求，获胜的候选人在与其他任何候选人的对比中都获得了大多数投票者的偏好。获胜者称为*孔多塞候选人*（Condorcet candidate）或*孔多塞胜者*（Condorcet winner），其命名来自于孔多塞侯爵，18 世纪法国数学家和哲学家，他在 1785 年描述了这个投票悖论。

以免你认为孔多塞标准是 200 多年前法国的老掉牙概念，考虑下面两个更近的例子。

228 在 2000 年的美国总统选举中，投票者应在布什、戈尔和内德中进行选择。在美国，总统是由选举人团选出的，选举人团是基于美国各州的选举结果而定的。经过许多戏剧性的过程，2000 年选举最终由佛罗里达州的选举结果决定，候选人最终得票结果如下：

- 布什获得 2912790 张选票，占投票者的 48.847%。
- 戈尔获得 2912253 张选票，占投票者的 48.838%。
- 内德获得 97421 张选票，占投票者的 1.634%。

布什以极微弱的 537 张选票的优势，或者说是 0.009% 选票的优势在佛罗里达获胜。但一般认为，大多数选择内德的投票者都倾向于戈尔而非布什。如果这是真的，而且美国选举采用也允许投票者表达他们第二选择的投票机制的话，戈尔会赢得选举。

我们再来到另一个大陆上的法国，在 2002 年 4 月 21 日举行的法国总统选举中，雅克・希拉克、利昂内尔・若斯潘和其他十四位候选人展开竞争。为了当选法国总统，候选人必须获得超过 50% 的选票。如果无人获得超过 50% 的选票，则前两位候选人进入第二轮选举。令世人震惊的是，雅克・希拉克在第二轮中面对的不是利昂内尔・若斯潘，而是让 – 马里・勒庞。

这并不意味着大多数法国投票者支持让 – 马里・勒庞。2002 年 4 月 21 日第一轮选举的计票结果是

- 雅克・希拉克获得 5666440 张选票，占投票者的 19.88%。
- 让 – 马里・勒庞获得 4805307 张选票，占投票者的 16.86%。
- 利昂内尔・若斯潘获得 4610749 张选票，占投票者的 16.18%。

在两星期后举行的第二轮选举中，雅克・希拉克获得了超过 82% 的选票，而让 – 马里・勒庞获得了不到 18% 的选票。看起来希拉克几乎获得了其他十四位出局候选人的所有选票，而勒庞与第一轮的得票数相比几乎没有什么提高。

问题出在最初有十六位候选人，需要从其中选出两位进入第二轮选举。当有十六位候选人时，不难发现他们的支持率如此分散，可能出现一位极端的、除了自己的支持者外再无人支持的候选人，从具有硬核观点投票者那里获得了足够票数，从而战胜了更温和的候选人。229 更一般地，大多数人相当喜欢一位候选人，但不一定将他作为第一选择，从而这位候选人会败给一位被大多数人所讨厌、但被数量可观的少数派作为第一选择的候选人。

简单多数制并非唯一违反孔多塞标准的投票方法，但由于其流行度，因此容易被批评家揪出来。

在赞成投票（approval voting）制中，投票者在选票上可以选择任意多个候选人，而不限于一个。得票最多的候选人获胜。假定在一次选举中有 A, B 和 C 三个候选人，而计票结果如下（我们没有用方括号包住选票，以此来强调顺序无关紧要）：

60%： [*A*，*B*]
40%： [*C*，*B*]

由于 100% 的投票者都选择了 *B*，*B* 获胜。假定 60% 的投票者喜好是 *A* 优于 *B* 优于 *C*，而 40% 的投票者喜欢 *C* 胜过 *B* 胜过 *A*，虽然他们并不能在选票上表达出这一点。换句话说，如果确实如此，选票应该是

60%： [*A*，*B*，*C*]
40%： [*C*，*B*，*A*]

则 *A* 以 60% 对 40% 击败了 *B*。因此虽然大多数投票者喜欢 *A* 胜过 *B*，但 *A* 并未当选。

另有一种称为波达计数法（Borda count）的投票方法，因另一位 18 世纪的法国人，数学家和政治学家让 – 查尔斯 · 波达而命名，他于 1770 年发表了这个算法。在波达计数法中，投票者给候选人赋予分数。如果有 n 个候选人，投票者的第一选择得到 $n-1$ 分，第二选择得到 $n-2$ 分，直到末位选择得到 0 分，获得最多分数的候选人获胜。考虑一个有三个候选人 *A*，*B* 和 *C* 的选举，选票统计结果如下：

60%： [*A*，*B*，*C*]
40%： [*B*，*C*，*A*]

如果有 n 个投票者，则候选人 *A* 得到 $(60\times 2)n=120n$ 分，候选人 *B* 得到 $(60+2\times 40)n=140n$ 分，而候选人 *C* 得到 $40n$ 分。虽然大多数投票者倾向于 *A* 而非 *B*，但候选人 *B* 获胜。 230

我们回到孔多塞标准，问题是找到一种方法，能在选举中选出孔多塞胜者（如果存在的话）。孔多塞胜者可能是不存在的。例如，有三个候选人 *A*，*B* 和 *C*，收到的选票如下：

30： [*A*，*B*，*C*]
30： [*B*，*C*，*A*]
30： [*C*，*A*，*B*]

如果我们进行一对一比较，就会发现 *A* 以 60 对 30 战胜了 *B*，*B* 以 60 对 30 击败了 *C*，而 *C* 以 60 对 30 战胜了 *A*。因此每个候选人都战胜了另外一个候选人，没有任何候选人战胜了更多的人，因此没有出现全局的胜者。

现在我们考察另一个包含三位候选人的选举，其中投票结果与前一个例子不同：

10 × [*A*，*B*，*C*]
5 × [*B*，C，*A*]
5 × [*C*，*A*，*B*]

A 以 15 对 5 胜过 *B*，*B* 以 15 对 5 胜过 *C*，而 *C* 和 *A* 以 10 对 10 打平，因为 *A* 和 *B* 都取

得了一次一对一胜利，我们无法选出胜者。

这有点儿奇怪，因为这个例子并不像前一个例子那样每种投票都一样多。很明显，更多的投票者选择了第一种投票，但很奇怪这并未反映到结果上。因此，我们希望有一种方法一方面遵循孔多塞标准，另一方面比到目前为止我们已经用过的简单方法更不容易产生平局。

10.2 Schulze 方法

一种找到选举的孔多塞胜者（如果存在的话）的方法是 Schulze 方法，是 Markus Schulze 于 1997 年设计的。这是技术组织间使用的一种方法，它不易产生平局。Schulze 方法的基本思想是用投票者的一对一偏好构造一个图，然后通过追踪图中的路径来发现对候选人的偏好。

Schulze 方法的第一步就是找到对候选人一对一的偏好。假定我们有 m 个候选人 $C=c_1$，231 c_2，⋯，c_m，n 张选票 $B=B_1$，B_2，⋯，B_n。我们逐一处理每张选票 B_i，$i=1$，2，⋯，n，其填写了一个候选人序列，按偏好降序排列，因此，如果在选票上一个候选人排在其他候选人之前，则表明相对于排在后面的这些候选人，选票的投票者更倾向于这个候选人。换句话说，对选票 B_i 中任意两个候选人 c_j 和 c_k，如果 c_j 出现在 c_k 之前，则表明投票者更倾向于 c_j。为了记录偏好，我们使用一个大小为 $m \times m$ 的数组 P。为了计算数组的内容，我们首先将它初始化为全零值。然后当我们读出每张选票 B_i 时，对选票中每对候选人 c_j 和 c_k，如果 c_j 排在 c_k 之前，我们将数组 P 中元素 $P[c_j, c_k]$ 增 1。当我们读完所有选票时，P 的每个元素 $P[c_j, c_k]$ 将显示共有多少投票者在 c_j 和 c_k 之间更倾向于 c_j。

例如，一张选票可能填写 $[c_1, c_3, c_4, c_2, c_5]$，意味着投票者喜欢 c_1 胜过所有其他候选人，喜欢 c_3 胜过 c_4，c_2，c_5，喜欢 c_4 胜过 c_2，c_5，喜欢 c_2 胜过 c_5。在这张选票中，候选人 c_1 在 c_3，c_4，c_2 和 c_5 之前，因此我们将元素 $P[c_1, c_3]$，$P[c_1, c_4]$，$P[c_1, c_2]$ 和 $P[c_1, c_5]$ 增 1。候选人 c_3 在 c_4，c_2 和 c_5 之前，因此我们将元素 $P[c_3, c_4]$，$P[c_3, c_2]$ 和 $P[c_3, c_5]$ 增 1。依此类推，直至处理完候选人 c_2，我们将元素 $P[c_2, c_5]$ 增 1：

$$
\begin{array}{c c}
 & \begin{array}{ccccc} c_1 & c_2 & c_3 & c_4 & c_5 \end{array} \\
\begin{array}{c} c_1 \\ c_2 \\ c_3 \\ c_4 \\ c_5 \end{array} &
\left[\begin{array}{ccccc}
- & +1 & +1 & +1 & +1 \\
- & - & - & - & +1 \\
- & +1 & - & +1 & +1 \\
- & +1 & - & - & +1 \\
- & - & - & - & -
\end{array}\right]
\end{array}
$$

算法 10-1 完成矩阵的计算。算法在第 1 行创建了保存两两偏好的数组 P 并在第 2～4 行将所有候选人之间的两两偏好都初始化为 0。这需要 $\Theta(|C|^2)$ 时间。然后算法在第 5～11 行的循环中逐一处理 $|B|$ 张选票：对每张选票，算法第 7～11 行的嵌套循环一次处理其上的每个候选人。因为在选票上候选人是按照投票者的偏好排列的，所以每当我们进入嵌套循环，选定的当前候选人比选票上所有接下来的候选人都更受投票者喜欢。因此，如果当前候选人是 c_j，则对选票上跟随在其后的每个其他候选人 c_k，我们都将元素 $P[c_j, c_k]$ 增 1。算法对选票上所有其他候选人按顺序做完全相同的处理。如果选票包含所有个候选人，则算法将更新偏好数组 $(|C|-1)+(|C|-2)+\cdots+1=|C|(|C|-1)/2$ 次。最坏情况下，所有选票都包含所有 $|C|$ 232 个候选人，则处理每张选票所需时间为 $O(|C|(|C|-1)/2)=O(|C|^2)$，处理所有选票所需时间为

$O(|B||C|^2)$，算法 10-1 的总运行时间为 $O(|B||C|^2+|B|^2)$。

算法10–1　计算两两偏好

```
CalcPairwisePreferences(ballots, m) → P
   输入：ballots，一个选票数组，每张选票是一个候选人数组
         m，候选人数
   输出：P，一个大小为m × m的数组，保存候选人的两两偏好，P[i，j]为喜欢候选人i
         更胜过候选人j的投票者数量
1  P ← CreateArray(m · m)
2  for i ← 0 to m do
3      for j ← 0 to m do
4          P[i][j] ← 0
5  for i ← 0 to |ballots| do
6      ballot ← ballots[i]
7      for j ← 0 to |ballot| do
8          c_j ← ballot[j]
9          for k ← j + 1 to |ballot| do
10             c_k ← ballot[k]
11             P[c_j, c_k] ← P[c_j, c_k] + 1
12 return P
```

作为一个例子，考虑有四个候选人 A, B, C 和 D 的一次选举，共有 21 人投票。计票之后，我们得到如下投票情况：

$6 \times [A，C，D，B]$
$4 \times [B，A，D，C]$
$3 \times [C，D，B，A]$
$4 \times [D，B，A，C]$
$4 \times [D，C，B，A]$

即六张选票为 $[A，C，D，B]$，四张选票为 $[B，A，D，C]$，依此类推。在前六张选票上，投票者喜欢 A 多过 C，喜欢 C 多过 D，喜欢 D 多过 B。

233

为了计算偏好数组，我们发现只有在第一组选票上投票者才喜欢 A 更胜过 B，因此表示 A 和 B 之间两两偏好的数组元素应该为 6。类似地，我们发现在第一、三和四组选票上，投票者都喜欢 A 更胜过 C，因此 A 和 C 之间的两两偏好值为 14。这样重复下去，我们发现这次选举候选人之间的偏好数组是这样的：

$$\begin{array}{c} \\ A \\ B \\ C \\ D \end{array} \begin{array}{c} \begin{array}{cccc} A & B & C & D \end{array} \\ \begin{bmatrix} 0 & 6 & (6+4+4) & (6+4) \\ (4+3+4+4) & 0 & (4+4) & 4 \\ (3+4) & (6+3+4) & 0 & (6+3) \\ (3+4+4) & (6+3+4+5) & (4+4+4) & 0 \end{bmatrix} \end{array}$$

即

$$\begin{array}{c} \\ A \\ B \\ C \\ D \end{array}\begin{array}{c} \begin{array}{cccc} A & B & C & D \end{array} \\ \begin{bmatrix} 0 & 6 & 14 & 10 \\ 15 & 0 & 8 & 4 \\ 7 & 13 & 0 & 9 \\ 11 & 17 & 12 & 0 \end{bmatrix} \end{array}$$

Schulze 方法的第二步在开始时构造一个图，其中候选人为顶点，一个候选人相对其他候选人的偏好的边际值为链接的权重。如果对两个候选人 c_i 和 c_j，喜欢候选人 c_i 更胜过候选人 c_j 的投票者数量 $P[i, j]$ 大于喜欢 c_j 更胜过 c_i 的投票者数量 $P[j, i]$，我们就添加一条链接 $c_i \rightarrow c_j$，并赋予其权重为 $P[i, j]-P[j, i]$。对其他候选人对，我们设置其权重为 $-\infty$，表示对应链接不存在。为此，我们首先进行必要的比较和运算：

$$\begin{array}{c} \\ A \\ B \\ C \\ D \end{array}\begin{array}{c} \begin{array}{cccc} A & B & C & D \end{array} \\ \begin{bmatrix} 0 & (6 < 15) & (14 - 7) & (10 < 11) \\ (15 - 6) = 9 & 0 & (8 < 13) & (4 < 17) \\ (7 < 14) & (13 - 8) & 0 & (9 < 12) \\ (11 - 10) = 1 & (17 - 4) & (12 - 9) & 0 \end{bmatrix} \end{array}$$

然后对负数项和零值项减去 $-\infty$：

$$\begin{array}{c} \\ A \\ B \\ C \\ D \end{array}\begin{array}{c} \begin{array}{cccc} A & B & C & D \end{array} \\ \begin{bmatrix} -\infty & -\infty & 7 & -\infty \\ 9 & -\infty & -\infty & -\infty \\ -\infty & 5 & -\infty & -\infty \\ 1 & 13 & 3 & -\infty \end{bmatrix} \end{array}$$

234

从图 10-1 你可以看到对应的图。就像前面解释过的，图中顶点为候选人，每对候选人间正的偏好差值为它们的边（权重）。

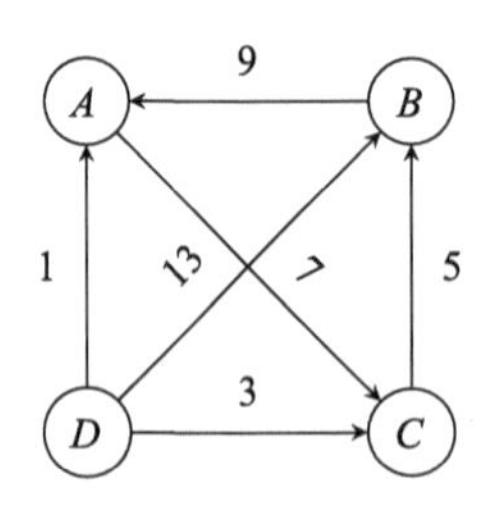

图 10-1　一个选举图

构造出这个偏好图之后，我们继续计算所有顶点之间的**最强路径**（strongest path）。我们定义**路径强度**（strength of a path）或等价的**路径宽度**（width of a path）为构成路径的链接中最小权重。如果你将一条路径想象为顶点之间一系列的桥梁，则路径的强度受限于其最弱的链接或者说桥梁。在偏好图中，两个顶点间可能有多条路径，每条路径的强度都不同，其中具有最大强度的路径为最强路径。我们再回到桥梁的比喻，最强路径就是允许我们在两个顶点间运输最重货物的那条路径。图 10-2 显示了一个图和两条最强路径。顶点 0 和顶点 4 之间的最强路径经过顶点 2，其强度为 5；类似地，顶点 4 和顶点 1 之间的最强路径经过顶点 3，其强度为 7。

在其他领域寻找最强路径也是一个常见问题。在计算机网络领域，它等价于寻找互联网两台计算机之间的最大带宽，网络中任意两台计算机或路由器之间的链接都是有带宽容量限制的。这个问题也被称为*最宽路径问题*（widest path problem），因为强度与宽度是同义的；也被称为*最大容量路径问题*（maximum capacity path problem），因为它归结为寻找图中一条路径的最大容量。路径的最大容量受限于其最弱的链接。两个顶点间的最大容量路径为两个顶点间所有路径中具有最大容量的那条。

235

为找到图中所有顶点对之间的最强路径，我们进行如下推理：依次处理图中所有顶点 c_1，c_2，…，c_n，首先，对图中所有顶点对 c_i 和 c_j，约束其路径上使用来自序列 c_1，c_2，…，c_n 中的零个中间顶点，找到此约束下的最强路径。实际上这就是两个顶点间不使用中间顶点的最强路径，仅当 c_i 和 c_j 间有直接链接时才存在，否则根本不可能存在。

我们继续寻找所有顶点对 c_i 和 c_j 间，使用序列中第一个顶点 c_1 作为中间顶点的最强路径。如果在上一步中已经找到了 c_i 和 c_j 间的一条最强路径，则如果存在路径 $c_i \rightarrow c_1$ 和 $c_1 \rightarrow c_j$，我们比较路径 $c_i \rightarrow c_j$ 和 $c_i \rightarrow c_1 \rightarrow c_j$ 的强度，取两者中更强者作为我们对 c_i 和 c_j 间最强路径的新的估计。

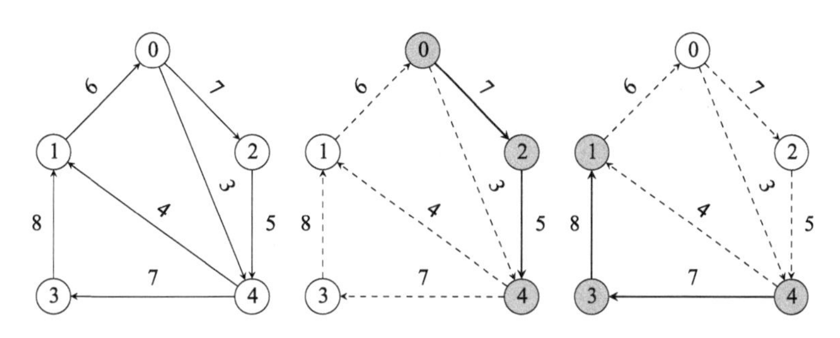

图 10-2　最强路径示例

我们继续相同过程，直至使用完序列中所有 n 个顶点作为中间顶点。假定我们已经找到图中所有顶点对 c_i 和 c_j 间使用序列中前 k 个顶点作为中间顶点的最强路径，现在尝试寻找两个顶点 c_i 和 c_j 间使用序列中前 k+1 个顶点作为中间顶点的最强路径。如果我们找到 c_i 和 c_j 间一条使用了第 k+1 个顶点的路径，则它必然由两部分组成：第一部分是从 c_i 到 c_{k+1} 的使用序列中前 k 个顶点作为中间顶点的路径；第二部分是从 c_{k+1} 到 c_j 的使用序列中前 k 个顶点作为中间顶点的路径。在前面步骤中，我们已经找到了这两条路径的强度。如果我们用 $s_{i,j}(k)$ 表示从 c_i 到 c_j 使用前 k 个顶点的路径的强度，则两条使用了顶点 k+1 的路径的强度分别为 $s_{i,k+1}(k)$ 和 $s_{k+1,j}(k)$。由路径强度的定义，从 c_i 到 c_j 经过 c_{k+1} 的路径的强度即为路径强度 $s_{i,k+1}(k)$ 和 $s_{k+1,j}(k)$ 中较小者，而我们之前已经求出了这两个强度。因此结果为

$$s_{i,j}(k+1)=\max\left(s_{i,j}(k),\min\left(s_{i,k+1}(k),s_{k+1,j}(k)\right)\right)$$

236

最终，在使用了序列中所有 n 个顶点后，我们就找到了图中任意两个顶点对之间的最强路径。算法 10-2 详细描述了计算过程。

算法10-2 计算最强路径

```
CalcStrongestPaths(W, n) → (S, pred)
    输入：W，一个大小为n × n的数组，表示图的邻接矩阵，W[i, j]为顶点i和j间边的权重
          n，W的每一维的大小
    输出：S，一个大小为n × n的数组，S[i, j]为顶点i和j间的最强路径
          pred，一个大小为n × n的数组，pred[i, j]为顶点i到j的最强路径上顶点i的前驱顶点
1  S ← CreateArray(n · n)
2  pred ← CreateArray(n · n)
3  for i ← 0 to n do
4      for j ← 0 to n do
5          if W[i, j] > W[j, i] then
6              S[i][j] ← W[i, j] − W[j, i]
7              pred[i, j] ← i
8          else
9              S[i][j] ← −∞
10             pred[i, j] ← −1
11 for k ← 0 to n do
12     for i ← 0 to n do
13         if i ≠ k then
14             for j ← 0 to n do
15                 if j ≠ i then
16                     if S[i, j] < Min(S[i, k], S[k, j]) then
17                         S[i, j] ← Min(S[i, k], S[k, j])
18                         pred[i, j] ← pred[k, j]
19 return (S, pred)
```

在算法的第 1～2 行，我们创建了两个输出数组。在第 2～10 行，我们将两个顶点间的路径强度初始化为它们之间的直接链接权重（如果存在的话）。这一步对应寻找使用零个中间顶点的最强路径。然后在第 11～18 行，我们计算使用越来越多的中间顶点的最强路径。其中，循环变量 k 所控制的外层循环，对应我们正在加入中间顶点集的新中间顶点。每当增大 k，我们都在第 14～16 行检查所有顶点对 i 和 j，并调整它们的最强路径估计（如果需要的话）。我们还使用数组 *pred* 记录路径，其中位置 (i, j) 处的数组元素给出了从顶点 i 到顶点 j 的最强路径上的前驱顶点。

这个算法是高效的。第 2～10 行的第一个循环执行 n^2 次，第 11～18 行的第二个循环执行 n^3 次，其中 n 是图中顶点数。由于图是用一个邻接矩阵表示，所有图操作都花费常量时间，因此算法共花费时间 $\Theta(|C|^3)$。

在图 10-3 中你可以看到算法在我们的例子上执行的跟踪记录。在每个子图，我们用灰色填充表示每个步骤中用来形成新路径的中间顶点。注意，在最后一个步骤中，当我们将顶点 D 加入中间顶点集时，发现没有任何路径变得更强。这是可能发生的，但我们不可能预先知道这一点。这也可能发生在之前的某个步骤中，虽然在本例中并未发生。即使如此，我们还是必须执行算法直到最后一步，检查序列中所有顶点作为中间顶点的情况。

算法 10-2 通过数组 *pred* 返回路径。如果你希望在图中看到路径，可见图 10-4。你可以验证从顶点 D 到顶点 C 的最强路径是通过顶点 B 和顶点 A 的那条，而非从 D 到 C 的直接路径。在第三个子图中，较早的估计值被我们使用顶点 B 作为中间顶点的更好的估计值所改

写。与之相对，当我们加入 A 作为中间顶点时，可得到路径 $D \rightarrow A \rightarrow B$，其强度为 1。但我们已经有强度为 13 的路径 $D \rightarrow B$ 了，因此无须更新 D 和 B 之间的最强路径。出于同样原因，我们可以得到强度为 1 的路径 $D \rightarrow A \rightarrow C$。但我们已有强度为 3 的路径 $D \rightarrow C$ 了，因此 D 和 C 之间的最强路径保持不变。

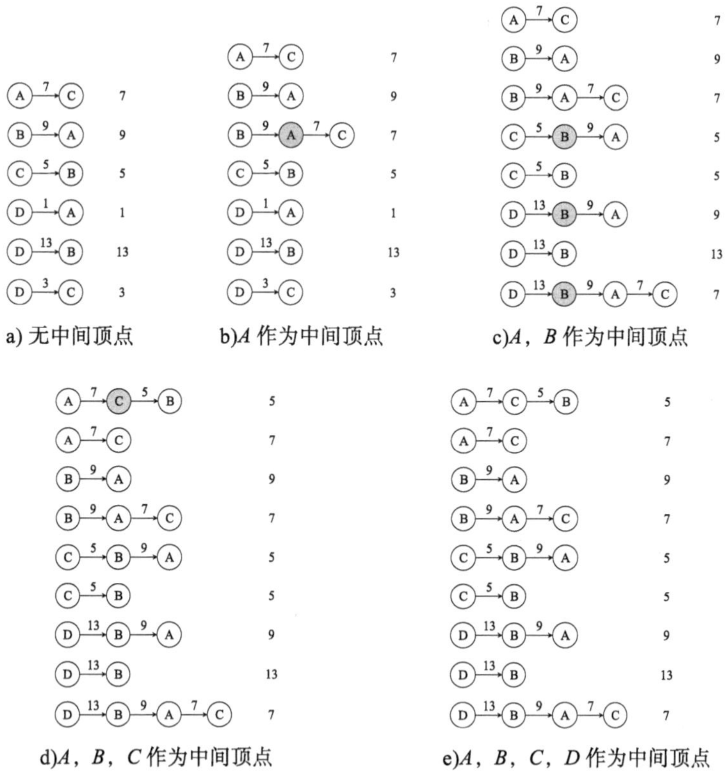

237～238

图 10-3　最强路径计算

239

这个算法真正所做的事情是计算我们问题的部分解决方案，并将它们增量式地组合起来，以得到完整解决方案。它找到较短的最强路径，如果可能，组合它们生成更长的最强路径。这种解决部分问题并将部分解组合起来生成最终解的策略，称为**动态规划**（dynamic programming），是很多有趣算法背后的基础。

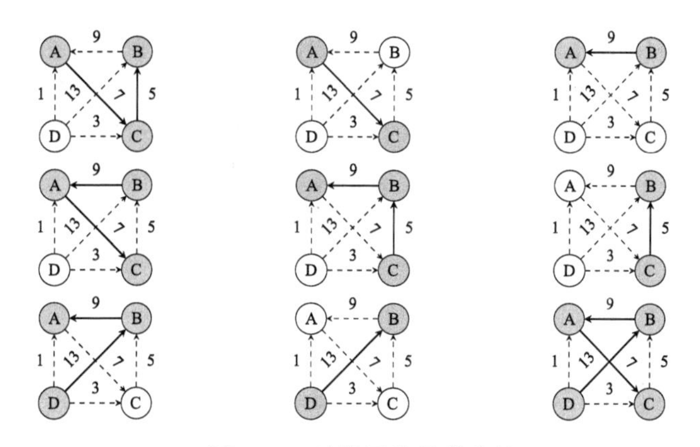

图 10-4　选举图的最强路径

在我们的例子中，算法 10-2 生成一个数组 S，记录了任意一对顶点间最强路径的强度：

$$\begin{array}{c} \\ A \\ B \\ C \\ D \end{array}\begin{array}{c} \begin{array}{cccc} A & B & C & D \end{array} \\ \begin{bmatrix} -\infty & 5 & 7 & -\infty \\ 9 & -\infty & 7 & -\infty \\ 5 & 5 & -\infty & -\infty \\ 9 & 13 & 7 & -\infty \end{bmatrix} \end{array}$$

有了这些，我们就可以进入 Schulze 方法的第三步了。对任意两个候选人 c_i 和 c_j，我们已经建立了有多少人更支持 c_i 以及有多少人更支持 c_j，它们分别是从 c_i 到 c_j 的路径强度以及从 c_j 到 c_i 的路径强度。如果从 c_i 到 c_j 的路径强度大于从 c_j 到 c_i 的路径强度，我们就可以说候选人 c_i 胜了候选人 c_j，然后我们想求出：对每个候选人 c_i，他胜了多少个其他候选人。这很容易做到，审查一遍我们用算法 10-2 算出的路径强度数组，将 c_i 胜了 c_j 的次数加起来就可以了。我们在算法 10-3 中完成这一步，该算法返回一个列表 *wins*，其中第 i 项保存了候选人 i 胜了的候选人的列表。

240

算法10-3　计算结果

```
CalcResults(S, n) → wins
    输入：S，一个大小为n×n的数组，保存顶点间的最强路径，S[i, j]为顶点i和j间的
          最强路径
          n，S的每一维的大小
    输出：wins，一个大小为n的列表，第i项是一个列表，保存了m个整数项j₁, j₂, …,
          jₘ，满足S[i, jₖ]>S[jₖ, i]
1  wins ← CreateList()
2  for i ← 0 to n do
3      list ← CreateList()
4      InsertInList(wins, NULL, list)
5      for j ← 0 to n do
6          if i ≠ j then
7              if S[i,j] > S[j,i] then
8                  InsertInList(list, NULL, j)
9  return wins
```

在我们的例子中，我们发现 A 击败了 C，B 击败了 A 和 C，C 被所有人击败，而 D 击败了 A, B 和 C。*wins*=[[2]，[2，0]，[]，[2，1，0]]。因为一个候选人胜了其他候选人的次数为 A=1, B=2, C=0 以及 D=3，因此 D 是首选的候选人。算法 10-3 需要 $O(n^2)$ 的时间，其中 n 是候选人数，也就是我们前面使用过的符号 $|C|$，因此需要的时间为 $O(|C|^2)$。因为算法 10-1 的运行时间为 $O(|C|^2+|B|^2)$，算法 10-2 的运行时间为 $\Theta(|C|^3)$，而算法 10-3 的运行时间为 $O(|C|^2)$，因此完整的 Schulze 方法需要多项式时间，是很高效的。

注意，我们并没有对选举简单给出一位获胜者，而是得出候选人的一个序。因此，Schulze 方法还可用于我们希望从 n 位候选人中选出前 k 位的情形，我们只需从它生成的序中选出前 k 位即可。

241

在我们的例子中没有出现平局，能清楚地为候选人排序，但情况可能并不总是如此。Schulze 方法会生成一名孔多塞胜者——如果存在这样一名获胜者的话，但如果不存在，它

当然不可能凭空造出一名。而且，可能出现平局在更靠后位置的情况，比如在总体获胜者之后有两个候选人并列第二位。可能有这样一个选举场景，D 击败了 B, C 和 A，A 击败了 C，B 击败了 C，而 C 没有击败任何人。D 将获胜，而 A 和 B 并列第二位。

现在让我们回到开始介绍 Schulze 方法时给出的例子。回忆一下，选举中有三个候选人 A, B 和 C，选票如下：

$$10\times[A,\ B,\ C]$$
$$5\times[B,\ C,\ A]$$
$$5\times[C,\ A,\ B]$$

我们未使用 Schulze 方法，经过简单比较发现，更喜欢 A 相对于更喜欢 B 的为 15 比 5，更喜欢 B 相对于更喜欢 C 的为 15 比 5，而更喜欢 C 和更喜欢 A 的 10 比 10 打平。由于 A 和 B 都赢得了一次两两比较，我们以一个平局告终。如果采用 Schulze 方法会怎样？候选人的偏好矩阵为

$$\begin{array}{c} \\ A \\ B \\ C \end{array}\begin{array}{c} \begin{array}{ccc} A & B & C \end{array} \\ \begin{bmatrix} 0 & 15 & 10 \\ 5 & 0 & 15 \\ 10 & 5 & 0 \end{bmatrix} \end{array}$$

从这个矩阵我们可以得到选举图的邻接矩阵：

$$\begin{array}{c} \\ A \\ B \\ C \end{array}\begin{array}{c} \begin{array}{ccc} A & B & C \end{array} \\ \begin{bmatrix} -\infty & 10 & -\infty \\ -\infty & -\infty & 10 \\ -\infty & -\infty & -\infty \end{bmatrix} \end{array}$$

图 10-5 给出了选举图。容易看出从 A 出发有两条（最强）路径 $A\rightarrow B$ 和 $A\rightarrow B\rightarrow C$，而从 B 出发只有一条最强路径 $B\rightarrow C$。由于不存在反向路径来比较，Schulze 方法会给出 A 胜过 B 和 C、B 胜过 C 以及 C 未击败任何人的结果。因此会宣布 A 获胜，解决了之前的平局。与简单的两两比较相比，Schulze 方法通常会产生更少的平局。可证明 Schulze 方法满足可解性（resolvability）准则，这意味着平局结果可能性更低。

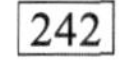

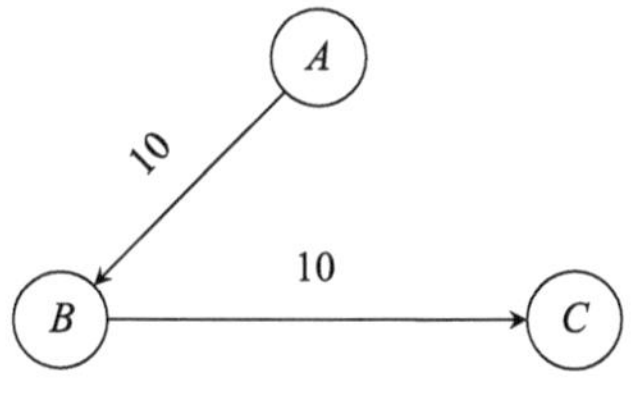

图 10-5　另一个选举图

请小心。我们已经介绍了孔多塞准则，并已说明了它对选举来说是一个合理的要求；我们也已经介绍了 Schulze 方法，这是一种满足孔多塞准则的合理的投票方法。但我们不应认为 Schulze 方法是唯一最佳的投票方法，甚至因为看起来孔多塞准则决定了如何运行选举而认为它是应该指导政体决策的一种准则。诺贝尔奖获得者肯尼思 · 约瑟夫 · 阿罗在他的博

士论文中已经证明，如果采取投票者在选票上表达他们偏好的方式，则不存在完美的投票系统。这被称为阿罗不可能定理。重要的是，投票方法的选择应该令各方知情，不应是漫不经心地或可能被习惯指引，投票者必须决定如何明智地投票。即便如此，Schulze 方法还是提供了一个很好的例子来介绍图算法，这也是为什么我们在本章选择它的原因。

10.3 Floyd-Warshall 算法

计算最强路径的算法 10-2 是计算图中所有点对间最短路径的一个经典的算法——Floyd-Warshall 算法——的变体。这个算法是 Robert Floyd 发表的，但 Bernard Roy 和 Stephen Warshall 曾发表过类似算法。算法 10-4 给出了这个算法的描述。类似算法 10-2，其运行时间也是 $\Theta(n^3)$。这令它一般而言比迪杰斯特拉算法慢。但对稠密图，其性能表现很好。它还很简单、容易实现、无须任何特殊数据结构，而且也适用于带负权重的图。值得注意的是第 16 行，如果计算机语言没有无穷的概念而你用大数来表示无穷时，就要小心溢出问题。在此情况下，你需要检查 $dist[i, k]$ 和 $dist[k, j]$ 是否不等于你用来表示 ∞ 的数，如果相等，将它们相加就毫无意义，从 i 到 j 的最短路径无论如何不会通过它们。

243

算法10-4 Floyd-Warshall所有点对最短路径算法

```
FloydWarshall(W, n) → (dist, pred)
    输入：W，一个大小为n × n的数组，表示一个图的邻接矩阵，W[i, j]为顶点i和j间的
          边的权重
          n，W的每一维的大小
    输出：dist，一个大小为n × n的数组，dist[i, j]为顶点i和j间的最短路径
          pred，一个大小为n × n的数组，pred[i, j]为顶点i到j的最短路径上i的前驱顶点
1   dist ← CreateArray(n · n)
2   pred ← CreateArray(n · n)
3   for i ← 0 to n do
4       for j ← 0 to n do
5           if W[i, j] ≠ 0 then
6               dist[i, j] ← W[i, j]
7               pred[i, j] ← i
8           else
9               dist[i, j] ← +∞
10              pred[i, j] ← −1
11  for k ← 0 to n do
12      for i ← 0 to n do
13          if i ≠ k then
14              for j ← 0 to n do
15                  if j ≠ i then
16                      if dist[i, j] > dist[i, k] + dist[k, j] then
17                          dist[i, j] ← dist[i, k] + dist[k, j]
18                          pred[i, j] ← pred[k, j]
19  return (dist, pred)
```

注释

孔多塞在他的 *Essay on the Application of Analysis to the Probability of Majority Decisions* 一书中 [39] 描述了孔多塞准则，Schulze 方法是在文献 [175] 中提出的。

投票理论是一个吸引人的主题，而且知情的公民没有理由不应获知投票结果，请参考 Saari[169]、Brams[27]、Szpiro[199] 以及 Taylor 和 Pacelli[200] 等人的书。

Robert Floyd 在 [67] 中发表了他的版本的 Floyd-Warshall 算法，Stephen Warshall 也在 1962 年发表了他的版本 [213]，而 Bernard Roy 在更早的 1959 年发表了他的版本 [168]，三重嵌套循环的版本是 Ingerman 发表的 [101]。

244 ～ 245

第 11 章

蛮力、秘书和二分法

你很享受找钥匙、找袜子和找眼镜的过程吗？四处寻找物品可能是最令人沮丧的事情之一了，但你还算是幸运的。你只需寻找可能是你放错位置的实际物品，而不必寻找一位朋友的电话号码、在你的音乐收集中寻找一首歌以及在满溢的文件夹中寻找一次银行交易的支付清单。现在，计算机在帮你做这些事情。计算机为我们记录各种事情，在我们需要时帮我们进行查找，而且计算机做这种事情是如此高效，以至于我们几乎注意不到。搜索在计算机中无处不在。很难想象任何有用的计算机程序在运转中不包含某种形式的搜索。

计算机是天生的搜索者，在做重复的事情方面要远优于人类，它们永远不知疲倦，永远不会抱怨。它们的注意力不会偏离，即使是在检查了上百万项数据之后。

我们一直用计算机搜索保存在其中的任何东西。有很多书籍专门讨论搜索算法，而搜索作为一个研究方向仍保持活跃。我们在计算机中保存的数据越来越多。除非你能及时定位想要查找的内容，否则数据就是无用的，这里的“及时”可能是零点几秒。不存在解决搜索问题的单一方法：依赖于数据的性质和搜索请求的性质，一个算法可能很适合，而另一个算法则非常低效。搜索问题也有好的方面，其算法思想很容易理解，甚至是常见的日常经验。另一个好的方面是，搜索算法为我们提供了一个很好的窗口来观察抽象算法和实现细节之间的关系。你将看到，实际情况可能比你最初的想象棘手得多。

247

11.1 顺序搜索

当我们讨论搜索时，必须要做的一个基本区分就是搜索的数据是有序的还是随意处理的。在无序数据中搜索，类似于在一副充分洗好的扑克牌中查找特定的一张牌，而在有序数据中搜索类似于在字典中查找一个单词。

我们从无序数据开始。你会用什么策略在一副牌中查找一张牌？最简单的策略就是取出第一张牌，看一下它是否是你在查找的那张，如果不是，则尝试第二张牌，然后是第三张，依此类推，直到找到你要的那张；另一种方法是从最后一张牌开始，然后尝试前一张，依此类推；第三种策略是随机取牌，如果它不是想要的那张牌，就随机取另一张，然后是另一张，……或者你也可以检查每张牌或每五张牌，将它们从整副牌中丢弃，直到找到正确的牌。

所有这些策略都是正确的，而且没有哪种策略优于任何其他策略。它们共同的思想是我们以某种特殊方法检查扑克牌（或者一般而言检查我们的数据），确保每张牌最多检查一次。由于扑克牌不是按任何已知的顺序排列的，也就是说我们的数据中没有任何可利用的模式，因此我们唯一能做的就是沉下心进行乏味的一点一点检查数据的工作，没有更明智的求解方法。我们只能使用蛮力（brute force），即穷举搜索我们的数据，实际上我们唯一的资源就是我们检查数据能有多快，这里没有微妙或精巧策略的余地。

最简单的蛮力搜索就是直接应用本章开始描述的顺序搜索。来到起点，开始检查每项数据，直到找到与你想要寻找的数据匹配的那项。这个过程可能有两个结果：要么找到所需，要么耗尽数据，确信你要寻找的项不存在。算法 11-1 描述了顺序搜索方法，它假定我们在一个数组中寻找一个元素。我们检查数组的每一个元素（第 1 行），并利用函数 Matches(x，y) 检查它是否是我们想要的（第 2 行），对于这个函数，我们随后将更详细地讨论。如果匹配，我们从算法返回这个元素在数组中的索引；如果未找到，则我们到达了数组末尾而未返回任何索引；于是我们返回值 -1，通过这个不合法的索引表示我们未在数组任何位置找到所要的数据项。在图 11-1 中，你可以看到一个成功的顺序搜索的例子和一个未成功的例子。248

算法11-1 **顺序搜索**

```
SequentialSearch(A, s) → i
    输入：A，保存数据项的数组
          s，我们搜索的元素
    输出：i，如果A包含s，i为s在A中的位置，否则为-1
1   for i ← 0 to |A| do
2       if Matches(A[i], s) then
3           return i
4   return −1
```

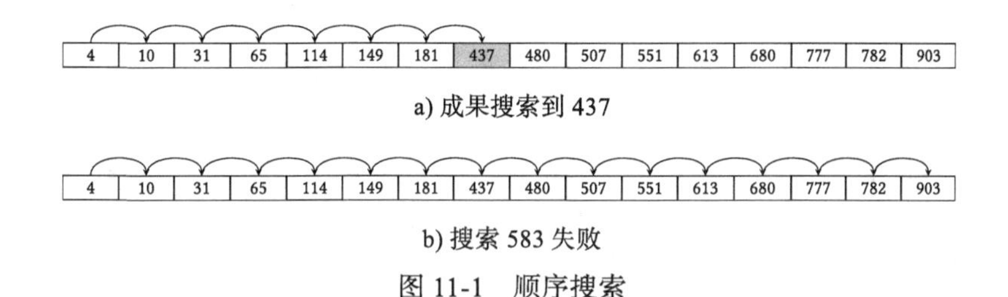

a) 成果搜索到 437

b) 搜索 583 失败

图 11-1　顺序搜索

如果数组 A 有 n 个元素，即 $|A|=n$，则顺序搜索的期望性能是怎样的？如果 A 中元素是完全随机的顺序，则 s 可能在 A 中任何位置，所有位置都是等概率的：s 在第一个位置的概率是 $1/n$，在第二个位置的概率也是 $1/n$，直到最后一个位置的概率一直都是 $1/n$。如果 s 是 A 中第一项，第 1～3 行的循环会执行一次；如果 s 是 A 中第二项，则循环会执行两次；如果 s 位于 A 的末尾或根本不在 A 中，则循环会执行 n 次。由于每种情况的概率都是 $1/n$，因此循环平均执行次数为

$$\frac{1}{n}\times 1+\frac{1}{n}\times 2+\cdots+\frac{1}{n}\times n=\frac{1+2+\cdots+n}{n}=\frac{n+1}{2}$$

公式的最后一部分是由下面事实推断出来的：249

$$1+2+\cdots+n=\frac{n(n+1)}{2}$$

因此，一次成功的顺序搜索的平均性能为 $O((n+1)/2)=O(n)$。也就是说，在 n 个数据项中顺序搜索平均花费与 n 成正比的时间。如果你要搜索的数据项不存在，则需要检查数组中所有项来发现它不在其中，因此一次不成功的顺序搜索时间为 $\Theta(n)$。

11.2 匹配、比较、记录和关键字

在算法中，我们使用了函数 Matches(x，y)。它检查两个元素是否相同，如果相同则返回 TRUE，否则返回 FALSE。稍后我们还将使用另一个函数 Compare(x，y)，它比较两个数据项，如果 x 超过 y，则返回 +1，如果 y 超过 x，则返回 –1，如果相等返回 0。这种三值比较函数在程序设计中很常见，一次调用的结果覆盖了所有三种可能的情形。这两个函数如何工作？我们为什么要用 Matches 而不是简单地检查是否 x=y？这是因为这可能不是我们真正想要的。为了理解这一点，我们必须花些时间剖析我们真正要查找的是什么。

对于我们搜索的数据，一个通用的术语是*记录*（record）。一条记录可能包含多个*域*（field），或者称为*属性*（attribute），类似一个人的属性。一条记录中的每个数据有一个与其关联的值（value），能唯一确定一条记录的一个或一组属性称为*关键字*（key）。通常，当我们搜索一条记录时，是在搜索具有特定关键字的记录。例如，为搜索一个人，我们可能搜索具有特定护照号的人，因为护照号是唯一的。在图 11-2a 中，你可以看到一个个人信息记录的例子。

我们当然可以用关键字之外的其他属性搜索一个人，例如姓氏。在此情况下，找到一个匹配结果并不意味着存在唯一匹配的人。顺序搜索会找到我们遇到的第一个具有给定姓氏的人，但再向前可能还有其他同姓的人。

关键字可能由多个属性组成。如果是这样，我们称之为*复合关键字*（composite 或 compound key）。图 11-2b，给出了一个复数的记录，此记录的关键字应是其实部和虚部的组合。

250

一条记录可能有多个关键字，例如，护照号和社会保险号。其中可能同时包含简单关键字和复合关键字，例如，一条关于学生的记录可能有一个注册号关键字，还有一个由名、姓、生日、所在系和入学日期组成的复合关键字。当关键字多于一个时，我们通常指定一个作为在大多数时候使用的关键字，我们称之为*主关键字*（primary key），称其他关键字为*次关键字*（secondary key）。

名: John
姓: Doe
护照号: AI892495
年龄: 36
职业: 教师

a) 一条个人信息记录

实部: 3.14
虚部: 1.62

b) 一条复数记录

图 11-2　记录例子

为简化讨论，在后文中我们将简单地说我们在搜索某个东西：一个数据项或是一个记录。不再坚持精确地说我们在搜索具有特定关键字的某个东西。而且，我们将使用 Matches(x，y) 进行匹配。记住这一点，在图 11-1 中，我们只显示了正在搜索是关键字，因为这是我们真正关心的。在接下来的图中，我们将遵循同样的约定。

x=y 怎么样？它表示的含义完全不同。所有记录、所有数据项都保存在计算机内存的特定位置，用特定地址表示。对于两个记录，比较操作 x=y 的含义是“告诉我 x 是否与 y 保存在相同的内存位置，即它们具有相同的地址”。类似地，$x \neq y$ 表示“检查 x 和 y 是否保存在不同的内存位置，即它们具有不同的地址”。

图 11-3 对比了两种情况：在图 11-3a 中，我们有两个变量 x 和 y，它们指向内存中不同位置，各保存着一条记录，两个位置保存了相同的内容，但具有不同的内存地址，地址显示在记录的上方，x 和 y 指向的记录相等，但并不是同一条记录；在图 11-3b 中，我们有两个变量 x 和 y，指向相同的内存位置，也就是说，两个变量互为*别名*（alias）。

251

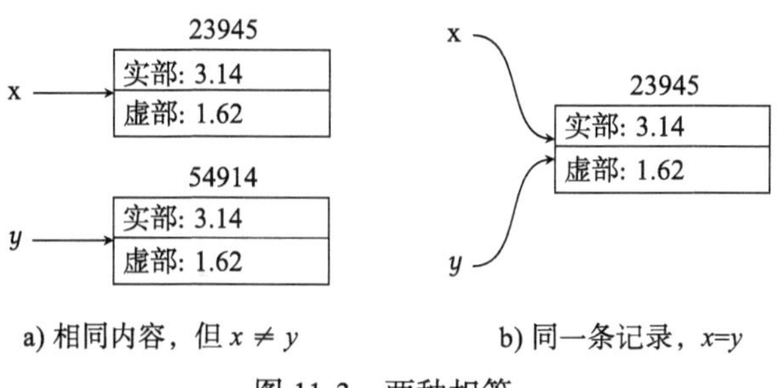

a) 相同内容，但 $x \neq y$　　b) 同一条记录，$x=y$

图 11-3　两种相等

对两个记录检查 $x=y$ 或 $x \neq y$ 要比比较它们的关键字更快，因为我们只是比较它们的地址，而地址只是整数而已。比较操作 $x=y$ 被称为*严格比较*。这样，如果严格比较的确适合于我们的场景，那我们就能获得速度优势。因此，在算法 11-1 中，如果我们不是在基于内容或关键字查找一条记录，而是试图寻找 s 是否是 A 中某条记录的别名，就可以在第 2 行用 $A[i]=s$ 进行比较。在大多数情况下，我们在搜索中不使用严格比较。

11.3　马太效应和幂律

如果你很幸运，查找的数据项出现在数组 A 的前端，则顺序搜索的性能会非常好。这暗示了，如果你有一组数据项不是按它们的属性（如名或姓）排序而是按它们出现的频率进行了排序，则使用顺序搜索是一个好的选择。如果你将最常见的对象放在数组首位置，然后是第二常见的对象放在第二个位置，接下来继续放置出现频率更低的对象，则顺序搜索的表现会对你很有利。

如果给定的大量事物的分布不仅是不均匀的，而且是非常不均匀，那么上述现象就会变得更为有趣。我们在城市规模中也看到相同的模式：大多数人类居住地区的规模达不到以百万来计数，但少数地区能达到数百万人规模。在数字王国里，大多数网站的访问量很低，但少数网站的访问量非常庞大。在文学领域，大多数书籍几乎无人阅读，但少数书籍畅销异常。所有这些都让我们回忆起“富者愈富，穷者愈穷”的现象。

252

在语言学中，这种现象被称为 Zipf 定律，以哈佛的语言学家 George Kingsley Zipf 的名字命名，他观察到在一种语言中第 i 位最常见的单词出现的频率正比于 $1/i$。Zipf 定律指出，在一个 n 个单词的语料库中，遇到第 i 位最常见单词的概率为

$$P(i) = \frac{1}{nH_n}$$

其中

$$H_n = 1 + \frac{1}{2} + \frac{1}{3} + \cdots + \frac{1}{n}$$

数 H_n 在数学领域出现非常频繁，值得为它起一个名字——*第 n 位调和数*（harmonic

number)。这个名字源自何处？它源于音乐中的泛音或称和声。一根弦以一个基波长震动，同时还以 1/2，1/3，1/4，…的谐波长震动：这对应一个无穷和，当 $n=\infty$ 时，它被称为调和级数（harmonic series）。

由于 Zipf 定律给出了一个事件的概率，因此也用它命名了对应的概率分布。在表 11-1 中，你可以看到一个英语语料库（布朗语料库，包含 981716 个单词，其中有 40234 个不同单词）中最常见的 20 个单词，其经验概率是通过统计它们在语料库中出现的次数来计算的，而它们的理论概率则是根据 Zipf 定律 / 分布计算的。简言之，我们给出了排名、单词、经验分布和理论分布。

表 11-1　布朗英语语料库中 20 个最常见的单词及其概率和 Zipf 定律给出的理论值

排名	单词	经验概率	Zipf 定律概率
1	THE	0.0712741770532	0.0894478722533
2	OF	0.03709015642	0.0447239361267
3	AND	0.0293903735907	0.0298159574178
4	TO	0.0266451804799	0.0223619680633
5	A	0.0236269959948	0.0178895744507
6	IN	0.0217343916163	0.0149079787089
7	THAT	0.0107913082806	0.0127782674648
8	IS	0.0102972753831	0.0111809840317
9	WAS	0.00999779977101	0.00993865247259
10	HE	0.00972582702126	0.00894478722533
11	FOR	0.00966572817393	0.0081316247503
12	IT	0.00892315089089	0.00745398935445
13	WITH	0.0074247542059	0.00688060555795
14	AS	0.00738808372279	0.00638913373238
15	HIS	0.00712629721834	0.00596319148356
16	ON	0.00686654796295	0.00559049201583
17	BE	0.0064957686337	0.00526163954431
18	AT	0.00547205098012	0.0049693262363
19	BY	0.00540482176108	0.00470778275018
20	I	0.00526017707769	0.00447239361267

在图 11-4 中，我们绘制了表 11-1 中的数据。注意，分布只是为整数值定义的。我们增加了一条差值线来显示总体趋势。另外注意，理论概率和经验概率并不是完全重叠。这是我们将一个数学模型应用到现实世界时必须要面对的情况。

253

当我们发现一个快速下降的趋势时，如图 11-4 中的趋势，就有必要检查一下，如果我们将熟悉的 x 和 y 坐标轴替换为对数坐标轴会发生什么。在对数坐标轴中，我们将所有值转换为它们的对数后绘制出来，图 11-5 给出了与图 11-4 等价的对数坐标图：对每个 y 我们使用 $\log y$，对每个 x，我们使用 $\log x$。如你所见，理论分布的趋势现在变为一条直线，经验分布看起来位于理论预测值上方一点。在大多数情况下，理论分布与我们实际观测的结果会有一些不同，而且，两个图只显示了包含前 20 个最常见单词的子集，因此，基于它们我们不能真正判断是否吻合。为了观察真正发生了什么，请查看显示了布朗语料库中所有 40234 个不同单词的完整分布的图 11-6 和图 11-7。有两个现象凸显出来：首先，除非我们使用对

254

数刻度，否则图是无用的，这很好地说明了分布有多么不均匀，我们必须使用对数值，否则任何趋势都不可见；第二，一旦我们使用了对数坐标轴，理论值和经验观察结果的吻合要好得多。

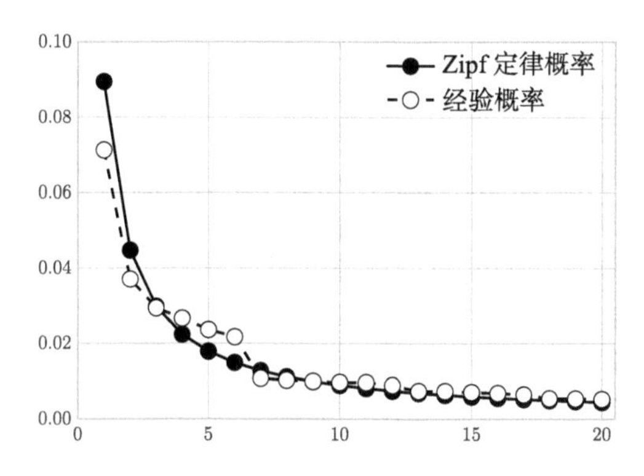

图 11-4　布朗语料库中最常见的 20 个单词的 Zipf 分布

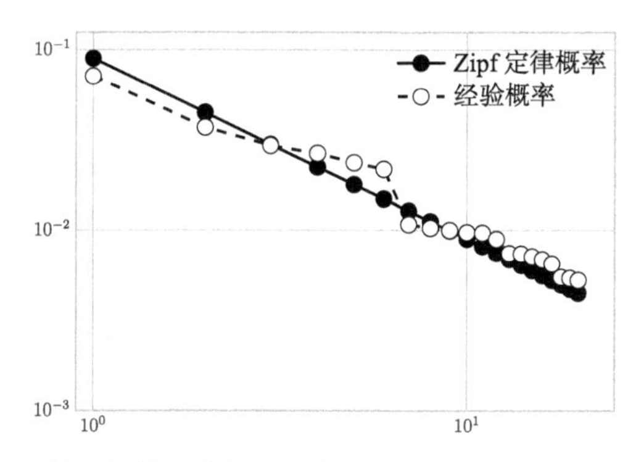

图 11-5　对数坐标轴下布朗语料库中最常见的 20 个单词的 Zipf 分布

在对数刻度下，我们能看清所有东西，因为 Zipf 定律是幂率（power law）的一个特例。幂率是指一个值出现的概率正比于此值的负指数，用数学语言描述就是：

$$P(X=x) \propto cx^{-k}，其中\ c > 0，k > 0$$

255

在此公式中，符号 $\propto$ 表示“正比于”。现在我们可以解释为什么对数图是一条直线了。如果有 $y=cx^{-k}$，我们可得 $y=\log(cx^{-k})=\log c-k\log x$。最后一部分就是一条直线 y，截距等于 $\log c$，斜率等于 $-k$。因此当我们遇到在对数图里成一条直线的数据时，就是其理论分布可能是幂率的明显信号。

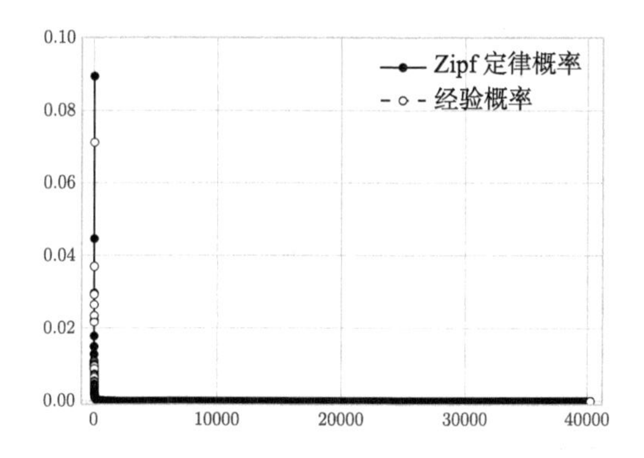

图 11-6　布朗语料库的经验分布和 Zipf 分布

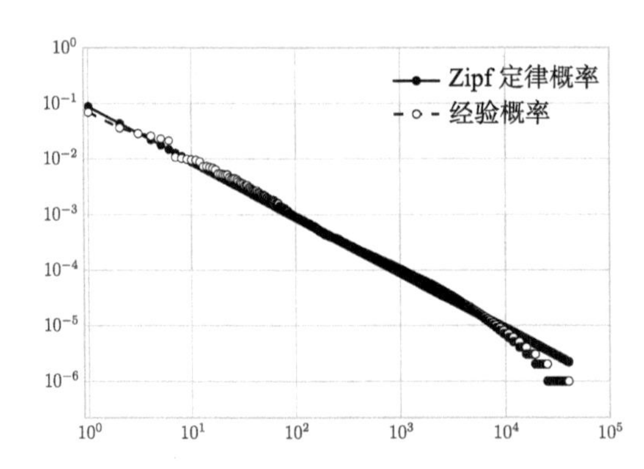

图 11-7　对数坐标轴下布朗语料库的经验分布和 Zipf 分布

经济学中幂率的一个例子是帕累托法则，它指出 80% 的结果源自 20% 的起因。在管理学和流行的大众理解中，其含义通常变为 20% 的人做了 80% 的工作。在帕累托法则中可以证明 $P(X=x)=c/x^{1-\theta}$，其中 $\theta=\log 0.80/\log 0.20$。

幂率是如此普遍，以至于在过去二十年间产生了一个研究相关现象的完整领域，似乎任何事情都有幂率现象隐藏在背后。除了在介绍马太效应时已经提到的例子外，我们还发现幂率出现在如科技论文的引用、地震震级和月球陨石坑的直径等如此不同的领域中，还有生物物种随时间推移而增多、分形学、食肉动物的觅食模式以及太阳耀斑的 γ 射线峰值强度，其中也都有幂率现象存在。这个列表还能继续增加：一天中长途电话的数量、停电影响的人群数量、姓氏出现的频率等。

这种规律有时似乎是凭空冒出来的。例如，一个相关的定律是 Benford 定律（Benford's law），因物理学家 Frank Benford 的名字而命名，也被称为第一位法则（First-Digit law）。它指出了在很多种类的数据中数字频率的分布。具体地，它指出，一个数的第一位数字是 1 的概率是 30%，从 2 到 9 每个数字出现在第一位的频率逐渐降低。用数学语言表达，这个定律指出，一个数的首位数字是 d=1，2，…，9 的概率是

$$P(d)=\log\left(1+\frac{1}{d}\right)$$

如果我们计算每个数字的概率，就会得到表 11-2 中的结果。表中的数值告诉我们，如果数据库中有一组数，其首位数字为 1 的概率约为 30%，大约有 17% 的数会以 2 开头，大约有 12% 的数会以 3 开头，依此类推。

图 11-8 中给出了 Benford 定律的一个图示。看起来和齐普夫分布没有太大不同，因此我们可能想知道如果用对数坐标轴绘制的话图会变成什么样子。图 11-9 给出了结果，几乎就是一条直线，意味着 Benford 定律与幂率相关。

表 11-2　Benford 定律，给出了数字出现在一个值首位的概率

首位数字	概率
1	0.301029995664
2	0.176091259056
3	0.124938736608
4	0.0969100130081
5	0.0791812460476
6	0.0669467896306
7	0.0579919469777
8	0.0511525224474
9	0.0457574905607

Benford 定律的广度令人震惊。它适用于如物理常量、世界上最高建筑物的高度、人口数、股票价格、街道地址等如此不同的数据集，还有很多。实际上，它看起来如此普遍，以至于一种检测伪造数据的方法就是检查包含的数值是否不服从 Benford 定律。欺诈者会修改真实值或用随

机值替代真实值，他们不会注意得到的数值是否服从 Benford 定律。因此如果我们遇到一个看起来可疑的数据集，最好先检查首位数字是否服从 Benford 概率。

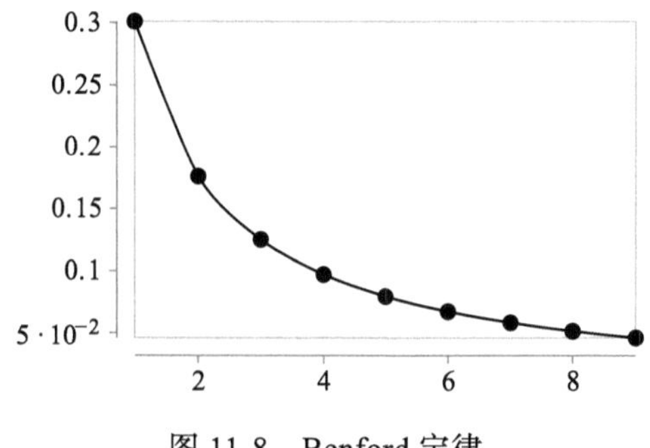

图 11-8　Benford 定律

如果我们的搜索模式反映了数据分布模式，即如果记录的关键字服从 Benford 定律，且我们正在搜索的关键字也服从 Benford 定律的话，Benford 定律可能影响我们的搜索。如果是这种情况，会有更多的记录具有以 1 开头的关键字，对这些关键字的搜索也会更多，以 2 开头的关键字少一些，依此类推。

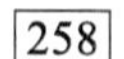
258

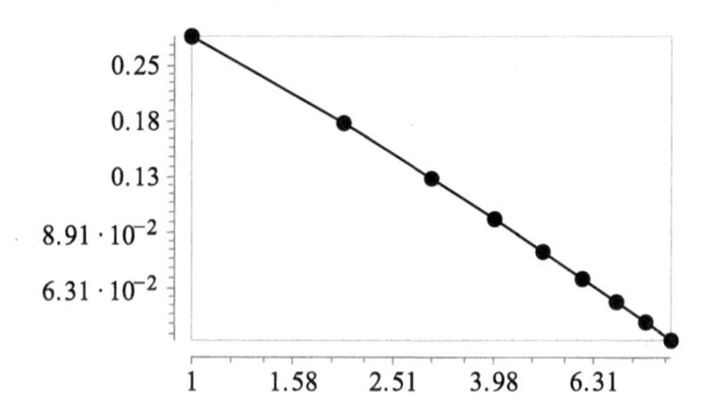

图 11-9　对数坐标轴下的 Benford 定律

11.4　自组织搜索

我们回到搜索问题，如果有证据表明对记录的搜索存在其中一些搜索比另一些更常见的模式，那我们为什么不利用这样的特性呢？也就是说，如果我们知道大部分搜索都是查找一个特定数据项，较少一些的搜索是查找另一个数据项，再少些的搜索是查找再另一个数据项，而且我们检测出搜索的频率服从幂率，则从中得到一些东西是有意义的。特别是，如果我们可以组织数据使得搜索最频繁的数据项排在最前面，则我们必然会获得很大的性能提升。这种思想被称为*自组织搜索*（self-organizing search），因为我们在利用搜索模式组织数据，以便数据能更好地排列。

在算法 11-2 中，我们使用一种*移至前端法*（move-to-front method）实现了这一思想，可在一个数据项链表中进行搜索。在第 1～9 行的循环中，我们检查链表中元素。在执行循环的过程中记录链表中的前一项而不是当前正在访问的项。我们使用变量 p 指向前一项。在第 1 行我们将 p 初始化为 NULL，并在每个循环步更新它（第 9 行）。如果我们发现一个匹配，就在第 4 行检查匹配的是否链表头。如果 $p \neq$ NULL 则不是链表头，因为 p=NULL 只在第一步循环时成立。注意，和 p 的比较是严格比较，因为我们只是想检查变量是否指向空。如果我们不在链表头，则取出当前数据项并将它放到链表头，然后将其返回。如果我们找到的匹配是链表头，则只返回匹配结果即可。如果未找到匹配结果，则返回 NULL 表示什么也没有找到。

259

算法11-2　采用移至前端法的自组织搜索

```
MoveToFrontSearch(L, s) → s or NULL
    输入：L，一个数据项链表
          s，我们搜索的元素
    输出：搜索成功返回查找的元素，搜索失败返回NULL
1   p ← NULL
2   foreach r in L do
3       if Matches(r, s) then
4           if p ≠ NULL then
5               m ← RemoveListNode(L, p, r)
6               InsertListNode(L, NULL, m)
7               return m
8           return r
9       p ← r
10  return NULL;
```

在图 11-10 中，我们展示了这个算法是如何工作的。假定我们搜索数据项 4，我们找到了它，将它从当前位置取出移至链表头。为了将一个数据项移至链表头，我们需要先使用 RemoveListNode 再使用 InsertListNode。即先从链表中删除此数据项再将其添加到链表头，过程中无须移动其他数据项，我们只需操纵这个数据项的指针。如果采用数组存储，就不是这样了。从数组中删除一项会产生一个空位，必须将后面的元素向前移动一个位置来补上这个空位。而在数组头插入一个元素则需要将数组中所有元素向后移动一个位置。这种移动操作非常低效，这也是为什么算法 11-2 采用链表的原因。

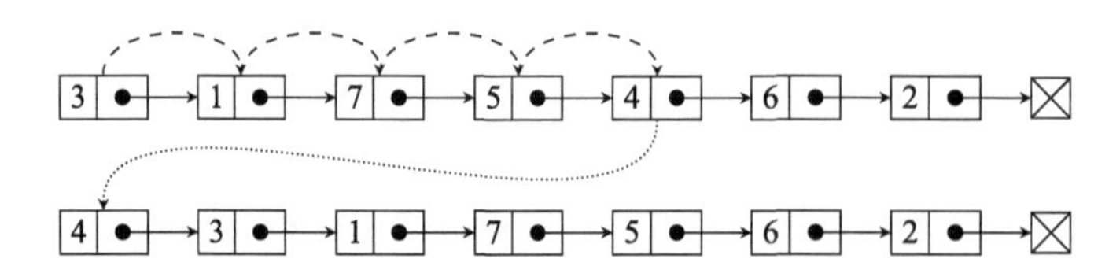

260

图 11-10　自组织搜索：移至前端法

另一种相关的自组织搜索方法不是将匹配项移至前端，而只是将其与前驱项交换位置。例如，如果我们在数据的第五个位置找到了目标数据项，则将它与前面的第四个元素交换位置。这样，频繁搜索的数据项还是会移至前端，只不过不是一步到位而已，而是每次搜索匹配向前移动一个位置。算法 11-3 显示了这个思想的运转过程，这个算法也被称为换位法（transposition method）。

这里我们需要记录两个链表元素：前驱元素 p 和之前的元素 q。在第 1～2 行我们将它们都初始化为 NULL。当我们遍历列表中数据项时，在将 p 更新为指向我们正在访问的数据项（第 11 行）之前，我们将 q 更新为 p（第 10 行）。在换位法中，我们使用的 Insert 是一个稍微不同的版本。我们需要将一个数据项插入到链表中任意位置，因此使用 Insert(L，p，i) 表示我们将数据项 i 插入到数据项 p 之后。如果 q=NULL——当 r 为链表第二项、p 为链表第一项时会发生这种情况，Insert 会将 m 插入到链表头。在图 11-11 中，我们展示了对图 11-10 中的同一个搜索使用换位法（而不是移至前端法）会发生什么。 261

算法11-3 采用换位方法的自组织搜索

```
TranspositionSearch(A, s) → s or NULL
    输入：L，一个数据项链表
          s，我们搜索的元素
    输出：搜索成功返回查找的元素，搜索失败返回NULL
1   p ← NULL
2   q ← NULL
3   foreach r in L do
4       if Matches(r, s) then
5           if p ≠ NULL then
6               m ← RemoveListNode(L, p, r)
7               InsertListNode(L, q, m)
8               return m
9           return r
10      q ← p
11      p ← r
12  return NULL;
```

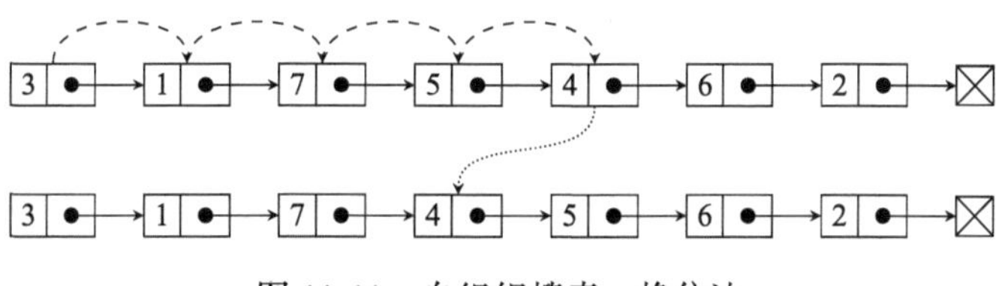

图 11-11 自组织搜索：换位法

交换两个元素的操作在链表和数组中都很高效，因此换位法对这两种存储方式都适合。在算法 11-4 中我们显示了如何在一个数组中进行基于换位法的自组织搜索。我们只需要一个函数 Swap(x，y) 来将 x 改变为 y，将 y 改变为 x。在数组中，Swap 会进行元素间的复制。算法 11-4 的逻辑与算法 11-3 相似，但它返回数据项的索引而非数据项本身。由于算法基于索引而进行，因此很容易知道我们位于哪里（第 3 行）：简单地比较索引和 0 即可判定我们是否在第一项。 262

采用自组织搜索，我们能获得显著收益。如果关键字的概率服从 Zipf 定律，我们就能证明移至前端法需要的平均比较次数为 $O(n/\lg n)$，这比简单顺序搜索的 $O(n)$ 好得多。换位法所需比较次数甚至比移至前端法更少，但这只发生在长时间运行的情况下。这表明除非我们进行长时间的搜索，否则移至前端法更好。

算法11-4　数组中基于换位法的自组织搜索

```
TranspositionArraySearch(A, s) → i
    输入：A，一个数据项数组
          s，我们搜索的元素
    输出：如果A包含s，返回s在A中的位置，否则返回-1
1   for i ← 0 to |A| do
2       if Matches(A[i], s) then
3           if i > 0 then
4               Swap(A[i − 1], A[i])
5               return i − 1
6           else
7               return i
8   return −1
```

11.5　秘书问题

我们现在将搜索问题转换为一种不同的形式：假定我们在一组元素中查找最佳元素，“最佳”的含义当然依赖于上下文，我们可能是在查找最便宜的数据项、优先级最高的数据项或者诸如此类。我们只需假定我们能评价一个数据项与另一个数据项哪个更好。这是很直接的。比如说我们正在查找最便宜的数据项，那么就可以遍历整个数据集，记录它们的价格，并选择最低价格即可。

但现在我们增加一点难度。假定每当我们检查一个数据项时，都必须当场判定它是否是最佳的那个。如果我们拒绝了它，随后就不能再召回；如果我们选择了它，就要忽略接下来的任何其他数据项。

当数据是从某个外部源而来时，这是一种典型的情况。我们不能控制数据到来的顺序，还必须在其中选择最佳匹配，且不能追溯已经拒绝的数据项。这个问题有时被称为秘书问题（Secretary Problem）。想象你正要雇用一名新秘书，面前有一堆简历，你必须从这个列表中选出新秘书。问题在于如果浏览了一份简历并拒绝了它，就不能再回来了：你必须当场做出决定，而且这将是最终决定。那么选择新秘书的最佳方法是什么呢？

已经证明，如果有 n 份简历，那么你的最佳行动方案是遍历并拒绝前 n/e 份简历，其中 $e \approx 2.7182$ 为欧拉数，比值 n/e 大约等于全体的 37%。当拒绝前 37% 的秘书时，标记其中最佳的申请人。然后，在剩余简历中选择第一个优于前 n/e 个候选人中最佳候选人的那个候选人，如果没找到这样的候选人，则选择最后一个。你雇用最佳候选人的概率至少为 $1/e$，即 37%，这是你能得到的最好结果。

263

算法 11-5 描述了这个搜索机制，其中对每个数据项必须当场做出决定，而且无法再次访问已访问过的数据项。我们要么拒绝一个数据项，要么接受它，对每个数据项的决定是不可改变的。

在第 1 行我们计算在查找最佳数据项的过程中将拒绝的数据项的数目。由于 $|A|/e$ 不是一个整数，因此取大于比值 $|A|/e$ 且与之最接近的整数 m。我们用一个变量 c 保存前 m 个数据项中最佳数据项的索引，将其初始化为 0，即第一个数据项。在第 3～5 行搜索前 m 个数据项中最佳者。我们用函数 Compare(x，y) 比较两个数据项，如果 x 比 y 好，它返回 +1，如

果 y 比 x 好，它返回 -1，如果认为两者相当，则返回 0。比较是对记录的关键字进行的，当我们说在比较数据项或记录时，实际是在比较它们的关键字。如果已经找到了前 m 个数据项中的最佳者 $A[c]$，我们继续寻找第一个优于 $A[c]$ 的数据项。如果找到这样的数据项，就立即返回。否则返回 -1 表示我们的策略失败了，因为最佳候选在前 m 个数据项中。

算法11-5 秘书搜索

```
SecretarySearch(A, s) → i
    输入：A，一个数据项数组
    输出：i，我们应选择的A中元素的位置，如果寻找最佳元素失败则返回-1
1   m ← ⌈|A|/e⌉
2   c ← 0
3   for i ← 1 to m do
4       if Compare(A[i], A[c]) > 0 then
5           c ← i
6   for i ← m + 1 to |A| do
7       if Compare(A[i], A[c]) > 0 then
8           return i
9   return −1
```

记住，算法 11-5 不一定返回 A 中的最佳数据项。如果最佳数据项在前 m 个数据项中，则很不幸你会错过它，最终一无所获，但并不存在其他策略能做得更好。令你的简历不要堆在顶部或是不要将简历寄到采用这种策略的公司可能是个好主意。

264

算法 11-5 可应用于任何我们必须当场决定选择或拒绝数据项的问题。吻合这种描述的问题通常是这样一种情况：我们等待一组输入或事件且必须决定只对其中一个进行操作。我们知道有多少个事件，但对于哪一个是最佳选择没有任何先验知识。假定我们要处理一些竞价，一旦按顺序打开每份竞价，可以接受它或拒绝它。我们只能接受一份竞价。一旦我们拒绝它，它就不可能再被选中了。所有这类场景都属于*最优停止*（optimal stopping）理论，都是面临选择何时采取动作以最大化奖励或最小化代价的问题。在某种意义上，我们正在搜索的不只是一个数据项：我们正在搜索一种能知道合适停止搜索的方法。其他类似秘书问题的场景就是所谓的*在线算法*（online algorithm），其中输入一个接一个地按次序到来并被处理，而不是在开始时就能得到全部数据。*流算法*（streaming algorithm）就是在线算法的例子，其中输入是一个数据项序列，我们只能在它们到来时扫描一遍。

我们来分析一下算法 11-5 的复杂度，在第 1～5 行，我们遍历前 m 个数据项，然后第 6～8 行的结构类似算法 11-1 的第 1～3 行，只是数据项数目从 n 变为 $n-m$。因此，总体复杂度为 $O(m+(n-m+1)/2)=O(m/2+(n+1)/2)=O(n/2\mathrm{e}+(n+1)/2)=O(n)$。

秘书问题假定你希望找到绝对最佳候选，而且只有这个候选对你是重要的。你有大约 37% 的概率得到唯一之选，但也可能最终一无所获。这个理想的秘书对你来说值得所有，而其他所有候选都一文不值。假定现在你稍微降低了标准，不再只看重唯一最佳候选人，或更一般地，在搜索中只看重唯一最佳数据项，而认为其余都一文不值，你可能决定根据每个数据项的价值评价它们。因此，你决定所有选择都有一个价值，你用这个值来进行比较。例如，如果你正在购买汽车，而你的标准是速度，毫不妥协的立场是只看重最快的汽车，而将所有其他汽车都视为破烂机器。稍微妥协一些的立场则是给予最快的汽车最高评价，但对其他汽车也进行评价。第二快的汽车对你的价值小于最快的汽车，但它并非一文不值，对第三快的汽车和其他汽车依此类推。你不再将除最快者之外的所有汽车都视为无价值。如果这样做，则可证明，你不必检查并忽略前 n/e 个候选，而是检查前$\sqrt{n}$个。而且，随着 n 值的增大，你最终找到最佳候选的可能性会趋向于 1 而不是 1/e。这看起来有些奇怪。你不过是稍微改变了一下问题的形式，但却得到了一个完全不同的求解方案和获得最优解的概率。其实在计算机科学和数学中有很多这种实例，看起来微小的变化却改变了问题的本质。

265

11.6 二分搜索

到目前为止，我们都是假设提供给我们的数据项顺序不能控制。如果数据项我们已按某种方式排好序，能获得什么收益呢？现在让我们将注意力转移到这个问题上来。

很重要的一点是，数据项是按照关键字排序的，而关键字也是我们要搜索的东西。在图 11-12 中，你可以看到按三种不同方式排序的前十个化学元素：按原子序数、按名字的字典序以及按化学符号的字典序。

1　1.0079	2　4.0025	3　6.941	4　9.0122	5　10.811	6　12.011	7　14.007	8　15.999	9　18.998	10　20.180
氢	氦	锂	铍	硼	碳	氮	氧	氟	氖
Hydrogen	Helium	Lithium	Beryllium	Boron	Carbon	Nitrogen	Oxygen	Fluorine	Neon

a) 按原子序数的前十个化学元素

89　227	13　26.982	95　243	51　121.76	18　39.948	33　74.922	85　210	56　137.33	97　247	4　9.0122
锕	铝	镅	锑	氩	砷	砹	钡	锫	铍
Actinium	Aluminium	Americium	Antimony	Argon	Arsenic	Astatine	Barium	Berkelium	Beryllium

b) 按名字的字典序排序的前十个化学元素

89　227	47　107.87	13　26.982	95　243	18　39.948	33　74.922	85　210	79　196.97	5　10.811	56　137.33
锕	银	铝	镅	氩	砷	砹	金	硼	钡
Actinium	Silver	Aluminium	Americium	Argon	Arsenic	Astatine	Gold	Boron	Barium

c) 按化学符号的字典序排序的前十个化学元素

图 11-12　化学元素的不同排序，每个元素都显示了其化学符号、原子序数和原子质量

266

你可以看到三种排序的不同，甚至按名字和按化学符号的排序也是不同的，因为化学符号是基于拉丁语名字而非英语名字的。如果你按原子序数搜索化学元素，则应该以原子序数为关键字排序化学元素，而如果你按化学符号搜索，则应使用图 11-12 中的第三个顺序。如果使用了错误的顺序还假装搜索数据项有序，是没有任何意义的，而且这在实践中可能与使用简单的顺序搜索没有什么差别。

如果我们知道数据项已按正确方式排好序，情况就正好相反了：采用顺序搜索没有意义。如果你的桌子上摆了一叠按候选人姓氏排好序的简历，则当你希望查找一个以“D”开头的姓氏时，你会预期此人的简历出现在靠近顶端的位置而非靠近底部的位置。相反，如果你想查找一个以“T”开头的形式，你会预期简历出现在靠近底部的位置而非靠近顶端的位置。

这是一种有依据的好的推测，而且可以更进一步，我们考虑简单的猜数游戏，其中一个游戏者说：“我想了一个 0 到 100 之间的数，你能用最少的次数猜出来吗？你每猜一次，我会告诉你是否猜中，或者是猜大了还是猜小了。”除非你通灵，否则获胜的策略就是从中间

的数开始，也就是从 50 开始猜。如果猜中，你就完成了任务。如果 50 大于出题人选的数，则现在你知道那个数在 0 到 50 之间。你再次划分取值范围，并将 25 作为新的猜测。你如此继续下去，就能保证最多猜七次就能猜中。随后进行有序数据项搜索的总结讨论时我们会探究这是为什么。

我们刚刚描述的方法有一个名字——*二分搜索*（binary search）。“二分”来自这样一个事实：在每个决策点，我们都将搜索空间一分为二，初始时我们知道要猜的数在 0 到 100 之间，然后我们知道它在 0 到 50 之间或 50 到 100 之间，接下来变为 0 到 25 之间或 25 到 50 之间。算法 11-6 描绘了二分搜索方法。

算法用了两个变量 l 和 h，分别指出搜索空间的低端边界和高端边界。初始时 l 为我们搜索的数组中第一个元素的索引，h 为数组中的最后一个元素的索引。在第 4 行我们取 l 和 h 的平均值，并舍去小数部分得到最接近的整数，来计算出数组的中点 m。如果中点位置的数据项小于我们正在搜索的数据项，我们知道应该从中点向上搜索，因此在第 7 行调整 l；如果中点位置的数据项大于我们正在搜索的数据项，则我们知道应该从中点向下搜索，因此在第 8 行调整 h；如果中点位置的数据项就是我们要查找的，就将其返回。

267

算法11-6 二分搜索

BinarySearch$(A, s) \rightarrow i$

输入：A，一个已排序的数据项数组

s，我们要搜索的元素

输出：i，s在A中的位置——如果A包含s的话，否则返回−1

算法第2行有问题，应该是$h \leftarrow |A|-1$

```
1  l ← 0
2  h ← |A|
3  while l ≤ h do
4      m ← ⌊(l + h)/2⌋
5      c ←Compare(A[m], s)
6      if c < 0 then
7          l ← m + 1
8      else if c > 0 then
9          h ← m − 1
10     else
11         return m
12 return −1
```

只要还有东西要搜索，这个过程就会重复下去。每一步我们将搜索空间砍掉一半，或者更准确地说，大约一半：如果我们在七个元素中搜索，则一半不是一个整数，因此我们计算出中点为 3，如果第四个元素（索引为 3）不是我们要找的，则将搜索空间划分为前三个元素和后三个元素，这对算法并没有什么影响。在某个时刻，搜索空间会变为不存在，若如此，我们返回 −1 指出查找失败。

你可以换一种方式思考这个方法。在第 3～11 行的循环中，每次要么 l 增大要么 h 减小，因此，在某个时刻第 3 行的条件 $l \leqslant h$ 必然不再成立，则我们知道算法会停止。

你可以在图 11-13 和图 11-14 中检查二分搜索的行为，排好序的数值数组是［4，10，

31，65，114，149，181，437，480，507，551，613，680，777，782，903］。我们在图 11-3 中给出了算法 11-6 中的变量 l, h 和 m，在图 11-13a 中执行了一次成功的搜索。对于搜索空间被丢弃的部分，我们用灰色表示，这样你就能看出搜索空间是如何缩小的。当搜索“149”时，我们在第三步迭代时找到了这个目标，此时搜索空间的中点恰好落在这个值上。在图 11-13b 中，我们成功搜索到了“181”，这次我们是在搜索空间退化为单个数据项时找到目标的。

268

4	10	31	65	114	149	181	437	480	507	551	613	680	777	782	903
$l = 0$							$m = 7$								$h = 15$
$l = 0$			$m = 3$			$h = 6$									
				$l = 4$	$m = 5$	$h = 6$									

a) 成功搜索“149”

4	10	31	65	114	149	181	437	480	507	551	613	680	777	782	903
$l = 0$							$m = 7$								$h = 15$
$l = 0$			$m = 3$			$h = 6$									
				$l = 4$	$m = 5$	$h = 6$									
						$l = 6$ $m = 6$ $h = 6$									

b) 成功搜索“181”

图 11-13　二分搜索成功的例子

如图 11-14a 和图 11-14b 所示，当我们持续缩小搜索空间，直到彻底处理完也没有找到要搜索的数据项时，即为搜索失败。在图 11-14a 中，搜索空间的左边界移动到了其右边界的右边，这是没有意义的。这违反了算法 11-6 第 3 行中的条件，因此算法返回 –1。类似地，在图 11-14b 中，搜索空间的右边界移动到了左边界的左边，产生相同的结果。

4	10	31	65	114	149	181	437	480	507	551	613	680	777	782	903
$l = 0$							$m = 7$								$h = 15$
								$l = 8$			$m = 11$				$h = 15$
								$l = 8$	$m = 9$	$h = 10$					
										$l = 10$ $m = 10$ $h = 10$					
										$m = 10$ $h = 10$	$l = 11$				

a) 失败搜索“583”

4	10	31	65	114	149	181	437	480	507	551	613	680	777	782	903
$l = 0$							$m = 7$								$h = 15$
								$l = 8$			$m = 11$				$h = 15$
								$l = 8$	$m = 9$	$h = 10$					
								$l = 8$ $m = 8$ $h = 8$							
							$h = 7$	$l = 7$ $m = 7$							

b) 失败搜索“450”

图 11-14　二分搜索失败的例子

二分搜索算法在计算机初创时期就已经发明出来了，但正确实现它的一些细节问题却持续困扰了程序员很长时间。一位杰出的程序员和研究者 Jon Bentley，在 20 世纪 80 年代发现大约有 90% 的专业程序员即使花数个小时也不能正确实现二分搜索，另一位研究者在 1988 年发现在 20 本教材中只有 5 本准确描述了二分搜索算法（希望情况已经发生改变）。命运真是会捉弄人，Jon Bentley 的程序也是错误的，而这错误在长达 20 年的时间内未被发现，发现者是 Joshua Bloch，一位广受赞誉的软件工程师，它实现了 Java 语言的很多特性。实际上，Joshua Bloch 发现的错误也“感染”了他实现的 Java 语言中的二分搜索代码，而且也是多年未被发现。 269

错误出在哪里？我们回到算法 11-6，检查第 4 行。这是一个简单的数学表达式，用来计算两个数的平均值并舍去最接近的整数，具体来说，就是将 l 和 h 相加，然后将结果减半来计算平均值。这在数学上没有任何错误，但当我们从数学转到算法实现时，事情就变得麻烦了。两个数 l 和 h 都是正整数，将它们相加总是得到一个比两者都大的整数。但在计算机上并不一定如此。 270

11.7 在计算机中表示整数

计算机所拥有的资源是有限的，例如其内存就是有限的。这意味着一台计算机无法进行任意大数值的加法，表示一个大数所需的二进制位可能超出计算机内存所能容纳的位数。如果 l 和 h 能放入计算机内存中，而 $l+h$ 不能，则加法就无法进行了。

数值限制通常远小于可用内存。很多程序设计语言都不允许我们使用任意大小的整数而耗尽内存，这是因为，出于效率原因它们必须对能处理的数值的大小加以限制。这些语言都使用 n 个比特的序列来表示一个整数——当然是二进制表示，其中 n 是一个预定的数，是 2 的幂，如 32 或 64。

假定我们只是想表示无符号数，即正数。如果一个二进制数由 n 个比特 $B_{n-1}\cdots B_1B_0$ 组成，则其值为 $B_{n-1}\times 2^{n-1}+B_{n-2}\times 2^{n-2}+\cdots+B_1\times 2^1+B_0\times 2^0$，其中每个 $B_{n-1}, B_{n-2}, \cdots, B_0$ 要么为 1 要么为 0。第一个比特 (B_{n-1}) 具有最高的值，被称为*最高有效位*（most significant bit），最后一个比特被称为*最低有效位*（least significant bit）。

我们用 n 个比特可以表示哪些数呢？以四比特的数为例。若使用四个比特，当所有比特都是 0 时，我们得到二进制数 0000=0，而当所有比特都是 1 时，我们得到二进制数 1111，即 $2^3+2^2+2^1+2^0$。这个数比二进制数 10000(即 $2^4+0\times 2^3+0\times 2^2+0\times 2^1+0\times 2^0=2^4$) 小 1。现在我们引入几种符号表示。为了避免一个数 b 是否是二进制带来的任何混淆，我们将其写为 $(b)_2$，于是为了清晰地表达二进制数 10 是 2 而非十进制数 10，我们将其写作 $(10)_2$。使用这种符号，我们有 $(10000)_2=(1111)_2+1$，这意味着 $(1111)_2=(10000)_2-1=2^4-1$。因此，我们用四个比特可以表示从 0 到 2^4-1 的所有数，一共 2^4 个。

我们可以推广上述结论。另一种有用的比特符号表示是用 $d\{k\}$ 表示比特 d 重复 k 次，使用这种表示方法，我们可以将 1111 写作 $1\{4\}$。使用 n 个比特，我们可以表示从 0 到 $(1\{n\})_2$ 之间的数，后者等于 $2^{n-1}+2^{n-2}+\cdots+2^1+2^0$，它比 $(10\{n\})_2$ 小 1：$(10\{n\})_2=(1\{n\})_2+1$。因此，$(1\{n\})_2=(10\{n\})_2-1$，又由于 $(10\{n\})_2=2^n$，我们有 $(1\{n\})_2=2^n-1$。因此，使用 n 个比特，我可以表示从 0 到 2^n-1 之间的所有数，共 $2n$ 个。

为了弄清这些数的加法运算是如何进行的，我们可以想象这些数被放置在一个轮盘上，图 11-15 给出了四个比特的数的轮盘，加法运算可以看作在轮盘上顺时针前进。为计算 271

4+7，我们从 0 开始，前进四步来到 4，然后再前进 7 步，你得到了 11，即为加法结果，如图 11-16 所示。

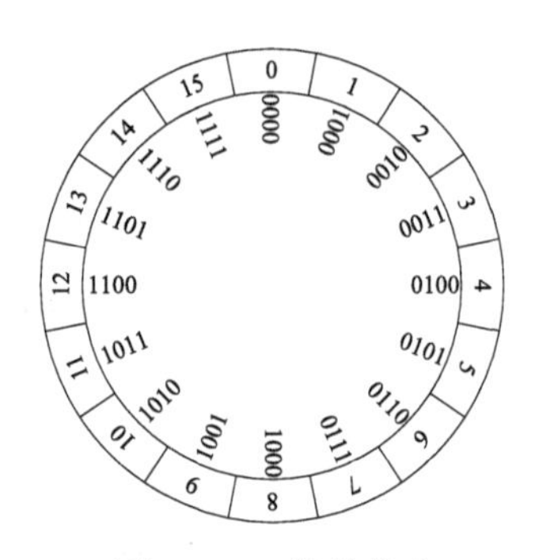

图 11-15　数值轮盘

到目前为止一切都很好，但如果你尝试计算 14+4，如图 11-17 所示，你首先从 0 前进到 14，然后再前进四步，就得到了加法结果 2。这种情况被称为溢出 (overflow)，因为计算溢出了允许的数值上限。如果我们进行普通算术，则会得到 $14+4=(1110)_2+(0100)_2=(10010)_2$，最后的结果有五个比特，而不是四个。计算机所做的就是简单丢掉左边额外一个比特，即最高有效位。这与在轮盘上前进是一样的，最终得到 $(0010)_2=2$。

回到算法 11-6 的第 4 行，如果两个数 l 和 h 的和大于计算机允许的最大整数，我们就得不到正确结果了，因为发生了溢出。数 $l+h$ 会是错的，从这时起算法就不会正确工作了。如果我们采用的编程语言使用 32 个比特表示无符号整数，则能表示的整数范围是从 0 到 $2^{32}-1$，即从 0 到 4294967295。如果你要求的一些数的和超过大约 42.9 亿，就会发生溢出。几年前 40 亿可能看起来是一个天文数字，但现在这种规模的数据集已经很常见了。

我们到目前为止一直假定只表示正整数，但当我们的编程语言表示带符号整数，也就是既表示正整数也表示负整数时，会发生什么呢？表示负整数的一种常见方式是用以 1 开头的比特序列表示负数，用以 0 开头的比特序列表示正数。在这种规范下，我们称最高有效位为符号位（sign bit)，因为它表示数的符号。这意味着我们还剩 $n-1$ 个数字来表示数值，因此我们可以表示 2^{n-1} 个不同的正数和 2^{n-1} 个不同的负数。我们将 0 算作正数，因为其符号位为 0。当我们进行加法时，如果数值太大，我们得到的结果可能是一个负数：数值轮盘的一半（右侧）填充的将是正数，另一半（左侧）是负数。每当我们将一个正数加到另一个正数上会从正数区域来到负数区域时，就是发生溢出了。

272

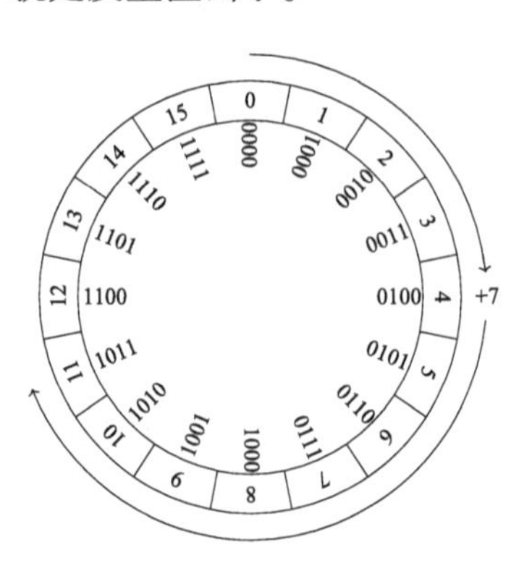

图 11-16　计算 4+7

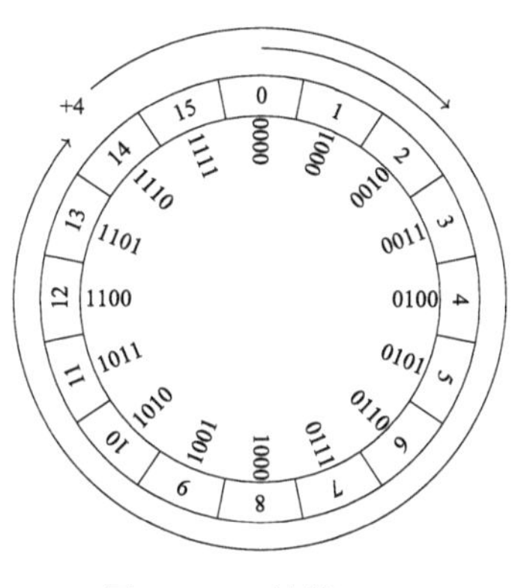

图 11-17 计算 14+4

273

例如，请看图 11-18 显示了带符号的四比特整数，它显示的是一种称为二补数表示（two complement's representation）的整数表示方案。正数的符号位为 0，范围从 0 到 7，或者说从 $(0000)_2$ 到 $(0111)_2$。负数表示遵循这样一种规则：取 n 个比特的正数 x，则其负数的二进制表示为 $c=2^n-x$，即它与 x 相加得到 2^n。这也解释了这种方案的命名由来——我们采用 2 的幂的补。因此，对于正数 $5=(0101)_2$，可得其负数的二进制表示 $2^4-5=16-5=11=(1011)_2$。你可以验证这种方案会导致负数溢出：如图 11-19 所示，4+2 得到正确结果。而 4+7 则由于溢出得到一个负数 −5，如图 11-20 所示。

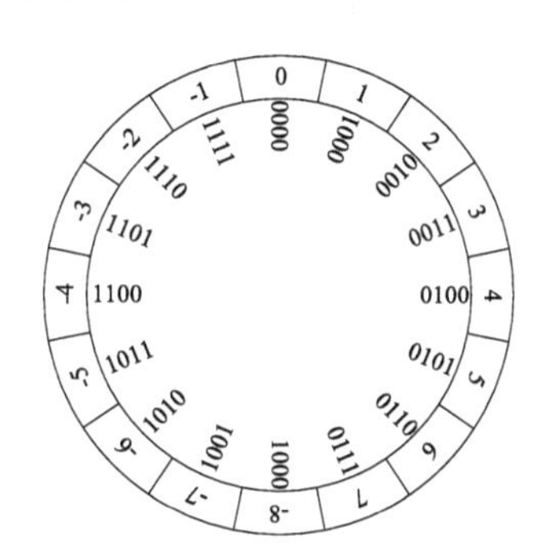

图 11-18 二补数表示的数值轮盘

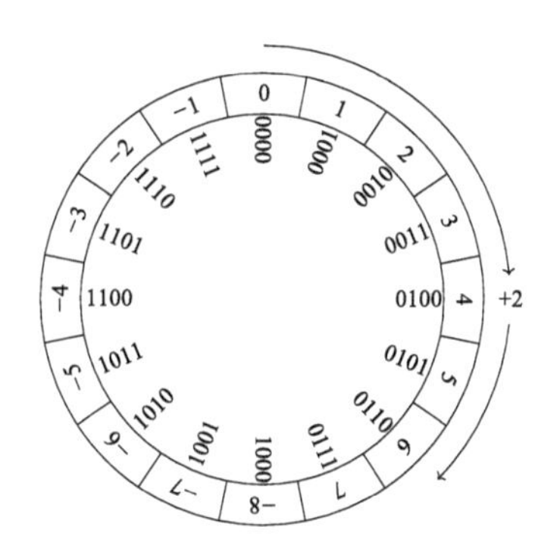

图 11-19 二补数表示下计算 4+2

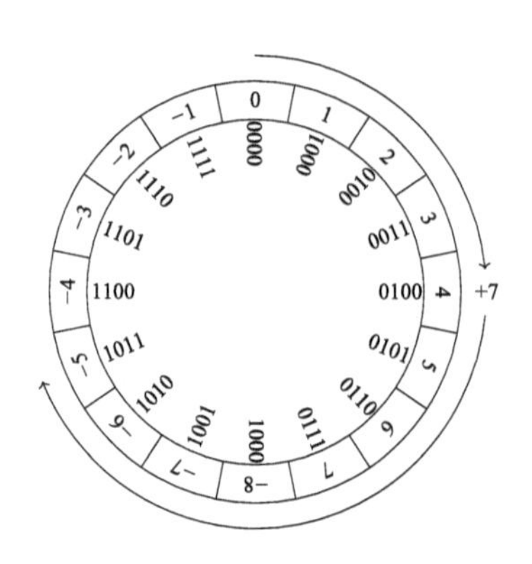

图 11-20 用二补数表示计算 4+7

274 一般而言，如果我们使用 n 个比特，则有 2^{n-1} 个数字表示正数和 0，另 2^{n-1} 个数字表示负数，因此我们可以表示从 0 到 $2^{n-1}-1$ 和从 -1 到 -2^{n-1} 的数。对 32 个比特，最大正数为 2147483647。这是一个大数，但对于当今的应用而言并不罕见。如果你计算时超过了这个值，并不会得到一个更大的数，而是会得到负数 $-2^{31}=-2147483648$，这就是 2014 年人们观看流行歌曲《江南 style》所导致的现象。在 12 月 1 日，我们意识到 YouTube 上这个视频的观看人数已经超过了 2147483647，显然在 YouTube 设计之初并未考虑会达到这么高的观看量，YouTube 计数服务已经进行了更新，将观看量改为一个 64 比特的整数。现在，在超过 $2^{63}-1=9223372036854775807$ 次观看后它才会溢出。

二补数可能看起来是个奇妙的机制，因为还存在更简单的方案。一种替代方案是通过翻转所有比特来得到一个数的负数。因此，$(0010)_2=2$ 的负数就应该是 $(1101)_2$，这被称为*一补数表示*（ones' complement representation）。小心单引号的位置，不是“one's complement”而是“ones' complement”，因为我们是在将每个单个数字补足为 1：我们形成负数的方式是使其每个数字加上原数对位数字都得到 1。另一种替代方案是*符号量值表示*（signed magnitude representation），它对原数只反转符号位来形成其负数，因此 $(0010)_2=2$ 的负数为 $(1010)_2$。

二补数是最流行的带符号整数表示法，这有两个原因：首先，在一补数和符号量值两种表示法中，最终有两个零——$(0000)_2$ 和 $(1111)_2$，这造成了混乱；其次，二补数表示的数进行加法和减法都很容易，对于减法，只需对运算数取负，再进行加法即可。如图 11-21 所示，为计算 $x-y$，在数值轮盘上找到 $-y$，然后顺时针前进 x 步即可。 275

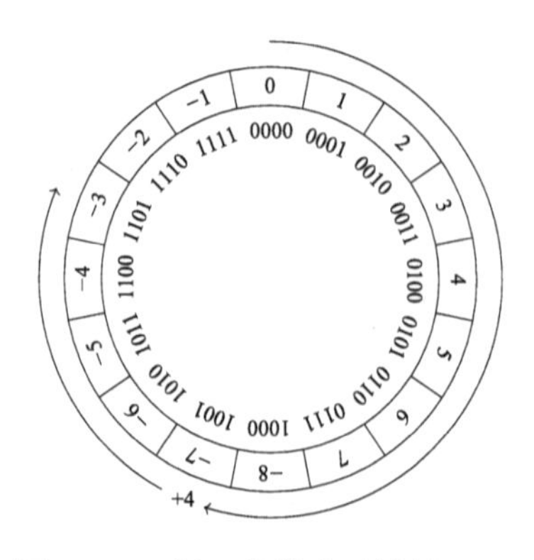

图 11-21 用二补数表示计算 4−7

11.8 再探二分搜索

让我们回到二分搜索。幸运的是，存在的问题很容易解决。我们可以计算等价的 $l+\lfloor(h-l)/2\rfloor$来代替$\lfloor(l+h)/2\rfloor$，从而避免溢出，得到 m 的正确值。我们不再通过将两个数相加然后折半来求它们的中点，而是计算两个数的差，将结果折半，再与较小的数相加。由于 l 是一个整数，我们得到 $l+\lfloor(h-l)/2\rfloor=\lfloor l+(h-l)/2\rfloor=\lfloor(l+h)/2\rfloor$。图 11-22 显示了两种等价的计算中点的方法。计算 $(h-l)$ 没有溢出的风险，因为结果无论如何都小于 h。将$\lfloor(h-l)/2\rfloor$加到 l 上也不会超过 h，因此也不会有溢出的风险，具体修正请见算法 11-7 第 4 行。

你可能认为所有这些都是非常明显的，但这只是马后炮。我们并未借此错误的故事来指摘一些非常聪明的人，但事实的确就是，即使是非常聪明的人也会落入这种微妙的陷阱，这强调了计算机程序员应该具有的一个最重要的美德：谦逊。无论你多么聪明，无论你多么精通编程，你都不可能永远不犯错误。那些自夸自己的代码如何坚固、毫无错误的人通常没有写出过任何有价值的产品级代码。另一位计算机先驱 Maurice Wilkes 在追忆 1949 年，计算机早期年代——当时它在剑桥为 EDSAC 计算机编写程序——时写道：

276

> 在从 EDSAC 机房到穿孔设备的路上“在楼梯拐角处徘徊时”，我强烈地意识到，我余生的大部分时间要用于在自己的程序中寻找错误了。

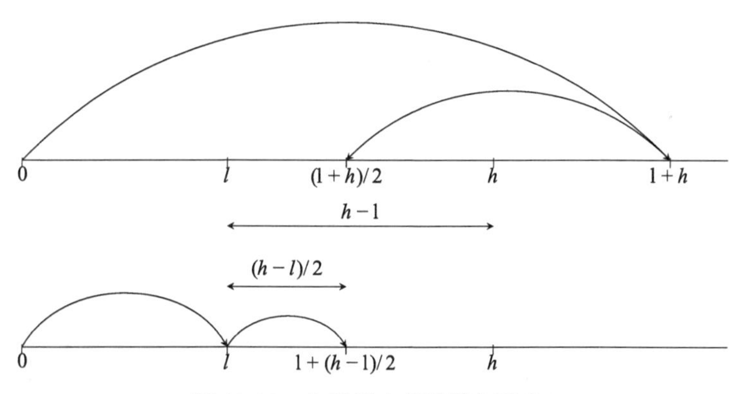

图 11-22 在计算中点时避免溢出

这段话应该列为计算机历史上最有先见之明的思想之一。顺便说一句，穿孔设备是指用于计算机输入的纸带穿孔设备，和拳击无关。短语“在楼梯拐角处犹豫不决”源于 T · S · 艾略特的《大教堂谋杀案》。

二分搜索是一个高效的算法。实际上，平均来说没有比二分搜索更快的搜索算法了。每当算法 11-7 第 5 行执行一次比较，接下来的搜索要么在前一半，要么在后一半。因此，每次我们搜索的数据项数量会减半。减半不会永远持续下去：我们能将一个数除以 2 的次数就是此数以 2 为底的对数——对于 n，次数为 $\lg n$。

277

算法11-7　无溢出的安全二分搜索

```
SafeBinarySearch(A, s) → i
    输入：A，一个已排序的数据项数组
          s，我们要查找的元素
    输出：i，i在s中的位置——如果A包含s的话，否则为-1
1   l ← 0
2   h ← |A|
3   while l ≤ h do
4       m ← l + ⌊(h − l)/2⌋
5       c ← Compare(A[m], s)
6       if c < 0 then
7           l ← m + 1
8       else if c > 0 then
9           h ← m − 1
10      else
11          return m
12  return −1
```

11.9　比较树

一种可视化二分算法执行过程的方法是使用比较树 (comparison tree)，如图 11-23 所示。这棵树显示了发生在一个 16 个元素的数组 $A[0]$，$A[1]$，⋯，$A[15]$ 中的比较操作。在算法执行的开始，我们将要查找的元素 s 与元素 $A[\lfloor(0+15)/2\rfloor]=A[7]$ 进行比较，如果 $s=A[7]$ 则算法停止，如果 $s < A[7]$，我们向下来到左子树，如果 $s > A[7]$ 我们下到右子树。左子树包含数据项 $A[0]$，$A[1]$，⋯，$A[6]$，右子树包含数据项 $A[8]$，$A[9]$，⋯，$A[15]$。在左子树中，我们将 s 与 $A[\lfloor(0+6)/2\rfloor]=A[3]$ 进行比较；在右子树中，我们将 s 与 $A[\lfloor(8+15)/2\rfloor]=A[11]$ 进行比较。通过分裂搜索空间这棵树不断向下生长，直到搜索空间只剩一个元素位置，这些单个元素成为树的叶节点。你可以看到叶节点上悬挂着矩形节点：它们对应不在数组 A 中的 s 值。如果我们到达一个位置，将 s 与 $A[8]$ 进行比较并发现 $s > A[8]$，则搜索失败，因为 s 在 $A[8]$ 和 $A[9]$ 之间，即 $s \in (A[8], A[9])$。类似地，如果我们到达一个位置，将 s 与 $A[0]$ 进行比较并发现 $s < A[0]$，则搜索失败，因为 $s \in (-\infty, A[0])$。[278]

构造比较树的一般模式是，假定 n 是数组 A 中元素数，则我们取元素 $A[\lfloor n/2\rfloor]$ 作为树的根节点，将前 $\lfloor n/2\rfloor -1$ 个元素放在左子树，剩余 $n-\lfloor n/2\rfloor$ 个元素放在右子树。我们按相同的方式继续处理每棵子树，直到子树的大小变为 1，即只有单一根节点。

借助比较树我们可以研究二分搜索的性能。比较次数依赖于树中圆形节点的数量——我们不将矩形节点视为树中节点。我们构造树的方式是递归地创建子树，使得除了最后一层之外所有层都是满的。实际上，在每个节点我们都是将以它为根的树对应的搜索空间分裂。图 11-24 显示了对应 n 值从 1 到 7 的比较树。如果搜索空间包含超过一个节点，则我们得到两棵子树，且它们包含的元素数相差不能超过 1——仅当元素数不能被 2 整除时才相差 1。只有当上一层满了时才可能开始新的一层，像图 11-25 中那样不平衡的树不可能产生。[279]

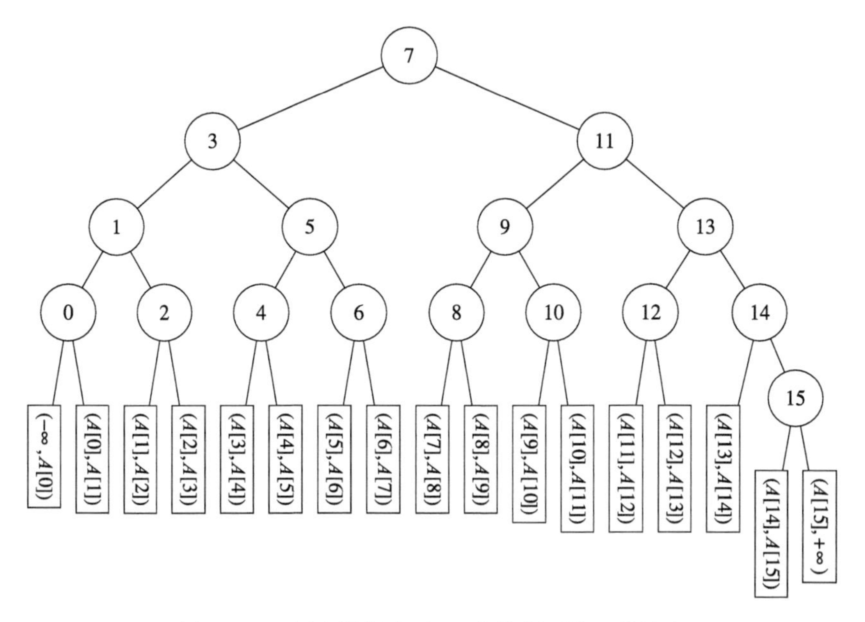

图 11-23　用比较树表示 16 个数据项的二分搜索

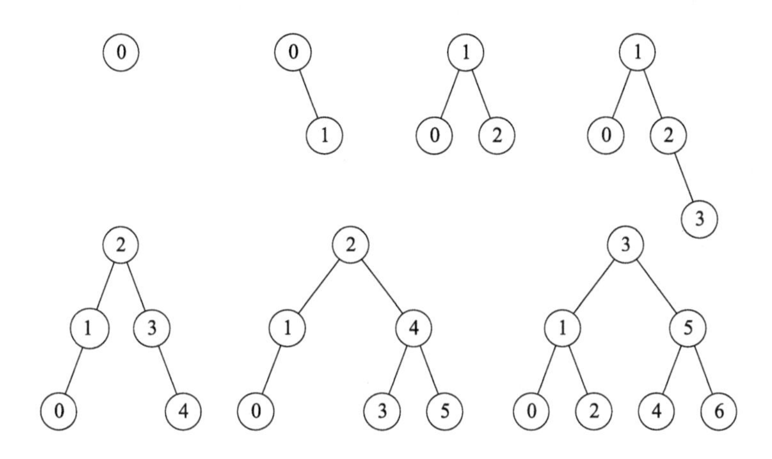

图 11-24　在 1~7 个数据项中搜索对应的比较树

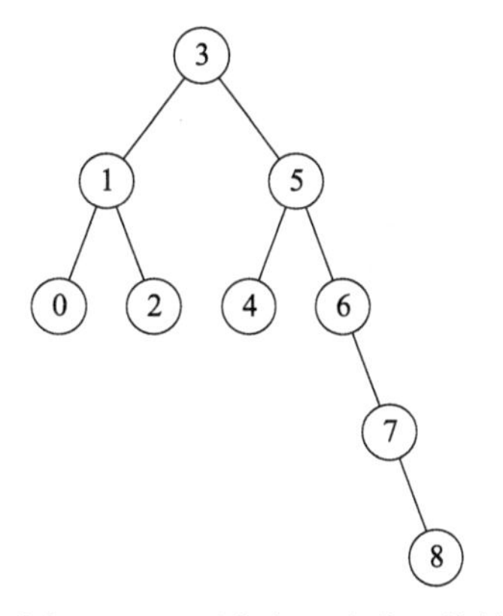

图 11-25　不会出现这种比较树

一棵比较树的根层，也就是第 0 层，只有一个节点。第 1 层最多可有两个节点，但不一定恰有两个。一棵两层的比较树在第 1 层可以只有单一节点，即根节点只有一个孩子，如图 11-24 中第二棵树。第 2 层最多可有 $2\times 2=2^2$ 节点，再次强调，实际节点数可能更少。这个值是在第 2 层完全满的情况下的最大值。这样继续下去，我们发现第 k 层最多有 2^k 个节点。因此，一棵最后一层为第 k 层的比较树最多共有 $1+2+\cdots+2^k$ 个节点，注意 $1=2^0$ 且 $2=2^1$。我们曾经遇到过这个数：它就是 $(1\{k+1\})_2$，我们知道它等于 $2^{k+1}-1$，因此我们有 $n\leqslant 2^{k+1}-1$ 或等价的 $n<2^{k+1}$。

由于第 k 层是最后一层，因此从第 0 层到第 $k-1$ 层都是完全满的。延续上述思路，树中到第 $k-1$ 层为止共有 2^k-1 个节点，因此我们有 $n>2^k-1$，或等价的 $n\geqslant 2^k$。综合上述结果，我们有 $2^k\leqslant n<2^{k+1}$。

一次成功的搜索可能停止于树的任何一层，包括可能到达第 k 层，比较次数在 1 到 $k+1$ 之间，因此如果 $2^k\leqslant n<2^{k+1}$，则最小比较次数是 1，最大比较次数是 $k+1$。现在考虑不成功的搜索，如果 $n=2^{k+1}-1$，则最后一层是满的，我们恰好需要 $k+1$ 次比较。如果 $2^k\leqslant n<2^{k+1}-1$，则最后一层不满，则我们需要 k 次或 $k+1$ 次比较。

280

将上述结论转换为复杂度术语就是，一次成功搜索是 $O\lfloor\lg n\rfloor=O(\lg n)$ 时间的，一次不成功搜索是 $\Theta(\lg n)$ 时间的。回忆一下，在猜数游戏里你可以最多七次就猜到答案，现在我们知道这是为什么了。在 100 个元素中进行二分搜索，你需要 $\lg 100\approx 6.65<7$ 次猜测来找到答案。

回忆一下，$2^{32}-1=4294967295$，这意味着在已排序的 4294967295 个元素的数组中，任何一次搜索都不会花费超过 32 次比较。对比一下，在相同的数组上进行一次顺序搜索，平均需要几十亿次比较。

你可能很欣赏重复除法的威力，这就是对数所实现的，对照其逆运算——重复乘法或者说乘方，就更能体会这一点。关于发明国际象棋的传说可能是对此一个很好的展示。据传说，在国际象棋刚被发明出来时，国家的统治者非常喜欢，因此让发明者自己提出想要什么奖励。发明者提出要一些大米（或是小麦，取决于故事的版本）作为奖励，数量的计算方式如下：在棋盘的第一个方格放一粒米，在第二格放两粒，在第三格放四粒，依此类推。统治者批准了发明者的愿望，直到司库告诉他整个国家的粮食储备都不够满足发明者的要求。

在图 11-26 中你可以看到出现这种情况的原因。每当我们前进到下一个棋盘格时指数就会增大，因此，大米数量是指数增长的。最后一个棋盘格将有 2^{63} 粒米，大约等于 9 后面跟 18 个 0。仔细考虑一分钟：我们能做到在 9×10^{18} 个已排序的数据项中进行一次搜索只花费不超过 63 次比较。对数就像指数增长一样强大，只不过是倒过来的。

281

将一个问题划分为几部分来进行求解的思想是一种强有力的工具。这种分治（divide and conquer）方法被用于很多必须用计算机求解的问题中，也被用于脑筋急转弯中。假定你被要求求解这样一个问题：你有九枚硬币，其中一枚是假币，比其他几枚轻，你还有一架天平可用，你如何通过不超过两次称重来找到这枚假币呢？

问题解答的关键是，采用一种精心设计的过程，我们可以通过一次称重将搜索空间划分为三部分（而不是二分搜索中的两部分）。假定我们将硬币标记为 c_1，c_2，…，c_9，取硬币 c_1，c_2，c_3，将它们与硬币 c_7，c_8，c_9 分别放在天平两边称重，如果天平平衡，则我们知道假币在 c_4，c_5，c_6 之中。现在我们取硬币 c_4，c_5。如果它们平衡，则假币是 c_6；如果不平衡，则假币是天平上显示更轻的那枚。如果 c_1，c_2，c_3 和 c_7，c_8，c_9 不平衡，则我们立刻知道哪

282

三枚硬币包含假币。可以采用上述处理 c_4，c_5，c_6 的方法来处理这三枚硬币。在图 11-27 中，你可以看到硬币称重树的全貌，其中我们用 $w(c_ic_jc_k)$ 表示对 c_i，c_j，c_k 称重。每个内部节点对应一次称重，每个叶节点对应找到一枚假币。

2^{56}	2^{57}	2^{58}	2^{59}	2^{60}	2^{61}	2^{62}	2^{63}
2^{48}	2^{49}	2^{50}	2^{51}	2^{52}	2^{53}	2^{54}	2^{55}
2^{40}	2^{41}	2^{42}	2^{43}	2^{44}	2^{45}	2^{46}	2^{47}
2^{32}	2^{33}	2^{34}	2^{35}	2^{36}	2^{37}	2^{38}	2^{39}
2^{24}	2^{25}	2^{26}	2^{27}	2^{28}	2^{29}	2^{30}	2^{31}
2^{16}	2^{17}	2^{18}	2^{19}	2^{20}	2^{21}	2^{22}	2^{23}
2^{8}	2^{9}	2^{10}	2^{11}	2^{12}	2^{13}	2^{14}	2^{15}
2^{0}	2^{1}	2^{2}	2^{3}	2^{4}	2^{5}	2^{6}	2^{7}

图 11-26　国际象棋棋盘上的指数增长

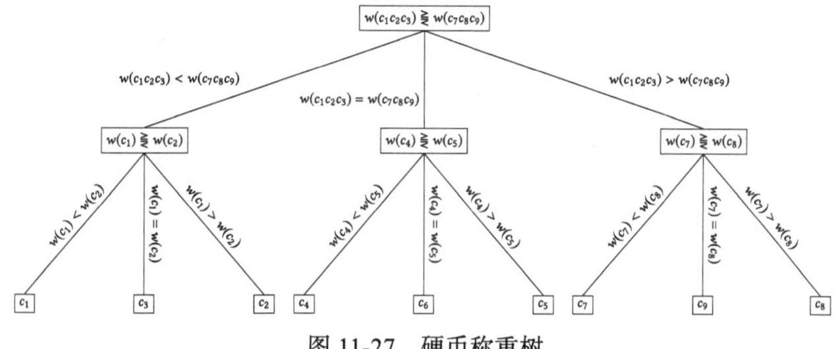

图 11-27　硬币称重树

在每一层，我们将搜索空间划分为三部分，一次完整搜索所需总步数是硬币数目的以 3 为底的对数，而不是二分搜索的以 2 为底的对数。对 9 个硬币，我们有 $\log_3(9)=2$，的确是图 11-27 中树的高度。

注释

George Kingsley Zipf 在 1935 年 [226] 和 1949 年 [227] 的两本书中普及了他的观察结果。布朗语料库是 20 世纪 60 年代由布朗大学的 Henry Kucera 和 W. Nelson Francis 从 500 个英语文本样本编制而来的。Vilfredo Pareto 曾描述了幂律分布，虽然在 19 世纪当时没有人这么称呼它 [154]。在 20 世纪早期，G. Udny Yule 也在进行生物物种产生的研究中发现了幂律 [223]。将幂律带到聚光灯下的是 Barabasi[10，11]，关于这方面的历史请参阅 Mitzenmacher 的记载 [140]。关于幂律的一个忠告式的观点请参阅 Stumpf 和 Porter 的评论 [194]。

Frank Benford 在 1938 年阐述了以他的名字命名的定律 [14]，但是，这一定律并非他最

283 早发表的，天文学家和数学家 Simon Newcomb 早在 1881 年就发表了这个定律 [149]。关于 Benford 定律的起源请参阅 Hill 的论文 [89]，关于定律的解释请参阅 Fewster 的论文 [63]。

除了换位法和移至前端法，**计数法** (count method) 也属于同类方法。在这种方法中，我们记录一个数据项被计数的次数，我们维护链表的方式是令计数值最高的数据项出现在链表前端。自组织搜索是由 John McCabe 提出的 [135]。Ronald Rivest 证明了在长时间运行时换位法所需比较次数少于移至前端法 [166]。Sleator 和 Tarjan 证明了移至前端法的总代价在最优代价的四倍以内，而换位法和计数法则没有这样的结论 [189]。他们的结果支持了 Bentley 和 McGeoch 的实验，该实验显示移至前端策略在实践中通常是最佳的 [17]。更多近期的分析和方法请参阅 Bachrach 和 El-Yaniv[5] 及 Bachrach、El-Yaniv 和 Reinstädtler[4] 的论文。

秘书问题有着一段有趣的历史，它最早见诸文字是在 1960 年 2 月的《科学美国人》的 Martin Gardner 专栏中，求解方案则发表在 1960 年 3 月号。请参阅 Ferguson 的记述 [64]，他指出相似的问题可追溯到开普勒。对于一个问题变体——所有候选人都根据他们的值进行排名，Bearden 给出了求解方案 [12]。

根据 Knuth 的记载 [111]，二分搜索可追溯到计算机的起步年代。John Mauchly，第一台通用电子数字计算机 ENIAC 的设计者之一，在 1946 年描述了这个算法。但是，当要搜索的数组中的元素数不是 2 的幂时应该怎么做并未描述清晰。第一个能处理没有限制的数组的二分搜索算法出现在 1960 年，是 Derrick Henry Lehmer 给出的，他是一位开创性的数学家，也为计算技术的进步做出了重要贡献。Jon Bentley 在他的书中 [16] 阐述了专业程序员在实现二分搜索时要面对的问题，Richard Pattil 的研究 [155] 发现四分之三的教材对二分搜索的描述都有错误，Joshua Bloch 在 Google 研究博客 [21] 中报告了他自己所犯的错误，Maurice 284 Wilkes 的引用则来自他的回忆录 [217，第 145 页]。

第 12 章

Real-World Algorithms: A Beginner's Guide

各种各样的排序算法

组织一份名单或一个歌曲库，按时间顺序排列一些东西，以及将我们的电子邮件按发送人或主题或接受日期的字典序排序，这些事情有什么共同之处呢？所有这些事情都需要排序数据项。这些应用包含对数据项进行排序不令人意外，但排序并不局限于这样明显的应用。考虑计算机图形学。在计算机上绘制一幅图片时一个重要问题是按顺序绘制不同部分。特别是，一个场景的远处部分应该先绘制，而离观察者最近的部分应该最后绘制。这样我们就能保证只有靠近观察者的物体才可能遮挡或掩盖远处的物体。因此我们需要辨别不同部分，对它们进行排序，然后按正确的由后至前的顺序绘制它们，这被称为*画家算法*（painter's algorithm）。

让我们从计算机图形学转向生物学，排序是计算生物学算法的一个重要组成部分；我们再转向数据压缩，将数据进行字典序排序被用于一个重要压缩算法中，即 Burrows-Wheeler 变换，也被称为块排序压缩。

在我们上网时，很可能遇到购物推荐或浏览推荐。推荐系统必须做两件事：必须过滤掉它们认为我们不感兴趣的东西，还必须排序我们可能感兴趣的东西使得最感兴趣的东西出现在顶端。

实际上，遇到一个不包含排序的计算机应用是很困难的，而且我要指出，对排序的实际需求要早于数字计算机的出现。赫尔曼·霍尔瑞斯在 19 世纪 80 年代设计了“排序盒子”，与他的制表机一起使用。霍尔瑞斯设计制表机是为了在 1890 年美国人口普查期间帮助进行计数，当时人口的增长已使得手工计数需要 13 年才能完成——这已经到了预定的下一次人口普查的时间，1900 年了。

285

由于排序几乎无处不在，因此人们设计排序方法的历史已经很长了。第一个用于计算机的排序方法是在 20 世纪下半叶与第一台计算机同时设计出来的。直到现在排序方法的研究仍很活跃，有些致力于改进已有方法和实现，有些则是设计在特定应用领域中很理想的新算法。幸运的是，虽然覆盖整个排序领域是不可行的，但一窥主要概念和基本算法还是可能的。令人欣慰的是，在我们每天的生活中，遇到的一些未知算法并不难接近，不难探查。如我们将看到的，基本的排序算法都可用不多的几行伪代码描述清楚。

排序与搜索是相关的，因为在有序数据上进行搜索会更为高效。排序问题也使用与搜索问题中相同的术语：数据由记录组成。记录可能具有多个属性，但我们只使用一个属性子集来进行排序，我们称这个子集为关键字。如果关键字由多于一个属性组成，则它是一个组合键。

12.1 选择排序

也许最简单的排序算法就是凭直觉得到的方法——找出所有数据项中的最小元素，将其取出，再寻找剩余数据项中的最小元素并将其置于上一个元素的后面，重复这一过程直至我们已经处理完所有元素。如果你有一堆废纸，每张都标有数字，则你可以在纸堆中寻找最小数并将其取出。然后你再从纸堆中查找最小数，将其放置在上一步找到的数的下面。你重复这个过程直至纸堆清空。

这一简单的过程称为*选择排序*（selection sort），因为每一步我们都是在剩余数据项中寻找最小的那个。算法 12-1 实现了一个输入数组 A 上的选择排序，它进行 A 自身的排序，即执行了*原址*（in-place）排序过程，因此不需要返回任何东西。如我们所说，同一个 A 就是算法的排序结果。

如果我们有 n 个数据项要排序，则选择排序的工作方式是寻找所有 n 个数据项中的最小值，然后是 $n-1$ 个数据项中的最小值，而后是 $n-2$ 个数据项中的最小值，直至只剩下单个数据项。算法 12-1 的第 1 行定义的循环就是遍历数组中所有数据项。每个步骤，我们寻找从位置 i 到数组末尾的区间内的最小数据项。与二分搜索算法一样，我们使用一个 Compare (a, b) 来比较两个数据项（的关键字），如果 a 大于 b 则返回 +1，如果 b 大于 a 则返回 −1，如果认为两者相等则返回 0。

286

算法12-1 选择排序

```
SelectionSort(A)
    输入：A，一个待排序的数据项的数组
    结果：A已排好序
1   for i ← 0 to |A| − 1 do
2       m ← i
3       for j ← i + 1 to |A| do
4           if Compare(A[j], A[m]) < 0 then
5               m ← j
6       Swap(A[i], A[m])
```

我们用变量 m 寻找剩余数据项的最小值，初始时 m 保存搜索范围中起始数据项的索引。我们在算法第 3～5 行从元素 $A[i+1]$ 遍历到数组末尾来寻找最小值，也就是说，对外层循环的每个 i，我们寻找剩余 $n-i$ 个数据项中的最小值，一旦找到了最小值，就使用函数 Swap (a, b) 将其放到数组中正确的位置。

图 12-1 显示了在一个 14 个元素的数组中选择排序的运行过程，在最左列中你可以看到 i 的值，其他列显示了数组内容。在每步迭代中，我们寻找数组中剩余未排序数据项的最小值，并将其与第一个未排序剩余数据项进行交换。我们用一个圆圈指示这两个数据项，左下角灰色区域对应已排序且已在正确位置的元素。在每步迭代中，我们在图中右侧部分寻找最小值，而这部分在不断减小，我们花些时间来探究一下 i=8 时发生了什么。剩余未排序数据项中的第一个就是最小值，因此，这一行只有一个画圆圈的数据项。

为了研究选择排序的性能，请注意，如果有 n 个数据项，则外层循环执行 $n-1$ 次，因此我们要进行 $n-1$ 次交换操作。外层循环每执行一步，我们就要比较数组 A 从 i+1 开始到末尾的所有数据项。在第一次扫描中，我们比较从 $A[1]$ 到 $A[n-1]$ 的所有元素，因此进行了 $n-1$ 次比较；在第二次扫描中，我们比较 $A[2]$ 到 $A[n-1]$ 的所有元素，因此进行了 $n-2$ 次比较；在最后一次扫描中，我们比较 $A[n-2]$ 和 $A[n-1]$ 这两个元素，因此只进行一次比较。于是总比较次数为

287

$$
\begin{aligned}
1+2+\cdots+(n-1) &= 1+2+\cdots+(n-1)+n-n \\
&= \frac{n(n+1)}{2}-n=\frac{n(n-1)}{2}
\end{aligned}
$$

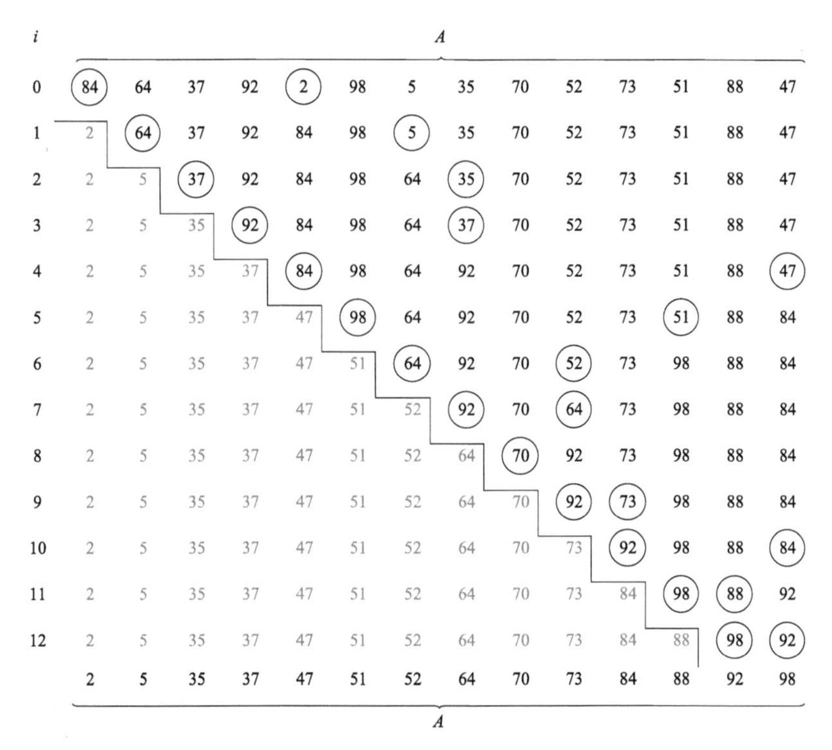

图 12-1　选择排序示例

因此选择排序的复杂度为 $\Theta(n-1)=\Theta(n)$ 次交换和 $\Theta(n(n-1)/2)=\Theta(n^2)$ 次比较。我们将交换和比较分开处理，这是因为不同类型的操作可能有不同的计算代价。通常，比较要比交换更快，因为交换包含数据移动。移动的数据越大，差距就越明显。

288

现在回顾一下图 12-1 中第 8 行发生了什么：在那里，一个数据项与其自身进行了交换。这看起来是一种浪费：任何东西与自身进行交换都是没有必要的。当未排序数据项中的第一项就是未排序数据项中的最小值时，我们可以不去理会它。为此，我们可以对算法进行一个细微修改，如算法 12-2 所示。我们在其中第 6 行检查最小数据项是否是未排序数据项的第一个，只有两者不同时我们才进行交换操作，这意味着数值 n 是交换次数的上界。改进算法的复杂度是 $O(n)$ 次交换和 $\Theta(n^2)$ 次比较。

当数组 A 的一部分已经在正确位置时，两个算法的行为差异就更为明显。如果 A 是已排序好的，算法 12-1 仍然会交换所有 n 个数据项（与它们自身进行交换），而算法 12-2 只会检查数组已排序了。

即便如此，在实际中我们用算法 12-2 代替算法 12-1 也不一定会看到性能提升。我们的确令交换操作变为可选的了，元素只有在必要时才会交换。但与此同时，我们在第 6 行中增加了一次额外的比较操作。由于第 6 行执行 $n-1$ 次，因此我们在一次算法执行中增加了 $n-1$ 次比较操作。这实际上会抵消我们减少交换次数所带来的性能收益。因此，算法 12-1 并非选择排序的一个更好的、优化的版本，并非所有人都应采用它而忽略算法 12-1。如果我们实现两个版本并进行性能测试，会发现它们的性能大致是相同的，具体差异依赖于复制和比较操作的相对性能以及起初我们的数据的有序程度。理解其中的原因是有好处的，在尝试进行优化时考虑不那么明显的性能问题也是很有好处的。

289

算法12-2 选择排序省去不必要的交换

```
SelectionSortCheckExchanges(A)
    输入：A，一个待排序的数据项的数组
    结果：A已排好序
1   for i ← 0 to |A| − 1 do
2       m ← i
3       for j ← i + 1 to |A| do
4           if Compare(A[j], A[m]) < 0 then
5               m ← j
6       if i ≠ m then
7           Swap(A[i], A[m])
```

选择排序还有一些事情值得讨论，它很简单也易于实现，只需较少的比较操作，因此当移动数据的代价很高时它的重要性就会凸显。它适合于小数组，在那样的场景下它的速度足够快，但它不适合用于大数组场景，有一些好得多的排序算法更为适合。

12.2　插入排序

另一个直观的排序方法被扑克玩家用来排序手中的扑克牌。设想你正一张一张处理手中的牌，先取出第一张牌，然后取出第二张牌，并根据它相对于第一张牌的大小将其放在正确的位置。之后你取出第三张牌，并根据它与前两张牌的大小将其放在正确的位置。你重复这个过程来处理所有的牌。在图 12-2 中你可以看到这种方法是如何工作的，在这个例子里有五张牌，花色相同，你要将它们按点数降序排列，A 是点数最大的牌。在现实中，扑克玩家可能喜欢将点数最大的牌放在最左边，但我们不必陷入扑克游戏的细节之中。

这个排序过程被称为*插入排序*（insertion sort），因为对每个数据项，我们根据它与已排序数据项的相对大小将其插入到正确位置。为了构造这样一个算法，我们需要一种方法来精确描述牌的移动，在图 12-2 中我们用箭头表示牌的移动。对于要排序的第一张牌 Q♠，我们只需将它与 A♠进行交换。我们对 K♠进行相同的操作，将其与 A♠进行交换。10♠的移动更复杂一些，因为涉及不只一次交换，但是，我们可以用一些交换序列来精确描述它。首先我们交换 10♠和 A♠，然后交换 10♠和 K♠，最后交换 10♠和 Q♠。看起来就像是这样来重排我们手中的牌：Q♠K♠A♠10♠J♠⇝Q♠K♠10♠A♠J♠⇝Q♠10♠K♠A♠J♠⇝10♠Q♠K♠A♠J♠。因此，对每张牌我们希望将其放到正确的位置，具体做法就是反复将其与左侧的牌进行交换，直至它的值大于左侧牌的值为止。算法 12-3 以算法语言描述了这个方法。

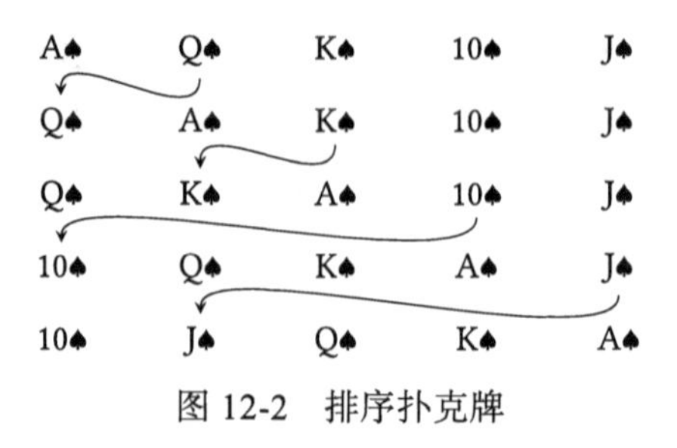

图 12-2　排序扑克牌

算法12-3 **插入排序**

InsertionSort(A)

输入：A，一个待排序的数据项的数组

结果：A已排好序

1 **for** $i \leftarrow 1$ **to** $|A|$ **do**

2 $\quad j \leftarrow i$

3 $\quad$ **while** $j > 0$ **and** Compare($A[j-1], A[j]$) > 0 **do**

4 $\quad\quad$ Swap($A[j], A[j-1]$)

5 $\quad\quad j \leftarrow j-1$

算法开始在第 2 行将 j 设置为待排序数据项数组 A 第二个数据项的位置，然后在第 3～5 行将数据项与其前驱数据项进行比较，如果必要的话进行交换。回到第 2 行，我们对数组的第三个数据项做同样的事情，将 j 设置为 i 的新值。每次我们经过第 2 行，变量 j 就保存外层循环当前迭代步中我们要移动的数据项的初始位置，它的值在内层循环中的第 5 行被减小，只要 $A[j]$ 小于 $A[j-1]$。内层循环中的条件 $j > 0$ 是必需的，它确保我们在向后比较和交换的过程中不会跨出数组的起始位置。当我们将当前数据项移动到数组起始位置时它就发挥作用了：此时 $j=0$，因此不存在 $A[j-1]$，第二个判断条件会产生错误。注意，这里我们利用了短路求值，当 $j > 0$ 为假时我们不会对 $A[j-1] > A[j]$ 进行求值。

图 12-3 显示了插入排序的过程，使用的数组与图 12-1 相同。插入排序的总体行为有点儿类似选择排序，都是左下部分为已排序数据项，差别在于在选择排序中，灰色数据项已排序且已位于最终位置，而在插入排序中灰色数据项之间是已排好序的，但它们并不一定已位于最终位置，因为右侧的数据项还可能插入到它们中间。

291

外层循环每步迭代移动一个数据项时都可能包含一系列的交换操作。例如，从 i=6 这行迁移到 i=7 这行就不是一个原子操作，而是执行了一系列操作：图 12-4 显示了实际上发生了什么。

i	A													
1	84	64	37	92	2	98	5	35	70	52	73	51	88	47
2	64	84	37	92	2	98	5	35	70	52	73	51	88	47
3	37	64	84	92	2	98	5	35	70	52	73	51	88	47
4	37	64	84	92	2	98	5	35	70	52	73	51	88	47
5	2	37	64	84	92	98	5	35	70	52	73	51	88	47
6	2	37	64	84	92	98	5	35	70	52	73	51	88	47
7	2	5	37	64	84	92	98	35	70	52	73	51	88	47
8	2	5	35	37	64	84	92	98	70	52	73	51	88	47
9	2	5	35	37	64	70	84	92	98	52	73	51	88	47
10	2	5	35	37	52	64	70	84	92	98	73	51	88	47
11	2	5	35	37	52	64	70	73	84	92	98	51	88	47
12	2	5	35	37	51	52	64	70	73	84	92	98	88	47
13	2	5	35	37	51	52	64	70	73	84	88	92	98	47
	2	5	35	37	47	51	52	64	70	73	84	88	92	98
	A													

图 12-3 插入排序示例

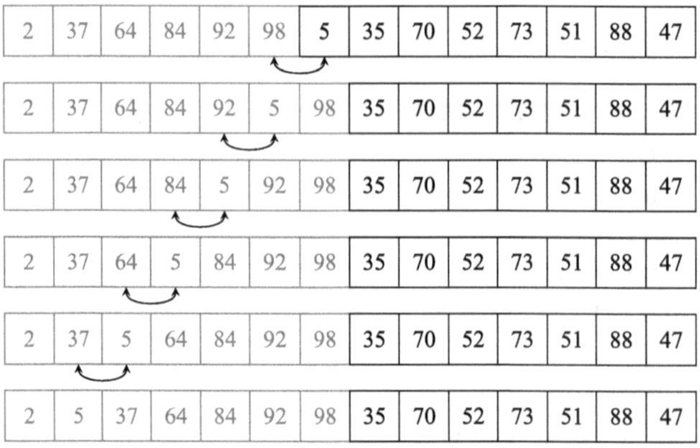

2	37	64	84	92	98	5	35	70	52	73	51	88	47
2	37	64	84	92	5	98	35	70	52	73	51	88	47
2	37	64	84	5	92	98	35	70	52	73	51	88	47
2	37	64	5	84	92	98	35	70	52	73	51	88	47
2	37	5	64	84	92	98	35	70	52	73	51	88	47
2	5	37	64	84	92	98	35	70	52	73	51	88	47

图 12-4　图 12-3 中当 i=6 时发生的交换操作

为研究插入排序的性能，我们必须分析出比较和交换操作的次数，就像我们分析选择排序那样。先分析交换次数更为容易。在图 12-3 的第 1 行，我们进行了一次交换，因为 64 < 84。在第 2 行，我们进行了两次交换，因为 37 < 84 且 37 < 64。在第 3 行，我们没有进行任何交换，而在第 4 行我们需要四次交换。你可以看到出现了一种模式：每行中的交换次数等于我们当前处理的数据项左边的数据项中大于当前数据项的个数。实际上，在第 8 行，数据项 98, 92 和 84 大于数据项 70，因此在这一行中发生了三次交换。对于一个值的序列，如果一个值小于其左边的一个值，在数学上就称存在一个*逆序*（inversion），因为这两个数据项的相对顺序是反的。简言之，当两个数据项次序颠倒时，就出现一个逆序。因此，每一行所需的交换次数就等于涉及我们要移动的数据项的逆序的数目。将所有行一起考虑，则总交换次数等于原数组中所有数据项的逆序总数。例如，如果我们有一个数组 5, 3, 4, 2, 1，它包含下列逆序：(5，3)，(5，4)，(5，2)，(5，1)，(3，2)，(3，1)，(4，2)，(4，1)，(2，1)，这意味着使用插入排序算法对它进行排序需要九次交换——你可能想要检查是否确实如此。 [292]

如果一个数组已经有序，则逆序的数目为 0。如果一个数组中的 n 个元素完全按逆序排列，则我们从数组最后一个元素开始的话，它有 $n-1$ 个逆序，因为它与之前的每个元素都处于逆序顺序。如果来到倒数第二个元素，则它有 $n-2$ 个逆序，原因相同。直到数组第二个元素，情况都是如此，因此它恰有一个逆序——与数组第一个元素形成逆序。因此，一个逆序排列的数组共有 $1+2+\cdots+(n-1)=n(n-1)/2$ 个逆序。可证明一个随机排列的数组包含的逆序数量更少，为 $n(n-1)/4$ 个。我们可以看到逆序的数目就等于交换的次数，因此插入排序最好情况需 0 次交换，最坏情况需 $n(n-1)/2$ 次交换，平均需 $n(n-1)/4$ 次交换。 [293]

我们现在分析算法第 3 行中元素 $A[j]$ 和 $A[j-1]$ 间比较的次数。如果数组已经有序，则对外层循环的每步迭代，即对每个 i 值，恰好发生一次比较，因此，总比较次数为 $n-1$。如果数组已排序为逆序，我们已经看到需要进行 $n(n-1)/2$ 次交换。发生这种情况时，在第 3 行我们需要进行 $n(n-1)/2$ 次成功的比较：每个数据项都要与其前面所有数据项（直至第一个数据项）进行比较，总次数的计算公式又是我们熟悉的 $1+2+\cdots+(n-1)=n(n-1)/2$。

如果数组是随机排列的，由于我们需要进行 $n(n-1)/4$ 次交换，因此成功比较次数也为 $n(n-1)/4$ 次。但我们可能还需要进行不成功的比较，例如，考虑数组 1，2，5，4，3。假定我们在处理数据项 4，我们会比较 5 > 4，结果是比较成功，然后比较 2 > 4，结果是比较失败。另外一种不成功的比较是我们在第 3 行时有 j=0。虽然我们不知道这发生了几次，但我们可以确定发生的次数不会超过 $n-1$，这是这种不成功比较的最大次数（如果数组已是逆序排序的，这种不成功比较会恰好发生 n 次，但我们之前已经处理了这种情况）。综合两种比较操作，我们最多需要进行 $n(n-1)/4+(n-1)$ 次比较。$n-1$ 这一项不会改变 $n(n-1)/4$ 这个我们之前已经得到的复杂度分析结果。

总结来说，对一个已经有序的数组，插入排序的交换次数为 0；对逆序数组，为 $\Theta(n(n-1)/2)=\Theta(n^2)$；对随机排列的数组，为 $\Theta(n(n-1)/4)=\Theta(n^2)$。对已经有序的数组，比较次数为 $\Theta(n-1)=\Theta(n)$；对逆序数组，为 $\Theta(n(n-1)/2)=\Theta(n^2)$；对随机排列的数组，为 $\Theta(n(n-1)/4)+O(n)=\Theta(n(n-1)/4)=\Theta(n^2)$。

插入排序也像选择排序一样容易实现。在实践中，插入排序通常比选择排序更快，这令它适合于小数据集。插入排序也可被用作在线算法，即算法排序元素序列的方式是收到一个元素就排序一个，而不必等待所有元素都准备好才开始算法。

294

复杂度 $\Theta(n^2)$ 对小数据集可能还是可以接受的，但对于大数据集就不实用了。如果我们要排序一百万个数据项，n^2 就达到了一万亿：1 后面 12 个 0 的巨大数值。这就太慢了。如果你觉得一百万这个数太大，那就看一下不那么大的数，十万个数据项，n^2 达到一百亿，仍旧是一个非常大的数。如果我们希望能处理很大的数据集，就必须比选择排序和插入排序做得更好才行。

12.3 堆排序

我们回到选择排序，对其过程进行更多一些思考，借此可得到一种更好的方法。在每步迭代，我们寻找未排序数据项中最小的那个——具体做法是遍历所有未排序数据项，但也许我们可以找到一种更聪明的方法。首先，让我们反转一下逻辑，想象一个类似选择排序那样的排序过程，但我们首先寻找最大数据项并将其放置在末尾，然后我们寻找剩余数据项中最大者放在末尾数据项之前。我们重复这个过程，直至处理完所有数据项。这是一个反向的选择排序：我们不是寻找放在第一个位置的最小数据项，而是寻找放在最后位置 $|A|-1$ 处的最大数据项。然后我们不再寻找放在第二个位置的第二小的数据项，而是寻找放在位置 $|A|-2$ 处的第二大数据项，显然，这也是可行的。现在，如果我们以某种方式处理一下数据项，使得每次在未排序数据项中寻找最大者变得更容易，我们就会得到一个更好的排序算法，假如这种处理不会花费很多时间的话。

假定我们设法安排数组 A 中的数据项，使得对所有 $i<|A|$ 满足 $A[0]\geqslant A[i]$，则 $A[0]$ 就是最大数据项，我们应该将其放在 A 的末尾：我们可以将 $A[0]$ 与 $A[n-1]$ 进行交换。现在 $A[n-1]$ 中就是所有数据项中最大者，而 $A[0]$ 中则是原来 $A[n-1]$ 中的值，如果我们设法安排从 $A[0]$ 到 $A[n-2]$ 的数据项，使得重新满足对所有 $i<|A|-1$，$A[0]\geqslant A[i]$ 的性质，则我们可以重复上面的过程：将 $A[0]$——$A[0]$，$A[1]$，…，$A[n-2]$ 中最大的数据项——与 $A[n-2]$ 进行交换。现在 $A[n-2]$ 中就是所有数据项中第二大的，然后我们再次重排 $A[0]$，$A[1]$，…，$A[n-3]$ 使得所有 $i<|A|-2$ 满足 $A[0]\geqslant A[i]$，从而交换 $A[0]$ 与 $A[n-3]$。如果我们这样重复做下去，寻找剩余数据项中最大者并将其放置在 A 末端恰当位置，最终所有数据项都会来到正确位置。

此时，将数组 A 当作一棵树来处理就很有帮助了，其中每个数据项 $A[i]$ 对应树的一个节点，其两个孩子节点为 $A[2i+1]$ 和 $A[2i+2]$。图 12-5 显示了我们用来展示排序算法的例子数组与它的树表示的对应关系。你必须理解树只是一种想象，所有东西都保存在底层的数组

295

中。但是，按上述规则将一个数组看作一棵树能说明算法的过程。

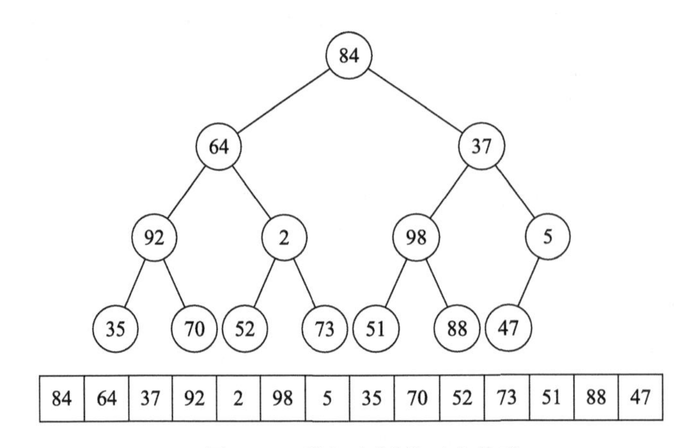

图 12-5　数组和树的对应关系

如果对所有 i 我们有 $A[i] \geqslant A[2i+1]$ 和 $A[i] \geqslant A[2i+2]$，就意味着树的每个节点都大于或等于它的孩子。则根节点大于或等于树中所有其他元素，这就是我们最初的要求：对所有 $i < |A|$，$A[0] \geqslant A[i]$。这样一种节点至少和其孩子相等的结构称为堆（heap），更准确地说是最大堆（max-heap）。现在的问题是，我们如何安排数组 A，使其具有这样的特性呢？换句话说，我们如何将 A 转换为一个最大堆呢？在介绍赫夫曼压缩时，我们已经见过堆了，虽然在本节中机制有所不同，你可以回顾 3.3 节看一下堆的不同应用和实现。同一个数据结构可以有很多用途，多多益善，也可能有不同的实现变体。

如果树的最后一层是第 h 层，我们从第 h–1 层的节点开始，从右至左地处理它们。我们将每个节点与其孩子进行比较，如果它大于或等于孩子，则这样就好；如果小于，我们将它与最大的孩子进行交换。一旦我们处理完第 h–1 层，对该层的所有节点就有 $A[i] \geqslant A[2i+1]$ 且 $A[i] \geqslant A[2i+2]$。在图 12-6a 中你可以看到这一过程，其中我们处理的是树的第二层，左边的是与图 12-5 中一样的原树。我们用灰色标记出被交换的节点，由右至左处理节点，其原因稍后就会清楚。首先处理节点 5，然后是节点 98，对这个节点什么也不用做，然后是节点 2，最后是节点 92，这个节点也是什么也不用做，得到的结果显示在右边。在每棵树的下方是对应的数组 A，是操作实际发生的地方。你可以验证数组的变化反映了树中的变化（倒不如说，由于只有数组是真正存在的，是树的变化反映了数组的变化）。

296

我们对第 h–2 层进行相同的处理，只是这一次当我们进行交换时，必须检查下面的层次——我们刚刚处理完的层次——上会发生什么。图 12-6b 中左侧的树是图 12-6a 中右边的树的复制，我们要继续对它进行处理。我们需要交换节点 37 和节点 98，做此交换后，我们会发现 37 的孩子节点变为 51 和 88，这违反了堆的条件。我们可以采用与之前相同的方法修正：找到 51 和 88 中较大者并将其与 37 的新位置进行交换。类似的交换也发生在节点 64 下降到节点 70 之下时。我们处理完第二层后，树就变成图 12-6b 中右侧那样。

最终，我们到达根层。在那里我们需要交换 84 和 98。完成这次交换后，我们还需交换 84 和 88，至此就完成了全部工作。图 12-6c 显示了这一系列交换。请跟踪从图 12-5 开始一直到图 12-6 中的几个步骤到底发生了什么，如果你还没有做过的话。

由于你已经跟踪了在最大堆构造过程中节点是如何移动的，现在我们可以称节点似乎是从它们碰巧位于的层次下降（sink）到了应该处于的正确位置。这些节点来到了下面的层次上，而它们新位置上的原有节点则上升取代了它们的位置。算法 12-4 给出了下降过程的算法。

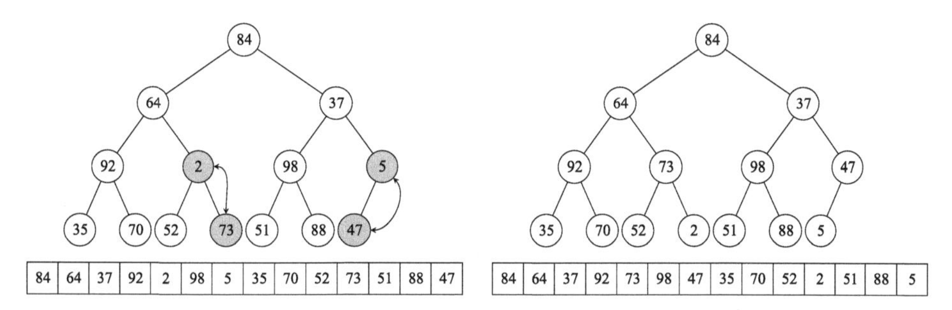

a) 在第 2 层创建一个最大堆

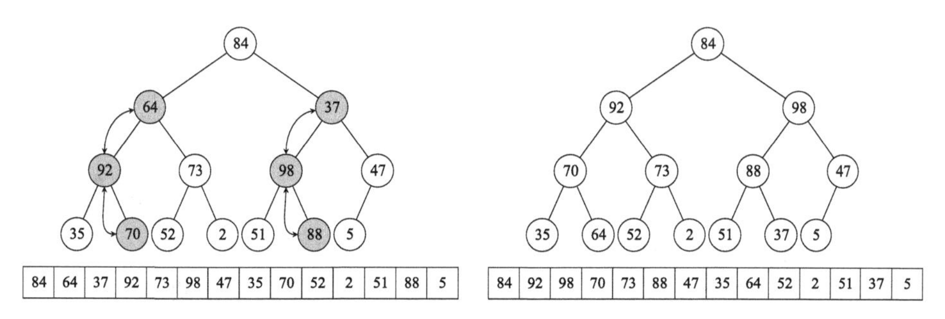

b) 在第 1 层创建一个最大堆

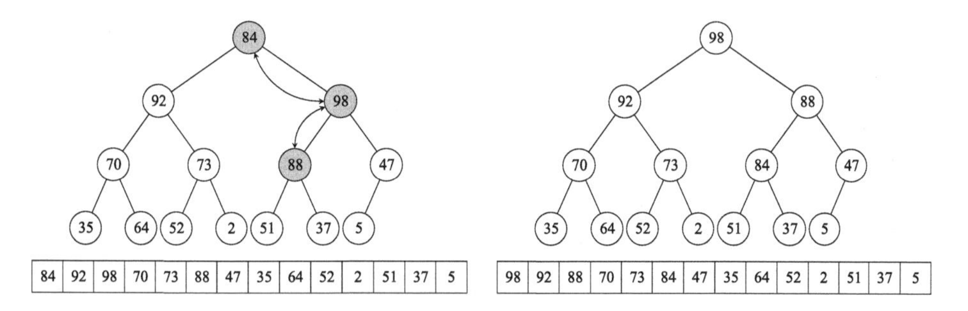

c) 在根层创建一个最大堆

图 12-6 创建一个最大堆

算法接受三个输入：一个数组 A、我们希望下降到其正确位置的数据项的索引 i 以及在算法执行过程中我们需要考虑的数据项数目 n。你可能奇怪我们为什么需要第三个输入，因为数据项的数目应该等于数组中的数据项数 $|A|$，这是因为我们只希望将 A 的一部分作为堆来处理。回忆一下，开始时我们希望对所有 $i < |A|$，令 $A[0] \geqslant A[i]$，从而整个数组 A 是一个堆。在取出最大元素 $A[0]$ 并将它与 $A[n-1]$ 交换后，我们希望寻找 $A[0]$——$A[0]$，$A[1]$，$\cdots$，$A[n-2]$ 中的最大元素，因此我们将 A 的前 $n-1$ 个元素作为一个堆来处理。每当我们将一个数据项放到它的正确位置后，就开始处理一个更小一些的堆。

297
~
298

算法12-4 下降

```
Sink(A, i, n)
    输入：A，一个数据项数组
          i，需要下降到正确位置的数据项的索引
          n，需要考虑的数据项数目
    结果：在A中A[i]已下降到正确位置
1   k = i
2   placed ← FALSE
3   j ← 2k + 1
4   while not placed and j < n do
5       if j < n − 1 and Compare(A[j], A[j + 1]) < 0 then
6           j ← j + 1
7       if Compare(A[k], A[j]) >=0 then
8           placed = TRUE
9       else
10          Swap(A[k], A[j])
11      k ← j
12      j ← 2k + 1
```

在这个算法中，我们用 k 作为数据项的索引。初始时它被设置为 i，但随着数据项在树中向下移动，它的值会发生改变。变量 *placed* 指出数据项是否已放到其正确位置。索引为 k 的数据项的孩子的位置是 $2k+1$ 和 $2k+2$，如果存在的话。我们设置 j 指向第一个孩子，即左孩子，然后我们进入一个循环，只要节点还未到达其正确位置且它还有孩子节点 ($j < n$)，循环就会继续执行。首先，我们希望找到两个孩子中较大的那个，如果当前节点的确有两个孩子的话，这是第 5～6 行所做的事情。接着我们检查正在下降中的节点是否大于较大的那个孩子：如果是，则下降过程结束，第 7～8 行完成这个工作，如果不是，则我们必须将节点继续下降，将较大的孩子上升，如第 9～10 行所示。然后我们准备继续循环处理下一层，更新 k 指向正在下降的数据项的新位置并更新 k 为其第一个孩子节点的位置（如果存在的话）。

299

下降算法的微妙之处在于，它不仅提供了构造一个最大堆的方法，而且还是我们之后创建新的排序算法的主要工具。首先，我们用它将数据转换为一个堆，如图 12-6 所示。图 12-6a 显示了对 i=6，5，4，3 执行 Sink(A，i，$|A|$) 的过程，图 12-6b 显示了对 i=6，5，4，3 执行 Sink(A，i，$|A|$) 的过程，最终，图 12-6c 显示了执行 Sink(A，0，$|A|$) 的过程。这样就构成了一个堆，我们知道所有数据项中最大者位于树根，而在排好序后它应该是最后一个数据项。因此我们将它从堆的根取出并与堆的最后一个数据项 $A[n-1]$ 交换。时刻记住，这棵树实际上是一个数组，只是看作一棵树来处理而已。数组的前 $n-1$ 项不再是一个堆了，因为根不大于其孩子，但这很容易修正！我们只需对前 $n-1$ 个数据项运行下降算法，来将新交换来的 $A[0]$ 下降到其恰当位置即可：Sink(A，0，$|A|-1$)。实际上，我们正在处理一个少了一个元素的堆，这就是为什么我们将数据项数目作为输入传递给算法，我们需要指出正在处理一个更小的堆。下降算法结束后，我们将再次得到一个最大堆，第二大的数据项位于顶端，然后我们可以将 $A[0]$ 与当前堆的最后一个数据项 $A[n-2]$ 进行交换，于是数据项 $A[n-2]$ 和 $A[n-1]$ 处于了它们应在的、排序后的位置，这令我们可以执行 Sink(A，0，$|A|-2$) 来将剩余 $n-2$ 个

数据项重整为一个最大堆。最终，所有数据项都会排好序，从 A 的后端来到前端。这就是堆排序 (heapsort)，如算法 12-5 所示。

如果已经有了 Sink，那么堆排序的表达会非常简洁。初始时我们将变量 n 设置为 A 的大小，如算法第 1 行所示。在第 2～3 行开始堆排序的第一阶段——将数组转换为一个最大堆，为此，我们需要对树的每个内部节点调用 Sink(A，i，$|A|$)。树的最后一个内部节点是以最后一个节点 $A[n-1]$ 为孩子的节点，它的位置是 $\lfloor (n-1)/2 \rfloor$，因此内部节点的位置 i 的值为 $\lfloor (n-1)/2 \rfloor$，$\lfloor (n-1)/2 \rfloor -1$，…，0。回忆一下，在 **for** 循环中，**to** 指出的边界是不包含在循环范围内的，因此为了使循环范围包含 0，就必须使用 **to**–1。堆排序中构造堆的阶段就是我们在图 12-6 中所做的事情。我们取逐渐减小的 i，这解释了在图 12-6 中为什么是由右至左来处理节点的。

300

算法12-5 堆排序

```
HeapSort(A)
    输入：A，一个数据项数组
    结果：A已排好序
1   n ← |A|
2   for i ← ⌊(n − 1)/2⌋ to −1 do
3       Sink(A, i, n)
4   while n > 0 do
5       Swap(A[0], A[n − 1])
6       n ← n − 1
7       Sink(A, 0, n)
```

一旦构造好堆，我们就开始堆排序的第二阶段，进入算法第 4～7 行的循环。我们会重复执行循环，执行次数与 A 中数据项数目相等。我们取出第一个数据项 $A[0]$，它是 $A[0]$，$A[1]$，…，$A[n-1]$ 中最大者，将其与 $A[n-1]$ 交换，将 n 减 1，并将数组 A 中前 $n-1$ 个数据项重整为一个堆。

在我们的例子数组 A 中，堆排序的第二阶段的开始如图 12-7 所示，每个数据项从堆顶即 A 的第一个位置取出，被放置到位置 $n-1$，$n-2$，…，1。每当此时，它替换的那个数据项被暂时放到堆顶，然后下降到树中恰当位置，此时剩余未排序元素中最大者再次来到 A 的第一个位置，且我们可以重复与前面一样的步骤，只不过是处理一个更小一些的堆而已。在图中，每执行一步循环，我们就将到达了最终位置的数据项用灰色标记，并将其从树中移除来指示堆变小了。

堆排序是一个精致的过程，但其性能如何呢？首先请注意，我们遵循了选择排序的步骤，将每个数据项放置在其正确的、最终的位置上。但并不是从头到尾扫描未排序数据项来寻找最大者，而是采用一种更聪明的方法，令最大未排序数据项总是出现在最大堆的顶端。做这样的操作是否值得呢？

答案是肯定的。我们首先统计交换操作次数。为了创建一个最大堆，对根节点，我们需要最多 h 次交换，其中 h 是树的最后一层的层次。对一层上的每个节点，我们需要 $h-1$ 次交换，依此类推，直到倒数第二层的节点，每个节点需要一次交换。由于堆是一个完全二叉树，因此零层（根层）有一个节点，一层有 $2=2^1$ 个节点，二层有 $2\times 2=2^2$ 个节点，依此类推。在倒数第二层，即 $h-1$ 层，有 2^{h-1} 个节点，总交换次数为 $2^0\times h+2^1\times(h-$

$1)+2^2\times(h-2)+\cdots+2^{h-1}$，即对 $k=0$，1，⋯，$h-1$ 所有项 $2^k(h-k)$ 的和，这个和等于 $2^{h+1}-h-2$。301由于 h 是最后一层，因此如果 n 是树中数据项的数目，则我们有 $n=2^{h+1}-1$，上面的和变为 $n-\lg n-1$。于是，创建最大堆所需交换次数为 $O(n-\lg n-1)=O(n)$。比较次数是其两倍：对每次交换，我们需要进行两个孩子节点间的一次比较和父节点与较大孩子间的一次比较，因此创建一个最大堆所需比较次数为 $O(2n)$。在堆排序的第二阶段，最坏情况是重整一个 h 层的堆，需要 h 次交换和 $2h$ 次比较，我们有 $h=\lceil \lg n \rceil$，第二阶段重复 n 次。因此我们可以得到结论，我们需要不超过 $n\lceil \lg n \rceil$ 次交换和 $2n\lceil \lg n \rceil$ 次比较，分别是 $O(n\lg n)$ 和 $O(2n\lg n)$。

总结起来，如果采用堆排序对 n 个元素进行排序，我们需要少于 $2n\lg n+2n$ 次比较和 $n\lg n+n$ 次交换。用复杂度术语描述，我们需要 $O(2n\lg n+2n)=O(n\lg n)$ 次比较和 $O(n\lg n+n)=O(n\lg n)$ 次交换。

从 $\Theta(n^2)$ 到 $O(n\lg n)$ 的改进是不容轻视的。如果你要排序 1000000 个对象，插入排序和选择排序需要 $(10^6)^2=10^{12}$ 次比较，即一千亿次。堆排序则只需 $10^6\lg 10^6$ 次，少于两千万。我们将比较次数从一个天文数字转变为一个完全可能的数字。

堆排序是一种可以用于大数据集排序的算法，它也的确已被用于这样的场景，特别是，在完成全部排序工作的过程中，它无须任何辅助空间：只是在给定的数据上进行操作。堆排序显示了在一个更好的数据结构的帮助下，算法能得到多大的额外提升。

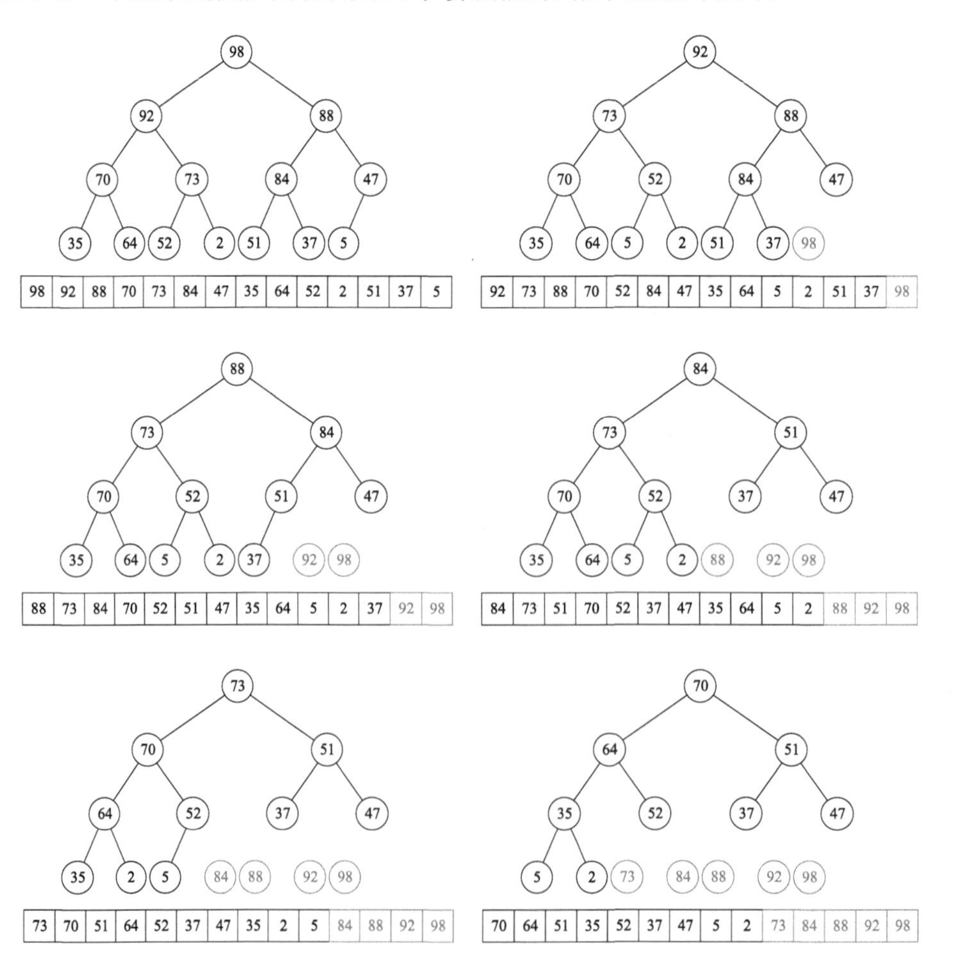

图 12-7　堆排序第二阶段

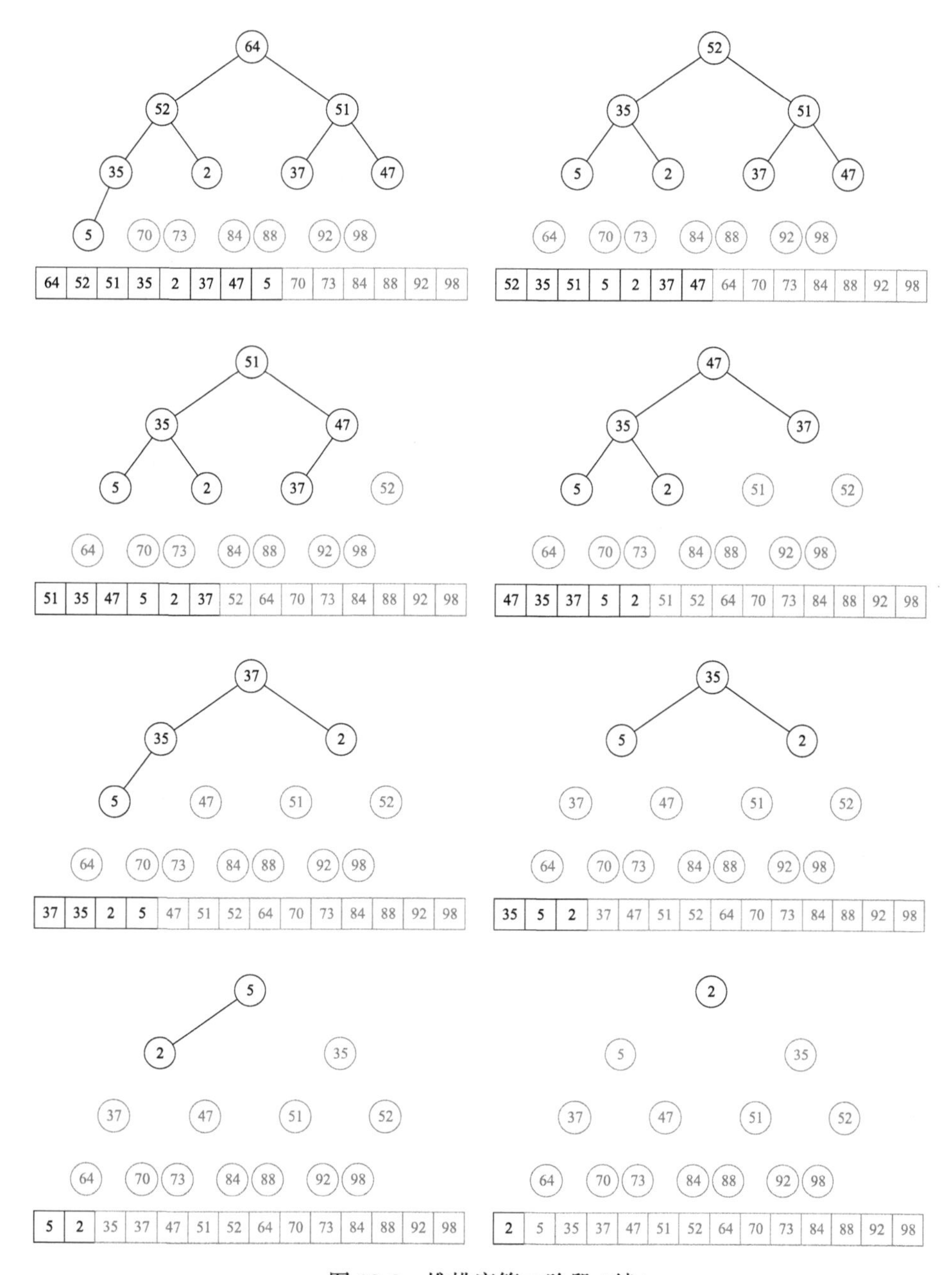

图 12-8 堆排序第二阶段（续）

12.4 归并排序

现在设想有两个已排序的数据项集合，你如何将它们合成一个有序集合？一个解决方案是将它们连接在一起，然后对其进行排序。如果我们使用插入排序或选择排序，则适用的数据集就不可能太大。而且，我们没有利用两个集合已有序这一初始条件，显然应该存在能利用这一点的方法。

这样的方法的确存在。让我们再次回到扑克牌的例子，假设你有两叠已排好序的牌。

302~304

为了将它们整理为一叠有序的扑克牌，你可以这样做。首先考察两叠牌的第一张，并将其中较小的那张放到第三叠（排序结果初始为空）。然后你继续检查两叠牌的第一张，其中一叠保持原样，而另一叠的第一张牌已经被移到了第三叠中。你将较小的那张牌放在第三叠已有那张牌之上，继续这样的操作直至两叠牌都处理完。如果一叠牌先处理完，就意味着另一叠所有剩余的牌的牌面都要大于已经放入第三叠的牌，因此你只需将它们放在第三叠已有的牌之上即可。图 12-9 显示了这样组合（或者称合并，merge）两叠扑克牌的一个示例。

我们现在回到数组元素的场景，将之前例子中所用的数组 A 一分为二，然后用某种方法（此刻不要担心采用哪种方法）排序两个部分，你将得到两个有序数组，正是我们想要的。然后用下面方法将它们合并为一个有序数组；你取第一个有序数组的第一个元素和第二个数组的第一个元素，其中较小者即为新的有序数组的第一个元素；你从两个数组中移出最小元素并将其放入新数组，重复这一过程直至处理完有序数组中的所有元素。如果一个有序数组先处理完，则将另一个有序数组的剩余元素添加到新数组的末尾即可。在图 12-10 中你可以看到两个数组的前四个元素是如何处理的，这一合并过程形成了一种称为*归并排序*（merge sort）的高效排序算法的基础。

305

在继续介绍归并排序之前，有些关于合并操作的问题需要注意。图 12-10 显示了概念上算法的执行过程，但在实际中我们并不是这样进行合并，原因在于我们希望避免从数组移除元素的操作，这一操作低效且复杂。最好令两个原始数组中的数据项保持原地不动，我们只是记录每个数组进行到了什么位置。为此，我们可以使用两个指针分别指出两个数组尚未处理的剩余部分的开始位置。这样改进之后，图 12-10 的过程就变为图 12-11 的过程。

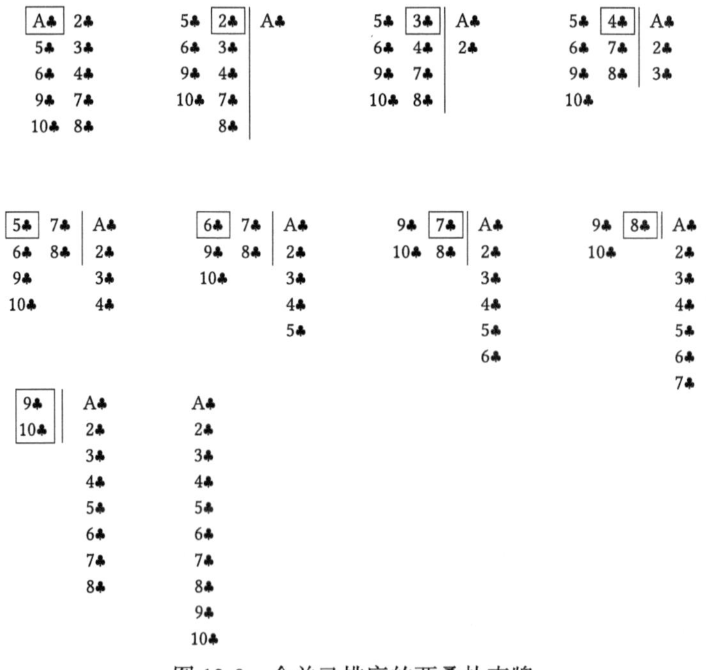

图 12-9　合并已排序的两叠扑克牌

现在我们将图 12-11 中的过程转换为算法 12-6。我们有两个输入数组 A 和 B，一个输出数组 C，其长度等于 A 和 B 长度之和：$|C|=|A|+|B|$。我们用一个指针 i 遍历数组 A，一个指针 j 遍历数组 B，以及一个指针 k 遍历数组 C。

在算法第 1 行我们创建了输出数组 C，在第 2 行和第 3 行将 i 和 j 都初始化为 0，然后我们进入第 4～16 行的循环，对数组 A 和 B 的每一项会执行一步循环。第 5～7 行处理的是 A 中所有元素都已放入 C 的情况，在此情况下，B 中所有剩余元素被添加到 C 的末尾。第 8～10 行处理的是镜像情况——B 中所有元素都已放入 C 中，因此我们将 A 中所有剩余元素都添加到 C 的末尾。如果 A 和 B 中都还有元素未处理完，则我们检查两个当前元素 $A[i]$ 和 $B[j]$ 中哪个小于或等于另外一个，将其放在 C 的末尾：如果 $A[i]$ 更小，则它进入 C，如第 11～14 行所示；否则 $B[j]$ 进入 C，如第 14～16 行所示。注意，在每一步循环中，除了递增 k，我们还会根据是将 A 中还是 B 中一个元素放入 C 来递增 i 或 j。

306

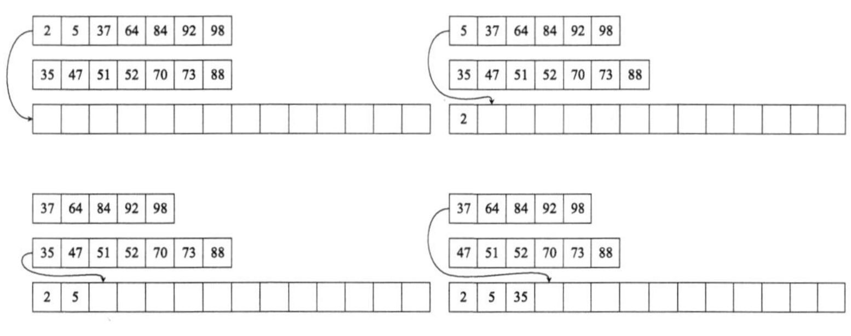

图 12-10　合并两个数组

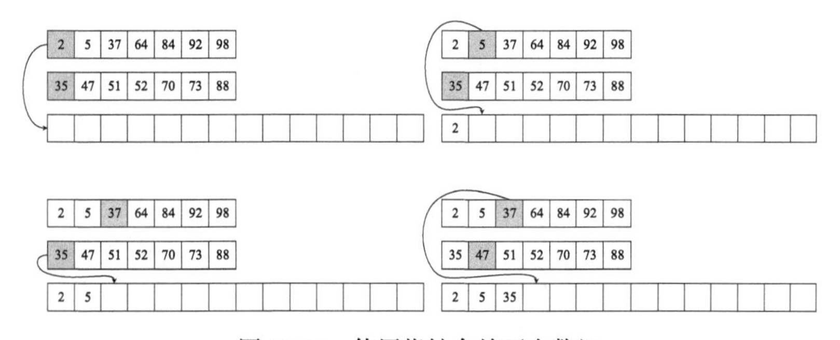

图 12-11　使用指针合并两个数组

我们之前都是假设有两个有序数组，希望将它们合成一个有序数组。让我们去掉“有两个有序数组”这一假设，取而代之，假设有一个数组，包含两个有序的部分。数组从开始到某个位置 $m-1$ 的数据项是有序的，从位置 m 到末尾的数据项也是有序的。因此，输入不再像图 12-10 和图 12-11 中那样是两个数组，而是两个数组连接在一起的单个数组。我们能像算法 12-6 那样将它们合并吗？答案是肯定的，只需稍微修改。

首先，我们需要一个临时数组，用作暂存空间。将复制两个有序部分中的数据项到临时数组中，然后像算法 12-6 那样处理，差别仅在于不再是从两个不同数组中复制到一个新的输出数组中，而是从临时数组中复制到初始数组中。由于是直接修改初始数组，因此我们将这种方法称为*原址*（in-place）数组合并，算法 12-7 描述了这个方法。

算法12-6 数组合并

```
ArrayMerge(A, B) → C
    输入：A，一个有序数据项数组
          B，一个有序数据项数组
    输出：C，一个包含A和B中数据项的有序数组
1   C ← CreateArray(|A| + |B|)
2   i ← 0
3   j ← 0
4   for k ← 0 to |A| + |B| do
5       if i >= |A| then
6           C[k] ← B[j]
7           j ← j + 1
8       else if j >= |B| then
9           C[k] ← A[i]
10          i ← i + 1
11      else if Compare(A[i], B[j]) <= 0 then
12          C[k] ← A[i]
13          i ← i + 1
14      else
15          C[k] ← B[j]
16          j ← j + 1
17  return C
```

算法 12-7 更为通用一些，因为它不要求整个数组由两个有序部分组成，它只要求数组包含两个有序部分，一个紧接着另一个。在前一部分之前可以有其他元素，在后一部分之后也可以有其他元素。稍后我们将看到这一点为什么很有用。算法接受一个待排序的数组 A 及三个索引 l, m 和 h 作为输入，这几个索引指出元素 $A[l]$，…，$A[m]$ 是有序的，元素 $A[m+1]$，…，$A[h]$ 也是有序的。如果两个有序部分覆盖了整个数组，则我们有 l=0 且 h=$|A|-1$。

原址合并也使用了两个指针，只是这次指向的不是两个数组，而是同一个数组的不同位置。我们需要一个辅助数组 C，我们在第 1 行创建了这个数组并在第 2～3 行填入了 A 的两个有序部分中的元素，因为两个有序部分位于 l，l+1，…，h，因此为了复制其中数据项，我们需要循环 $h-l$ 次，$|C|=h-l$。我们仍旧使用两个指针 i 和 j 来遍历两个有序部分，只是这次是遍历数组 C 中待复制的元素。前一个有序部分包含 $m-l$ 个元素，后一个有序部分包含 $h-l$ 个元素。因此，后一个有序部分在 C 中的起始位置为 $cm=m-l+1$，结束位置为 $ch=h-l+1$。指针 i 将从位置 0 开始，指针 j 将从位置 cm 开始。我们将这些定义放在了第 4～7 行。做完这些之后，算法 12-7 的第 8～20 行本质上就和算法 12-6 的第 4～16 行相同了。

在算法执行的过程中，我们将待合并的数据项复制到数组 C 中后，就遍历数组 C 的两个有序部分进行合并，每一步取较小元素，将其写入数组 A。这与我们之前在算法 12-6 中所做的完全一样。在算法结束时，数组 A 将包含两个有序部分的合并结果。

图 12-12 显示了对一个由相同大小的两部分组成的数组执行算法 12-7 的过程，其中 l=0 且 h=$|A|-1$。我们用一条竖杠指出后一个有序部分的开始位置，你可以看到四对数组，每对中上面那个是数组 C，下面那个是数组 A。初始时 C 是 A 的一个副本——如果 $l > 0$

307 308 309

或 $h < |A|-1$，则它只是 A 的一部分的副本。随着算法的执行，数据项从 C 复制到 A，A 变为有序。

算法12-7 **原址数组合并**

```
ArrayMergeInPlace(A, l, m, h)
    输入：A，一个数据项数组
          l，m，h，数组索引，满足数据项A[l]，…，A[m]有序且数据项A[m+1]，…，
          A[h]也有序
    结果：A中数据项A[l]，…，A[h]有序
1   C ← CreateArray(h − l + 1)
2   for k ← l to h + 1 do
3       C[k − l] = A[k]
4   i ← 0
5   cm ← m − l + 1
6   ch ← h − l + 1
7   j ← cm
8   for k ← l to h + 1 do
9       if i >= cm then
10          A[k] ← C[j]
11          j ← j + 1
12      else if j >= ch then
13          A[k] ← C[i]
14          i ← i + 1
15      else if Compare(C[i], C[j]) <= 0 then
16          A[k] ← C[i]
17          i ← i + 1
18      else
19          A[k] ← C[j]
20          j ← j + 1
```

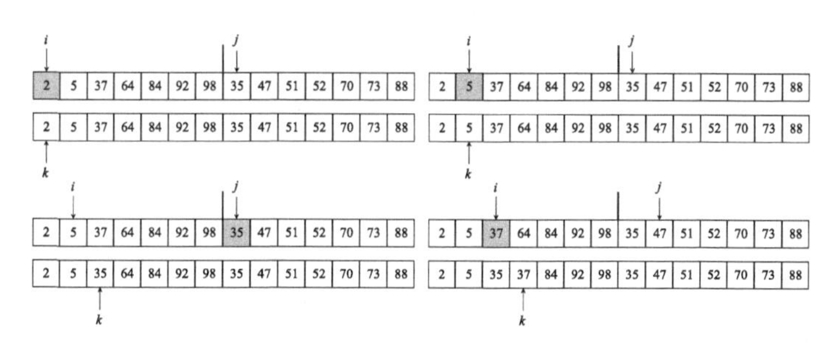

图 12-12　原址合并

现在我们退一步，来回顾一下到目前为止我们已经实现了什么：假如我们有两个有序数组，或是一个数组中两个有序部分，我们能将它们合并为一个有序序列。那么一般来说，如果我们要对一个序列进行排序，可以将其一分为二，对前一部分和后一部分分别排序，我们就有了两个有序部分，即可用前面的方法将它们合并。

这看起来像是个花招，因为我们开始是要排序一个序列，但不知怎的就略过了这个问题，变成了假定我们可以排序序列的两个部分，那么我们又如何排序这两个部分呢？对每个部分继续上述过程即可：将其一分为二，对两半部分分别排序，然后将它们合并。看起来我们再次推迟了实际的工作，因为我们还是没有即刻对序列进行排序，而是假定可以以某种方式排序其两个部分然后合并，虽然如何排序两个部分我们也并不知道。这令我们回想起跳蚤的童谣：

310

> 大跳蚤上有小跳蚤，
> 在它们背上咬它们，
> 小跳蚤上又有小小跳蚤，
> 如此，无穷无尽……

但对这个问题，我们是可以避免无限退化的，因为我们不可能无休止地将一个序列一分为二。随着我们持续划分一个序列，在某个时刻就会得到长度为 1 的序列。而这个序列已经是有序的了：单个数据项就其自身而言总是有序的。这是这一方法的关键：通过划分再划分，我们会得到单个数据项的序列，这些序列已是有序的，我们可以很容易地合并它们——其实就是比较两个数据项，将它们按顺序排列，然后我们就可以将小序列合并得到的大序列继续合并，如此持续下去，直至最终整个序列只剩下两个有序的子序列。

例如，我们如何排序 A♡ 10♡ K♡ J♡ Q♡这手牌呢？我们首先将这手牌分为两部分：A♡ 10♡ K♡和 J♡ Q♡。两个部分不是有序的，因此我们不能合并它们。我们将前一个部分继续划分：A♡ 10♡和 K♡。这次第二个部分 K♡只有一张牌，已经是有序的了，但第一个部分还不是，因此我们将其一分为二：A♡和 10♡。这两张牌各自有序了，因此我们可以合并它们，得到 10♡ A♡。现在我们将它们与 K♡合并，得到 10♡ K♡ A♡。我们回到 J♡ Q♡，将其一分为二，得到 J♡和 Q♡。两个部分都自然有序了，因此我们合并它们，得到 J♡ Q♡。现在我们有两个有序部分：10♡ K♡ A♡和 J♡ Q♡。我们合并它们，得到最终排好序的牌 10♡ J♡ Q♡ K♡ A♡。整个过程如图 12-13 所示。

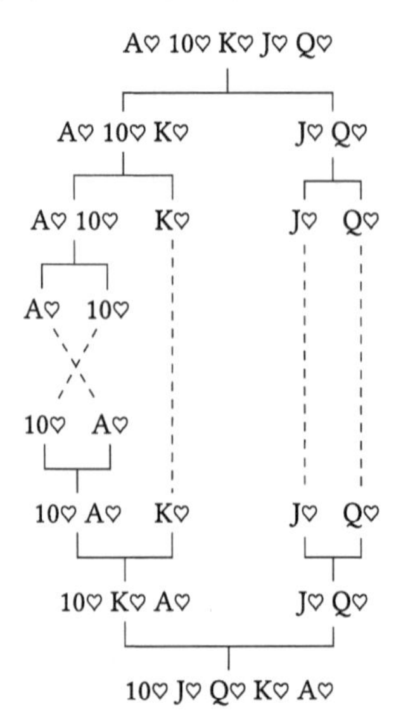

图 12-13　用合并方法排序一手扑克牌

你可能已经观察到，当我们处理 J♡Q♡时浪费了时间，因为它们已经有序了。事实的确如此，但我们选择接受它，因为检查数组是否有序需要遍历整个数组，检查每个元素是否大于或等于前一个元素，对 J♡Q♡看起来很明显。但如果我们是在处理数千个数据项，就不那么明显了，而且检查代价很高。

现在用一个算法实现这个过程就很简单了，如算法 12-8 所示。其思想是不断划分序列，直至不能继续划分为止，然后不断地合并为越来越大的序列，整体是用递归实现的。MergeSort(A，l，h) 接受一个待排序数组 A，其元素为 $A[l]$，…，$A[h]$。如果 $l \geqslant h$，则 A 只包含一个元素，我们无须对它做任何事。否则，我们在第 2 行计算中点并对两个部分分别调用 MergeSort，即 MergeSort(A，l，m) 和 MergeSort(A，m+1，h)。每个调用会做相同的事：检查是否需要排序。如果需要，则会创建两个新的划分，对它们进行相同的处理。这个过程会重复，直至分段只包含一个元素为止。当出现这种情况时，我们不断将段合并为更大的段，直到段大小覆盖整个数组 A。为了令一切运转起来，我们应调用 MergeSort(A，0，$|A|-1$)。 311

算法12-8 归并排序

```
MergeSort(A, l, h)
    输入：A，一个数据项数组
          l，h，数组索引
    结果：A中数据项A[l]，…，A[h]有序
1   if l < h then
2       m = l + ⌊(h − l)/2⌋
3       MergeSort(A, l, m)
4       MergeSort(A, m + 1, h)
5       ArrayMergeInPlace(A, l, m, h)
```

为了理解算法的运行机制，请看图 12-14。这个图是*调用追踪*（call trace）的一个示例，它追踪了程序执行过程中发生的函数调用。对每个被调用的函数，我们将它放置于相对其调用者缩进一个位置。我们还用线将它们连接起来，以方便在图中导航。如你所见，初始数组 [84，64，37，92，2，98，5，35，70，52，73，51，88，47] 被划分为越来越小的片段，直至我们可以开始进行合并，从单元素数组开始生成越来越大的数组，直至合并的两个部分构成了整个数组。 312

现在你应该理解了在算法 12-7 中我们为什么将 l，m，h 作为输入：在归并排序执行过程中，只有在最后一步我们才是合并整个数组的两个部分，因而有 l=0 和 h=$|A|-1$，在此之前我们都是在合并更小的部分，需要确切知道它们的开始位置和结束位置。

归并排序是*分治*（divide and conquer）方法求解问题的一个很好应用，因为它排序一个数据项集合的方法是将其一分为二，然后排序两个部分。除了美学之外，我们当然还担心其性能，因为我们是在寻找有用的求解方法，而不只是漂亮的方法。那么归并排序的复杂度是怎样的呢？

分析归并排序算法复杂度的关键是考虑在每步递归我们将数组一分为二。当我们将一个数组一分为二时，实际上创建了一棵二叉树：根节点是原数组，划分出的两个部分是孩子节点。图 12-14 展示了这样一棵二叉树，这棵树包含排序节点，按由左至右、自顶向下的顺序生长，每个排序节点有两个孩子，除非它是一个叶节点。图 12-15 以一种我们更为熟悉的形式显示了相同的一棵树：每个节点对应待排序的数组，即一次 MergeSort(A，l，h) 调用。

```
sort [84, 64, 37, 92, 2, 98, 5, 35, 70, 52, 73, 51, 88, 47]
├── sort [84, 64, 37, 92, 2, 98, 5]
│   ├── sort [84, 64, 37, 92]
│   │   ├── sort [84, 64]
│   │   │   ├── sort [84]
│   │   │   ├── sort [64]
│   │   │   └── merge [84] [64] → [64, 84]
│   │   ├── sort [37, 92]
│   │   │   ├── sort [37]
│   │   │   ├── sort [92]
│   │   │   └── merge [37] [92] → [37, 92]
│   │   └── merge [64, 84] [37, 92] → [37, 64, 84, 92]
│   ├── sort [2, 98, 5]
│   │   ├── sort [2, 98]
│   │   │   ├── sort [2]
│   │   │   ├── sort [98]
│   │   │   └── merge [2] [98] → [2, 98]
│   │   ├── sort [5]
│   │   └── merge [2, 98] [5] → [2, 5, 98]
│   └── merge [37, 64, 84, 92] [2, 5, 98] → [2, 5, 37, 64, 84, 92, 98]
├── sort [35, 70, 52, 73, 51, 88, 47]
│   ├── sort [35, 70, 52, 73]
│   │   ├── sort [35, 70]
│   │   │   ├── sort [35]
│   │   │   ├── sort [70]
│   │   │   └── merge [35] [70] → [35, 70]
│   │   ├── sort [52, 73]
│   │   │   ├── sort [52]
│   │   │   ├── sort [73]
│   │   │   └── merge [52] [73] → [52, 73]
│   │   └── merge [35, 70] [52, 73] → [35, 52, 70, 73]
│   ├── sort [51, 88, 47]
│   │   ├── sort [51, 88]
│   │   │   ├── sort [51]
│   │   │   ├── sort [88]
│   │   │   └── merge [51] [88] → [51, 88]
│   │   ├── sort [47]
│   │   └── merge [51, 88] [47] → [47, 51, 88]
│   └── merge [35, 52, 70, 73] [47, 51, 88] → [35, 47, 51, 52, 70, 73, 88]
└── merge [2, 5, 37, 64, 84, 92, 98] [35, 47, 51, 52, 70, 73, 88] → [2, 5, 35, 37, 47, 51, 52, 64, 70, 73, 84, 88, 92, 98]
```

图 12-14　归并排序的调用追踪

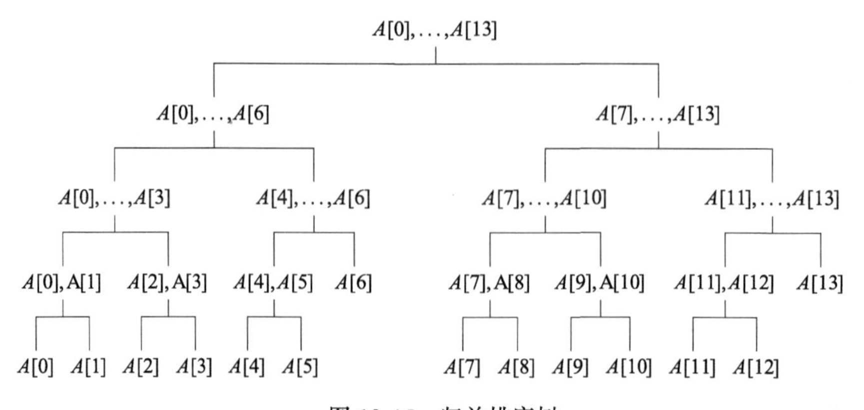

图 12-15　归并排序树

在树的每一层我们需要执行至多 n 次元素比较，这种最坏情况发生的条件是，在每次合并（发生在某层）中，待合并的两个部分的所有元素都要进行比较（算法 12-7 第 15 行）。如前所述，两个部分合并时，一般而言其中一个会比另一个先处理完，在此情况下我们简单地复制剩余元素而无须再进行比较。但是，现在我们只考虑最坏情况，因为平均情况的分析更为复杂。

接下来我们要弄清树有多少层。树的根节点是数组 A，它有 n 个元素，在每层我们将每个数组一分为二，如果可能的话。如果 n 是 2 的幂，则此过程重复次数不会超过 $\lg n$，因为此时数组大小将变为 1，因此，树的高度为 $\lg n$；如果 n 不是 2 的幂，则它必然在两个 2 的幂之间：$2k < n < 2^{k+1}$。因此树的高度会大于 k 而不会超过 $k+1$，即等于 $\lceil \lg n \rceil$。因此，一般而言，无论 n 是否是 2 的幂，树的高度都最大是 $\lceil \lg n \rceil$。在每一层，A 的所有数据项被复制两次，从 A 的不同部分到它们的暂存位置——不同的 C 数组（算法 12-7 第 1～3 行），因此需要 $2n$ 次复制。最坏情况下我们需要进行 n 次比较，如果树的某层上每对数组的所有元素都要进行比较的话（算法 12-7 第 8～20 行）。因此就复杂度而言，我们需要 $O(2n\lceil \lg n \rceil+2n)=O(n \lg n)$ 次复制和 $O(n\lceil \lg n \rceil+n)=O(n \lg n)$ 次比较。从 $O(n\lceil \lg n \rceil+n)$ 到 $O(n \lg n)$ 是利用了这样一个事实：$n\lceil \lg n \rceil+n \leqslant n(\lg n+1)+n=n \lg n+2n$。

为了进一步提高排序性能，我们可以利用数组或其一部分已经有序的特点来改进归并排序。设想更一般的情况，我们将一个数组一分为二，分别对它们进行排序，然后发现前一部分的所有元素都小于或等于后一部分的所有元素。则我们无须合并它们，将它们连接起来即可，这很好实现。在算法 12-8 中调用 MergeSort 后，我们检查 $A[m]$ 是否小于或等于 $A[m+1]$，若是，则无须合并。

313
～
315

归并排序在实践中被广泛使用，已被实现为编程语言标准库的一部分。其主要缺点是所需内存空间较大：如你所见，对每次数组 A 的合并，我们都需要将其复制到辅助数组 C。因此，归并排序 n 个元素的数组所需的额外空间为 n。当排序大数组时，这可能是一个很重要的限制。

12.5 快速排序

将分治思想应用于排序问题产生了对计算机科学家来说最重要的排序算法，也是每个计算机程序员都知道的 the one 算法，“the one”的含义是当我们讨论排序时无须提及这个算法的名字。这个算法就是快速排序（quicksort），是查尔斯·安东尼·理查德（托尼）霍尔于 1961 年发明的。

快速排序背后的想法很简单，我们从待排序数据项中取出一个元素，希望将其放到最终位置：它在排序后数组中应在的位置。我们如何找到这个位置？如果所有小于它的元素都在它之前，且所有大于它的元素都在它之后，则这个数据项就在其最终位置了。因此我们移动元素，直至达到这一目的。如果我们要排序数组 A，假定进行了上述操作，使得数据项 $A[p]$ 到达了它的最终位置，然后还需将数据项 $A[0]$，$A[1]$，…，$A[p-1]$ 和 $A[p+1]$，$A[p+2]$，…，$A[n-1]$（其中 $n=|A|$）放到它们的正确位置。我们对 $A[0]$，$A[1]$，…，$A[p-1]$ 和 $A[p+1]$，$A[p+2]$，…，$A[n-1]$ 这两个部分重复相同的过程，这使得另两个元素到达它们的最终位置，并给我们机会对生成的四个部分继续这一过程。

假设你有好几个孩子，你想将他们由矮到高排成一队。快速排序的思想就像是从这些孩子中选出一人，比如婷婷，并对其他孩子说：“比婷婷矮的站到她前面来，比她高的站到她后面去。”然后你来到婷婷之前的队伍，选出另一个孩子，做完全相同的事情；同样也来到婷婷之后的队伍做相同的事情。你重复这一过程，直至所有人都来到队伍中自己正确的位置。

316

图 12-16 显示了运行过程，我们首先选取数 37。在第 2 行，我们已经将所有小于 37 的数据项移动到了它的左边，将所有大于它的数据项移动到了它的右边，37 这个数现在就已经在它的最终位置了，我们将它放在一个方框中来表示这一点。我们在每一行处理一组数据项——小于或大于已放置在最终位置的数据项的一组数据项，将在这行中处理的数据项涂为黑色，剩余数据项涂为灰色。这些进行处理的数据项，就对应前面例子中的部分孩子队伍——我们从中选出一个孩子并要求其他孩子站到相对这个孩子的正确位置。

A

1	84	64	37	92	2	98	5	35	70	52	73	51	88	47
2	2	5	35	37	84	98	64	47	70	52	73	51	88	92
3	2	5	35	37	84	98	64	47	70	52	73	51	88	92
4	2	5	35	37	84	98	64	47	70	52	73	51	88	92
5	2	5	35	37	64	47	70	52	73	51	84	98	88	92
6	2	5	35	37	47	51	70	52	73	64	84	98	88	92
7	2	5	35	37	47	51	70	52	64	73	84	98	88	92
8	2	5	35	37	47	51	52	64	70	73	84	98	88	92
9	2	5	35	37	47	51	52	64	70	73	84	92	88	98
10	2	5	35	37	47	51	52	64	70	73	84	88	92	98
	2	5	35	37	47	51	52	64	70	73	84	88	92	98

A

图 12-16　快速排序示例

于是我们将注意力转向数据项 2,5 和 35，我们选取数 35，它实际上已经在正确位置了，因为它大于 2 和 5。然后我们要处理 2 和 5，也无须进行任何移动。在第 4 行，我们继续处理剩余数据项，即从 84 一直到 92，它们都大于 37。我们选取 84，移动数据项。从第 5 行之后我们继续这一过程，直至所有数据项都到了它们最终的位置。

317

这一过程可以描述为非常简洁的算法 12-9。与归并排序类似，这也是一个递归算法，而且两者看起来也的确非常相似。在算法第 4 行，我们将数组 A 划分为两部分：$A[0]$，$A[1]$，…，$A[p-1]$ 和 $A[p+1]$，$A[p+2]$，…，$A[n-1]$。位置 p 处的元素是划分元素，我们称之为枢轴 (pivot)，因为在某种意义上剩余元素围绕它移动。元素 $A[0],A[1],\cdots,A[p-1]$ 小于枢轴，元素 $A[p+1]$，$A[p+2]$，…，$A[n-1]$ 大于或等于枢轴。划分完数组后，我们将 Quicksort 应用于两个部分。只要数组段包含一个以上元素，整个过程就是有意义的，算法第 1 行对此条件进行判断。为开始排序，我们应调用 Quicksort(A，0，$|A|-1$)，与归并排序类似。

算法 12-9 遗漏了一部分，即函数 Partition 的定义，它也是所有魔法成真的关键。有好几种方法可以将一个数组划分为小于和大于一个元素的两个集合，其中一种方法是这样的：首先我们选取一个枢轴元素，希望将其放在最终位置，但我们还不知道这个位置在哪，因此现在我们只是将其交换到要处理的数据项的末尾，令其避开元素交换。

算法12-9 快速排序

```
Quicksort(A, l, h)
    输入：A，一个数据项数组
          l，h，数组索引
    结果：A中数据项A[l]，…，A[h]有序
1   if l < h then
2       p ← Partition(A, l, h)
3       Quicksort(A, l, p − 1)
4       Quicksort(A, p + 1, h)
```

我们希望找到枢轴元素的最终位置。在遍历所有数据项后，我们就会找到这个位置，而且这个位置将所有数据项分隔开来——它就是小于枢轴元素的数据项集合与大于或等于枢轴元素的数据项集合的边界。初始时我们尚未划分任何东西，因此可以将边界设置为 0。我们遍历要划分的元素，每当发现一个小于枢轴的元素，我们立刻知道了两件事：它必须去到枢轴元素最终位置之前，而枢轴元素的最终位置比到目前为止我们认为的位置更靠后一个位置。当我们完成遍历时，再将枢轴元素移回它的最终位置，这个位置通过遍历已经找到了。算法 12-10 详细描述了这个过程。 318

与归并排序类似，算法 12-10 接受一个数组 A 和两个索引 l，h 为输入，它对数组中两个索引之间的部分进行划分。如果 l=0 且 h–$|A|$–1，则它划分的是整个数组，否则就是划分 $A[l]$，…，$A[h]$。我们需要这个算法具有这种灵活性的原因与归并算法一样：在快速排序递归调用过程中，我们需要划分 A 的某些部分，而不一定是整个 A。快速排序对 A 进行原址排序，因此在算法描述中我们指出，它既有一个结果，也有一个输出。

在算法第 1 行，我们选出枢轴，在第 2 行我们将枢轴元素与数组 A 中待划分区域的最后一个元素进行交换，并将划分位置设置为区域的开始。我们用变量 b 保存这个位置，它即为小于枢轴元素的那些值与大于或等于枢轴元素的那些值之间的边界。在第 4～7 行的循环中，我们遍历待划分区域，每当找到一个小于枢轴元素的值，我们就将它与当前位置 b 处的元素进行交换，并将边界位置 b 向前推进一个元素。在循环结束后，我们将之前放在区域末尾的枢轴元素移动到其正确的最终位置，即位置 b，并返回这个索引。 319

算法12-10 划分

```
Partition(A, l, h) → b
    输入：A，一个数据项数组
          l，h，数组索引
    结果：A中数据项被划分好，满足A[0]，…，A[p−1]<A[p]且A[p+2]，…，A[n−1]≥
          A[p]，n=|A|
    输出：b，枢轴元素的最终位置的索引
1   p ← PickElement(A)
2   Swap(A[p], A[h])
3   b ← l
4   for i ← l to h do
5       if Compare(A[i], A[h]) < 0 then
6           Swap(A[i], A[b])
7           b ← b + 1
8   Swap(A[h], A[b])
9   return b
```

320

为了更好地理解这个算法，请看图 12-17，它显示了图 12-16 中第 4 行是如何变为第 5 行的。在这里我们有 l=4 和 h=13。我们选取元素 84 作为枢轴，并将它与 $A[13]$ 处的数据项 92 进行交换，初始时 f=l=4。我们用一个矩形框标出当前的最终位置 b，用一个无边框灰色矩形表示算法 12-10 第 5～8 行中 i 的当前值。在划分算法的每一步，我们会增加 i，因此我们将无边框灰色矩形向右移动一个位置。每当我们发现 $A[i] < 84$，就交换 $A[i]$ 和 $A[b]$ 的值并增加 b 的值。注意，i 的最终值是 $h-1$，因为 $A[h]$ 保存了枢轴元素，这与算法第 5 行中 i 能取的值一致。当循环结束后，我们将枢轴元素 $A[h]$ 与元素 $A[b]$ 交换，来将它放到正确的最终位置。

快速排序的完整拼图还差另一个部分，即函数 PickElement。如果你看了图 12-16，在第 3 行和第 8 行我们选取的是第一个元素（在第 3 行，只是从两个元素中选取）。在第 2，5，7，9 行我们选取的是最后一个元素（在第 9 行，是从两个元素中选取），而在其他行我们是从中间选取的某个元素。大体上每次我们是随机（in random）选取一个元素，有时选取的是第一个，有时是最后一个，而其他时候是其他某个元素。你可能感到奇怪，为什么我们随机选取枢轴元素，而不是使用其他某种更直接的规则，如选取第一个元素 ($A[l]$) 或最后一个元素 ($A[h]$) 或中点元素。这样做是有原因的，而且这与快速排序的性能特性有关。

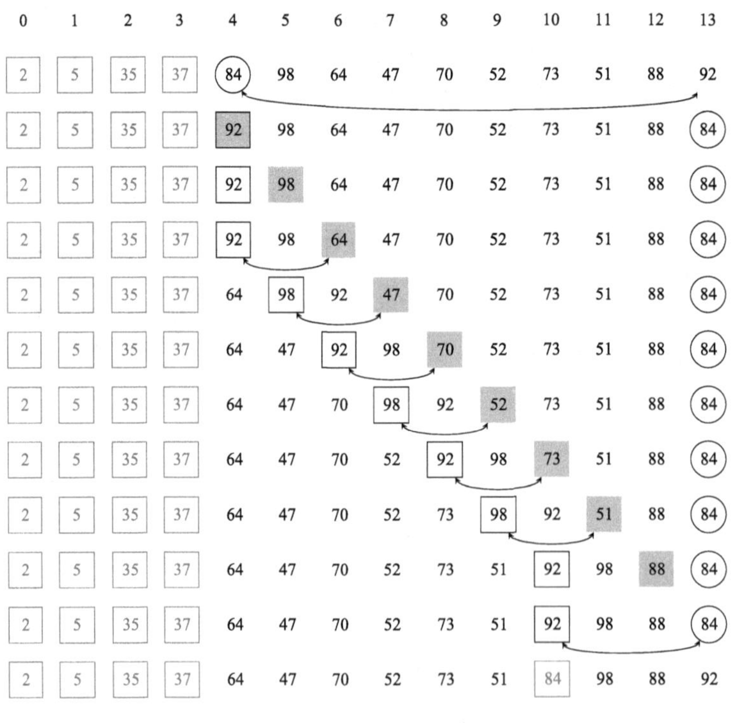

图 12-17　划分示例

与归并排序类似，快速排序可用一棵树形象表示。当数组被划分，我们进行两次快速排序的递归应用。假定我们总是能选取中位数元素，即能将数组划分为相同规模的两个部分的元素，则我们就能得到一棵像归并排序树一样的树，如图 12-18 所示。树是平衡的，因为每次将数组一分为二时，我们都得到两个相等的部分（可能会有一个元素的误差，如果要划分的元素数是奇数的话）。

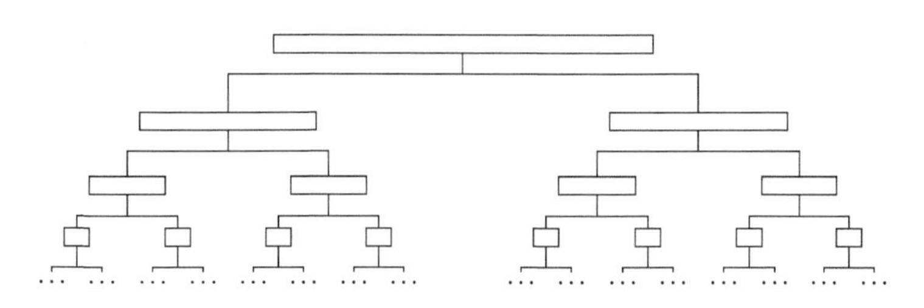

图 12-18 最优快速排序树

在树的第一层，划分过程要在数组 A 中进行 n 次比较，因为所有元素都要与枢轴进行比较。在树的第二层，划分过程要进行 $n-1$ 次比较，因为要划分的两个数组共有 $n-1$ 个元素。记得我们在第一层已经取出了枢轴，类似归并排序，这棵树也是一棵二叉树，因此它有 $O(\lg n)$ 层。在每一层，我们最多进行 n 次比较和不超过 n 次的交换，因此算法的复杂度为 $O(n \lg n)$。

321

现在假定每次我们选取的枢轴都是最小的数据项，当 A 已经有序且我们总是选取第一个元素作为枢轴时就会发生这种情况。如果是这样，划分就会完全不平衡。在这种情况下，每当我们选取一个枢轴元素，就会得到具有如下性质的两个分区：一个是退化的，没有任何元素的分区，另一个是包含所有剩余元素的分区。例如，如果我们要划分数据项 [1，2，3，4，5]，选取数值 1 作为枢轴元素，就会得到两个分区：一个空分区 []，和另一个分区 [2，3，4，5]。如果我们继续选取数值 2 作为枢轴元素，将得到 [] 和 [3，4，5]。

图 12-19 展示了这种情况。我们开始时划分 n 个元素，然后是 $n-1$ 个，$n-2$ 个，…，1 个，因此，这种情况下树有 n 层。在最后一层中，数组只有一个元素，除了这层之外，在每层中我们都要将所有剩余元素与数轴元素进行比较，因此比较操作的次数为 $(n-1)+\cdots+1=n(n-1)/2$。如果数组已按升序排好序，而我们每次都是选取第一个元素即最小数据项作为枢轴，快速排序的复杂度为 $O(n^2)$ 而不是 $O(n \lg n)$。

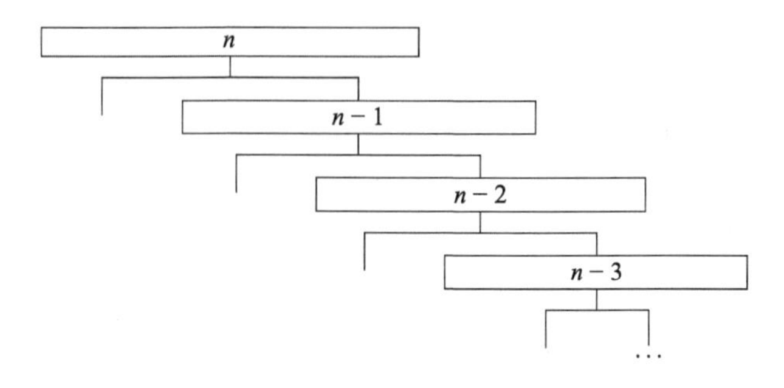

图 12-19 最坏情况快速排序树

总之，快速排序最好情况复杂度为 $O(n \lg n)$，最坏情况复杂度为 $O(n^2)$。最好情况要求我们总能以某种方式选出最佳枢轴元素，即能实现数组最平衡划分的枢轴。这在实践中是不可能办到的，因为搜索这样一个元素代价会增加算法的复杂度，令其不可行。

322

我们获得最坏性能的可能性有多小？如果我们随机选取枢轴元素，则第一次选出最小元素的概率为 $1/n$，假定所有元素值都不同的话。第二次选出最小元素的概率为 $1/(n-1)$。我们继续这样推理，直至数组只剩两个元素，此时选出最小元素的概率为 1/2。因此我们每次都

选出最坏元素的概率为

$$\frac{1}{n}\times\frac{1}{n-1}\times\cdots\times\frac{1}{2}=\frac{1}{1\times2\times\cdots\times n}=\frac{1}{n!}$$

概率值 $1/n!$ 确实很小。若只有十个元素，我们有 1/10!=1/3628800，小于三百五十万分之一。

快速排序是随机算法的一个例子，所谓随机算法，就是行为依赖于概率的算法。快速排序是一个很好的随机算法，因为它的平均性能很好，而表现出最坏性能的概率很小，在实际中不成为一个问题。

快速排序有一个基本要求，实际上也是所有随机算法的一个要求，即我们必须能够随机选取数。在快速排序中，这些数对应枢轴索引。虽然这并非小事，但任何名副其实的编程语言都会在其库中提供能很好完成这种功能的函数。在第 16 章中，我们将更详细地讨论随机算法，并花一些时间探究随机数的生成。

323

如果快速排序的平均性能与归并排序相当，又额外有糟糕性能表现的风险（虽然很小），那么你可能有疑问我们为什么还要费心研究快速排序，其命名为什么不是一种狂妄自大的表现。答案是，快速排序当得起快速之名，而且可能是使用最为广泛的排序算法。与归并排序相反，它不需要很多额外空间，而且算法的构造有利于计算机快速实现。算法 12-10 的第 4～7 行的循环包括一次变量递增和一次索引值的比较，这两个都是快速操作，能以很快的速度执行。

12.6 多不胜选

我们已经看到了五种排序算法，还有很多其他排序算法。即使在这五个算法中，有一个总体的胜者，我们一直应该选择它吗？

这种优胜算法是不存在的，每种方法有各自的优点和缺点，考虑归并排序和快速排序：归并排序一个接一个地处理待排序的元素，而快速排序则需要能按完全任意的顺序访问元素。如果我们处理的是标准数组，这两者就没有区别，因为数组的核心特性就是所有元素的访问都花费相同的常量时间。但如果我们处理的数据是以其他方式组织的，其中从一个元素来到下一个元素要比随机访问任意元素更快，则归并排序的性能仍如预期，而快速排序就会受到影响。因此，快速排序不适合排序数据链表，其中我们只能通过从邻居数据项指向一个数据项的链接来访问它。

堆排序和归并排序可以保证 $O(n\lg n)$ 的性能上限，而快速排序的期望性能为 $O(n\lg n)$，极少的情况下性能会差到 $O(n^2)$，在很多情况下，这种差别是没有实际意义的。但可能有一些关键应用场景，我们的确需要保证排序任务花费的时间不超过 $O(n\lg n)$，这样快速排序就不适合了。

归并排序和堆排序有相同的性能保证，但它们的内部工作机制是不同的。归并排序是一种可并行化的算法，也就是说，其某些部分可以与其他部分无关地并发执行于不同计算机、不同处理器或不同核心上。例如，如果我们有 16 个处理单元可供支配，我们可以对数据应用四次分治策略，从而得到 16 个分段进行排序然后合并。我们可以将每个分段分配给一个不同的处理单元，则分段的排序可达到 16 倍的加速。

324

归并排序还适合排序驻留于外部存储（external storage）的数据。我们已经讨论的算法都是操作计算机主存中的数据，而二级存储中数据的排序问题是不同的，因为当我们使用外部存储时，遍历数据和读取的代价与使用内存时是不同的。归并排序适合外部排序，而堆排序就不适合。

假如达到了 $O(n \lg n)$ 的计算复杂度，很自然会问像选择排序和插入排序这种只达到 $O(n^2)$ 性能的算法还有什么用，答案是这些算法还是有用的。我们在性能分析中只考虑了比较和交换，因为它们是排序大量元素时最主要的代价。但是，这并不是全部，所有代码的执行都要花费一定时间，从而带来一定的计算代价，例如，递归就有代价。在每次递归调用中，计算机必须记录我们正在执行的函数的所有状态，还要为将要发生的递归调用做好准备，并在从递归调用返回时恢复进行调用的那个函数的状态。当数据集比较小时，所有这些隐藏的代价就可能导致像选择排序或插入排序这样的简单算法运行起来更快，$O(n \lg n)$ 相对于 $O(n^2)$ 的优势没有机会显示出来。利用这一点的一种方法是，当我们要排序较少的元素，比如 20 个元素时，从快速排序或归并排序回归到更简单的方法。

在选择排序算法时另一个需要考虑的问题是可用空间量。我们已经看到，归并排序需要 $O(n)$ 的额外空间，即与待排序元素所需存储空间大小相同。快速排序也需要额外空间，虽然不是那么明显，这又是与其递归特性相关的。快速排序树的平均深度为 $O(\lg n)$。因此，我们需要那么多额外空间来追踪递归，随着递归层次更深一层，我们就需要保存调用之间的状态。所有其他排序算法，选择排序、插入排序及堆排序，都只需要最少的额外空间：每次交换操作时保存一个元素所需空间。

除了速度和空间之外，我们可能还对排序算法如何处理平局感兴趣，即不同记录的关键字值相同的情况。我们再次回到扑克牌排序问题，请看图 12-20 中的扑克牌。我们希望按点数对它们进行排序。如果我们使用堆排序，就会得到图 12-20a 中的情况；如果使用插入排序，就会得到 12-20b 中的情况。在堆排序中，5♣和 5♡的相对顺序在排序后被颠倒过来了，在插入排序中则得到了保持。我们称插入排序是一种*稳定排序*（stable sorting）算法，而堆排序是一种*不稳定排序*（unstable sorting）算法。具体定义是：如果一种排序算法对于具有相同关键字的记录能保持它们的相对顺序，则称它是稳定的。因此，如果我们有两个记录 R_i 和 R_j，其关键字分别为 K_i 和 K_j，满足 Compare(K_i，K_j)=0 且在输入中 R_i 在 R_j 之前，如果在算法输出中 R_i 仍在 R_j 之前，则算法是稳定的。

325

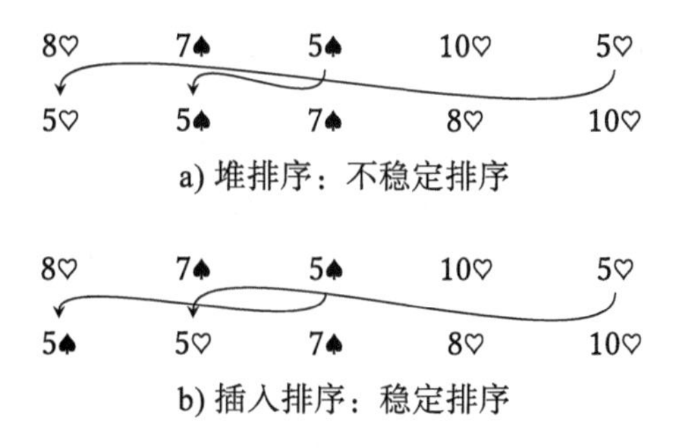

a) 堆排序：不稳定排序

b) 插入排序：稳定排序

图 12-20　稳定和不稳定排序

本章关于排序问题的讨论只是涉及了排序算法的简单介绍，这个主题很容易填满一整本书（的确有专门的书籍）。在本章介绍的五种排序算法之外，还有其他很多排序算法，但对于大多数情况，这五种算法足够用了。实际上，对大多数情况而言，掌握快速排序就够了，但现实中总有一些情况超出常规，对其采用不同算法或是某个算法的不同变体可能带来速度或空间上的巨大潜在收益。在一个给定场景中选择和应用适合的算法是一件创造性的工作，而不是照本宣科即可。

326

注释

Herman Hollerith 发明了以他的名字命名的制表机，为现代计算机的发展铺平了道路 [3]。选择排序和插入排序在 1956 年就已经存在了，当时的一篇关于排序的综述文章 [72] 提到了这两种算法。Robert W. Floyd 在 1962 年提出了堆排序的最初版本，他称之为树排序 [66]。J.W.J. Williams 在 1964 年 6 月给出了一个改进版本，并将其命名为堆排序 [218]。随后 Floyd 在 1964 年 12 月又提出了名为树排序 3 的版本 [68]。归并排序是冯·诺伊曼 1945 年时提出的 [114，第 158 页]，快速排序是 C. A. R. Hoare 在 1961 年时提出的 [93-95]。

习题

1. 采用算法 12-8 实现归并排序，令其在执行过程中输出其调用图。为了令调用图更可读，你应使用恰当的缩进：递归调用应该比调用者缩进若干空格。因此，调用图应该与图 12-14 相似，只是没有连接线。
2. 采用算法 12-8 实现归并排序，令其输出像图 12-14 那样的调用图，包括连接线。你可以用“|”“_”和“+”这样的简单字符组成连接线。
3. 算法 12-7 给出的原址数组合并算法使用一个长度为 $h-l+1$ 的数组 C。因为 C 可能比 A 小，我们需要小心处理 C 中的索引 cm 和 ch，并在第 2 行用 $k-l$ 作为下标。实现一个算法，假定 C 和 A 一样大，从而两者可以共享相同范围的索引。
4. 对短数组而言，插入排序或选择排序可能比归并排序更快。测试你实现的插入排序、选择排序和归并排序，找到归并排序速度超过其他两种排序算法的阈值。
5. 实现归并排序，其中考虑已排序数组无须合并所带来的潜在收益。检查 $A[m]$ 是否小于或等于 $A[m+1]$，仅当 $A[m] > A[m+1]$ 时才进行合并。
6. 如果我们修改算法 12-7 的第 14 行，使用严格比较（$<$），则归并排序还是一个稳定排序算法吗？

327

7. 在快速排序中每次执行数组划分时，不再随机选取枢轴，而是在开始前随机混洗数组 A 中的元素。则 A 中元素将随机排列，我们即可选取每个待划分的数组的首元素作为枢轴元素。使用这一策略实现快速排序。
8. 另一种代替枢轴元素随机选取策略的方法是：选取待划分数组的三个元素，如首元素、尾元素和中间元素，然后用三个元素的中值作为枢轴元素，即三者的值在中间的那个元素。已证明，这种策略在实践中也很有效，算法速度变慢的可能性很低。使用这种策略实现快速排序。
9. 类似归并排序，快速排序也可与其他某种简单算法如插入排序组合，对短数组采用简单算法，这通常是有收益的。实现快速排序结合插入排序的算法，使得当待划分数组的长度小于一个特定阈值时切换到插入排序，进行实验找到合适的阈值。

328

寄存室、鸽巢和桶

当你将外套或包交给寄存室服务员时，他 / 她会给你一张寄存小票。之后你想取回你的物品离开时，要交出这张票，服务员会将外套或包交还给你。

如果你思考一下这个过程解决的问题，这实际上是一个搜索并定位数据项的问题。你的数据项就是交给寄存室服务员的东西。服务员通过小票找到物品然后归还给你。这个问题得以解决的方法是，寄存室中挂衣服的架子和放包的隔间都编了号。你的小票对应某个衣架或某个隔间的位置。服务员只需保证你的物品放到了正确位置以及用正确的小票取出物品。

当人们思考搜索问题时，总是习惯于考虑遍历一些数据项直至找到需要的那个。但如果数据项已排序，过程就变得简单多了，在搜索时我们可以以一种更有组织的方式访问数据项。寄存室问题表明，的确存在另一种搜索方法：将数据项转换为它的存储位置，直接从此地址获取数据项。在寄存室问题中，地址是打印在小票上的。服务员实际上不会搜寻你的物品：他 / 她只是读取小票上的物品地址，然后直接走到这个地址取出你的物品。

很容易推广这种*无搜索定位*（locating without searching）技术：不是搜索一个数据项，而是导出它存储的地址。将数据项与地址关联，每当你要查找数据项时就能直接来到其存储地址。

329

现在将上述讨论转移到计算机世界，在这里，数据项就是包含属性的记录。我们想要从记录直接来到保存它的地址，地址是对应内存中位置的一个数。问题的关键是如何将地址与数据项关联。我们需要一种快速可靠的方法，而且不能依赖任何形式的服务员。由于当我们查找一个记录时实际上是查找一个或多个属性——记录的关键字，因此我们需要一种能从记录的关键字得到地址的方法。由于地址是一个数，因此我们需要的是一种能从关键字转换为数的方法。换句话说，我们需要一个函数，比如说 $f(K)$，它接受一个记录 R 的关键字 K，返回一个值 $a=f(K)$，这个值 a 就是将要保存这个记录的地址，我们接下来就将它保存在那。每当我们要用关键字检索记录时，再次进行相同的函数调用 $f(K)$，它会返回相同的地址值 a，我们会从这个地址取出所要的记录。函数必须足够快，使得地址计算能快速完成，至少能匹配我们搜索记录所需要的速度，如果它不够快，就不值得采用这种方法了。如果我们真的有这样一个函数，就能用一种全新的方法解决定位问题：不必再搜索数据项，它本身就能告诉我们在哪能找到它——那个函数会告诉我们这个信息。

13.1 将关键字映射到值

假设我们有 n 个不同的记录，预先知道所有记录的内容，于是问题就变为：找到一个函数 f，使得对 n 个记录所涉及的每个关键字，f 生成一个从 0 到 $n-1$ 的不同的值。假如有了这样一个函数，我们就可以将每个记录 R 保存在一个表 T 中（实际上就是一个大小为 n 的数组），使得若 $f(K)=a$，其中 K 为 R 的关键字，则 $T[a]=R$。图 13-1 展示了这种存储组织方式，其中数据项显示在左边，表显示在右边，箭头显示了每次函数调用 $f(K)$ 的效果，即关联的表单元的地址。

为一组记录设计出这样一个函数 f 不那么容易。我们可以手工设计 f，但这很烦琐，也很复杂。算法 13-1 显示了一个函数，它将最常见的 31 个英文单词映射到 –10 到 29 之间的数（于是我们可以通过加 10 得到全为正数的表索引）。警告：你不要指望能理解算法 13-1，需要再忍耐一段时间。

算法使用了一个函数 Code，它接受一个字符，赋予它一个数值。字符是从输入字符串 [330] s 中取出的，我们假定 s 至少包含四个字符，从 $s[0]$ 到 $s[3]$。如果字符串长度小于四个字符，我们假定在其末尾补上了空格。Code 首先将零值赋予空格，1 赋予字符“A”，2 赋予字符“B”，依此类推。然后它会对大于 9 的值加上 1，对大于 19 的值再额外加上 2。赋予字符串前三个字符的编码交织在一起，为字符串生成唯一一个数值。

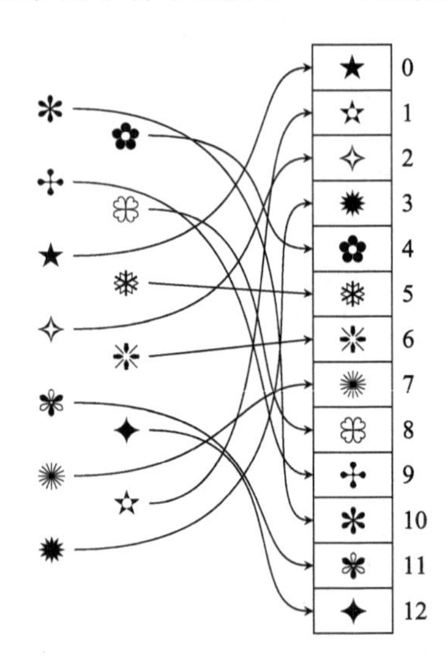

图 13-1 将一组元素与表位置关联起来

你有理由认为所有这些看起来像是骗术，但它的确奏效，如表 13-1 中所示常见的英文单词作为输入得到的输出。这是一个*完美映射*（perfect mapping），因为所有单词都被映射到不同值。它也很快，因为它只需有限个简单运算。但是，它不是对任意单词集合都可行。你改变一个单词就可能令它不再奏效了，因为可能对两个不同单词生成相同的值，从而对两个不同数据项给出相同的地址。之前要求你忍耐一下算法 13-1，并不是因为它没有用，而是希望你亲眼看到一个好的映射函数的确很难被设计出来。

[331] 即使算法 13-1 的确给每个单词赋予一个唯一地址，这其中也存在漏洞。我们有 31 个单词，函数值为 –10，–9，…，30，因此有九个函数值没有对应单词。这不会令函数不正确，但我们可能希望减少浪费。

一个想法是使用每个关键字的第一个字符、最后一个字符和字符数。我们可以给第一个字符和最后一个字符赋予一个数值编码，导出一个数值如下：$h=\text{Code}(b)+\text{Code}(e)+|K|$，其 [332] 中 K 是关键字，$|K|$ 是关键字长度，b 是关键字的首字符，e 是关键字的尾字符。得到的结果就是表的索引。问题自然就变为找到合适的数值编码，使得这一方面奏效。我们之前使用的 Code 函数并不适合，因为使用它不能产生唯一值。例如，单词“ARE”被映射到数值 9(1+5+3)，与单词“BE”相同 (2+5+2)。

算法13-1 最常见的31个英文单词完美映射到数值

```
PerfectMapping(s) → r
    输入：s，一个字符串，出自预定义的最常见的31个英文单词列表
    输出：r，范围-10，-9，…，29内的一个地址
1   r ← −Code(s[0])
2   s ← Code(s[1])
3   r ← r − 8 + s
4   if r<=0 then
5       r ← r + 16 + s
6   s ←Code(s[2])
7   if s = 0 then
8       return r
9   r ← r − 28 + s
10  if r > 0 then
11      return r
12  r ← r + 11 + s
13  t ← Code(s[3])
14  if t = 0 then
15      return r
16  r ← r − (s − 5)
17  if r < 0 then
18      return r
19  r ← r + 10
20  return r
```

表 13-1 将最常见的 31 个英文单词映射到数值 -10 到 30

A	7	FOR	23	IN	29	THE	-6
AND	-3	FROM	19	IS	5	THIS	-2
ARE	3	HAD	-7	IT	6	TO	17
AS	13	HAVE	25	NOT	20	WAS	11
AT	14	HE	10	OF	4	WHICH	-5
BE	16	HER	1	ON	22	WITH	21
BUT	9	HIS	12	OR	30	YOU	8
BY	18	I	-1	THAT	-10		

如果我们尝试寻找合适的编码方案，会发现的确存在，并且我们已在算法 13-2 中包含了这样一个方案，即算法中的数组 C。数组中的每个位置对应我们赋予一个字符的数值编码。数组的位置 0 包含了“A”的编码，位置 1 包含了“B”的编码，其余字符依此类推。函数 Ordinal(c) 返回字符 c 在字母表中的原始位置，从 0 开始计数。数组 C 包含若干 -1 项，这是一些哑元项，对应的字符在我们的数据集中未出现在首字符或尾字符。例如，我们的单词中没有以“C”开头或结尾的。

算法 13-2 将 31 个单词映射到 31 个不同的地址，范围从 1 到 32，如表 13-2 所示。这是一个最小完美映射，因为它将所有单词映射到不同值，且将 n 个单词映射到 n 个不同值，这

是最小可能数量。

相对前一个算法，这个版本有改进吗？答案是肯定的。我们得到一个正确的映射，而且未浪费空间，它还更简单。对于我们的问题，这是一个通用的可行解决方案吗？答案是否定的，它只是我们预先知道所有关键的前提下设计出的一个方案，我们可以对已知的字母导出一个适合的编码方案，但这并不总是可行。如果我们的数据集包含“ERA”，算法就不再奏效了，因为“ERA”映射到的值与“ARE”完全相同。这可以通过稍微修改算法 13-2 来修正，但问题依然存在：这不是一种肯定成功的方法，不能保证将未知关键字集合中的关键字可靠地映射到地址。而且，我们在一开始跳过了一个有趣的环节——如何找到数组 C。为此我们不得不使用一个特殊化的算法，因此情况比看起来更为复杂。

333

算法13-2　一个最小完美映射

```
MinimalPerfectMapping(s) → r
    输入：s，一个字符串，出自预定义的最常见的31个英文单词列表
    输出：r，范围1，…，32内的一个地址
    数据：C，一个26个整数的数组
1   C ← [
2       3,  23,  -1,  17,   7,  11,  -1,   5,   0,
3      -1,  -1,  -1,  16,  17,   9,  -1,  -1,  13,
4       4,   0,  23,  -1,   8,  -1,   4,  -1
5   ]
6   l ← |s|
7   b ← Ordinal(s[0])
8   e ← Ordinal(s[l − 1])
9   r ← l + C[b] + C[e]
10  return r
```

表 13-2　31 个最常见英文单词与数值 1 到 31 的最小完美映射

A	7	FOR	27	IN	19	THE	10
AND	23	FROM	31	IS	6	THIS	8
ARE	13	HAD	25	IT	2	TO	11
AS	9	HAVE	16	NOT	20	WAS	15
AT	5	HE	14	OF	22	WHICH	18
BE	32	HER	21	ON	28	WITH	17
BUT	26	HIS	12	OR	24	YOU	30
BY	29	I	1	THAT	4		

334

13.2　哈希

我们想要的解决方案是一个通用函数，它接受关键字，生成一个指定范围内的值，即使事先不知道数据项及其关键字也能有效工作。这个函数必须保证，无论关键字是什么，它都会返回我们想要的范围内的一个值。函数还必须尽可能避免将不同关键字映射到相同值。我们使用短语“尽可能”是有充足理由的：如果可能的关键字数目大于映射到的值的范围，则不可能避免重复映射。例如，如果我们有一个大小为 n 的表和 $2n$ 个可能关键字，则至少有

n 个关键字会映射到与其他关键字相同的值。

现在我们需要介绍一些术语。我们正在讨论的技术称为*哈希*（hashing），这个术语来自于单词“切碎”（to hash）的含义——将肉切成小块、将其混合搅拌（原文：making them a mess，与精神药物无关）。其思想是用类似方法处理关键字，将其切割、弄碎、弄乱，以便从中得到一个可用于搜索的地址。如果可能的话，我们希望地址不同，因此某种意义上我们是在一个地址空间上散布关键字。这就是为什么有时这种技术也被称为*散布存储*（scatter storage）。我们使用的函数被称为*哈希函数*（hash 或 hashing function 或 hash function）。我们将关键字映射到的数组或者说表，称为*哈希表*（hash table），表项称为*桶*（bucket）或*槽位*（slot）。如果函数能将所有关键字映射到不同值，则称之为*完美哈希函数*（perfect hash function）。如果能将所有关键字映射到不同值，而且不浪费空间，使得生成的地址的范围等于关键字的数目，则称之为*最小完美哈希函数*（minimal perfect hash function）。若函数无法实现这一目标，将两个不同关键字映射到相同地址，我们称发生了*碰撞*（collision）。如前所述，如果地址空间比可能关键字的数目小，则不可能避免碰撞。因此关键是如何尽可能避免碰撞，或是在发生碰撞时如何处理。

这种情况是一个重要的数学原理——鸽巢原理——的表现，鸽巢原理指出，如果你有 n 个物品，m 个容器（$n > m$），你希望将物品放到容器中，则至少有一个容器包含一个以上的物品。思考一下，这是很显然的。虽然如此，请看图 13-2，鸽巢原理还是有一些反直觉的应用。

335

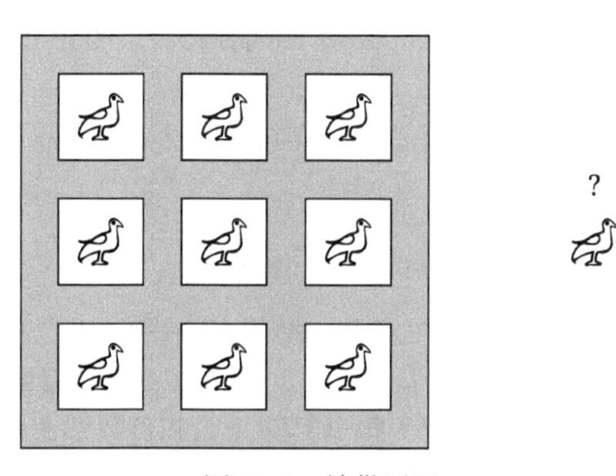

图 13-2　鸽巢原理

一个应用是，可以证明，在任何一个大城市中，至少有两个人的头发数量一样多。人类的平均头发数量为 150000 根，具体到个人的实际头发数量当然可能变化，但我们可以肯定没有人会有比如说 1000000 根头发。因此，在任何居民超过 1000000 的城市中，至少有两个人的头发数量一样多。

另一个例子就是所谓的*生日悖论*（birthday paradox），要求你求出一个房间里最少有多少人才可能有两人生日相同。我们用 $P(B)$ 表示这个概率。通过处理反问题很容易计算 $P(B)$，即一个房间内的一群人没有相同生日的概率是多大？根据概率的基本概率，如果我们将这个概率表示为 $P(\overline{B})$，则 $P(\overline{B})=1-P(B)$。现在，如果发生这种情况，则所有生日要落入不同日期。如果我们依次考虑每个人，第一个人的生日可在一年中的任何一天，其发生的概率为 365/365(我们不考虑闰年)。第二个人的生日可以在除第一个人的生日之外的任何一天。符合要求的有364天，因此其概率为364/365，前两个人生日不同的概率为$365/365 \times 364/365$。我们按相同的思路继续下去，对n个人我们得到他们生日均不相同的概率为$365/365 \times 364/365 \times \cdots \times (365-n+1)/365$。对$n$=23，我们计算得到$P(\overline{B})=365/365 \times 364/365 \times \cdots \times 343/365 \approx 0.49$。这意味着$P(B) \approx 0.51$，因此，如果一个房间里有23个人，有两人生日相同的可能性就会比相反情况高。当然，如果$n > 23$，概率还会更高。你可以在一个鸡尾酒会上为此打赌，很有可能你会赢。如果结果看起来令人惊讶，注意，我们并不是寻找两个有特定生日的人或是寻找与你有相同生日的人，而是考虑任何有相同生日的两人。

336

13.3　哈希函数

我们回到哈希函数，现在的问题是找到能最小化碰撞的哈希函数。例如，假定我们的关键字由25个字符组成，包含一条街道的名字和号码。理论上，可能的关键字数量为$37^{25}=1.6 \times 10^{39}$：每个字符可以是26个字母之一或一个空格或十个数字之一，共37种情况，而我们共有25个字符。在实际中可能出现的关键字数量当然要少得多，因为并非所有字符串都是合法的街道地址。而且在一个给定的应用中，我们会遇到的所有合法街道地址的数目可能比世界上所有合法街道地址的数目少得多。比如说我们期望大约有100000个关键字或者说街道地址，我们预先不知道这些关键字，则我们要寻找一个哈希函数，它将一个大小为1.6×10^{39}的范围映射到一个包含100000不同值的集合。由鸽巢原理可知，我们不可能保证没有碰撞。但我们可以设法找到一个函数，将关键字尽可能映射到不同值。如果这个函数做得好，对我们可能遇到的100000个关键字就不会造成很多碰撞。

如果我们的关键字是数值而非字符串，则存在一个已证明很有效的函数族，即简单地取关键字除以地址表大小的余数（模）：

$$h(K) = K \bmod m$$

其中m为哈希表大小，K为关键字。由定义，结果在0到$m-1$之间，因此记录可放入哈希表。由这个函数我们得到了一个简单算法13-3。可能唯一要解释的是算法对所有整数关键字都有效，而不是只限于非负整数，因为模运算对正数和负数都适用。

例如，假定我们要处理包含国家信息的记录，每条记录的关键字是这个国家的国际电话代码。表13-3列出了世界上前17个人口大国及其国际电话代码。如果我们向一个大小为23的哈希表中添加国家，用其国际电话代码作为关键字，则添加了前十个国家后的情况如图13-3所示。有了这个哈希表，我们就可以用国际电话代码查找每个国家：$h(K)=K \bmod 23$。

337

算法13-3　一个整数哈希函数

```
IntegerHash(k, m) → h
    输入：k，一个整数
          m，哈希表大小
    输出：h，k的哈希值
1   h ← k mod m
2   return h
```

表 13-3 前 17 个人口大国及其国际电话代码 (2015 年)

中国	86	日本	81
印度	91	墨西哥	52
美国	1	菲律宾	63
印度尼西亚	62	越南	84
巴西	55	埃塞俄比亚	251
巴基斯坦	92	埃及	20
尼日利亚	234	德国	49
孟加拉国	880	伊朗	98
俄罗斯	7		

我们说过上面的取余函数已被证明是很好的哈希函数，我们意思是这些函数在减少碰撞方面效果很好，也就是说，碰撞不会经常发生。但这依赖于对哈希表大小的明智选择。如果关键字是十进制数，则表大小为 10 的幂，即 10^x(对某个 x)，就是一个糟糕的选择。原因在于，一个正整数除以 10^x 的余数就是其最后 x 位数字。例如，12345 mod 100=45，2345 mod 100=45，依此类推。一般而言，由于每个有 n 个数字的正整数 $D_{n-1}D_{n-2}\cdots D_1D_0$ 的值为 $D_{n-1}\times 10^{n-1}+D_{n-2}\times 10^{n-2}+\cdots+D_1\times 10^1+D_0\times 10^0$，对每个 10 的幂 10^x，我们有 [338]

$$\frac{D_nD_{n-1}\ldots D_1D_0}{10^x}=10^x\times D_nD_{n-1}\ldots D_x+x_{x-1}D_{x-2}\ldots D_1D_0$$

如果 $x\leqslant n$，则和的前一部分为商，右边部分为余数。如果 $x>n$，则第一部分商完全不存在。因此总有

$$D_nD_{n-1}\ldots D_1D_0 \bmod 10^x=D_{x-1}D_{x-2}\ldots D_1D_0$$

这直接源自这样一个事实：一个正整数在位置 x 处的数字 d 的值为 $d\times 10^x$。你可以通过图 13-4 来查看这一现象是如何影响模运算的：所有以相同的 x 个数字结尾的数都有相同的哈希值。

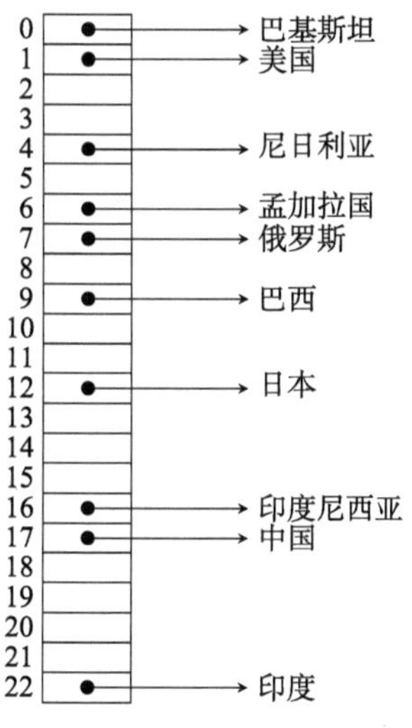

图 13-3 大小为 23 的哈希表，包含前 10 个人口大国，关键字为国际电话代码

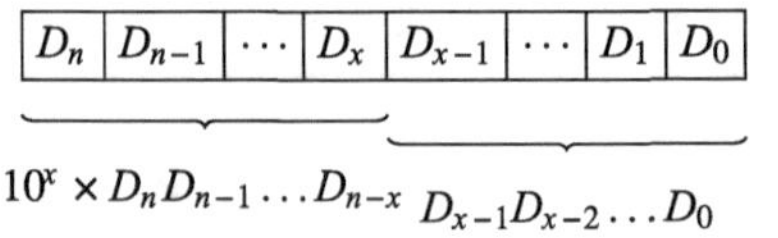

D_n	D_{n-1}	$\cdots$	D_x	D_{x-1}	$\cdots$	D_1	D_0

$10^x \times D_n D_{n-1} \ldots D_{n-x}$ $\quad D_{x-1} D_{x-2} \ldots D_0$

339

图 13-4 一个正整数模 10^x 的幂的分解

如果关键字是一个负整数，也会发生相同的情况，在模运算中只有最后 x 个数字有意义。根据模运算的定义，我们知道 −12345 mod 100=55，−2345 mod 100=55，依此类推。不再只是截去先导数字，但我们还是处于麻烦中。

遵循相同的推理过程，另一种哈希表大小的糟糕选择是：对二进制系统中的数，选择哈希表的大小为 2 的幂。一般而言，对于我们的关键字所使用的数制的基，我们不希望哈希表的大小取它的幂。对于所有这种情况，如果哈希表大小为 b^x（其中 b 为数制的基）的话，关键字中的数字只有一个子集会被考虑到——低 x 位数字。我们需要的是一种将关键字在哈希表中均匀分布的方法，从而使得碰撞概率最小化。理想情况我们希望哈希函数将所有关键字等概率地散布到不同表项，即哈希值应该是*均匀分布的*（uniformly distributed）。如果在计算哈希值时只考虑低 x 位数字，那么对所有以相同 x 位数字结尾的数，都会立刻产生碰撞。如果我们选择表大小为偶数，也会出现类似问题。所有偶数关键字会映射到偶数哈希值，而所有奇数关键字都会映射到奇数关键字。理想情况下，我们希望所有关键字等概率地、无偏差地映射到任意哈希值，因此也不考虑偶数作为模运算的除数。

考虑上述所有讨论，哈希表大小的最佳选择是素数。在实践中，如果你的哈希表可保存最多 1000 个关键字，你不要选择哈希表的大小为 1000，而应选择 997 这个素数。

到目前为止，我们都假定关键字是整数。如果关键字是字符串，则我们可以将它们当作数值处理，只要使用一个具有恰当的基的数制即可。例如，如果字符串只包含字母表中的英文字母，则可将字符串看作二十六进制数。字符串值的计算就与我们计算任何可能数制中的任何值一样。如果 s 是一个包含 n 个字符的字符串，则它的值为 v=Ordinal(s[0])b^{n-1} + Ordinal(s[1])b^{n-2}+⋯+Ordinal(s[n−1])b^0，哈希值为 h=v mod m，这可以直接写为算法 13-4。如果我们将此算法应用到字符串“HELLO”，取 b=26 和 m=31，则可得到

$$v_0 = \texttt{Ordinal}(\text{“H”}) \cdot 26^4 = 7 \cdot 456\ 976 = 3\ 198\ 832$$

$$v_1 = 3\ 198\ 832 + \texttt{Ordinal}(\text{“E”}) \cdot 26^3 = 3\ 198\ 832 + 4 \cdot 26^3 = 3\ 269\ 136$$

340

$$v_2 = 3\ 269\ 136 + \texttt{Ordinal}(\text{“L”}) \cdot 26^2 = 3\ 269\ 136 + 11 \cdot 26^2 = 3\ 276\ 572$$

$$v_3 = 3\ 276\ 572 + \texttt{Ordinal}(\text{“L”}) \cdot 26^1 = 3\ 276\ 572 + 11 \cdot 26 = 3\ 276\ 858$$

$$v_4 = 3\ 276\ 858 + \texttt{Ordinal}(\text{“O”}) = +3\ 276\ 858 + 14 = 3\ 276\ 872$$

$$h = 3\ 276\ 872 \bmod 31 = 17$$

其中 v_i 是算法第 i 次迭代时的 v 值。

这个过程等价于将 n 个字符的字符串当作 n−1 阶的多项式处理：

$$p(x)=a_{n-1}x^{n-1}+a_{n-2}x^{n-2}+\cdots+a_0$$

其中每个系数 a_i 是字符串第 i 个字符的原值，顺序由左至右。我们对 x=b 求多项式的值，其中 b 是我们发明的数制的基，一般而言就是可能字符的数目。最后，我们使用一次模运算。在字符串“HELLO”这个特定例子里，多项式为 $p(x)=7x^4+4x^3+11x^2+11x+14$，我们对 x=26 求多项式的值。

算法13-4 一个字符串哈希函数

```
StringHash(s, b, m) → h
    输入：s，一个字符串
          b，数制的基
          m，哈希表大小
    输出：h，s的哈希值
1   v ← 0
2   n ← |s|
3   for i ← 0 to n do
4       v ← v + Ordinal(s[i]) · b^(n−1−i)
5   h ← v mod m
6   return h
```

有一种多项式求值的朴素方法，对一个 n 阶多项式 $p(x)=a_nx^n+a_{n-1}x^{n-1}+\cdots+a_0$，我们从左至右开始计算所有幂，这在计算上是浪费的。目前，为了简化讨论，我们假定所有系数都是非零的，但对系数可能为零的情况，我们这里所做的论证也都成立。计算 x^n 时其实已经计算了 x^{n-1}，但我们对此完全没有利用。对项 a_nx^n，需要 $n-1$ 次乘法（计算 x 的幂）以及一次幂和系数 a_n 的乘积，共 n 次乘法。类似地，项 $a_{n-1}x^{n-1}$ 需要 $n-1$ 次乘法。算法总共需要 $n+(n-1)+\cdots+1=n(n+1)/2$ 次乘法和 n 次加法（将这些项相加）。

341

多项式求值一种更好的方法是由右至左计算，重复利用已计算的幂来计算后续因式。因此，如果我们已经计算了 x^2，就无须从头计算 x^3，因为 $x^3=x\cdot x^2$。如果这样做，则对 a_1x 我们需要一次乘法，对 a_2x^2 需要两次乘法（一次用来从 x 计算 x^2，一次用来计算 a_2x^2），对 a_3x^3 还是两次乘法（一次用来从 x^2 计算 x^3，一次用来计算 a_3x^3）。一般地，对直到 a_nx^n（包含）的每一项，都是需要两次乘法，总共进行 $2n-1$ 次乘法，还需要 n 次加法将这些项加起来，与前一种方法相比有了显著提高。

如果我们使用一种称为*霍纳法则*（Horner's rule）的方法，还能做得更好。在数学上，这个法则将多项式重排如下：

$$a_0+a_1x+a_2x^2+\cdots+a_nx^n=(\ldots(a_nx+a_{n-1})x+\cdots))x+a_0$$

我们从最内层部分开始求值表达式，在这里我们取 a_n，将其与 x 相乘，然后加上前一个系数 a_{n-1}。我们将结果乘以 x，再加上前一个系数 a_{n-2}。我们重复这个过程，直到最后我们只剩下将中间结果与 x 相乘，再加上 a_0。实际上，我们从最内层嵌套因式 $(a_nx+a_{n-1})x$ 开始求值，然后向外来到 $((a_nx+a_{n-1})x+a_{n-2})x$，其中内层用我们已经计算出的值代替，然后继续向外，直到我们处理完整个表达式。这个方法很容易表达为算法，如算法 13-5 所示。图 13-5 给出了霍纳法则的一个展示，其中我们将计算结果记为 r_n（即 a_n），r_{n-1}，…，r_0（最终结果 r）。图的右边显示了将霍纳法则应用于“HELLO”对应当 $x=26$ 时的多项式 $7x^4+4x^3+11x^2+11x+14$。

查看算法 13-5，我们看到第 3 行执行了 n 次。多项式求值现在只需要 n 次加法和 n 次乘法，正是我们要做的。

现在我们可以关注其他一些事情。我们求值一个多项式，可能得到一个很大的值，对一个 n 阶多项式，其值至少是 x^n。但在哈希运算结束时，我们会得到一个适合哈希表大小的结果，于是，我们要从一个像 x^n 这么大的值缩小到一个小于哈希表大小 m 的值。实际上，在我们的例子中，我们最大得到 3276872，而最终只得到 $h=3276872 \bmod 31=17$。

342

算法13-5 霍纳法则

HornerRule$(A, x) \rightarrow r$

输入： A，一个数组，保存了一个n阶多项式的系数

x，求多项式值的点

输出： r，多项式在x处的值

Output: r, the value of the polynomial at x

1 $r \leftarrow 0$

2 **foreach** c **in** A **do**

3 　　$r \leftarrow r \cdot x + c$

4 **return** r

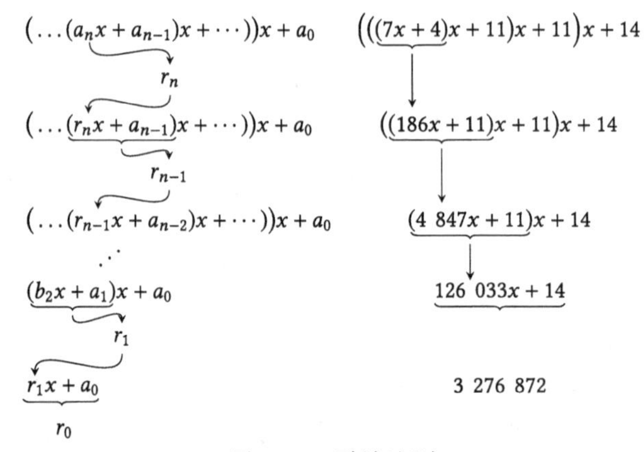

图 13-5　霍纳法则

模运算的一个特性是，我们可以根据下面规则将其应用到一个大表达式的组成部分：

$$(a+b) \bmod m = \big((a \bmod m) + (b \bmod m)\big) \bmod m$$

$$(ab) \bmod m = \big((a \bmod m) \cdot (b \bmod m)\big) \bmod m$$

通过组合模运算的性质和霍纳法则，我们得到算法 13-6。我们不再直接计算连续的幂，而是通过反复将前一个哈希值乘以数制的基来计算幂，如第 4 行所示，并在每步迭代取计算结果的余数。每步迭代是霍纳法则的一次直接应用，其中我们将 x 替换为 b，并用 Ordinal(c) 代替多项式的系数，其中 c 是字符串连续的字符。

如果我们将算法 13-6 应用到字符串“ HELLO”，将一如所料得到与先前计算相同的结果，但计算复杂度小得多：

343

$$h_0 = \texttt{Ordinal}(\text{“H”}) \bmod 31 = 7 \bmod 31 = 7$$

$$h_1 = \big(26 \cdot 7 + \texttt{Ordinal}(\text{“E”})\big) \bmod 31 = (182 + 4) \bmod 31 = 0$$

$$h_2 = \big(26 \cdot 0 + \texttt{Ordinal}(\text{“L”})\big) \bmod 31 = 11 \bmod 31 = 11$$

$$h_3 = \big(26 \cdot 11 + \texttt{Ordinal}(\text{“L”})\big) \bmod 31 = (286 + 11) \bmod 31$$

$$h_4 = \big(26 \cdot 18 + \texttt{Ordinal}(\text{“O”})\big) \bmod 31 = 482 \bmod 31 = 17$$

其中 h_i 是算法第 i 步迭代时的 h 值。算法 13-6 的实现（取适合 b 和 m）已经用于编程语言中，提供字符串的哈希函数。

算法13-6 优化的字符串哈希函数

```
OptimizedStringHash(s, b, m) → h
    输入：s，一个字符串
          b，数制的基
          m，哈希表大小
    输出：h，s的哈希值
1   h ← 0
2   foreach c in s do
3       h ← (b · h + Ordinal(c)) mod m
4   return h
```

已经为字符串(算法 13-6)或整数(算法 13-3)建立了哈希函数后，下一个课题就是如何处理实数了，在计算机领域，通常称之为*浮点数*(floating point number)。一种方法是将浮点数转换为字符串，然后用算法 13-6 计算字符串的哈希值。但将浮点数转换为字符串可能很慢。另一个思路将浮点值转换为整数，方法是去掉小数点。采用此方法，261.63 会变为整数 26163，于是我们可以用算法 13-3 计算其哈希值。但我们不一定能这样做，因为我们能“去掉小数点”的前提是计算机将浮点数表示为整数部分、小数点和小数点右边的部分，但在计算机中通常不是这样表示浮点数。 344

13.4 浮点数表示和哈希

计算机中实数的表示，即*浮点数表示*(floating point representation)，采用某种类似科学记数法的方法。采用这种表示法，浮点数表示为一个绝对值在 1 到 10 之间的带符号数与一个 10 的幂的乘积：

$$m \times 10^{e}$$

数 m 有很多称呼：*小数部分*(fraction part)、*特征*(characteristic)、*尾数*(mantissa)以及*有效数字*(significand)。数 e 就是*指数部分*(exponent)。因此我们有

$$0.00025=2.5 \times 10^{-5}$$

和

$$-6\,510\,000=-6.51 \times 10^{6}$$

计算机中的浮点数与此类似。我们用预定个数的比特位表示一个浮点数，通常有两个选择：32 位和 64 位。我们接下来讨论 32 位浮点数，64 位浮点数情况类似。如果我们在计算机中用 32 位表示浮点数，其安排如图 13-6 所示。

符号	指数部分	小数部分
1位	8 位	23 位

图 13-6 浮点表示

为了让人理解这样表示的浮点数的值，我们必须将其拆开计算：

345

$$(-1)^s \times 1.f \times 2^{e-127}$$

其中 s 为符号，f 为小数部分，n 为指数部分。当符号为 0 时，$(-1)^0=1$，数是正的。若符号为 1，$(-1)^1=-1$，数是负的。$1.f$ 这个部分是一个二进制分数。二进制分数与十进制分数没有太大区别。一个十进制分数 $0.D_1D_2\cdots D_n$ 的值为 $D_1\times10^{-1}+D_2\times10^{-2}+\cdots+D_n\times10^{-n}$，一个二进制分数 $0.B_1B_2\cdots B_n$ 的值为 $B_1\times2^{-1}+B_2\times2^{-2}+\cdots+B_n\times2^{-n}$。一般而言，一个基为 b 的按位记数系统中的分数 $0.X_1X_2\cdots X_n$，其值为 $X_1\times b^{-1}+X_2\times b^{-2}+\cdots+X_n\times b^{-n}$。如果一个数既有整数部分也有小数部分，其值就是两部分之和。因此，数 $B_0.B_1B_2\cdots B_n$ 的值为 $B_0+B_1\times2^{-1}+B_2\times2^{-2}+\cdots+B_n\times2^{-n}$。这样，二进制数 1.01 就等于十进制的 $1+0\times2^{-1}+1\times2^{-2}=1.25$。图 13-7 显示了我们的例子在计算机中是如何表示为浮点数的。

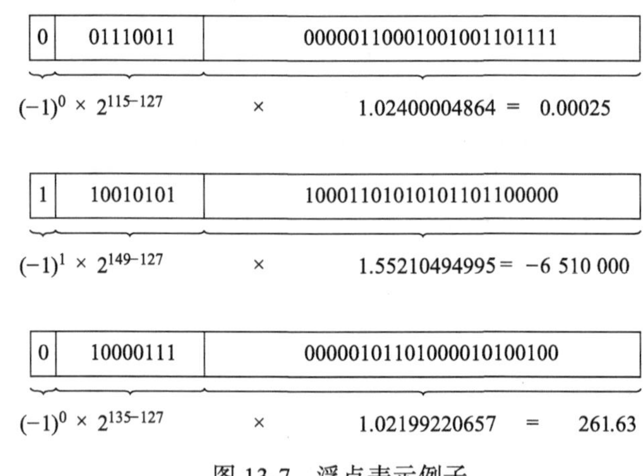

图 13-7　浮点表示例子

对图 13-6 所示的浮点数表示中比特位的解释，有四种情况需要考虑。第一种情况是 $f=0$ 且 $e=0$，则数值为 0。特别要注意，存在两种 0：若 $s=1$，我们得到的是 -0；若 $s=0$，我们得到的是 $+0$。第二种情况是 $e=0$ 但 $f\neq0$，则数的解释略微不同于我们之前给出的公式：

$$(-1)^s \times 0.f \times 2^{e-127}$$

不同之处在于，在小数点左边是 0 而非 1，于是我们称数值是未归一化的。第三种情况是 $e=255$ 且 $f=0$，则数表示的是无穷：若 $s=1$，我们得到是 $-\infty$；若 $s=0$，我们得到是 $+\infty$。最后一种情况是 $e=255$ 且 $f\neq0$，我们解释这个值是非数值（not a number，NaN）。其典型用途是表示一个未知值或计算中的一个不合法结果。

关于浮点数算术的题外话就到此结束了。这看起来像是计算机的奥秘，可能的确是这样。事实上，当你受困于调试一个生成无意义数值结果的程序时，了解这些知识的价值就体现出来了。而且请注意，虽然我们的确设计了无穷的表示，但它只与浮点数的计算相关。对于整数没有等价的无穷的表示。

从这一点来看，我们很容易回到哈希函数。数 261.63 在计算机中表示为 010000111000 00101101000010100100。我们将这个位序列看作一个整数。暂时忘记保存的是一个浮点数，我们继续后面的操作，就好像保存的是相同位模式的一个整数一样，我们有：

347

$$(01000011100000010110100001010 0100)_2 = (1132646564)_{10}$$

我们简单地取 1132646564 作为关键字来计算哈希值——用符号 $(X)_b$ 表示数 X 是 b 进制的。简言之，对任意浮点数，我们可以将其解释为一个整数并照例使用算法 13-3。这很高效，因为我们实际上并不需要进行任何转换。我们只是对相同的位模式进行了不同处理。

这就引出了关于计算机的一个重要问题。计算机只知道比特位：0 和 1，并不知道它们表示什么。计算机内存中的一个位模式可以表示任何东西，这取决于特定的程序理解其含义并恰当地处理它们。在图 13-8 中，你可以看到在一台计算机中相同的位模式是如何表示不同的东西的：它可以解释为一个字符串、一个整数或一个浮点数，不按其本意处理一个位模式是一个糟糕的主意。但也有例外，就像本节所采用的方法，但记住，基本原则并不是这样的。

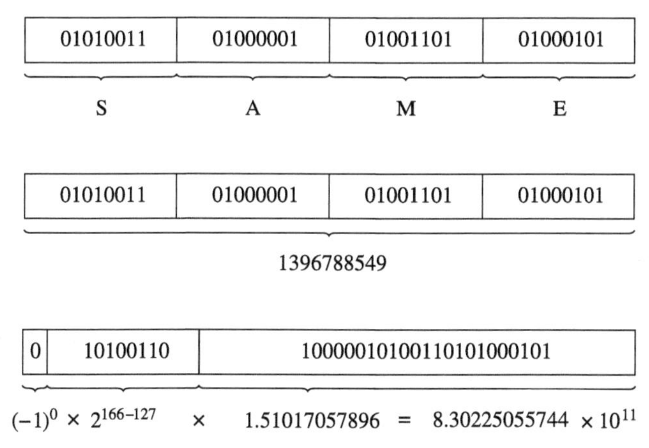

图 13-8　相同位模式的不同解释：ASCⅡ字符串、整数、浮点数

13.5　碰撞

现在，我们已经建立了一个可靠的哈希函数族，数值关键字和字符串关键字它都能处理，我们已经完成任务了吗？让我们回到表 13-3，假定要继续添加人口排在下一位的国家，这恰好是墨西哥，其电话代码为 52。这就和孟加拉国产生了碰撞：52 mod 23=880 mod 23=6，因此墨西哥的关键字最终与孟加拉国的关键字位于相同的位置，如图 13-9 所示。

根据鸽巢原理，我们总是会遇到碰撞。一个好的哈希函数会尽力最小化碰撞，但数学上不可能完全避免碰撞，因此为了令一个哈希方法可行，还必须有一种处理碰撞的方法。

最常用的一种处理碰撞的方法是安排哈希表的桶不是简单地保存记录，而是指向记录链表。每个桶指向一个链表，链表保存关键字哈希值相同的所有记录。也就是说，它保存关键字产生碰撞的所有记录——这也解释了“桶”这个名字的由来，因为在某种意义上它包含一组记录。如果一个表项没有发生任何碰撞，则桶会包含一个单元素的链表。如果一个桶没有关键字哈希到它，则它是一个空链表，指向 NULL。我们通常用术语链（chain）表示哈希到相同值的记录的链表。由于我们对每个哈希值使用一个链表，所以称这种方法为*分离链表法*（separate chaining）。在图 13-10 中，你可以看到这种方法是如何解决图 13-9 中的孟加拉国和墨西哥碰撞的问题的。我们用符号∅表示一个指向 NULL 的指针，由于我们希望这个操作尽可能快，因此一般使用一个简单的单向无序链表。数据项添加到链表头，墨西哥和孟加拉

348

国就是这样处理的。

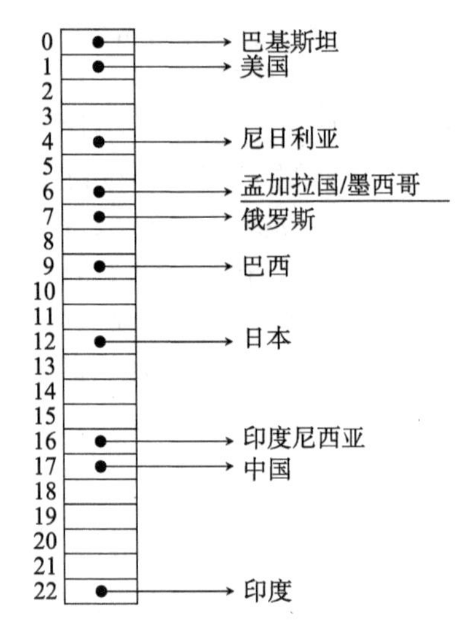

图 13-9　大小为 23 的哈希表，保存了前 11 位的人口大国，关键字为电话代码

这样，我们就可以将更多国家添加到表中。有些国家会来到单元素链表，而其他一些会与已在哈希表中的其他国家产生碰撞，从而最终来到的链表会包含电话代码具有相同哈希值的所有国家。如果共有 17 个国家，如图 13-11 所示，我们会得到单元素链表、双元素链表甚至三元素链表，因为伊朗、墨西哥和孟加拉国的区号会哈希到表中相同位置。

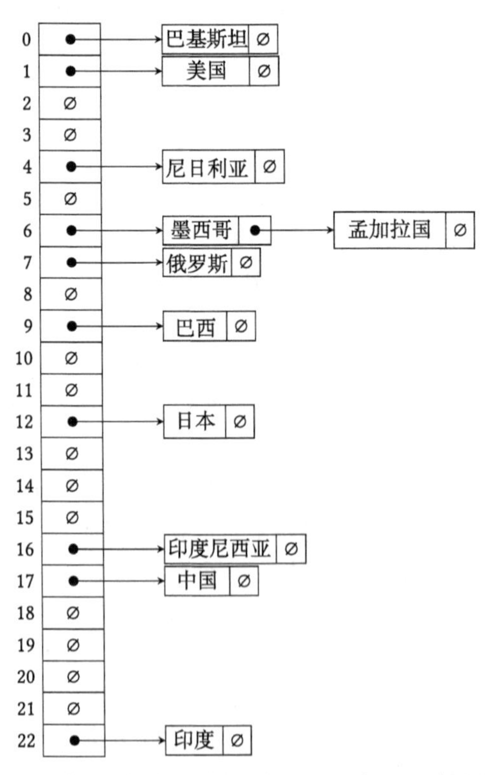

图 13-10　大小为 23 的哈希表，保存了前 11 位的人口大国，关键字为电话代码，用分离链表法解决碰撞

哈希表的最终目的是能快速检索数据。检索一个数据项的第一步是计算其关键字的哈希值，然后我们查看哈希值指出的哈希表位置：如果它指向 NULL，则我们知道数据项不在哈希表中；如果它指向一个链表，则我们开始遍历链表，直到找到数据项，或者到达链表尾也未找到它。因此，在图 13-11 中，如果我们要搜索关键字 880，首先计算其哈希值，结果为 6，然后开始遍历哈希表 6 号位置指向的链表。我们比较链表中每个数据项的关键字是否等于 880：如果找到这个关键字，我们知道这是孟加拉国。检查三个数据项后，我们会找到，因为孟加拉国在链表尾。现在假定我们要搜索电话代码为 213 的国家，即阿尔及利亚。数 213 的哈希值为 6，我们将遍历链表，但在链表中我们未找到关键字等于 213 的数据项，因此我们可以安全地确认阿尔及利亚不在表中。 349 350

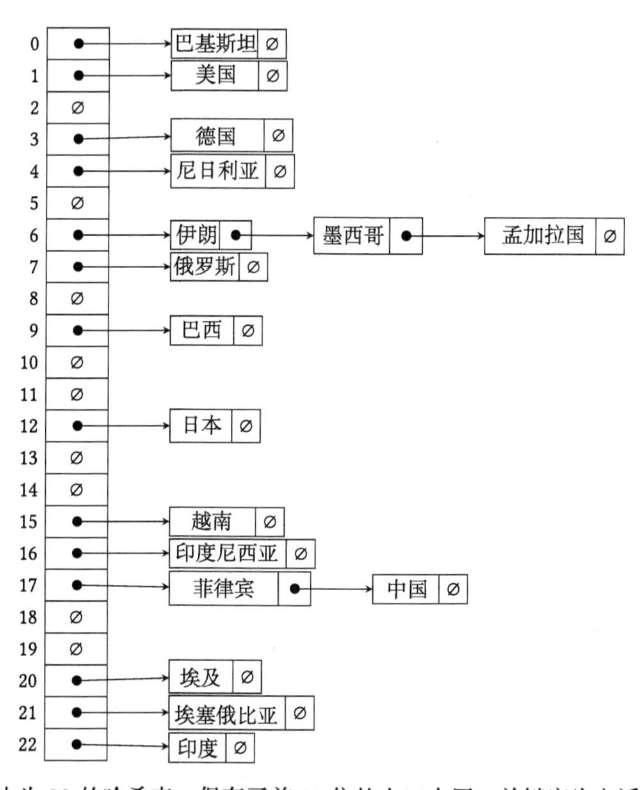

图 13-11　大小为 23 的哈希表，保存了前 17 位的人口大国，关键字为电话代码，用分离链表法解决碰撞

算法 13-7 处理链表法中哈希表的插入操作。对一个记录 x，我们需要一个函数 Key(x) 来获取 x 的关键字。函数 Hash(x) 计算关键字 k 的哈希值，它可以是我们已经见过的任何哈希函数，依赖于关键字的类型。由于哈希表包含数据项的链表，如果我们的哈希表称为 T，则 $T[h]$ 为保存哈希值为 h 的关键字的数据项。

在哈希表中搜索数据项一开始与插入操作相同，请见算法 13-8。然后当找到应该保存待搜索数据项的链表所在桶时，我们简单地搜索桶中的链表。SearchInList(L，i) 在链表中搜索数据项 i，因此我们实际上需要调用 SearchInList($T[h]$，x)。回忆一下，函数 SearchInList 返回我们要搜索的数据项，或是返回 NULL，如果数据项不在链表中的话。如果要从一个哈希表中删除数据项，我们再次使用相同方法的一个变体，如算法 13-9 所示，它使用函数 351

RemoveFromList(L, d) 从链表中删除第一个包含 d 的节点并将其返回（如果 d 在链表中的话），否则返回 NULL。

算法13-7 在链表法哈希表中插入

```
InsertInHash(T, x)
    输入：T，一个哈希表
          x，要插入哈希表的一条记录
    结果：x被插入T中
1   h ← Hash(Key(x))
2   InsertInList(T[h], NULL, x)
```

算法13-8 在链表法哈希表中搜索

```
SearchInHash(T, x) → TRUE or FALSE
    输入：T，一个哈希表
          x，要在哈希表中搜索的一条记录
    输出：若找到返回TRUE；否则返回FALSE
1   h ← Hash(Key(x))
2   if SearchInList(T[h], x) = NULL then
3       return FALSE
4   else
5       return TRUE
```

算法13-9 从链表法哈希表中删除

```
RemoveFromHash(T, x) → x or NULL
    输入：T，一个哈希表
          x，要从哈希表中删除的一条记录
    输出：x，若删除成功返回记录x；若x不在哈希表中则返回FALSE
1   h ← Hash(Key(x))
2   return RemoveFromList(T[h], x)
```

从算法 13-8 可以看出，在分离链表法哈希表中查找一个数据项的代价是变化的，依赖于数据项本身。首先，我们要考虑哈希函数的代价。如果是哈希数值关键字，则此代价就是算法 13-3 的代价，即除法运算花费的时间，我们将其看作常数 $O(1)$。如果是哈希字符串，则就是算法 13-6 的代价 $\Theta(n)$，其中 n 是字符串长度。由于算法很快且只依赖于关键字而非数据项数目，因此我们也将其视为常数。接下来我们还要加上计算出哈希值之后所需操作的代价。如果哈希桶指向 NULL，则此代价为 $O(1)$，否则为 $O(|L|)$，其中 $|L|$ 是链表 L 的长度，因为在一个链表中搜索数据项要一个接一个地访问数据项，花费线性时间。于是问题变为，一个链表有多长？

352

答案依赖于哈希函数。如果哈希函数很好，使得所有关键字均匀分布在哈希表中、完全无偏，则我们期望每条链表的长度大约为 n/m，其中 n 是关键字数目，m 是哈希表大小，数值 n/m 被称为哈希表的装填因子（load factor）。对于一次不成功搜索，我们花费的时间包括计算关键字的时间以及到达链表尾的时间 $\Theta(n/m)$；对于一次成功搜索，我们需要遍历链表中的数据项，直至遇到要搜索的数据项。由于数据项被添加到链表头，因此当我们搜索某个数据项时，必须遍历链表中那些在此数据项之后添加的数据项。可证明，链表搜索时间为 $\Theta(1+(n-1)/2m)$。

我们看到，在成功搜索和不成功搜索中，遍历链表所需要的时间都依赖于 n/m。如果关键字的数目正比于哈希表大小，即 $n=cm$，则链表搜索时间变为常数。实际上，对一次不成功搜索，我们有 $\Theta(n/m)=\Theta(cm/m)=\Theta(c)=O(1)$。一次成功搜索花费的时间不会比一次不成功搜索长，因此也是花费 $O(1)$ 时间。两种情况下我们都达到了常量时间。

常量平均性能是一个不凡的成绩，因此哈希表成为流行的存储机制。但是，有两个重要的问题需要注意。首先，哈希表是无序的。如果哈希函数设计良好，记录会被插入到哈希表中随机位置。因此如果我们希望以某种序（比如数值序或字典序）搜索数据项，即我们找到一个数据项的位置后，希望接下来就能得到序中下一个数据项，哈希表就不适合。其次，哈希表的性能依赖于装填因子。我们已经看到，当 $n=cm$ 时，搜索时间的界为 c。我们想确保 c 不会变得特别大，例如，如果我们知道将插入 n 个数据项，就可以创建一个大小为 $2n$ 的哈希表，使得比较平均不超过两次就能完成一次搜索。但如果我们预先不知道数据项数量，或是估计错误，会发生什么？如果出现这种情况，我们就需要调整哈希表大小（resize）。我们需要创建一个更大的新哈希表，从过载的哈希表中取出所有数据项，将它们插入到更大的新哈希表中，然后丢弃旧哈希表，从此刻开始使用新哈希表。调整大小的操作代价非常高，因此，准确估计我们的需求来避免调整大小是值得的。如果无法避免的话，大多数哈希表的实现都监控哈希表的装填因子，当其超过一个阈值，比如说 0.5 时，就调整哈希表大小，这样，哈希表查找操作还保持平均常量时间，但对于插入操作，如果引起哈希表大小调整，就会变得很慢。

353

图 13-12 给出了一个调整大小的例子。初始时哈希表大小为 5，我们向其中插入记录，记录的关键字是扑克牌。每张牌有一个数值：梅花 A 的值为 0，直到梅花 K 的值为 12。然后方块 A 的值为 13，红心 A 的值为 25，黑桃 A 的值为 38。最大值为黑桃 K 的 51。在图 13-12a 中，哈希表大小为 5，装填因子为 1。于是我们决定增大哈希表。为了令模运算的除数为素数，我们将表增大到 $2\times 5=11$。我们重新插入扑克牌，如图 13-12b 所示，新的牌都会插入到增大的哈希表中。

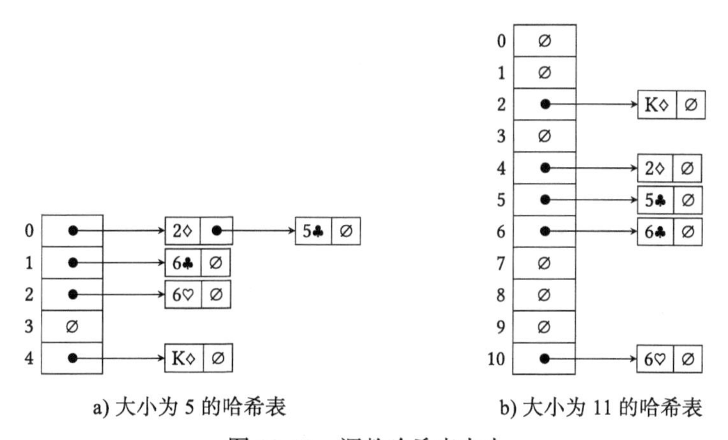

图 13-12　调整哈希表大小

354 我们应该理解哈希表的性能是概率性的，这一点很重要。有一个好的哈希函数，搜索操作花费时间超过 n/m 的概率就很小，但还是存在的。我们不能保证每条链表必然很短，但平均而言链长超过平均大小的概率很低。而且，当我们借助于大小调整方法时，在大小调整过程中就会有性能损失。

哈希表各不相同，而且在很多应用中都有不同的用途。其概率行为也为我们提供了在时空之间进行权衡的机会，允许我们对使用哈希表的应用精细调整性能：如果空间不是问题而速度很重要，我们可以将哈希表调整得尽量大；如果空间很宝贵，则我们在速度上做出妥协，将更多关键字装入一个较小的哈希表。

由于哈希表中的内容是无序的，因此它常用于实现这样的数据结构：我们只对在其中查找、存储数据感兴趣，而不关心数据的顺序。集合（set）就是这样的数据结构。集合包含一些数据项，这些数据项要求都是唯一的，哈希表直接满足这些要求：如果我们为数据项设计了一个哈希函数，就可以将数据项插入哈希表中，假如它们不在表中的话。如果我们希望检查一个数据项是否在集合中，只需对数据项应用哈希函数，然后检查它是否在哈希表中。集合是无序的：我们只是将数据项插入到哈希表中。我们已经看到，将数据项放入哈希表的方法没有任何数据项排序的意图。来自每个哈希桶的链表是有顺序的，但这个顺序并不对应任何针对数据项本身的排序规则，如字典序或数值序。这无关紧要，因为无论如何数学上的集合就是无序的。

另一种常用哈希表实现的数据结构是字典（dictionary），也被称为映射（map）或关联数组（associative array），字典处理的是键值对，就像一本普通的字典包含词条（关键字）和定义（值）。我们使用关键字检索关联的值，就像我们在现实世界的字典中所做的那样从单词获取其定义。与现实中的字典不同，数据结构字典是无序的，因为其底层的哈希表就没有提供排序。现实中的字典是有序的，以方便搜索。而哈希表自有其魔法，令我们无须进行搜索。字典就像一个元素为键值对的集合，我们可以在字典内部用一个两元素的数组来表示键值对。如果要插入一个新的键值对，我们计算关键字的哈希值，将键值对插入到哈希表中，如算法 13-10 所示。注意，我们必须首先检查键值对是否已在字典中。函数 355 SearchInListByKey($T[h]$, k) 在 $T[h]$ 指向的链表中遍历搜索数据项，即关键字为 k 的键值对，如果找到，则返回这个数据项，否则返回 NULL。这与 SearchInList 略有不同，后者搜索一个特定数据项，检查哈希表中数据项是否与之相等。SearchInListByKey 则是在搜索特定数据项时检查数据项的关键字是否相等。这是一种非常常见的模式：数据结构中的搜索函数通常接受一个指出如何检查相等性的参数，比如说检查数据项的一个特定属性或是几个属性的组合是否相等，而不是比较整个数据项。

如果数据项不在哈希表中，则我们在第 7 行的调用函数 InsertInList($T[h]$, NULL, p) 将其插入哈希表。否则，我们重定义 k 的字典条目，将已存在的键值对的第二个元素赋值为新值。

如果我们希望在哈希表中检索与某个关键字关联的值，我们应计算关键字的哈希值，取出保存在哈希表中的键值对，如果找到的话，就返回其值，见算法 13-11。最后，如果我们希望从字典中删除一个键值对，则我们哈希该关键字，并在哈希表中移除关键字对应的键值对，见算法 13-12。我们使用函数 RemoveFromListByKey(L, k)，它从链表 L 中删除关键字为 k 的键值对并将其返回，如果这样的键值对不存在，则返回 NULL。RemoveFromListByKey 与 RemoveFromList类似，就像SearchInListByKey 与 SearchInList 间的关系一样：通过检查与给定关键字是否相等来在链表中搜索要删除的数据项。

算法13-10 字典(映射)中插入

```
InsertInMap(T, k, v)
  输入：T，一个哈希表
        k，键值对中的关键字
        v，键值对中的值
  结果：值v被插入到与关键字k关联的字典中
1 h ← Hash(k)
2 p ← SearchInListByKey(T[h], k)
3 if p = NULL then
4     p ← CreateArray(2)
5     p[0] ← k
6     p[1] ← v
7     InsertInList(T[h], NULL, p)
8 else
9     p[1] = v
```

356

算法13-11 在字典(映射)中搜索

```
Lookup(T, k) → v or NULL
  输入：T，一个哈希表
        k，一个关键字
  输出：对应k的值v，如果存在的话；否则返回NULL
1 h ← Hash(k)
2 p ← SearchInHash(T[h], k)
3 if p = NULL then
4     return NULL;
5 else
6     return p[1]
```

这一组三个算法与之前的普通哈希表项处理算法没有太大不同。

算法13-12 从字典(映射)中删除

```
RemoveFromMap(T, k) → [k, v]
  输入：T，一个哈希表
        k，一个关键字，对应要从字典中删除的键值对
  输出：对应k的键值对[k，v]，如果删除成功的话；如果在字典中未找到对应的
        键值对，则返回NULL
1 h ← Hash(k)
2 return RemoveFromListByKey(T[h], k)
```

13.6 数字指纹

在识别数据片段的应用中，哈希思想也是基本组成部分。如果你要处理个人信息记录，

357 每条记录由若干属性组成，则很容易识别一条记录：你只需检查是否已有具有相同关键字的一条记录。现在想象你的“记录”不能很好地适应属性和关键字这种模式。你的记录可能是一幅图像，或一段声音比如说一首歌，你想查明之前是否已经听过这首歌，歌曲没有附加任何预定义的属性，歌名、演唱者和词曲作者都不在其中。当包含一首歌的记录交到你手中时，你只有组成这首歌的声音频率的记录，如果你想的话，可以将这条记录看作一个频率集合，你如何来搜索这样的记录呢？

你想要做的是从声音记录导出某个唯一的东西，从而你可以将这个唯一特征作为识别声音记录的关键字。我们先看一个不同的例子，假定你需要识别一个人，识别一个陌生人并将其与一组你感兴趣的已知人员进行匹配并不容易，你必须使用这个人的某种唯一标识与已知人员集合中每个人的唯一标识进行匹配。一种我们已经使用了几百年的方法是将指纹作为身份标识。我们有已知人员的指纹，也得到了希望识别的人的指纹。如果我们发现此人的指纹与一个已知人员的指纹匹配，则这个人就不再是陌生人了：我们已经识别出这个人。

在数字王国里我们有*数字指纹*（digital fingerprint），这是数字数据的一些特征，我们可以用它们来可靠地识别数据。在实践中，比如说你有来自一首歌的声音片段，你想弄清楚这是哪首歌，你有一个很大的歌曲数据库，这些歌曲的数字指纹你都已计算出来。你计算这个声音片段的数字指纹，并尝试将它与歌曲数据库中的某个数字指纹匹配。如果匹配成功，你就找到对应歌曲。哈希技术在这里起作用是因为你有数以百万计的歌曲，因此也就有数以百万计的指纹。你必须能非常快地找到一个匹配（或是确定不存在匹配）。而且，歌曲指纹也没有序的概念。因此，一个大的哈希表对这样的目的来说是很理想的。关键字就是指纹，记录是每首歌的细节，如歌名、演唱者等。

为了建立一首歌的数字指纹，我们需要回顾一下，一个声音就是一种震动，通过某种媒介（通常是空气）进行传播。每个声音都有一个或多个频率与之关联。纯音具有单一频率，例如，音符A的频率是均匀音阶中的440 Hz，音符C的频率为261.63 Hz。一个声音片段 358 有多个频率，随时间改变，因为是由不同乐器和语音组合起来的。而且，一些频率比其他频率更高一些，例如某件乐器演奏得比其他乐器更响。声强的频率表现为对应频率能量上的差异，一首歌不同时间点上的不同频率具有不同能量，表现为有些越来越响，有些越来越低，有些甚至可能消失。

我们可以用能量、频率和时间的三维图来表示一首歌。图13-13给出了一首歌的一个3秒片段的能量、频率和时间三维表示。注意，点(0, 0, 0)位于图的远端，我们从歌曲开始的半秒钟开始（因为歌曲开始时有太多无声部分）。这幅图告诉我们，这个歌曲片段主要由低频构成，因为能量主要集中在低频：在每个时间点，都是低频具有最高的z值。在z轴上，我们用分贝（decibel，dB）每赫兹来衡量频率能量。这里出现负号是因为分贝是对数形式。它表示两个值的比率：$10\log(v/b)$，其中b是基值。在我们的例子中$b=1$，因此对$v<1$就会得到负数。

我们通常不使用像图13-13这样的三维表示，而是使用更受限的二维表示，在每个时间 359 和频率点使用颜色来表示能量值。我们称这种表示为*声谱图*（spectrogram）。图13-14a给出了对应图13-13的声谱图。你可能同意这种表示方式比前一种更容易理解，又没有丢失任何信息。在数据可视化领域通常少即是多，少即是美。

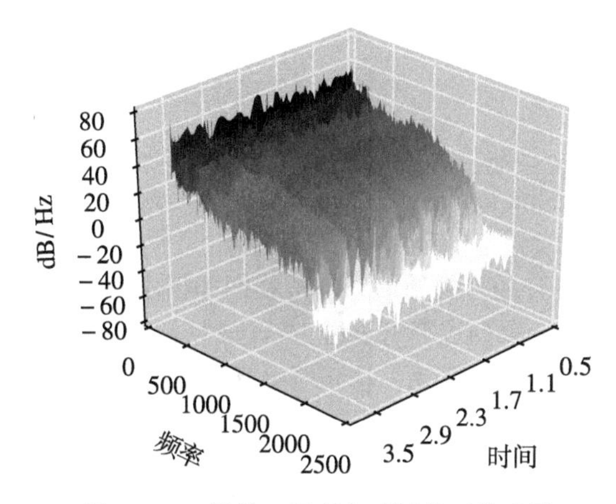

图 13-13 能量、频率和时间的三维表示

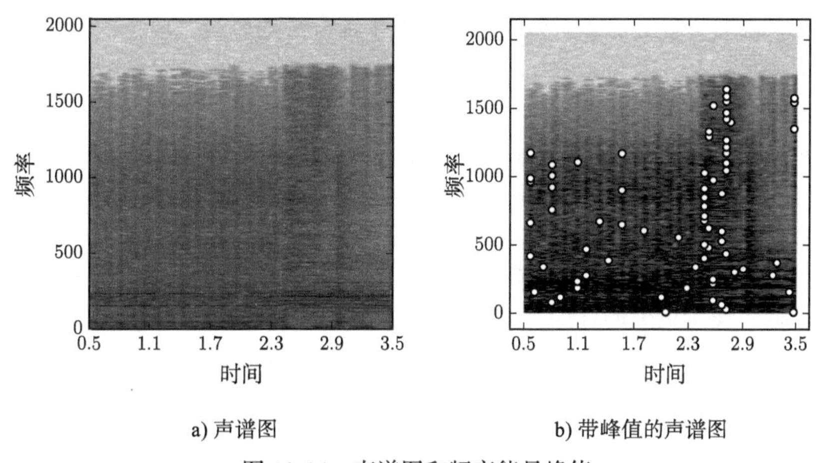

图 13-14 声谱图和频率能量峰值

在声谱图中，你可以看到能量不是随时间和频率平滑变化的，在一些地方，高能量点（暗）与低能量点（亮）相邻。在图 13-13 中与之对应的是，一个值相对于它的邻居值是峰值。我们可以用数学方法检测出这种峰值。如果我们在声谱图上绘制出这些峰值，就得到了图 13-14b。现在，已经证明一首歌中的频率能量峰值的模式可以作为其数字指纹。因此，我们可以取一个声音片段的峰值，并尝试检查是否与已知的某首歌的峰值匹配。如果我们的声音片段比一首歌短，我们会尝试与这首歌的等长片段中的峰值匹配。如果我们找到一个匹配，就很可能的确找到了相同的歌。

在实践中，只是将频率作为指纹并不是我们能做到的最好程度。一首歌更好的刻画方式是使用峰值对和它们的时间差。如果我们有一个时刻 t_1 的频率峰值 f_1 和另一个时刻 t_2 的频率峰值 f_2，则我们不是用 f_1 和 f_2 作为关键字将歌曲加入哈希表，而是创建一个新的关键字 $k=f_1:f_2:t_2-t_1$，如图 13-15a 所示。关键字可以用字符串表示，将几个部分拼接起来，如“1620.32：1828.78：350”，其中时间差单位为 μs。 360

一首歌中可能的峰值对 (f_x, f_y) 数量可能很大，因为其中包含了所有频率峰值间的配对。数学上，这等价于从 n 项中选出 k 项的所有可能方法，其中 $k=2$ 和 n 为歌曲中频率峰值的数量，数学上甚至还有专门的符号描述：

$$\frac{n!}{k!(n-k)!}=\binom{n}{k}$$

这就是可能组合（combination）的数量，即从 n 个元素中无序选取 k 个元素。符号$\binom{n}{k}$读作“n 选 k”。

如果组合的公式看起来有些神秘的话，考虑我们如何求*排列*（permutation）的数量，即从 n 项中有序选取 k 项。第一项的选择有 n 种方法，然后对每一种方法有 $n-1$ 种方法选取第二项，依此类推直到选出第 k 项。因此，从 n 项中有序选取 k 项共有 $n\times(n-1)\times\cdots\times(n-k+1)$ 种方法。而

$$n\times(n-1)\times\cdots(n-k+1)=\frac{n!}{(n-k)!}$$

由于排列是有序的，因此为了得到组合数，我们需要将此算式除以 k 个项的可能顺序的数量。第一项的选择有 k 种方法，对每种方法有 $k-1$ 种方法选取第二项，以此类推直到最后一项。因此 k 个项共有 $k\times(k-1)\times\cdots\times1=k!$ 种可能的序。由于组合数是排列数除以可能的顺序的数量，因此我们得到了$\binom{n}{k}$的公式。

让我们回到频率对的问题，$\binom{n}{2}$可能导致在哈希表中有大量关键字。如果在一首歌中有 100 个频率峰值，则$\binom{100}{2}$=4950，于是对这首歌我们只需这么多关键字。为了避免哈希表中不合适的大小组合，我们做出妥协，对每个频率峰值只使用可能频率对的一个子集。例如，我们可能决定只使用 10 对。具体值称为*扇出因子*（fan-out factor），可以调整它以确保更好的检测效果，同时使用更少的存储、获得更快的速度。更大的扇出因子需要更多存储，但能提高检测准确率，需要更多检测时间。图 13-15b 显示了计算一个峰值的哈希值时考虑的频率对，其中我们指定扇出因子为 10 并取时间轴上选定峰值之后的前 10 个峰值。

362

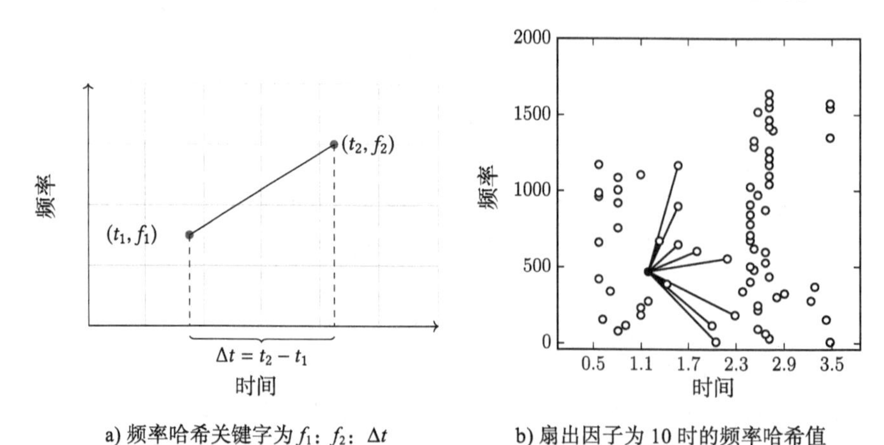

a) 频率哈希关键字为 f_1：f_2：Δt　　b) 扇出因子为 10 时的频率哈希值

图 13-15　哈希频率峰值

总结一下，为了填充哈希表，我们导出每首已知歌曲的声谱图并使用频率对及其时间差作为关键字，频率对的数量基于一个适当的扇出因子。与这些关键字相关联的记录包含可能匹配的细节，如歌名和演唱者。当我们想要识别一首歌时，我们用相同方法导出其声谱图和频率对，并在哈希表中搜索这些关键字。我们选取匹配最多的歌曲作为与我们查找的歌曲最接近的那首。

13.7 Bloom 过滤器

用哈希表存储和检索数据非常高效。有时，如果我们放松要求，可以达到更高的效率，同时还能节省空间。特别是，假定我们感兴趣的并不是存储和检索数据，而只是检查某个数据是否在一个集合中，并不需要费心真正提取数据。而且，在很罕见的情况下我们可以接受被告知数据在集合中，但实际上并不在，不过我们并不能接受被告知数据不在集合中，但实际上它在。也就是说，我们愿意接受一定的*假阳性*（false positive），即声明某事是真的，但事实并非如此，但我们并不愿接受任何*假阴性*（false negative），即声明某事是假的，但实际上它是真的。 362

这种情况出现在很多场景中。如果我们有一个大数据库，则从中检索数据代价很高。如果我们能即刻弄清某个数据是否在数据库中，就能免去一个数据不在数据库中时徒劳地搜索它的麻烦。假阳性是可接受的，因为它意味着我们将承受数据不存在但却要尝试检索它的不必要的代价，但如果假阳性很少见的话，这就不是一个大问题。

高速缓存的工作机制类似。*高速缓存*（cache）是频繁访问的数据的一种暂存。我们可能将数据存储在不同介质中，但数据的某个子集较之剩余部分被更频繁地访问。我们将这个子集放到快速存储介质中，例如主存中。当我们想获取某个数据时，首先检查它是否在高速缓存中。如果在缓存中，我们从快速存储介质中将其取出，返回给用户；如果不在缓存中，我们就必须来到大批数据驻留的位置取出所需数据。假阳性意味着我们相信数据在缓存中。这并不是问题，因为我们将很快发现我们弄错了，并将注意力转向大容量存储。只要这种情况很少发生，这应该就不是问题。

各种过滤器都遵循相同的原理。在一个过滤器中，我们希望标记出坏东西，而让好的物品通过。当过滤垃圾邮件时，我们希望将所有来自已知是垃圾邮件发送者的地址的电子邮件都标记为垃圾。我们肯定不希望有假阴性，即来自已知是垃圾邮件发送者的邮件通过检查。我们愿意接受较低的假阳性，一些邮件最终被标记为垃圾邮件，放在垃圾文件夹中，但它们并不是。同样的逻辑也应用于网址缩写服务。一家提供网址缩写服务的公司必须尽最大努力保证它处理的缩写网址不会导向恶意网站，因此，当一个网址待缩写时，必须检查它是否在恶意网站集合中。这家公司不应容忍假阴性，即恶意网址被漏掉。它可以容忍一小部分好的网址被标记为恶意网站，只要比例比较低就不是问题。在数字取证中，我们手头有一份恶意软件文件清单，我们可以将这些文件拆分成块，将它们插入到过滤器中，然后当我们想扫描某些存储介质查找恶意行为时，我们可以取存储介质上的块，检查它们是否出现在过滤器中。 363

Bloom 过滤器（Bloom filter）是实现集合成员机制的一种有效且流行的方法，前提是一定的假阳率不是问题，这种方法以它的发明者 Burton Bloom 的名字而命名。一个 Bloom 过滤器就是一个大的位数组 T，大小为 m。初始时所有位被设置为 0，表示过滤器为空。每当我们要向集合中添加一个数据项时，要用 k 个独立的哈希函数计算数据项的哈希值。独立的意思是，对于相同的关键字，不同函数生成的哈希值是完全独立的。每个哈希函数的值域范围应在 0 到 $m-1$ 之间，对得到的每个哈希值，我们将位数组对应位置设置为 1。当我们想检查一个数据项是否在过滤器中时，我们用那 k 个函数计算其哈希值并检查在位数组中是否所有 k 个哈希值对应的位置都被设置为 1。如果是这样的话，我们就认为数据项已经加入到过滤器中。存在一定概率数据项实际上不在过滤器中，因为所有对应位可能因为已加入过滤器

的其他元素被置位。只要我们保持此概率很低，就是可接受的。如果并非所有 k 个哈希值都被置位，则我们确定知道数据项不在过滤器中。

更具体地说，我们有 k 个独立的哈希函数 h_0，h_1，…，h_{k-1}，每个函数的值域范围从 0 到 $m-1$。如果我们想插入一个数据项 x 到过滤器中，要计算 $h_0(x)$，$h_1(x)$，…，$h_{k-1}(x)$ 并设置 $T[h]=1$，对所有 $h=h_i(x)$，$i=0, 1, \cdots, k-1$，参见算法 13-13。如果我们想检查一个数据项 x 是否在 Bloom 过滤器中，再次计算 $h_0(x), h_1(x), \cdots, h_{k-1}(x)$。如果对所有 $h=h_i(x)$，$i=0, 1, \cdots, k-1$ 有 $T[h]=1$，则我们说数据项在过滤器中，否则，我们说它不在过滤器中。参见算法 13-14。

算法13-13 Bloom过滤器插入算法

```
InsertInBloomFilter(T, x)
    输入：T，一个大小为m的位数组
          x，一条记录，要插入到Bloom过滤器表示的集合中
    结果：通过将h_0(x)，h_1(x)，…，h_{k-1}(x)这些位设置为1，表示记录插入到Bloom过滤器中
1   for i ← 0 to k do
2       h ← h_i(x)
3       T[h] ← 1
```

算法13-14 Bloom过滤器成员检查算法

```
IsInBloomFilter(T, x) → TRUE or FALSE
    输入：T，一个大小为m的位数组
          x，一条记录，要检查它是否是Bloom过滤器表示的集合成员
    输出：如果x在Bloom过滤器中则返回TURE；否则返回FALSE
1   for i ← 0 to k do
2       h ← h_i(x)
3       if T[h] = 0 then
4           return FALSE
5   return TRUE
```

当我们开始使用 Bloom 过滤器时，其所有项都被设置为 0，然后当我们向集合中插入成员时，某些项被设置为 1。在图 13-16 中，我们从一个表长为 16 位的空过滤器开始，向其中加入“In”“this”“paper”和“trade-offs”。前三个数据都哈希到两个空表项，然后“trade-offs”哈希到一个已经设置为 1 的表项和一个空表项。在 Bloom 过滤器中，这种局部冲突不算是真正的冲突，因此，如果我们在插入“trade-offs”之前检查它是否在过滤器中，会得到 FALSE 的结果。这也是我们为什么使用多个而不是一个哈希函数的原因：发生假阳性需要一个数据项的所有哈希值都落入过滤器已置位表项，我们期望这种情况的发生更为困难。但你可能质疑这种策略能走多远。如果你使用很多哈希函数，则 Bloom 过滤器会很快装满，我们将很容易遇到冲突，因为大多数表项都已被置位。这是一个合理的质疑。我们将会看到，我们可以用最优的哈希函数数目来配置过滤器。

364

如果我们持续向过滤器添加数据项，就会发生冲突，即报告数据项已在集合中，但其实它不在，产生假阳性。特别是，当算法 13-14 对一条记录 x 返回 TRUE，但实际上它不在过滤器中，我们就遇到了假阳性。在图 13-17 中，我们只是向 Bloom 过滤器中添加数据

项来实现这一点，在插入“among”后，我们发现过滤器对待“certain”就好像它已经存在一样。

这似乎是灾难性的，但其实并非如此。如果我们的应用容忍假阳性（我们已经看到了这种应用的例子），我们就可以忍受这种行为。真正的问题是我们能得到什么回报。

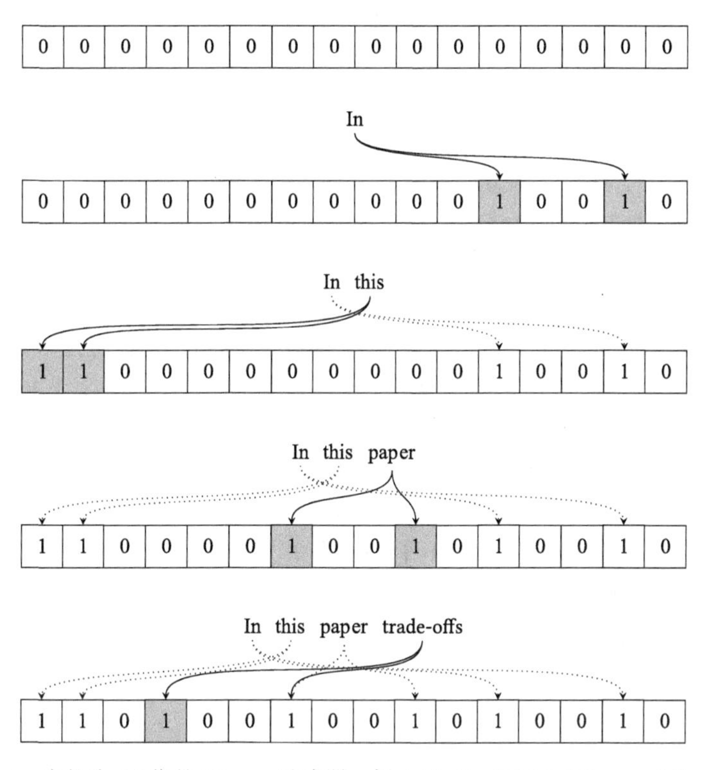

图 13-16 表长为 16 位的 Bloom 过滤器，插入了“In”“this”“paper”“trade-offs”

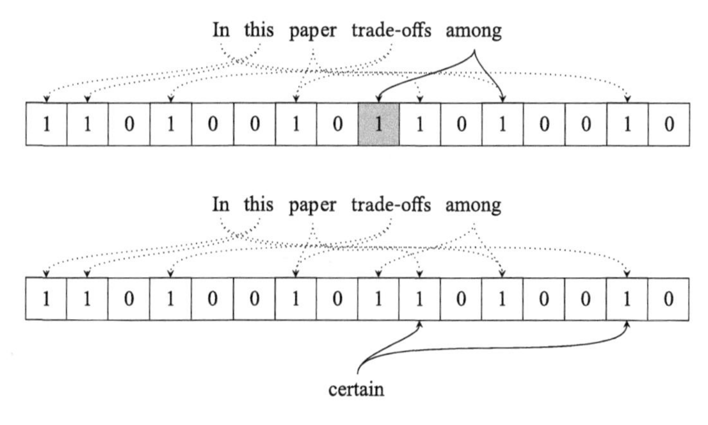

图 13-17 插入“among”“certain”产生假阳性

在此刻，我们的例子中就有一个假阳性，但我们已经成功向集合中插入了五个数据项。这里，我们用一个 16 位的表达到了 1/6 ≈ 17% 的假阳率。现在有一个关键的部分：我们并未真正将集合成员保存在任何地方。我们只是将哈希表项设置为 1。用一个 Bloom 过滤器我们可以表示一个集合，而无须保存集合中的数据项。如果我们用一个普通哈希表表示单

365

词集合，就需要空间保存哈希表本身以及保存对应单词的实际字符串。我们例子中的单词占据 41 个字节，假设每个字母占据一个字节的话，就等于 328 位。我们节省的空间大约为 328/16 ≈ 20 倍，只要我们接受假阳性。

我们已经使用了一个 16 位的基本 Bloom 过滤器保存少量单词，使用了两个哈希函数。在现实中，我们会使用更大的过滤器来处理更大量的数据项，不一定使用两个哈希函数。过滤器的位数 (大小)m、我们希望处理的数据项数目 n 以及哈希函数的数目 k 都是我们可以平衡的参数，以期得到我们想要的行为。

366

如果我们只有一个哈希函数，则当我们哈希一个数据项时，表中一个特定位会被置位的概率为 $1/m$，因此，这个特定位不会被置位的概率为 $1-1/m$。如果我们使用 k 个独立的哈希函数，则特定位不会被置位的概率为 $(1-1/m)^k$，我们可以将它写为 $(1-1/m)^{m(\frac{k}{m})}$。当 m 足够大时，由算式可得 $(1-1/m)^m=1/e=e^{-1}$。根据这个事实，一个特定位不会被置位的概率为 $e^{-k/m}$。如果我们的 Bloom 过滤器包含 n 个数据项，则一个特定位不会被置位的概率为 $e^{-kn/m}$。反过来，一个特定位会被置位的概率是 $1-e^{-kn/m}$。我们会遇到假阳性的概率是这样一种情况的概率：在我们已经插入 n 个数据项后，我们检查一个不在过滤器中的数据项，它的所有 k 个哈希值对应的位置都已置位。这等于 k 个特定位都置位的概率：$p=(1-e^{-kn/m})^k$。

从最后一个表达式我们可以计算一个 Bloom 过滤器的最优参数。如果已给定 m(过滤器大小) 和 n(数据项数目)，经过一些计算，我们可推导出 k 的最优值为 $k=(m/n)\ln 2$。例如，如果我们想用一个 100 亿位（等于 1.25G 字节）的 Bloom 过滤器处理 10 亿个元素，我们需要使用 $k=(10^{10}/10^9)/\ln 2 \approx 7$ 个不同的独立的哈希函数。如果参数是这样的，由于 $n/m=10^9/10^{10}=1/10$，假阳性的概率为 $(1-e^{-7/10})^7 \approx 0.008$，或 8‰。注意，这是千分率，不是百分率。我们可以绘制对不同 k 值函数 $(1-e^{-k/10})^k$ 的图，如图 13-18 所示。这幅图显示了即便使用五个哈希函数，我们也可以达到小于 1% 的假阳性率。

367

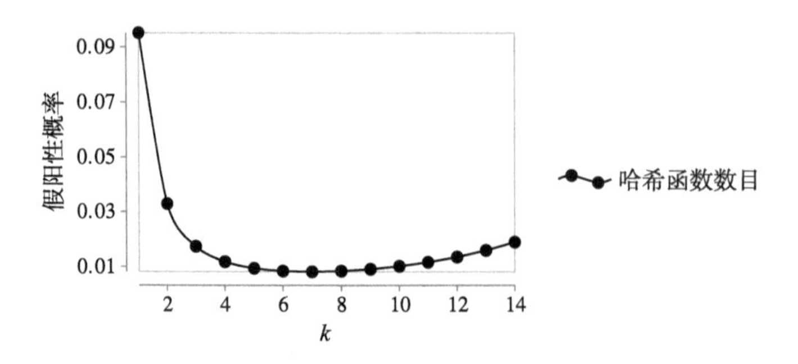

图 13-18　Bloom 过滤器中假阳性的概率，描述为哈希函数数目 k 的函数，$n/m=10$

如果我们取 $k=(m/n)\ln 2$ 并将其代入 $(1-e^{-kn/m})^k$，则简化结果后，我们得到了假阳率为 p 且使用 k 个哈希函数的 Bloom 过滤器的大小 m 为：$m=-n\ln p/(\ln 2)^2$。例如，如果我们想处理 10 亿个数据项，并达到 1% 的假阳率，则得到 $m \approx 9585058378$，大约 100 亿位或 1.25G 字节，与上例一样。如果一个数据项的平均大小为 10 个字节，则我们使用 1.25G 字节空间可处理 10G 字节数据，付出的是少量哈希函数的计算代价！

如我们已介绍的，经典 Bloom 过滤器可显著节省存储空间，但除了假阳性，它还有另一个不利因素可能限制其适用范围——它不支持删除数据项。假定你有两个数据项和被两个数据项都置位的一个位，则如果我们将对应一个数据项的位复位，那么我们也意外地将对应另一个数据项的一个位复位了。在图 13-19 中，“paper”和“trade-offs”哈希到 Bloom 过滤器中相同位置 $T[6]$。如果我们想从过滤器中删除它们任何一个，就会复位 $T[6]$，但它应该是置位的，因为另一个数据项还在过滤器中，需要这一位置位。

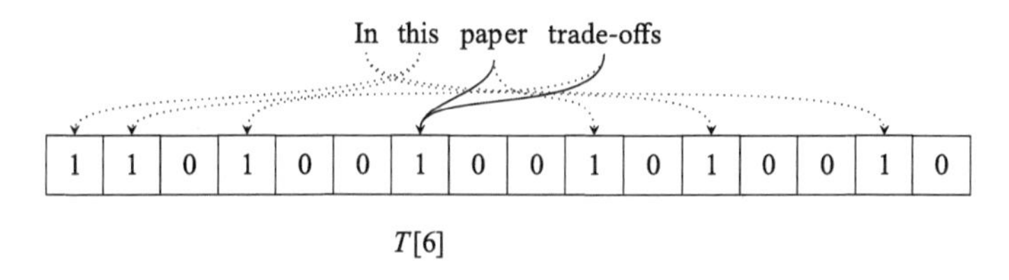

图 13-19 Bloom 过滤器中的删除问题

解决方案是不使用位数组作为哈希表，而是使用一个计数器数组，例如，整数数组，初始化为 0。每当我们插入一个元素时，就将对应哈希位置的计数器增 1。为删除一个元素，我们递减相同的计数器。成员关系检查与之前一样，检查数据项的所有哈希值对应位置是否为 0。我们称这种过滤器为计数 Bloom 过滤器（counting Bloom filter）。算法 13-15 显示了如何添加数据项，算法 13-16 显示了如何删除数据项。计数 Bloom 过滤器中的成员关系检查与普通 Bloom 过滤器一样。 368

算法13-15 计数Bloom过滤器插入算法

InsertInCntBloomFilter(T, x)

输入：T，一个大小为m的整数数组

x，一条记录，要插入到计数Bloom过滤器表示的集合中

结果：通过将$h_0(x)$，$h_1(x)$，…，$h_{k-1}(x)$处的计数器增加1，表示记录插入到Bloom过滤器中

1 **for** $i \leftarrow 0$ **to** k **do**
2 $h \leftarrow h_i(x)$
3 $T[h] \leftarrow T[h] + 1$

算法13-16 计数Bloom过滤器删除算法

RemoveFromCntBloomFilter(T, x)

输入：T，一个大小为m的整数数组

x，一条记录，要从计数Bloom过滤器表示的集合中删除

结果：通过将$h_0(x)$，$h_1(x)$，…，$h_{k-1}(x)$处的计数器增加1，表示记录插入到Bloom过滤器中

1 **for** $i \leftarrow 0$ **to** k **do**
2 $h \leftarrow h_i(x)$
3 **if** $T[h] \neq 0$ **then**
4 $T[h] \leftarrow T[h] - 1$

如果我们在例子中使用一个计数 Bloom 过滤器，情况会变为如图 13-20 所示。我们通过递增每个哈希位置对应的计数器插入数据项，而对于数据项删除，我们简单地递减删除数据项的哈希位置对应的计数器，如图最后所示。引入计数器解决了我们的问题，但这是有代价的。在简单 Bloom 过滤器中，表中每个位置占用一位空间；在计数 Bloom 过滤器中，表中每个位置占用一个计数器所需空间，可能是一个字节甚至更多。因此它在空间方面不如简

单 Bloom 过滤器经济。

369 还有最后一件事，之前我们以某种方式掩盖了。我们假定存在一组独立的哈希函数，对相同输入可生成一组不同的哈希值。我们并未展示任何这样的哈希函数，我们的哈希算法都是接受特定值，生成特定输出。幸运的是，的确存在这样的哈希算法，可根据我们传递给它的参数来变化输出，而且从输出的变化看来它就像是多个独立的哈希函数一样，在 Bloom 过滤器中我们就可以使用这些哈希算法。算法 13-17 就是这种哈希算法的一个例子，它基于 Fowler-Noll-Vo 算法或简称 FNV 算法，这个算法以其发明者 Glenn Fowler、Landon Curt Noll 和 Phong Vo 的名字而命名。

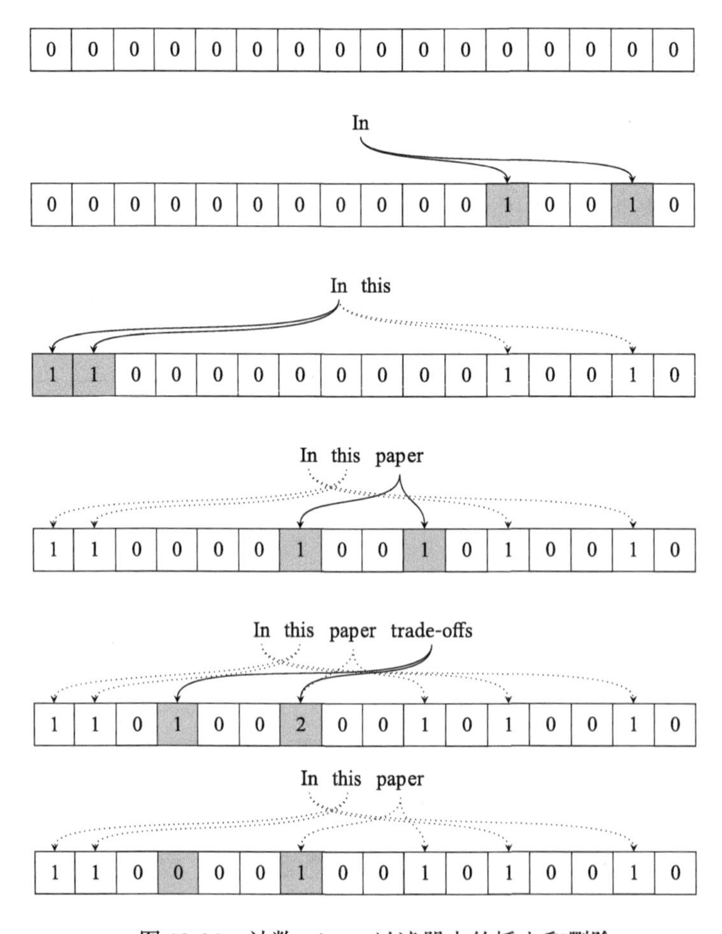

图 13-20 计数 Bloom 过滤器中的插入和删除

370~371 这个算法接受一个字符串 s 和另一个参数 i，返回一个 32 位的哈希值。对不同 i 值，它对相同字符串 s 生成不同的哈希值，因此我们可以用它作为 Bloom 过滤器的基础。为了实现这一点，算法在第 1 行用一个似乎是魔数的值来初始化哈希值，并将其与我们传递的参数 i 进行异或运算。然后，它取输入字符串的每个字符与当前哈希值进行异或。每个字符的值由函数 Ordinal(c) 给出，此函数返回字符的编码，可能是万国码或 ASCⅡ码，这依赖于字符的表示。在第 6 行，算法将计算结果与另一个魔数 p（在第 2 行设置）相乘，并取结果的低 32 位，因为我们想要一个 32 位的哈希值。为了取低 32 位，我们将乘法结果与数 0xFFFFFFFF（等于 32 位均置 1）进行位与运算（运算符为 &）。位与运算接受两个位序列，输出另一个位序列，在每个位置上，如果两个运算对象都是 1，则结果也是 1，否则为 0，参见表 13-4。在数学上，取低 32 位等价于取除以 2^{32} 的余数，但通过使用位与运算我们完全避免了除法运算。我们简单地将 32 位之外的所有位都关闭，而不必计算 $(h \times p) \bmod 2^{32}$。

表 13-4　位与运算

		x	
		0	1
y	0	0	0
	1	0	1

算法13-17　基于FNV-1a的32位哈希算法

```
FNV-1a(s, i) → h
    输入：s，一个字符串
          i，一个整数
    输出：s的32位哈希值
1   h ← 0x811C9DC5
2   p ← 0x01000193
3   h ← h ⊕ i
4   foreach c in s do
5       h ← h ⊕ Ordinal(c)
6       h ← (h × p) & 0xFFFFFFFF
7   return h
```

顺便提一下，这是一个有用且常见的技巧。如果我们希望关闭某些特定位，可以使用一个二进制模式，在本例中是 0xFFFFFFFF，它只包含我们希望保持打开的那些位，如果它们已经是打开状态的话。这种二进制模式被称为*位掩码*（bit mask），或简称*掩码*（mask）。在图 13-21 中你可以看到将一个四位掩码应用到一个八位二进制数，关闭除了低四位之外所有其他位。位掩码不一定由全 1 组成，虽然通常是这样。

讲到这里，我们要提一下，与位与运算对应的是位或运算，参见表 13-5。当我们希望打开而不是关闭一些位时，我们可以使用位掩码配合位或运算，如图 13-22 所示。位或运算符通常是一个竖线（|）。我们的算法中没有使用位或运算，但你最好知道它，因为可能会遇到。这特别重要，因为在某些编程语言中这可能是容易混淆的地方。在这些语言中，当 *a* 和 *b* 均为真时表达式 *a*&&*b* 为真，而当 *a* 或 *b* 为真时 *a*||*b* 为真。它们对应我们算法中的逻辑运算 and 和 or。同时，*a*&*b* 表示计算 *a* 和 *b* 的位与，而 *a*|*b* 表示计算 *a* 和 *b* 的位或。前一对运算符谈论的是逻辑真假，而后一对则是以二进制形式操纵数值。不建议不明就里地混合使用它们。

372

表 13-5　位或运算

		x	
		0	1
y	0	0	1
	1	1	1

1	1	0	1	0	1	1	0

&

0	0	0	0	1	1	1	1

=

0	0	0	0	0	1	1	0

图 13-21　将位掩码 00001111=0xF 与 11010110 进行位与运算

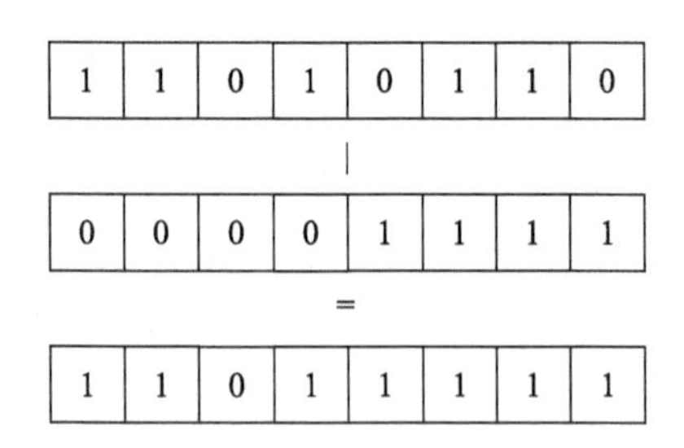

图 13-22 将掩码 00001111=0xF 与 11010110 进行位或运算

谈到编程语言的特殊性，很多语言的另一个特性允许我们将算法 13-17 的第 6 行简化为 $h \leftarrow h \times p$。如果编程语言用 32 位保存一个数，则无论何时 $h \times p$ 超过最大的 32 位数时，由于发生溢出，只有 32 位被真正存储在 h 中。因此无须任何位掩码或模运算。

看起来我们又回到了原点。我们从看起来像骗局的算法开始，现在又来到了一个嵌入了费解的数字的算法。第 1 行和第 2 行的算法已被证明胜任令哈希函数的输出看起来随机的任务。本质上，我们需要接受一组二进制位作为输入（如字符串），然后将其弄乱，从而得到一组不同的二进制位，看起来与输入是无关的。这并不容易，需要尝试若干随机化策略，而且我们必须小心检查算法的行为是否满足我们的要求：在我们的例子中要求是，对不同 i 值得到不同的哈希函数，这些函数表现得好像真的独立一样。

373

注释

鸽巢原理是数学家狄利克雷于 1834 年提出的，虽然他称之为抽屉原则 (Schubfachprinzip 或 drawer principle)。至于哈希的历史 [118，第 xv 页]，其思想最早是 Hans Peter Luhn 于 1953 年在 IBM 的一份内部文档中提到的。Arnold I. Dumey，邮政分拣机的共同发明人，美国陆军信号情报局 (SIS) 和后来的自然安全局 (NSA) 的密码专家，在稍后的 1956 年，在第一篇关于哈希的论文 [54] 中也提出了这个思想，虽然他并没有使用这个词。Robert Morris 在 1968 年首先将哈希这个词用于表达这个思想 [146]，他是一位密码学家和计算机科学家，当时在贝尔实验室工作，在那里他为 Unix 操作系统做出了重要贡献，1986 年他来到 NSA 工作直到退休。Cichelli 曾提出了完美哈希函数族的一个简单例子 [37]，算法 13-2 中的单个字符的编码来自 GPERF[173]。

William George Horner 于 1819 年提出了以他的名字命名的方法 [97]，但是，这个方法此前也曾被其他人发现过，牛顿在此前大约 150 年就使用过这个方法。在 13 世纪的中国，秦九韶也使用过这个方法 [113，第 486 页]。Paolo Ruffini 在 1804 年也用过类似的方法，但 Horner 和 Ruffini 似乎不知道早期的发展，与当今数学教科书中的描述相比，Horner 的描述非常复杂。在最初的文献中，有人指出“这篇文章的基本特征就是拒人于千里之外，他处理这个问题的费解方式就是允许进入的通行证”[190，第 232 页]。算法 13-6 类似 Java 语言所使用的哈希函数 [22，第 45～50 页]。

374

我们描述的歌曲识别方法是 Shazam 服务提出的方法 [89，212] 的简化版本，图是用源于 dejavu 项目 (https：//github.com/worldveil/dejavu) 的代码绘制的。Burton Bloom 在 1970 年提出了以他的名字命名的过滤器 [23]，以连字符作为一个例子。Bloom 的论文的第一句话是“ In this paper trade-os among certain computational factors in hash coding are analyzed”，我们将其开始部分用在了我们的例子中。Simson Garfinkel 撰写了一个关于数字取证的简短

介绍 [76]，对于 Bloom 过滤器用于数字取证，参见 [222]，FNV 哈希算法是在 [70] 中提出的，还有其他一些哈希算法常用于 Bloom 过滤器中，其结果可能更好，如 Murmur 哈希、Jenkins 哈希和 Farm 哈希，你很容易搜索到用不同语言实现的这些算法。关于 Bloom 过滤器的教程简介和基础的数学公式推导，参见 [24]。Mitzenmacher 和 Upfal 在他们的随机算法教科书中包含了 Bloom 过滤器 [144，5.5.3 节]。Broder 和 Mitzenmacher 曾写了一篇 Bloom 过滤器网络应用的全面综述 [30]。

习题

1. 描述一种方法，你可以使用哈希表查找一个无序数组或链表中唯一元素，编写程序实现这个方法。然后，做相反的练习：设计一种方法，可以查找一个无序数组或链表中多次出现的元素，编写程序实现它。
2. 给定一个无序整数数组和另一个整数 s。你如何才能在 $O(n)$ 时间内找到所有满足下面条件的数对 (a, b)：a 和 b 在数组中，且 $a+b=s$。编写一个程序，它使用哈希表完成这个任务。
3. 如何用哈希表查找文本中出现最频繁的单词。 375
4. 如何用哈希表实现集合的并集、交集、差集？
5. 变位词（anagram）是重排一段文本中字母得到的另一段文本，例如，“alert”是“alter”的变位词。假定你有一个字典，包含所有英文单词，使用哈希表找到所有变位词是可能的。具体方法是，遍历字典中每个单词，排序单词中字符，对“alter”你就会得到“aerlt”。然后用这个字符串作为关键字将单词插入一个哈希表，则对应的值就是字典中所有具有相同组成字母的单词。按此思想编写一个变位词查找程序。 376

第 14 章

Real-World Algorithms: A Beginner's Guide

比特和树

《易经》是一本古老的哲学书，它大致成书于公元前 10 世纪到 4 世纪之间的某个时间。《易经》中描述的占卜过程包括选取一些随机数，它们对应一个特定符号：*六十四卦*(hexagram)。六十四卦的每一卦都是一叠共六条水平线，每条线都可能是断开的或完整的。由于每条线有两种可能，因此我们有 $2\times2\times2\times2\times2\times2=64$ 种卦。六十四卦传统上被安排成一个特定顺序，如图 14-1 所示。这个顺序有一些有趣的性质。六十四卦是成对的，其中有 28 对是两卦互为垂直镜像（如第三卦和第四卦），另外 4 对是两卦互逆，即实线对断线，断线对实线（如第一卦和第二卦）。

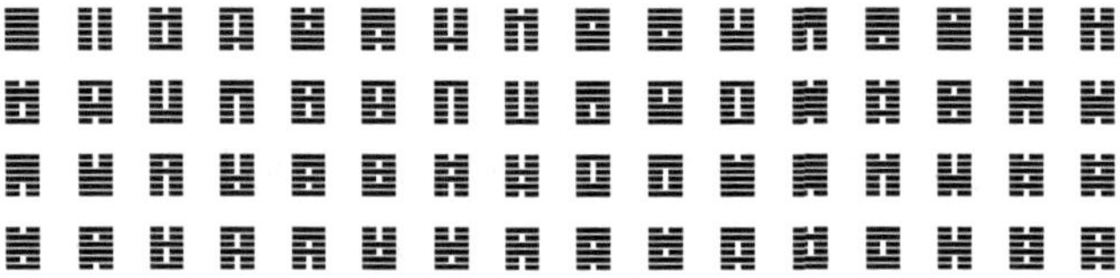

图 14-1　六十四卦

《易经》背后的思想是每一卦都有特定的含义。最初每个数是使用蓍草的茎经过一些过程而得到的，然后对应这个数的那一卦就用来占卜未来的事情。

所有占卜术背后的根本思想是，未来的事情可以通过某种媒介引导出来，并以先驱能够理解的某种迹象揭示出来。有时这些迹象及其解释相当自由，例如，可能是读取茶叶或咖啡渣中的模式。这甚至有一个名字：*杯子占卜*（tasseomancy），这个词来自法语杯子"tasse"和希腊语占卜"manteia"。《易经》是*掷骰子占卜*（cleromancy）的一个例子，"clero"是希腊语"阄"的意思，因此这个词表示通过抓阄占卜。

如我们所料，作为一本经典古籍，《易经》有大量的评论注释。解读所选卦在特定情况下的含义需要相当大的创造性，也会有很大歧义，这同样如我们所料，因为否则的话（含义解读很明确严谨），对于求助这种形式的人们，不可能只用 64 种不同结果对应他们所有的可能情况。

377

未来的事情是否能以某种方式通过六十四卦显现呢？如果把其可能性先放在一边，我们就可以通过尝试找出每一卦真正告诉我们多少信息来评估其潜力。当然，单独一卦可能有很多不同方式解释，但所有不同解释都来自相同的断线 - 实线模式。每种模式真正表达了多少信息？换句话说，占卜结果究竟揭示了些什么？这似乎是个奇怪的问题，但我们有一个很好的科学方法来回答它。

14.1　将占卜看作通信问题

可以如图 14-2 所示象征性地分析占卜，此图给出了通信系统的一个一般性的图解描述。在一般情况下，我们有一个*信源*（information source），它发送一条*消息*（message）。消息可以是任何东西：文本、音频、视频等。为了进行传输，消息必须转换为一个*信号*（signal），然后通过一个通信信道（communication channel）传输。遗憾的是，在通信信道内传输时，可能有噪声（noise）污染信号。在这段旅程结束时，接收方（receiver）拾取信号，它应该能将其转换回原始消息并转发到目的地（destination）。

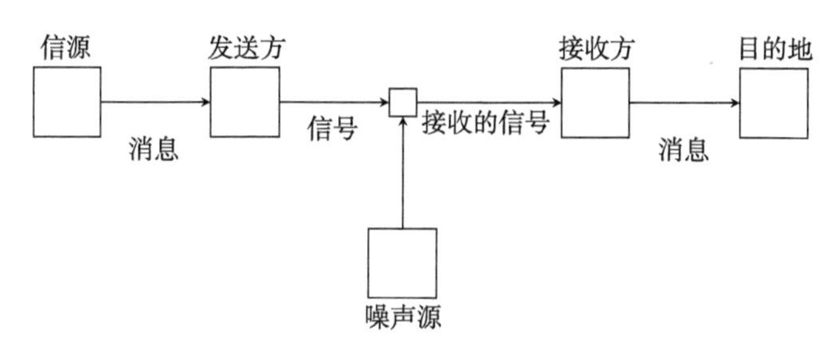

图 14-2　一个通信系统

如果是两个人 Alice 和 Bob 相互交谈，则一条消息就是两人中的一人（比如说 Alice）头脑中的一个想法。这个想法转换为一句口语，即一个音频信号，以声波的形式通过空气传输，空气即为通信信道。Bob 的耳朵将声波转换为电信号，耳朵就是接收方。电信号到达 Bob 的大脑，即这条消息的目的地。如果 Alice 和 Bob 在一个嘈杂的环境中交谈，噪声会添加到声波中，可能令谈话变得困难。

378

在现代通信中，信号通常是一个电磁波，通过导线或者空气、光纤中传播的光脉冲进行传输。消息可以是各种各样的东西，我们将其转换为合适的信号传输出去。

一个通信系统的基本特征是它从信源传输信息（information）到信宿。但什么是信息？日常意义上，信息与消息的含义和语义有关。但此刻我们不关心这样的信息概念，而只对信息的技术上的定义感兴趣。为此，我们可以先从这样一个观察开始：当我们告诉某人他不知道的某事时，我们实际上是提供了一些信息。当我们学到了一些新东西时，就发生了信息传输。类似地，消息应包含不可预测的信息。如果一条消息的内容是可预测的，则我们可以免去发送它的麻烦——无论如何接收方都可以容易地预测出消息内容。如果预先就能知道一条消息是什么，接收方就无须等待接收消息。因此要想称为信息，消息的内容就必须是不确定的。我们必须传输给接收方一些不能完全预先确定的东西。

379

符合这一描述的一个简单消息是，一个人告诉我们在两个等可能的选项间选择的结果。例如“是”和“否”之间的选择，“零”和“一”之间的选择，“黑”和“白”之间的选择，我们没有理由期待其中一种结果比另一种更可能出现。消息给出了选择结果，因此它携带了一些信息。在两个等可能的选项间选择，或者说一个二元选择，所蕴含的信息量称为一个比特 (bit)，即二进制位（binary digit）的简称，因为一个二进制位可以取两个值中的一个——0 或 1，所以可用来表示两个可能结果中的一个，比特就是信息的单位。

最简单的是或否的消息包含 1 比特的信息量。从这一点来说，如果消息内容表示更多可能性的话，它就传输了更多信息。如果一个消息包含了对等可能的两个是或否问题的回答，则它携带了 2 比特信息。同样，如果消息包含了对等可能的 n 个是或否问题的回答，则它携带了 n 比特信息。

如果我们有 n 个比特，其中每个比特对应一个可能性，独立于所有其他可能性，则我们有 $2 \times 2 \times \cdots \times 2=2^n$ 种不同消息。因此，理解一个 n 比特消息的信息量的一种方式是，将其看作令我们能区分 2^n 种不同选择的信息量，这些选择是 n 个等可能的不同结果产生的。

每个易经卦包含对 6 个二元可能的回答，这对应 64 种不同结果。因此，可以将占卜系统看作一个通信系统，其中每条消息恰好由6比特组成，这就是占卜结果告诉我们的信息量。重要问题的答案可以通过这样短的消息传达，这令人印象深刻。

380

14.2 信息和熵

当我们面对等可能的二元选择时，信息量等于选择的数量。由于每个选择对应一个比特，那么有多少个不同选择，信息量就是多少比特。如我们所见，对 2^n 种不同的替代选择，我们需要 n 个不同的比特。因此，2^n 个等可能的消息中的一条消息所蕴含的信息量为 $n=\lg(2^n)$。简言之，就是可能结果数目的以2为底的对数。

这描述了携带等可能结果的消息中的信息量，但我们还必须考虑结果可能性不等的情况。为此，一种方便的方法是将我们讨论的基础从结果变为结果的概率。我们不再谈论结果，而是谈论事件，而习惯上事件都关联着概率。于是，如果一条消息 m 陈述一个事件的发生概率为 p，则它的信息量定义为 $h(m)=-\lg p$。我们必须对对数取负以得到一个正数结果，因为 $p \leqslant 1$。也可以用 $h(m)=\lg(1/p)$，但不用处理分数的话要容易得多。若一个事件的概率为 $p=1/2$，就等价于有两个等可能的结果，于是我们得到 $h(m)=-\log(1/2)=1$ 比特，与我们之前得到的结论一样。但现在我们能将信息的概念推广到事件可能性不等的情况。例如，假定基于历史和当前的气象数据，我们知道明天下雨的概率为80%，那么消息 m “明天会下雨”传递了多少信息？由于我们有 $p=8/10$，因此消息中包含的信息量为 $h(m)=-\lg(8/10) \approx 0.32$ 比特。如果我们被告知一条相反的消息 m' “明天不会下雨”，我们得到的信息量等于 $h(m')=-\lg(2/10) \approx 2.32$ 比特。当我们被告知我们确信的一些事情时，获得的信息更少。当我们被告知令我们惊讶的一些事情时，获得的信息更多：虽然我们认为不太可能下雨，但我们确信是会下雨的。如果明天会下雨的概率为50%，则下不下雨真的像抛硬币一样。如果我们知道两种情况发生的概率相等，则断言明天会下雨的陈述与断言明天不会下雨的陈述传递了相同的信息量，都等于1比特。最不令人惊讶的情况是我们知道某事不会发生（即 $p=0$），或肯定会发生（即 $p=1$），两种情况下我们都得到零比特的信息。实际上，如果 $p=1$，我们有 $-\lg 1=0$。如果 $p=0$，对数是未定义的，但我们确信某事不会发生，与确信相反情况会发生是等价的，因此我们可以谈论互补概率 $1-p$，从而还是零比特信息。

381

我们现在把天气放在一边，转向英文文本问题。文本是由字符组成的，一个特定字符是否出现在文本中的一个特定位置就是一个事件。因此我们可以探究每个字母所携带的信息量。记住，我们一直是在讨论信息的技术定义（衡量单位是比特），而不是讨论其日常含义（在这样的场景下一个文本的信息意味着完全不同的东西）。如果我们有字母的出现频率，则可将其转换为概率并计算字母携带的信息量——取概率的以2为底的对数。表14-1显示了字母、频率、概率及对应的信息量。最常见的英文字母“E”的信息量是最不常见的英文字母“Z”的信息量的三分之一，这是因为在英语文本中E比Z多得多，因此出现一个Z比出现一个E令人惊讶得多。

计算出每个字母的信息量后，我们可能还好奇一个英文字母的平均信息量是多少。由于我们知道每个字母出现的频率和信息量，为了求平均值，我们采用常用的方法：将每个值与其出现的概率相乘，然后将所有乘积加起来。等价地，我们将每个值乘以它出现次数的比例（就是这个值出现的次数除以所有值出现的总次数，这个值的概率），并将乘积相加。通常我们不说平均而称期望值（expected value），尤其是在更专业的教材中。

为计算英文字母的平均信息量，我们只需将每个概率与信息的比特数相乘，并将所有乘积相加。如果用 $p(\mathrm{A})$，$p(\mathrm{B})$，…，$p(\mathrm{Z})$ 表示概率，则平均信息量等于：

$$p(\mathrm{A})h(\mathrm{A}) + p(\mathrm{B})h(\mathrm{B}) + \cdots + p(\mathrm{Z})h(\mathrm{Z})$$

通过这个公式，我们得到一个英文字母的平均信息量为 4.16 比特。实际上，这个值有些太高了，因为我们假定字母间是相互独立的。但文本中的字母并不独立，它可以根据前一个字母预测处理。一个更精确的值是大约每字母 1.3 比特。 382

表 14-1 英文字母信息量

字母	频率	概率	信息量
E	12.49	0.1249	3.0012
T	9.28	0.0928	3.4297
A	8.04	0.0804	3.6367
O	7.64	0.0764	3.7103
I	7.57	0.0757	3.7236
N	7.23	0.0723	3.7899
S	6.51	0.0651	3.9412
R	6.28	0.0628	3.9931
H	5.05	0.0505	4.3076
L	4.07	0.0407	4.6188
D	3.82	0.0382	4.7103
C	3.34	0.0334	4.904
U	2.73	0.0273	5.195
M	2.51	0.0251	5.3162
F	2.40	0.0240	5.3808
P	2.14	0.0214	5.5462
G	1.87	0.0187	5.7408
W	1.68	0.0168	5.8954
Y	1.66	0.0166	5.9127
B	1.48	0.0148	6.0783
V	1.05	0.0105	6.5735
K	0.54	0.0054	7.5328
X	0.23	0.0023	8.7642
J	0.16	0.0016	9.2877
Q	0.12	0.0012	9.7027
Z	0.09	0.0009	10.1178

我们刚刚进行的计算就是一个可能结果集合 $X=\{x_1, x_2, \cdots, x_n\}$ 中一个结果 x_i 的平均信息量的定义。从一个结果集合 X 中得到结果 x_i 的事件的概率 $p(x_i)$，我们称这样一组事件为一个总体（ensemble）。在我们的英文文本例子中，x_i 是一个字母，X 是所有字母，$p(x_i)$ 是特定字母 x_i 的概率。用一般的数学术语表达，n 个不同结果的一个总体的平均信息量（average information content）定义为

$$\begin{aligned} H(X) &= p(x_1)h(x_1) + p(x_2)h(x_2) + \cdots + p(x_n)h(x_n) \\ &= -p(x_1)\lg p(x_1) - p(x_2)\lg p(x_2) - \cdots - p(x_n)\lg p(x_n) \\ &= -\left[p(x_1)\lg p(x_1) + p(x_2)\lg p(x_2) + \cdots + p(x_n)\lg p(x_n)\right] \end{aligned}$$

383

值 $H(X)$ 称为结果集合 X 的熵（entropy）。上面的公式用三种不同方式表达了一个结果集合的熵就是一个结果的平均信息量，或者说是一个结果的期望信息量。

这些信息和熵的定义都是克劳德·埃尔伍德·香农在 1948 年提出的。我们通常将信息量的技术定义称为香农信息量（Shannon information 或 Shannon information content）。有时我们也使用单词 surprisal（惊异），因为它表明我们看到一条消息的内容时有多惊讶。信息的数学术语的建立令一门全新的学科——信息论得以发展，信息论是现代通信、数据压缩的基础，也扩展到语言学、天文学等学科。

虽然有关联，但信息量和熵是不同的。熵是通过信息量定义的。信息量是与一个事件相关联的比特数。而熵则涉及总体，定义为一个总体中所有事件的平均信息量。

为了看清区别，我们讨论抛硬币时结果为正面或反面的信息量。如果硬币是均匀的，得到正面的概率 p 就应该等于得到反面的概率 q，我们有 $h(p)=h(q)=-\lg(1/2)=1$ 比特。如果硬币是不均匀的，得到正面的概率比反面更大，比如说 $p=2/3$，$q=1/3$，则我们有 $h(p)=-\lg(2/3)=0.58$ 比特，$h(q)=-\lg(1/3)=1.58$ 比特。正面比起反面不那么令人惊讶，因此，如果一条消息称得到正面，那么它携带的信息就要比称得到反面的信息更少。

当我们谈论抛硬币时，谈论其信息量是没有意义的。我们只谈论其结果的平均信息量，即正面和反面这两个结果的平均信息量，这就是抛硬币的熵。如果硬币 X 是均匀的，则我们有 $H(X)=-p\lg p-q\lg q=-(1/2)\lg(1/2)-(1/2)\lg(1/2)=1$ 比特。如果硬币是不均匀的且 $p=2/3$，$q=1/3$，则我们有 $H(X)=-p\lg p-q\lg q=-(2/3)\lg(2/3)-(1/3)\lg(1/3)\approx 0.92$ 比特。不均匀的硬币比均匀的硬币更好预测，因此有更低的熵。我们可以绘制一幅图展示熵随着 p 和 q 的变化而变化，你可以在图 14-3 中看到结果，熵的确是在 $p=q=0.5$ 时取最大值，在这个点它恰好是 1 比特。 384

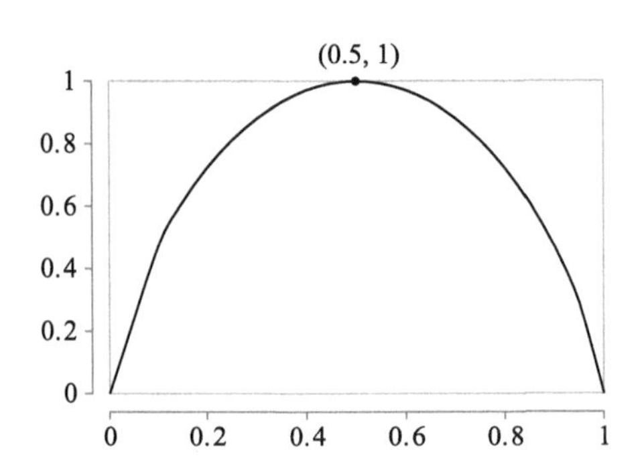

图 14-3　一个总体的熵，总体有两个事件，概率分别为 p 和 $q=1-p$，x 轴表示概率 p，y 轴表示总体的熵

为什么要用熵的概念？为什么一个总体的平均信息量被称为熵？熵的概念最早是在物理学领域提出的，是由澳大利亚物理学家路德维希·玻尔兹曼在 1872 年和美国科学家 J. 威拉德·吉布斯在 1878 年分别提出的。两个定义都是关于系统的无序程度，直观上，一个系统越无序，其熵越高。

为了理解物理中的熵，我们首先观察一个系统的内部和外部状态。*外部状态*（external state）是指系统从外边看起来是怎样的，*内部状态*（internal state）指出系统内部发生了什么。例如，假定我们有一个透明的罐子，其中装满了黑色和白色两种分子（可能是黑色和白色的墨水分子），每个分子的位置即构成罐子的内部状态，罐子的外部状态则为分子呈现的颜色。一部分内部状态对应我们看到灰色，其他内部状态对应我们看到清晰分隔的一半白色、一半黑色，前者的数量远远多于后者。这是因为后一种内部状态要求相同颜色的所有分子都聚集到一起，而前一种内部状态没有这种要求。因此，相比于要求分子按颜色分隔，有更多方法将它们随机散布在整个罐子中。相比于黑白颜色外部状态，均匀颜色外部状态对应的内部状态要多得多，因此其熵更高。

系统的内部状态由其组成部分的状态产生，称为*微观状态*（microstate）。系统的外部状态是描述系统某些方面的变量，称为*宏观状态*（macrostate）。根据这些定义，由玻尔兹曼定义的处于一个特定宏观状态的系统的熵 S 为 [385]

$$S = k_B \ln \Omega$$

其中 Ω 是与一个特定的宏观状态一致的微观状态的数目，它们都是等概率的，k_B 是一个物理常数，称为玻尔兹曼常数。这个公式统计出现次数并取其自然对数，因此它在某种程度上类似于香农熵。当我们考虑 S 的吉布公式时，物理熵和信息熵之间的相似性就变得更为明显：

$$S = -k_B \left[p(x_1) \ln p(x_1) + p(x_2) \ln p(x_2) + \cdots + p(x_n) \ln p(x_n) \right]$$

其中 x_1，x_2，$\cdots$，x_n 为系统的微观状态，$p(x_i)$ 为每个微观状态的概率。吉布公式是玻尔兹曼公式的推广，因为它不要求等概率。除了 k_B 和使用自然对数而非以 2 为底的对数之外，它与香农给出的定义是一样的。

仔细观察物理熵和信息熵语法上的相似性，人们很容易认为这背后可能有更深层次的原因。实际上，关于这一点已经有很多讨论了。一种理解方式是把吉布熵 S 看成精确定义系统特定微观状态（如罐子中每个黑色分子或白色分子的位置和动量）所需的信息量。

14.3 分类

人类所具有的一种天生的非凡能力是将实体分组，我们将这种能力应用到各种各样的实体，有生命的和无生命的，这种能力被称为*分类*（classification）。这对我们的生存至关重要，因为我们不必清楚地知道一种特殊条纹的大猫对我们的生命有潜在威胁，我们知道任何看起来像老虎的东西可能就是老虎，我们必须小心，哪怕我们之前从未见过这种老虎。类似地，如果我们第一次看见一种大型动物，它看起来像是肉食动物，我们可能立刻将它分类为潜在危险，而不会等着弄清它到底是什么。

分类不仅对我们的生存至关重要，对现代社会的很多任务也很重要。银行需要根据贷款申请人偿还债务的前景是否良好对他们分类，零售商希望将潜在客户分类为好的目标或坏的目标来进行促销，社交媒体公司和民意调查人寻求一种方法，将发帖分为支持或反对特定主题和态度的两类。 [386]

分类事物的方法有很多，一个很明显的也是我们这里要讨论的方法是使用一组*属性*（attribute），这些属性是与我们要分类的每个实例相关的特性。属性可以是与分类任务相关的任何东西，例如对于贷款申请人分类问题，我们可能使用年龄、收入、性别、受教育程度以及工作状态，同时，像身高这样的特性，虽然可能与其他分类任务相关，但可能与辨别好的贷款申请人没什么关联。对于毒蘑菇和可食用蘑菇分类问题，我们可能使用蘑菇的帽的形状、菌褶大小、柄的形状、气味以及产地，而蘑菇的频率或者说稀缺性这样的特性可能就不相关。

属性可能是*数值*（numerical）属性或*类别*（categorical）属性。数值属性的取值是数值，例如收入。类别属性可以取一组类别中的一个作为其值。例如，受教育程度可以取“小学”“中学”“大学”“研究生”“博士”中的一个。数值属性取值为数值，如身高。我们也可能使用*布尔属性*（boolean attribute），其取值为“真”或“假”。方便的话，可以将这种属性看作有两个值的类别属性，或是用0表示假、用1表示真的数值。一个实体的类别通常由它的某个属性决定，这个属性称为*类属性*（class attribute）或*标签*（label），一个贷款申请人的标签可能取值“符合条件的”或“不符合条件的”。

给定一组我们认为对分类实体有用的属性，分类问题就变为：如何用手头的属性来分类实体？此问题的答案有时可能很显然，比如一个没有工作、收入为零且低学历的贷款申请人。但答案如此清晰的情况很罕见。从历史上看，进行好的分类需要专家知识，而且实际上也的确是由专家来做分类，他们根据长期形成的规则和直觉来做决定。对很多情况，这种方式已不再可行。今天，我们需要根据很多不同目的分类大量实体：想象一下大型零售商或社交媒体公司每天都必须要回答的问题，想象一下它们要分类的实体量。

387

因此，我们所需要的是机器即计算机要学会如何分类，这将我们带入*机器学习*（Machine Learning）领域，这个领域旨在开发计算机学习做事（如分类）的方法，我们通常将此与人类的智能联系起来。机器学习方法可分为三类。

在*有监督学习*（supervised learning）中，学习者，即计算机，被给定了一个称为训练集（training set）的数据集以及任务的正确答案，据此来学习如何完成任务。有监督学习就是使用训练集和给定答案推导出一个函数，这个函数将用于真实数据。有监督学习的一个例子就是分类。我们提供一个训练集，包括实体、实体属性及其类别，希望学习器导出一种能分类其他还未看到的实体的方法。

在*无监督学习*（unsupervised learning）中，学习器尝试寻找数据集中的一些隐藏结构，并未给定可用于推断这种结构的任何正确答案。无监督学习方法可能只依赖于数据的特性，而不依赖任何结果的任何显性知识。我们可使用无监督学习进行*聚类*（clustering），即给定一组实体及其属性，寻找这些实体的最佳划分——得到若干簇。每个簇是一组实体，使得组内成员间的关系较之与其他组成员间的关系更为紧密。

最后，在*强化学习*（reinforcement learning）中，学习器被给定一个训练集，并被调用以给出一个任务的答案。对于答案，会给出一个反馈，但这个反馈并非对错的指示，而是一种奖赏或惩罚，学习器会积累奖赏/惩罚。强化学习的一个典型应用领域是机器人，机器人与环境交互，根据反馈控制自己如何移动。

14.4　决策树

在本节中我们聚焦于一种用于分类的有监督学习方法。我们从一个训练集开始，它包含一些已知类别的数据，我们希望训练计算机能预测未知数据的类别。这种方法采用分治原理。它接受一个初始训练集和描述训练实体的属性，然后根据属性值不断将数据集划分为更小的子集，直到子集都映射到特定类别为止。在训练结束时，学习器已划分完训练集，并推导出一种使用所选属性进行分类的方法，随后学习器将其获得的知识应用于实际的生产数据。将初始集合划分为子集的过程很容易表达为一棵树，这种树被称为*决策树*（decision tree），其中每个内部节点表示某个属性上的一次检测，父子节点间的链接对应父节点中检测的结果，树的叶节点对应类别。决策树是一种预测位置数据类别的模型，这种模型不出意料地被称为*预测模型*（predict model）。

388

表14-2给出了训练集的一个例子，这个训练集包含6个不同的星期六早晨的天气数据。在这棵树中，我们决定在星期六早晨是否进行某些活动，这是根据训练集告诉我们的信息而做出的。我们将星期六早晨分类为“P”（Play，活动）或“N”（No play，不活动）。我们区

分每天的三个属性：趋势、湿度、有风。趋势属性可以取三个值：晴、阴、雨。湿度可以是高或正常。有风可以取是或否。图 14-4 展示了由这个训练集构造的一棵简单的决策树。

表 14-2　一个天气数据的简单训练集

编号	属性			类别
	趋势	湿度	有风	
1	晴	高	否	N
2	阴	高	否	P
3	雨	高	否	P
4	晴	正常	否	P
5	雨	高	是	N
6	雨	正常	是	N

为了使用决策树分类一个对象，我们只需根据对象的属性值在树中向下走。比如说有一个实例，其属性值为趋势晴、湿度正常且有风。这个实例不在训练集中。我们从根节点开始，如图 14-5a 所示。检查趋势属性，其值为晴，因此下到左分支，到达湿度节点，在其中我们要检查湿度属性，如图 14-5b 所示。其值为正常，因此下到右分支，到达一个叶节点 P，因此 P 就是我们为这个实例指派的类别，如图 14-5c 所示。不需要再检查有风属性。 389

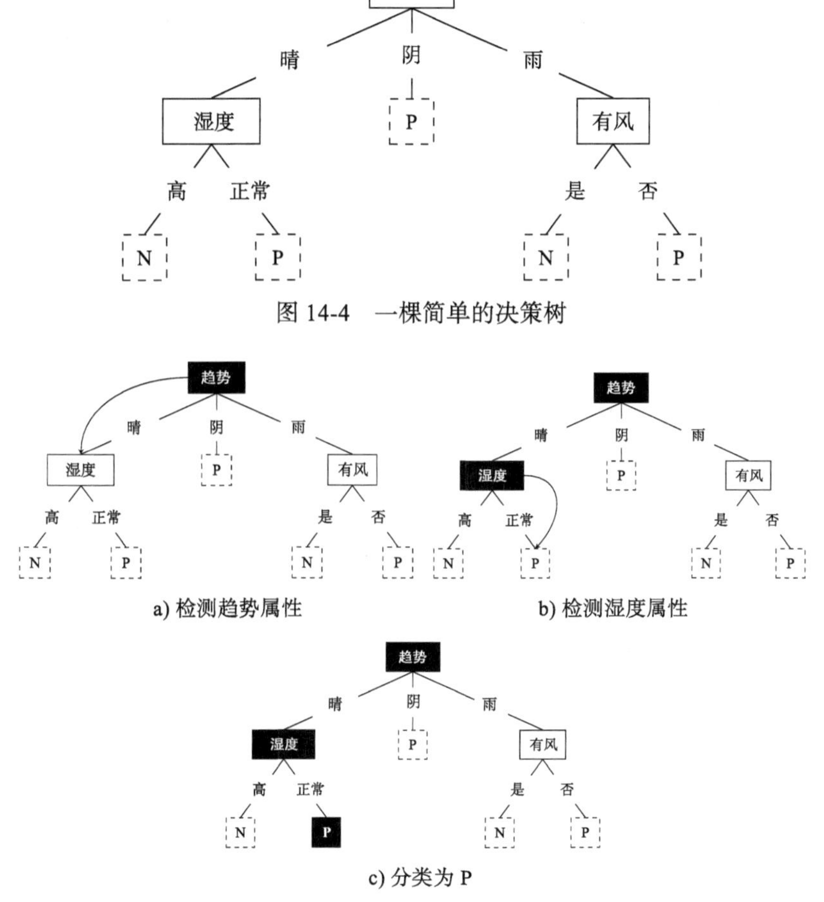

图 14-4　一棵简单的决策树

a) 检测趋势属性

b) 检测湿度属性

c) 分类为 P

图 14-5　使用决策树分类一个趋势为晴、湿度高且有风的实例

一棵决策树等价于一组规则，从根到叶的每条路径都是一组规则，一个实例要想分类到这个叶节点，就必须遵守这些规则。上面的决策树例子给了我们如下六条规则：

> 如果趋势晴且湿度高则不活动
> 如果趋势晴且湿度正常则活动
> 如果趋势阴则活动
> 如果趋势雨且有风则不活动
> 如果趋势雨且无风则活动

采用决策树展现分类过程通常比采用一组规则更容易，而且，导出的这组规则没有显示出我们是如何得到它们的，而决策树显示了在树构造过程中我们检测的属性及检测顺序。

如图 14-6 所示，我们可以追踪决策树的构造过程。为了用训练集构造决策树，首先从根节点开始。每个内部节点，包括根节点，都对应一个属性检测。在根节点使用趋势属性，这个检测可读作“对集合 {1，2，3，4，5，6} 中的观测值检查趋势属性”，如图 14-6a 所示。子集 {1，4} 包含趋势为晴的观测值，我们在树中为此子集创建一个分支并继续检测其他属性的值。选取湿度属性进行检测，如图 14-6b 所示。有一个实例的趋势为晴、湿度为高，因此我们为高湿度创建一个分支，包含子集 {1}，如图 14-6c 所示。现在我们已经到达一个所有成员（只有一个）都属于单一类别 N 的子集，这意味着到达了一个叶节点，继续分裂它没有意义了。还有一个实例的趋势为晴、湿度正常，因此我们为正常湿度创建一个分支，它包含子集 {4}，如图 14-6d 所示。我们再次得到一个叶节点，类别为 P。

390

回到根节点的检测，趋势属性的第二种可能性是阴。有单一实例的趋势为阴，因此创建一个类别为 P 的叶节点，如图 14-6e 所示。趋势属性的第三个可能性是雨，对应子集 {3，5，6}，我们选取有风属性来检查这个子集，如图 14-6f 所示。如果有风，对应子集 {5，6} 的成员类别均为 N，因此创建一个类别为 N 的叶节点，如图 14-6g 所示，而子集 {3} 的有风属性为否，将它置于一个类别为 P 的叶节点中。

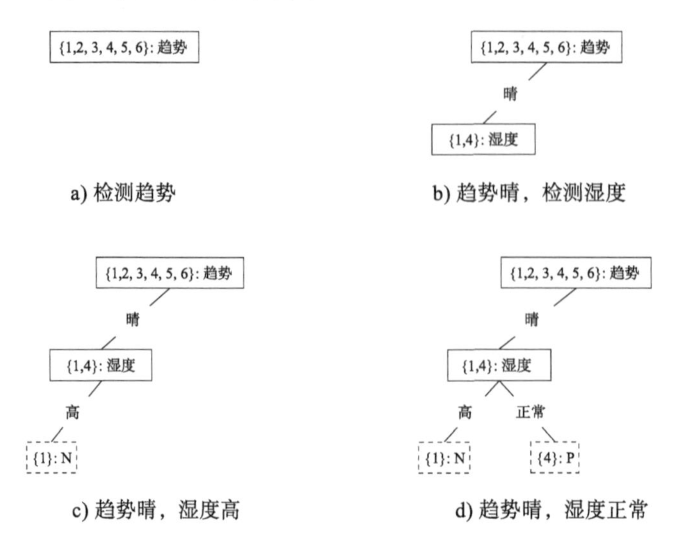

a) 检测趋势　b) 趋势晴，检测湿度

c) 趋势晴，湿度高　d) 趋势晴，湿度正常

图 14-6　决策树构造步骤

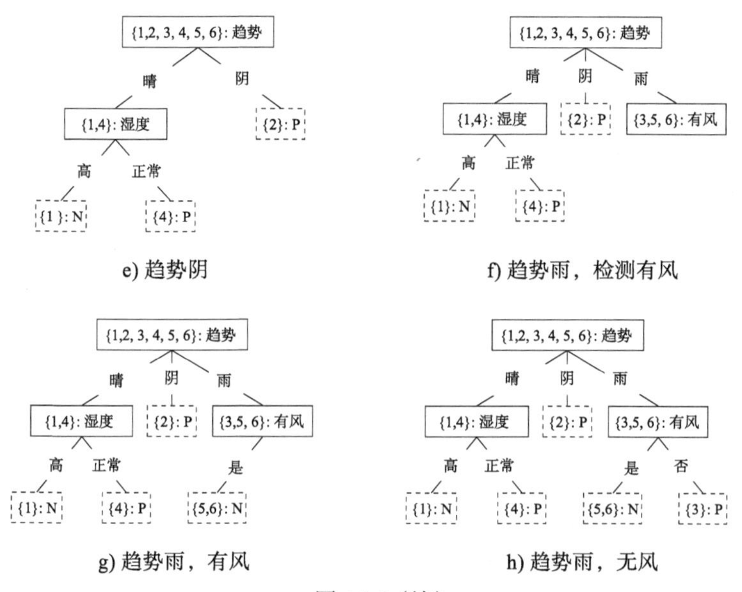

e) 趋势阴　　f) 趋势雨，检测有风

g) 趋势雨，有风　　h) 趋势雨，无风

图 14-6（续）

14.5 属性选择

391～392

树构造过程中有一个部分我们假定是已经给定的，但如果现在希望能实现一个真正的决策树算法，就必须处理这个部分。也就是说，在每个节点如何选择检测哪个属性。在图 14-6 中，我们首先选择了趋势属性，然后是湿度属性，最后是有风属性。但也可以有其他做法，可以选择不同属性，这就可能得到一棵不同的决策树。

为了研究属性选择（attribute selection），使用如表 14-3 所示的更复杂一些的训练集。在新训练集中，我们增加了一个属性——温度，其值可以是热、中或冷。虽然比表 14-2 中的数据集更复杂，但它仍是一个简单问题。在实际分类问题中，训练集会有数十甚至数百个属性，包含几千到几百万个实例。

表 14-3　气象数据训练集

编号	属性				类别
	趋势	温度	湿度	有风	
1	晴	热	高	否	N
2	晴	热	高	是	N
3	阴	热	高	否	P
4	雨	中	高	否	P
5	雨	冷	正常	否	P
6	雨	冷	正常	是	N
7	阴	冷	正常	是	P
8	晴	中	高	否	N
9	晴	冷	正常	否	P
10	雨	中	正常	否	P
11	晴	中	正常	是	P
12	阴	中	高	是	P
13	阴	热	正常	否	P
14	雨	中	高	是	N

由于决策树中的每个节点都对应我们对属性做的一次决策，因此为了从根开始构造一棵决策树，就必须决定用哪个属性来进行决策、开始划分训练集实例。我们的训练集有四个属性，因此有四种可能用于根节点决策，哪一个是最佳的？

393

在图 14-7 中，可以看到选择四个不同属性作为根节点检验属性得到的不同的决策树第一层。我们再次发问，哪一个是最佳选择？

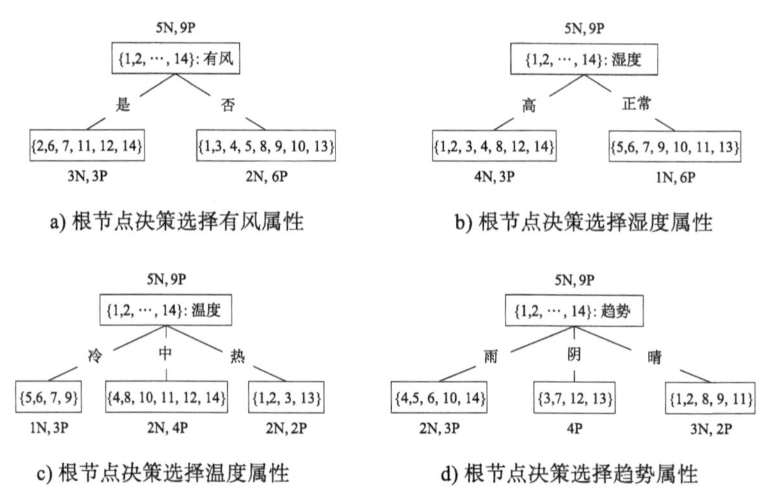

a) 根节点决策选择有风属性　　b) 根节点决策选择湿度属性

c) 根节点决策选择温度属性　　d) 根节点决策选择趋势属性

图 14-7　根节点决策属性选择

在尝试回答这个问题时，我们的目标是分类训练集，使得到达只包含单一特定类别的节点。如果一个节点中的所有实例都是单一特定类别，则就类别而言，节点是完全同构的；如果一个节点中的实例是各种类别的，则节点是异构的。类别混合越显著，节点越呈现异构性，这就是熵的用武之地。

如果一个节点是同构的，则每个实例的类别属性是可预测的，因为它与节点中的任何其他实例都属于同一类别；如果节点是异构的，则这一点就不再成立了。但是，越多的实例具有相同类别，每个实例的类别就越容易预测。

在图 14-7 中，我们看到四种不同的根节点决策属性的选择得到的不同的决策树第一层。对每个孩子节点，我们还标出了 N 类和 P 类实例的数量。在整个训练集中，我们有 5 个 N 类实例和 9 个 P 类实例。在图 14-7b 中，正常湿度分支指向的节点有 6 个 P 类实例和 1 个 N 类实例。如果在此处停止决策树构造，基于我们对一个实例的类别的决策，我们会理性地选择类别 P，因为根据观察到的频率，这个节点中 P 和 N 的可能性是六比一。

394

一种情况越不容易预测，其熵越高，因为我们需要更多的比特描述它。因此，如果考虑熵，那么一个节点越同构，则其熵越低；一个节点越异构，则其熵越高。熵是用事件的概率定义的。在决策树中，事件就是发生一个实例具有一个特定类别属性这个事情。事件的概率就是一个节点中具有特定类别属性的实例的频率。这与我们已经看到的熵的定义直接相关：

$$H(X) = -p(x_1)\lg p(x_1) - p(x_2)\lg p(x_2) - \cdots - p(x_n)\lg p(x_n)$$

现在，这个公式中的 X 表示包含一组实例的节点，每个实例的类别属性具有一个值，节点中这个属性值共有 n 种可能，每个 x_i 是观察到节点中第 i 个类别属性值的事件。在我们的气象数据例子中，只有两个 x_i，分别对应 P 类和 N 类，于是决策树中每个节点的熵为

$$H(X) = -p(x_1)\,\lg p(x_1) - p(x_2)\,\lg p(x_2)$$

其中 x_1=P，x_2=N。

如果用熵指示一个节点的同构程度或异构程度，则得到如图 14-8 所示的数值，其中我们为每个节点指出了 H 值，稍后将看到图中的 G 是什么。

如果每个类别的概率为 50%，就像图 14-8a 中左孩子的实例那样，我们将得到 H=1，这完全符合预期。出于相同的原因，如果一个类别的概率为 100%，就像图 14-8d 中中间孩子的实例那样，我们得到 H=0。对于中间的异构程度，我们得到中间的 H 值。如果绘制 H 值的图，会得到图 14-3，因为在这个特定例子中，类别属性只有两个值，因此这种情况就对应包含两个概率分别为 p 和 1−p 的事件的总体的熵。

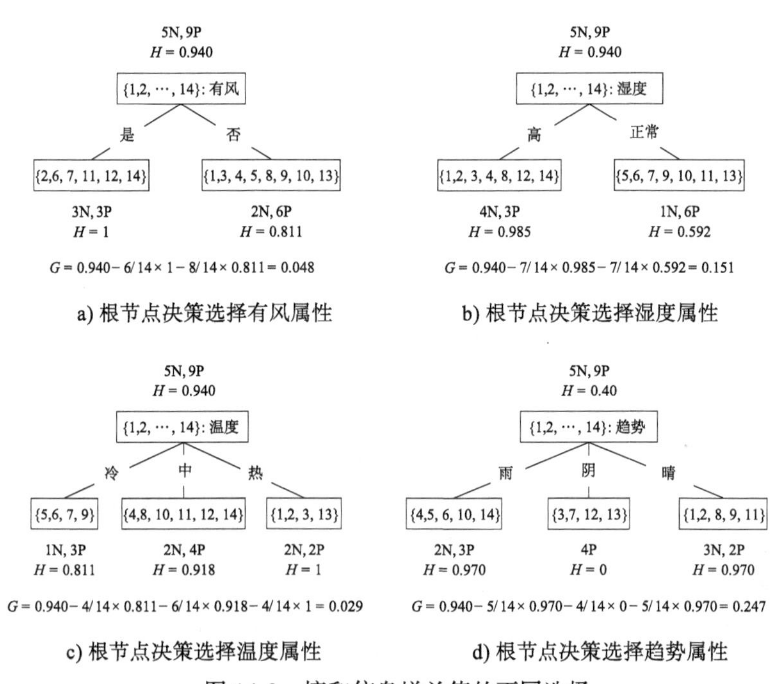

图 14-8　熵和信息增益值的不同选择

我们来到如何选择决策属性这个关键问题。在图 14-8 所示的每棵树中，开始时在根节点有一个熵，随后在下面的层次中有两个或更多熵。我们希望划分训练集，使得每个后代节点尽量同构。为了衡量一个节点的同构程度，使用节点的熵。如果有 m 个后代节点 n_1，n_2，⋯，n_m，为了测量所有后代节点的同构程度，使用下面的指标： 395

$$\frac{|n_1|}{n} \times H(n_1) + \frac{|n_2|}{n} \times H(n_2) + \cdots + \frac{|n_m|}{n} \times H(n_m)$$

其中 $|n_i|$ 为训练集中划分到节点 n_i 的实例数量。上面公式中，每个乘数比是一个频率比率、一个比例或一个概率。每个被乘数是一个节点的熵值，这是后代节点关于类别属性的平均熵值，或者说后代节点熵的期望：

$$p_1 H(n_1) + p_2 H(n_2) + \cdots + p_m H(n_m)$$

其中 $p_i=|n_i|/n$ 是一个实例属于节点 n_i 的概率。

396

计算了父节点的熵和后代节点的期望熵后，我们就可以用前者减去后者。我们将得到一个值，它表示从父节点到孩子节点熵减少了多少。父节点的熵和孩子节点的期望熵之间的差被称为信息增益（information gain），这是根据选出的检测属性划分实例导致的熵减少的程度。如果 $H(X)$ 为父节点的熵，a 为检测属性，则信息增益为

$$
\begin{aligned}
G(X,a) &= H(X) - \left[p_{1|a}H(n_{1|a}) + p_{2|a}H(n_{2|a}) + \cdots + p_{m|a}H(n_{m|a})\right] \\
&= H(X) - p_{1|a}H(n_{1|a}) - p_{2|a}H(n_{2|a}) - \cdots - p_{m|a}H(n_{m|a})
\end{aligned}
$$

这个公式看起来有点复杂，但实际上其计算与前面的公式完全一样。我们用 $n_{i|a}$ 表示对父节点应用 a 为检测变量而得到的第 i 个孩子。类似地，用 $p_{i|a}$ 表示对父节点应用 a 为检测变量后，一个实例属于孩子节点 $n_{i|a}$ 的概率 $p_i=n_{i|a}/n$。我们自找麻烦地在公式中引入 a 的原因是明确表达：在要分裂的节点处，我们是选择了属性 a 而令树增长的。

可以用更抽象的符号简洁表示：

$$G(X,\ a) = H(X) - H(X|a)$$

即信息增益是决策树中从一个节点 X 到使用 a 作为检测属性生成的节点间的熵值差。符号 $H(X|a)$ 遵循条件概率 (conditional probability) 的表达规范：$p(x|y)$ 为已知 y 为真的条件下 x 发生的概率。

回到我们的例子，每次选择检测属性所得到的信息增益值为图 14-8 中每个子图最后一行所给出的 G。

你可能观察到，当在树中下降一层时，熵或者说信息量就减小一些，如此看来术语信息增益似乎有些反直觉。为了理解这个术语为什么是恰当的，我们必须追溯信息的思想——它用来衡量为了传输一条消息需要多少比特。在这里我们要传输的消息就是一个节点中实例的平均信息量。如果想在一条消息中表示节点，需要 $H(X)$ 比特。如果想在一条消息中表示其后代节点，实际上需要更少的比特。而节省的比特数就是我们的收益，因此这个术语被命名为信息增益。获得收益的原因在于：在后代节点中我们了解了比根节点更多的信息——每个节点检测属性的值。例如，在图 14-8d 中，开始时有 14 个实例，包含趋势属性的所有三个值。而对于每个孩子节点，我们知道，所有实例具有某种趋势，即雨、阴或晴，没有节点会包含混合属性，这令我们能去掉孩子节点的一部分信息量。

397

信息增益是决策树中每个节点选择检测属性的关键。我们计算每个可能的属性选择的信息增益，选择信息增益最大的属性。因此，在图 14-8 中，我们看到趋势属性的信息增益最大，就选择它在根节点划分训练集。

让我们暂停一会儿，观察一下到目前为止已经完成了什么。先是衡量信息，然后衡量无序程度，都是基于熵。随后看到可以用树表达分裂规则，形成分类树。我们将训练集划分为越来越小的子集从而令分类树不断生长，在每个步骤我们选择一个合适的检测属性。属性的选择是由我们能获得多大信息增益决定的，我们现在可以用这个机制作为基础，开发一个构造决策树的完整算法。

14.6 ID3 算法

熵和信息增益是决策树构造算法 ID3（迭代二分 3，Iterative Dichotomizer 3）的基本组

成部分，这个算法是澳大利亚计算机科学家罗斯·昆兰在20世纪70年代后期发明的。ID3算法从决策树的根节点开始，根包含了所有训练集实例。为了选择检测属性来划分训练集元素，算法对每个可能属性计算信息增益，并选择生成最大信息增益值的属性。它根据这个属性划分训练集，创建出孩子节点。然后它递归地对每个新创建的节点执行这个过程，基于信息增益选择最佳划分属性，将当前节点的训练集划分为子集，依此类推。

这就是全部。ID3背后的一般思想很简单，就是选取一个检测属性、划分子集并对每个孩子节点重复这个过程。这形成了一个递归过程，递归不能一直进行下去。实际上，在一个给定节点，有三种情况递归应中止；当发生这些情况时，我们创建一个具有对应类别的叶节点。

398

首先，我们可能到达一个节点，它包含的训练集子集中所有实例都具有相同的目标类别属性值（在我们的例子中，都是P类和N类）。此时再继续下去显然没有意义，因为我们到达了一个这样的节点：它能准确分类从根一直下到此节点的实例。当发生这种情况时，我们将节点转换为叶节点，对应一个特定类别，这就是图14-9中所发生的事情。所有叶节点都只包含单一类别的实例，例如，如果我们用湿度属性划分集合{1，2，8，9，11}，高和正常两个属性值导致产生一个所有实例均为N的节点和另一个类别为P的节点，我们将两个节点都转换为叶节点，树的其他分支也有相同情况发生。

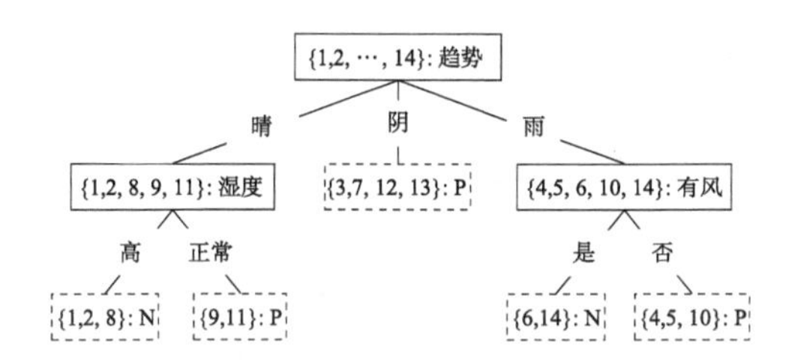

图14-9　包含单类别实例的叶节点

第二种递归中止的情况是到达了一个节点，剩余实例并不属于相同类别，但已没有更多可检测的属性。由于没有更多属性了，我们不能再继续划分剩余实例，必须中止。我们创建一个叶节点，指派其类别为剩余实例中的多数类别，如果不存在多数，即50对50，可以选用任何打破平局的规则。为了理解这是如何运作的，假定训练集包含表14-3中的实例外加一个15号实例，其属性值为趋势晴、温度中、湿度高、无风以及类别P。ID3算法会创建出图14-10中的树。当我们到达包含子集{8，15}的节点时，使用最后一个可用属性有风。两个元素{8，15}都是有风的，但实例8的类别为N，实例15的类别为P。但我们没有更多属性来划分它们了，因此将它们放在一个叶节点中，理想情况下节点类别为多数实例的类别，但此时没有多数，因此使用类别P，即最后处理的实例（15）的类别。

399

第三种递归中止的情况是到达一个没有元素可划分的分支。当这种情况发生时，我们创建一个叶节点，其类别为父节点中多数实例的类别。再次强调，如果没有多数，可以自由地选择一个打破平局的规则。采用与上例一样的扩展训练集，在图14-10中下降到包含子集{8，15}的节点的分支就会发生这种情况。实例8和实例15都是有风的，因此必须创建一个空叶节点，为其指派类别P。我们使用与之前一样的打破平局的规则，因为必须找出{8，15}的（不存在的）多数类别属性。

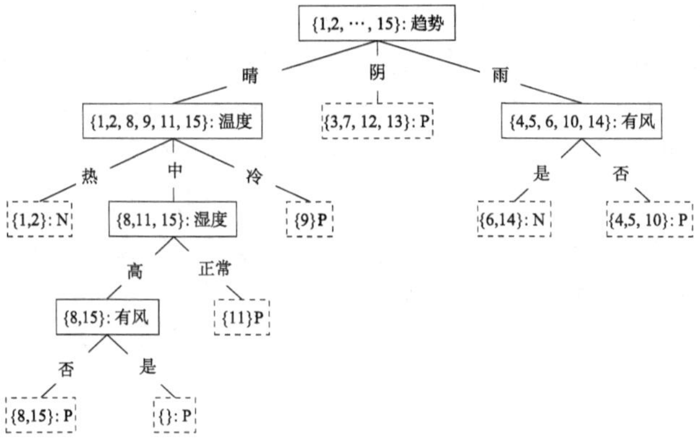

图 14-10 包含多个类别实例的叶节点

我们描述的过程还不是算法。为了形成算法，可以用一种更结构化的方式描述它。整个过程是递归的、深度优先的，如下所述：

- 创建一棵树，包含单一根节点。如果所有实例都属于相同类别，将此类别指派给根节点并返回这棵树（第一种中止递归的情况）。如果有更多属性可检测，将剩余实例中最多数的类别指派给根节点并返回这棵树（第二种中止递归的情况）。否则：
  - ■ 令 a 为产生最大信息增益的属性，它将作为根节点的检测属性。对 a 的每个可能值 v_i：

    400

    - ◆ 为 v_i 添加一个到根节点的分支。找到 a 的值为 v_i 的实例，用 *examples*_v_i 表示这个实例集合。
      - 如果 *examples*_v_i 为空，在新分支下面添加一个新的叶节点，将父节点中最多数的实例类别指派给它（第三种中止递归的情况，因为我们不能继续去到树的更深层次了）。
      - 否则，递归地为 *examples*_v_i（去掉属性 a）创建一棵新树，添加到新分支下面。
  - ■ 在当前节点处理完所有属性值 v_i 后，意味着树已在后续递归调用中生长完成，返回它。

这看起来更像一个算法，但它仍然不是。我们希望使用已知的控制结构和数据结构，用伪代码的形式描述整个流程，这就形成了算法 14-1。传递给算法的参数是训练集实例 *examples*（如天气数据）、分类属性 *target_attribute*（天气数据中的类别属性）、训练集实例的剩余属性 *attributes*，以及属性的可能取值 *attribute_values*。

examples 表示为一个链表，每个成员是训练集的一个实例。一个训练实例是一条记录，包含描述实例的属性和一个目标属性，它指出实例属于哪个类别。每个训练实例记录用一个关联数组或映射表示，将属性名映射到属性值。例如，表 14-3 中的第一个实例就是包含这几个键值对的映射：(趋势，晴)、(温度，热)、(湿度，高)、(有风，是)、(类别，N)。*target_attribute* 就是分类属性的名字 (我们例子中的类别)，而 *attributes* 为包含了实例其他属性名的集合，在我们的例子中，就是趋势、温度、湿度和有风。*attribute_values* 是一个映射，将 *attributes* 中的每个属性映射到一个可取值的列表。例如，它将趋势映射

到 [晴，阴，雨]。

算法14-1 ID3算法

```
ID3(examples, target_attribute, attributes, attribute_values) → dt
    输入：examples，一个列表，包含训练集实例
          target_attribute，类别属性
          attributes，一个集合，包含训练集的其他属性
          attribute_values，一个映射，包含每个属性的可取值
    输出：dt，一棵决策树
1   r ← CreateMap()
2   InsertInMap(dt, "instances", examples)
3   if CheckAllSame(examples, target_attribute) then
4       ex ← GetNextListNode(examples, NULL)
5       cv ← Lookup(ex, target_attribute)
6       InsertInMap(dt, target_attribute, cv)
7       return dt
8   if IsSetEmpty(attributes) then
9       mc ← FindMostCommon(examples, target_attribute)
10      InsertInMap(dt, target_attribute, mc)
11      return dt
12  a ← BestClassifier(examples, attributes, target_attribute)
13  InsertInMap(dt, "test_attribute", a)
14  foreach v in Lookup(attribute_values, a) do
15      examples_subset ← FilterExamples(examples, a, v)
16      if IsSetEmpty(examples_subset) then
17          mc ← FindMostCommon(examples, target_attribute)
18          c ← CreateMap()
19          InsertInMap(c, target_attribute, mc)
20          InsertInMap(c, "branch", v)
21          AddChild(dt, c)
22      else
23          offspring_attributes ← RemoveFromSet(attributes, a)
24          c ← ID3(examples_subset, target_attribute,
25                  offspring_attributes, attribute_values)
26          InsertInMap(c, "branch", v)
27          AddChild(dt, c)
28  return dt
```

树中每个节点用一个映射表示，用 CreateMap 函数创建空映射。为了在算法中处理映射，使用一个函数来插入键值对，用另一个函数进行检索。函数 InsertInMap(m, k, v) 将值 v 及其关键字 k 插入到映射 m 中，函数 Lookup(m, k) 从映射 m 中检索关键字为 k 的值。

401～402

此时有必要稍作停顿，以确保你认识到我们将用来表示树的数据结构是映射。每个节点就是一个映射：节点的内容通过键值对表示。映射的另一个关键字的值为孩子节点列表，每个孩子节点用相同方法表示其内容和孩子节点。图 14-11 显示了一棵用映射表示的树的例子，每个 k_i 和 v_{ij} 表示内容键值对，而关键字"children"包含孩子节点列表，如果存在的话。

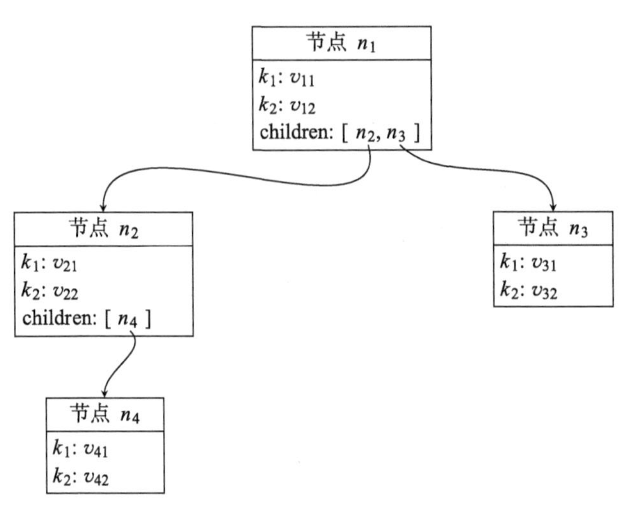

图 14-11 用映射表示的树

算法在第 1 行创建一个新节点 *dt*，包含 *examples*。新的树节点 *dt* 初始为空，它将表示当前训练集实例，因此将 *examples* 插入其中，关键字为字符串 “instances”（第 2 行）。为了简化问题，我们假定：在这里以及算法中使用特定字符串作为关键字的其他地方（第 13, 20, 26 行），这些字符串都不是任何其他属性的名字。

在第 3～7 行中，检查 *examples* 的所有实例在其 *target_attribute* 中是否具有相同的值。如果发生这种情况，这是递归中止的第一种方式。为了得到公共值，我们得到第一个实例，即 *examples* 列表的头，然后查找第 5 行的 *target_attribute* 的值，接下来，在第 6 行中使用 *target_attribute* 作为关键字将公共值插入 *dt*，*target_attribute* 的存在使其成为叶节点，最后返回 *dt*。

第 8～11 行处理已没有属性可检测的情况。在第 9 行我们找到最多数的 *target_attribute* 值，将其保存在变量 *mc*（most common，最常见）中，为此，我们使用函数 FindMostCommon。在第 10 行，将 *mc* 插入到 *dt*，用 *target_attribute* 作为其关键字，然后，返回 *dt*。

大部分工作发生在递归不中止的时候。为继续下去，需要找出划分训练集实例的最优属性，即给出最大信息增益的属性。为找到这个属性，我们使用函数 BestClassifier。将属性名保存在变量 *a* 中，如第 12 行所示，将结果记录在节点 *dt* 中，如第 13 行所示，具体方式是将关键字 “*test_attribute*” 和值 *a* 插入。

第 14～27 行重复执行循环，对我们选出的最佳划分属性 *a* 的每个可能值都执行一次。对每个可能值 *v*，在第 15 行用函数 FilterExamples 获取属性 *a* 的值为 *v* 的实例，将这些实例放在 *examples_subset* 中。

如果根本没有这样的实例（在第 16 行检测这一情况），则继续执行第 17 行，寻找 *target_attribute* 最多数的取值 *mc*，我们将其放入一个叶节点中。为此，在第 18 行创建一个空节点 *c*，然后在第 19 行将 *mc* 插入 *c* 中，用 *target_attribute* 作为其关键字。在第 20 行将关键字 “branch” 及其值 *v* 插入新节点，用来指出是检测属性的哪个值令我们到达新节点。本质上，关键字 “branch” 保存了分支标签的信息，如我们在决策树图中已经看到的。做完这些后，在第 21 行用函数 AddChild 令 *c* 成为 *dt* 的一个孩子。

403

如果 *examples* 中存在属性 *a* 的值为 *v* 的实例，则可以继续尝试寻找另一个检测属性来划分这些实例，如第 22～27 行。任何后续划分不能再使用属性 *a*，因此在第 23 行将 *offspring_attrributes* 设置为剩余属性，即将 *a* 从其中移除。然后我们准备好以 *examples_subset* 作为实例集进行一次递归调用，如第 24～25 行。当递归调用返回时，它应该返回一棵树（有可能是单一节点），我们将它添加为节点 *dt* 的孩子，这是在第 26～27 行完成的，与第 20～21 行的步骤相同。

404

在处理完属性 *a* 的所有可能值之后，节点 *dt* 的后代节点都已在算法执行过程中处理完了，因此可以返回 *dt*。

对于由检测属性选择、集合划分以及对每个划分进行相同处理这几部分组成的一个简单过程来说，最终实现它可能还有很长的路要走。的确，在计算机科学中，一个直观理解和一个严格算法描述间的差距有时可能是很大的，我们也无法避免。如果你终究逃避不了，那么理解 ID3 的最好方法是，在图 14-9 和图 14-10 中一步步按照算法执行，记住算法是以深度优先、由左至右的方式构造决策树的。

14.7 内在机制

下面描述算法 14-1 中不同函数的工作原理。函数 CreateMap 初始化一个映射。这是一个分配数组的问题，这个数组将与一个哈希函数一起使用。通过 InsertInMap 和 Lookup 函数在映射中进行的插入和删除，可以作为构建在哈希表之上的映射正常运作。为了给树中的一个节点添加一个孩子，使用 AddChild 函数。每个节点是一个映射，因此可以使用一个像“children”这样的预定义属性，其值为节点的孩子列表，如前所述及图 14-11 所示。于是，函数 AddChild 查询此属性，如果什么也没找到，则它创建一个只包含该孩子节点的列表，并将其作为“children”属性的值插入。如果找到一个列表，则它将孩子节点插入列表中。

CheckAllSame 完成一个简单工作，它获取 *examples* 中第一个实例的 *target_attribute* 值，然后遍历 *examples* 的剩余部分，检查 *target_attribute* 值是否与第一个实例的相同。如果发现任何一个实例的 *target_attribute* 值不同，CheckAllSame 返回 FALSE，否则它返回 TRUE。这是算法 14-2 所做的事情。在第 1 行获得 *examples* 链表中的第一个节点，在第 2 行获取保存在节点外的实例，函数 GetData 返回一个链表节点中的数据内容。然后，在第 3 行获取第一个实例的 *target_attribute* 的值 *v*。在第 4～7 行的循环中，遍历剩余实例。注意我们用来遍历链表节点的技术：每次获取 *n* 的后继节点并将其赋予 *n*，然后检查它是否为 NULL，即是否到达了链表尾。在循环中，对每个节点 *n*，在第 5 行提取它包含的实例，然后在第 6 行检查它是否具有相同的 *target_attribute* 值。如果不是，在第 7 行返回 FALSE。如果所有节点都具有相同属性值，在第 8 行算法结束时返回 TRUE。

405

函数 FindMostCommon 很容易定义，如算法 14-3 所示。算法接受一个训练实例链表和一个属性 *target_attribute* 作为输入，每个实例都有一个与 *target_attribute* 关联的值，我们希望找出这些值中占多数的那个。用一个映射 *counts* 来计数每个 *target_attribute* 值出现的次数。在第 1 行初始化 *counts*，在第 2 行将 *mc* 即我们寻找的最多数的值设置为 NULL，并在第 3 行将 *max* 即 *target_attribute* 值当前最大出现次数设置为 0。

算法14-2 **对一个给定属性，检查是否所有训练集实例都具有相同属性值**

```
CheckAllSame(examples, target_attribute) → TRUE or FALSE
    输入：examples，一个训练集实例链表，用映射表示
          target_attribute，要检查的属性
    输出：一个布尔值，如果examples中的所有实例都具有相同的target_attribute值，
          返回TRUE，否则返回FALSE
1  n ← GetNextListNode(examples, NULL)
2  example ← GetData(n)
3  v ← Lookup(example, target_attribute)
4  while (n ← GetNextListNode(examples, n)) ≠ NULL do
5      example ← GetData(n)
6      if Lookup(example, target_attribute) ≠ v then
7          return FALSE
8  return TRUE
```

算法14-3 **在训练集实例链表中查找给定属性最多数的值，链表用映射表示**

```
FindMostCommon(examples, target_attribute) → mc
    输入：examples，一个训练集实例链表，用映射表示
          target_attribute，要检查其值的那个属性
    输出：mc，实例中target_attribute的最多数的值
1  counts ← CreateMap()
2  mc ← NULL
3  max ← 0
4  foreach example in examples do
5      v ← Lookup(example, target_attribute)
6      count ← Lookup(counts, v)
7      if count = NULL then
8          count ← 1
9      else
10         count ← count + 1
11     InsertInMap(counts, v, count)
12     if count >= max then
13         max ← count
14         mc ← v
15 return mc
```

第 4～14 行的循环遍历实例链表中的每个实例，它在第 5 行获取当前实例的 *target_attribute* 值，将其保存在 *v* 中，然后它在 *counts* 中查找 *v* 并将结果保存在 *count* 中。如果这是第一次看到值 *v*，*count* 会是 NULL，因此我们将其改为 1，如第 7～8 行所示。如果之前见到过值 *v*，则在第 10 行将 *count* 增 1。在第 11 行将更新后的 *count* 插入 *counts*，然后在第 12 行将当前计数与到目前为止的最大计数进行比较。如果当前计数更大，就在第 13 行更新最大计数，在第 14 行更新对应的最多数的 *target_attribute* 值。最后，当循环执行完毕后，在第 15 行返回找到的最多数值。

406

为了过滤具有相同属性值的实例，如函数 FilterExamples 中所做的，需要遍历想要过滤的实例，对每个实例检测它是否满足条件，并将那些满足条件的实例添加到过滤实例的链表中。这就是算法 14-4 所做的，它接受一个实例链表、一个属性 *a* 和一个值 *v* 作为输入。我们希望过滤实例链表，只返回那些属性 *a* 的值为 *v* 的实例。在第 1 行创建一个空链表 *filtered*。在第 2～4 行的循环中遍历每个实例并检查它是否满足特定条件，如果它的确满足，将其加入链表 *filtered* 中，最终返回这个链表。

407

现在，为了完成算法 14-1 的描述，需要定义 BestClassifier 函数。前面解释过，这个函数在节点的所有属性中选取产生最大信息增益的属性。我们将一步步构造 BestClassifier。

算法14-4 过滤训练集实例

```
FilterExamples(examples, a, v) → filtered
    输入：examples，一个训练集实例链表，用映射表示
          a，要在examples中查找的属性
          v，用来过滤的a的值
    输出：filtered，一个链表，包含examples中属性a的值为v的实例
1   filtered ← CreateList()
2   foreach example in examples do
3       if Lookup(example, a) = v then
4           InsertInList(filtered, NULL, m)
5   return filtered
```

首先，由于信息增益需要计算一个节点的熵，因此必须定义一个计算熵的算法。算法 14-5 实现了我们之前看到过的熵的公式：

$$H(X) = -p(x_1)\lg p(x_1) - p(x_2)\lg p(x_2) - \cdots - p(x_n)\lg p(x_n)$$

熵的公式要求我们求出属性的每个不同值的比例，用来计算熵，这意味着统计每个不同值的出现次数并除以实例总数。算法 14-5 接受一个实例链表和一个属性 *target_attribute* 作为输入，这将是熵计算的基础。

为了统计关键字的不同值的出现次数，我们将使用一个映射 *counts*，在第 1 行将其初始化为空。在链表 *values* 中记录遇到的不同值，将它也初始化为空，如第 2 行所示。在第 3～11 行的循环中进行统计，对每个实例，获取 *target_attribute* 的值，并将其保存在变量 *v* 中，如第 4 行。第 5 行在映射 *counts* 中查找 *v* 并将结果保存在 *count* 中。如果未找到（第 6 行），即这是第一次遇到这个值，就在第 7 行将 *count* 设置为 1。在第 8 行，将 *v* 添加到链表 *values* 中。如果之前遇到过 *v*，就将 *count* 增 1，如第 9～10 行。更新完 *count* 后，将它插入到 *counts* 中，如第 11 行。

408

当我们离开循环时，就可以计算熵公式中的 $p_i\lg(p_i)$ 了。在第 12 行将熵值 *h* 初始化为 0。在第 13～15 行的第二个循环中，遍历遇到过的每个可能属性值。对每个 *v*，查找其计数并除以实例数量，这就是每次循环中的 p_i 值。在第 15 行，将 $p_i\lg(p_i)$ 从 *h* 中减去并更新 *h*。当所有这些都完成后，返回熵值。

算法14-5　对给定属性，计算一个训练实例链表的熵

```
CalcEntropy(examples, target_attribute) → h
    输入：examples，一个训练集实例链表，用映射表示
          target_attribute，用其值来计算熵的属性
    输出：h，examples对于target_attribute不同值的熵
1   counts ← CreateMap()
2   values ← CreateList()
3   foreach example in examples do
4       v ← Lookup(example, target_attribute)
5       count ← Lookup(counts, v)
6       if count = NULL then
7           count ← 1
8           InsertInList(values, NULL, v)
9       else
10          count ← count + 1
11      InsertInMap(counts, v, count)
12  h ← 0
13  foreach v in values do
14      p ← Lookup(counts, v)/|examples|
15      h ← h − p · lg(p)
16  return h
```

409

你可能已经注意到，算法14-5与算法14-3有些相似。实际上，两个算法都归结为遍历数据项链表并统计那些数据项满足某个条件。通过对相同思想进行一些变化，我们就解决了在一个节点如何计算每个不同检测属性的信息增益的问题。我们已经看到了信息增益通过下面公式计算：

$$G(X,\ a) = H(X) - p_{1|a}H(n_{1|a}) - p_{2|a}H(n_{2|a}) - \cdots - p_{m|a}H(n_{m|a})$$

这可以转化为算法14-6，它又类似于算法14-5。两个算法的主要区别是，算法14-5统计满足某个条件的实例，而算法14-6将满足条件的实例聚集在一起。

CalcInfoGain首先在第1行创建一个映射 *groups*，其中每个键值对是一个 *test_attribute* 和一个包含具有相同 *test_attribute* 值的实例的链表。我们还是在一个链表 *values* 中记录遇到的不同值，在第2行将其初始化为空。在第3～10行的循环中遍历 *examples* 中的每个实例，向 *groups* 填入内容。在第4行查找实例的 *test_attribute* 值并将其保存在 v 中，然后在第5行查找这个值所在的组。如果发现没有这样的组（第6行），则在第7行向 *groups* 插入一个新的键值对，v 为关键字，值是一个单元素链表，元素就是当前实例。我们还在第8行将 v 添加到 *values* 中。如果组存在（第9行），则在第10行将这个实例添加到相应的组中。

循环结束后，在第11行计算节点的熵并将其保存在 g 中。然后，在第12～16行，对 *test_attribute* 的每个不同值，计算对应实例组占实例总数的比例和这一组对于 *target_attribute* 的熵，并将它们的积从节点的熵中减去。

有了信息增益算法在手，算法14-1中的BestClassifier就很容易通过迭代来实现了——在一个节点中选择不同的检测属性，找到能得到的最大可能信息增益，如算法14-7所示。

算法14-6 对一个检测属性和一个目标属性计算训练实例链表的信息增益

```
CalcInfoGain(examples, test_attribute, target_attribute) → g
    输入：examples，一个映射链表
          test_attribute，检测属性
          target_attribute，目标属性
    输出：g，examples对于test_attribute和target_attribute的信息增益
1   groups ← CreateMap()
2   values ← CreateList()
3   foreach example in examples do
4       v ← Lookup(example, test_attribute)
5       group ← Lookup(groups, v)
6       if group = NULL then
7           InsertInMap(groups, v, [example])
8           InsertInList(values, NULL, v)
9       else
10          InsertInList(group, NULL, example)
11  g ← CalcEntropy(examples, target_attribute)
12  foreach v in values do
13      group ← Lookup(groups, v)
14      p ← |group|/|examples|
15      h ← CalcEntropy(group, target_attribute)
16      g ← g − p · h
17  return g
```

算法14-7 通过求最大信息增益寻找最佳类别属性

```
BestClassifier(examples, attributes, target_attribute) → bc
    输入：examples，一个训练集实例链表，用映射表示
          attributes，一个属性链表，用来求最大信息增益
          target_attribute，实例的类别属性
    输出：bc，attributes中的一个属性，它对于target_attribute有最大信息增益
1   maximum ← 0
2   bc ← NULL
3   foreach attribute in attributes do
4       g ← CalcInfoGain(examples, attribute, target_attribute)
5       if g >= maximum then
6           maximum ← g
7           bc ← attribute
8   return bc
```

称函数为 BestClassifier 的原因是，每次选取最佳属性来将实例划分为组（类别）。我们已经给出了基于熵和信息增益的推导方法，但在实践中这意味着什么？有人可能质疑，使用这两种度量是划分实例的一种方法，但还可能有其他等价的甚至更有效的方法。也许是这样。使用信息增益作为我们的判断是基于这样一个前提，即得到的决策树在某种程度上优于备选决策树。怎样更好，我们接下来将会看到。

410

14.8　奥卡姆剃刀法则

假定我们使用 BestClassifier 的一个替代实现。在这个替代实现中，我们不再计算最大信息增益以在每个节点处选择检测属性，而只是按一种预定义的顺序选择属性：温度、湿度、有风、趋势。图 14-12 显示了得到的决策树。

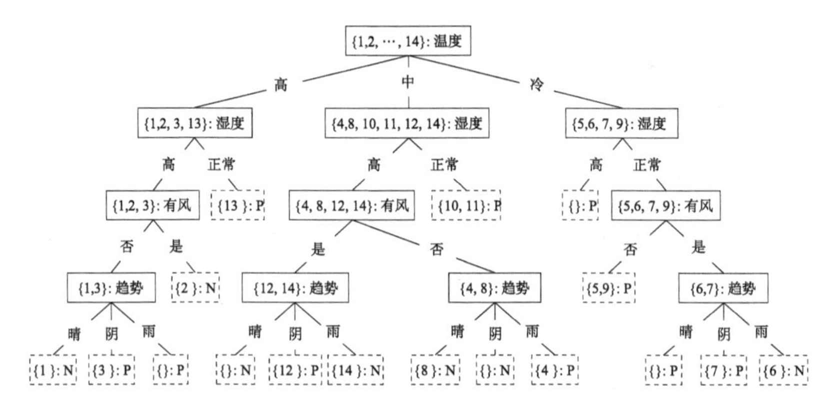

图 14-12　按温度、湿度、有风、趋势的顺序选取检测属性得到的决策树

图 14-12 中的树与图 14-9 中的树是使用相同的训练集构造的，但两者明显不同。按预定义顺序选择属性构造的树比使用信息增益构造的树大得多、深得多。由于决策树表示用来分类实例的一组规则，因此图 14-9 中树的一条典型规则要比图 14-12 中树的一条典型规则更短。这是 ID3 的一个根本特性：通过使用熵和信息增益的度量，算法选取的检测属性能得到更矮的树。换句话说，它选取检测属性的方式使得到的决策规则更短而不是更长。

我们应该选择更短而非更长的决策规则，这有什么原因吗？有一条重要的问题求解法则或者说原则，称为奥卡姆剃刀法则，它指出，如果有几个假说预测得一样好，我们应该选择假设最少的那个。这个法则因 William of Ockham（也写作 Occam）的名字命名，他是一名中世纪英国方济会修士和神学家。根据这条法则，我们应该剔除不需要的假设，因此才用了“剃刀”一词。奥卡姆剃刀法则的另一种说法是，在其他条件相同的情况下，我们应选择更简单而非更复杂的解释。另一个版本被认为来自奥卡姆自己（虽然未见于他的任何著作中），其描述是“如无必要，勿增实体”。

奥卡姆剃刀法则是一种一般性指导原则，广泛应用于科学领域。当解释相同的事情时，我们通常更喜欢一个简单的科学解释而非复杂的解释。对于解释一个自然现象的理论，我们也更喜欢有更少假设的那个，而不是更复杂的。同样的原则也在经济思维背后起作用：如果一个解释足够充分，但没有很多假设，那么它就是经济的。

简单性在某种程度上与我们推崇优雅的理念非常吻合，因此采用有利于得到更简单决策树的方法看起来是个好方法。ID3 算法在实践中工作得很好，因此它是许多其他更高级的分类算法的基础，这些算法用于对复杂的实际数据进行分类。

14.9　代价、问题和改进

基于一些假设，我们很容易分析 ID3 的计算代价。决策树的构造依赖于树的层数。假定训练集中有 n 个实例，每个实例有 m 个属性，我们可以假定决策树有 $O(\log n)$ 层。在二叉树中，层数为 $O(\lg n)$。这里我们不能假定属性是二元的，因此使用更一般的以 10 为底的对数。但这并不重要，因为用大 O 符号表示的话，两者是相同的，因为 $\lg n=\log n/\log 2$，从而 $O(\lg n)=O((1/\log 2)\log n)=O(\log n)$。

最坏的情况是所有层都是满的，从而在每一层我们都要处理所有 n 个实例。因此，通过在每一层检查一个属性来构造所有层的代价为 $O(n\log n)$。但是，我们在每一层要检查多个属性：在根层，我们检查所有 m 个属性，在第 i 层我们检查 $m-i+1$ 个属性（根层为第 1 层）。为了保持问题简单，让我们假定在所有层都检查 m 个属性。我们在分析计算代价的上界，因此可以用一个不那么紧的界。于是构造决策树的总计算代价为 $O(mn\log n)$，这是一个高效的过程。

ID3 算法可能是高效的，但如我们所描述的，它还不够通用，因为它要求所有属性是类别属性，即它们只能取少数预定义的值。这个算法并未覆盖数值属性，例如，温度可以用摄氏度给出。这是一些实数，即使将它们舍入为最接近的整数，我们还是不能将温度作为一个检测属性，因为我们会需要所有可能温度值那么多个分支，这不会生成一棵好的决策树。解决此问题的一个简单方法是：将决策转为二元决策。我们选取中位数，即将实例一分为二的那个值，一半实例小于此值，另一半实例大于此值。检测就变为 $x \geqslant median$，这产生一次二路划分。

一个相关问题是*高度分支属性*（highly branching attribute），即可能值数量很大的属性。数值属性属于此类，但也包括非数值属性，例如日期或唯一标识实例的属性。当遇到这种属性时，我们就会得到一个有过多分支的节点。例如，假定我们包含了表 14-3 的一个潜在检测属性——第一列中的观察值的序号。我们在根节点尝试寻找导致最大信息增益的属性，检查序号的信息增益有多大，则根节点将会有 14 个孩子，每个对应序号的一个不同值。每个孩子的熵都恰好等于 $1\lg 1=0$，因为每个孩子都具有单一类别属性。因此，序号的信息增益为 $G(root, serial\_nmber)=H(root)-0-0-\cdots-0=H(root)$。这是最大可能信息增益，因此我们应选择序号作为检测属性。我们将得到图 14-13 中的树，该树用一个非常简单的单规则完美分类了训练集，即检查实例的序号值，但它不能分类任何其他东西，因为其他实例都不会具有训练集中任何一个序号，因此这棵树是毫无用处的。诚然，没有任何有理智的人会使用序号或任何其他形式的 ID 作为检测属性，但选择日期或其他属性则是合理的，虽然这类属性没有标识实例，但实例所取的属性值太多了。 [414]

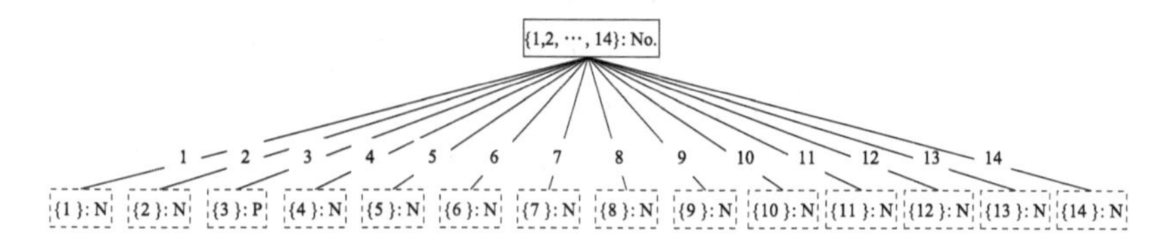

图 14-13 高度分支属性

问题源于这样一个事实：高度分支属性导致高信息增益。为了解决这个问题，我们必须防范这种情况。我们不再使用信息增益作为选择检测属性的衡量指标，而是使用一种改进的信息增益，它被称为*增益率*（gain ratio）。我们首先介绍一个新术语：*分裂信息*（split information）。一个节点 X 和一个候选属性 a（可能取 c 个不同值）的分裂信息定义为

$$SI(X,a) = -p(y_{1|a})\lg p(y_{1|a}) - p(y_{2|a})\lg p(y_{2|a}) - \cdots - p(y_{c|a})\lg p(y_{c|a})$$

其中每个 $y_{i|a}$ 为我们的集合中属性 a 为特定值的实例的比例，分裂信息仍旧是熵。但我们之前关心的是对于目标属性的熵，现在关心的是关于候选检测属性的熵。于是增益率定义为

$$GR(X,A)=\frac{G(X,a)}{SI(X,a)}$$

增益率对高度分支属性进行了惩罚。对每个将训练集彻底划分为单实例子集的属性，会有 $SI(X,\ a)=-(1/n)\lg(1/n)-(1/n)\lg(1/n)-\cdots-(1/n)\lg(1/n)=-\lg(1/n)=\lg n$，如果实例总数为 n 的话。与之相对，将训练集划分为两个等大小子集的属性会有 $SI(X,\ a)=-(1/2)\lg(1/2)-(1/2)\lg(1/2)=\lg 2=1$。

415

收益率并不能完全解决问题，因为如果某个 p_i 非常大，则收益率会变得非常大，使结果有偏。为避免这种情况，我们可以先计算信息增益，第二步对高于平均信息增益的属性应用收益率。

另一个应用中出现的问题是实际数据通常对某些属性缺少值，它们被称为*缺失值*(missing value)。还是以温度为例，可能我们并不是对所有数据都有温度测量值，可以通过假设缺失值仍是一个值来回避这个问题，即使它看起来很特殊。我们可以指派一个特殊值来表示不可用（例如，“NA”），然后假装它是另一个温度测量值。这是一种直接的方法，有时是奏效的，但不保证一直奏效。在这些情况下，我们必须采用其他更复杂的变通方法。

最后，一个在所有分类方法中都会出现的重要问题，也是机器学习中一个重要的普遍问题是*过拟合*（overfitting）。在机器学习中，我们以一个训练集开始，用它来教会计算机执行特定任务。在分类问题中，我们以一个包含一些已知类别数据的训练集开始，最终得到一个预测模型，例如决策树的形式，我们用它来预测其他数据的类别。过拟合就是我们的预测模型——我们的决策树——过于精确了，从而一点也不好。图 14-13 中的决策树是一个过拟合的极端例子。实际上它是过于极端以至于不是一个问题，因为我们可以很容易地发现它是错的。但过拟合可能不是这么明显，于是我们可能得到一棵看起来不错的决策树，但在实际中不能完成分类任务。

过拟合是一个隐伏的问题，没有容易的解决方案。我们能做到的最好程度就是意识到可能发生过拟合并加以防范。例如，我们可以使用*维持数据*（holdout data），这是训练集的一部分，但我们在训练时不能使用它，而是在训练之后用来检测决策树的数据在其上的表现如何。但这也不是灵丹妙药，过拟合仍有可能发生，而且通常是通过经验判断是否发生。如果有什么安慰的话，那就是即使对老练的机器学习专业人士，过拟合也是祸根。

416

注释

Claude Elwood Shannon 在他的一篇论文中开启了信息论领域，在这篇论文中他着手引入“通信的数学理论” [181]，这一开创性的工作也成书出版 [183]，附带一个很有用的介绍。这并不是 Shannon 最早的成就，在此之前，当他 21 岁还在麻省理工学院攻读硕士学位的时候，就证明了布尔代数可用作电路研究的基础。Shannon 还对英文字母的熵进行了估计，给出了长度为 16 个字母的文本片段的熵值在 1.3 比特到 1.5 比特之间 [182]。最近，Thomas Cover 和 Roger King 得出每个字母 1.3 比特的估计结果 [43]。要真正领会信息论的深度和广度，你应该看一些这个领域的书籍：James Stone 写了一本教程 [193]，MacKay 的书 [131]

是一本进阶教材，还涉及了概率、推理和神经网络等其他主题，Thomas Cover（得到每字母1.3 比特估计的那个人）和 Joy Thomas 写了一本全面的介绍书籍 [44]。想要看一些严谨的数学论述，请参阅 Robert Gray 的书 [83]，想看信息在现代社会及经济社会中的作用的非技术性概述，请参阅 César Hidalgo 的书 [91]。

ID3 算法与一种较古老的方法关系紧密，这种方法称为概念学习系统（Concept Learning System，CLS），是 20 世纪 50 年代开发出来的 [100]。Ross Quinlan 在发表 ID3 [158～160] 之后，继续在多个方面改进它，已被广泛使用的 ID3 的一种流行扩展是 C4.5 [161]。我们使用的气象数据来自原始的 ID3 出版物。CART（Classification and Regression Trees，分类和回归树）是另一种与 ID3 很像的流行算法 [28]。

机器学习领域非常广阔，Tom Mitchell 的书是一种经典介绍 [142]。这个领域的流行书籍包括Hastie、Tibshirani 和 Friedman的教材[87] 及 Jame、Witten、Hastie 和 Tibshirani 的入门书 [102]，Bishop 关于模式识别和机器学习的书 [20]，还有 Alpaydın 的介绍书籍 [2]。Murphy 的书从贝叶斯概率的角度来探讨这个主题，结果证明这是非常有效的 [148]。Witten、Frank 和 Hall 合著了一本机器学习子领域——数据挖掘的介绍书籍 [219]，你还可以查看在 2006 年一个主题会议中认定的数据挖掘十大算法 [220]。 417

William of Ockham（大约 1287 年～1347 年）现存的著作中没有提及奥卡姆剃刀法则的，实际上，在 Ockham 之前很早的时间就出现了类似的法则。例如，亚里士多德（公元前 384 年～公元前 332 年）在他的《后分析篇》（第 I 卷，第 25 页）中给出了一个相似的法则，其中指出，在多个假说中，最佳的是要求、推定和假设最少的那个。最近，诺贝尔物理学奖得主弗兰克·维尔泽克将这一规则描述为：“我们称一个解释，或更一般地，一个理论，是经济的，当它有很少假设却解释了很多……直觉上，选择经济的解释是合理的，而非选择其对立面——做了很多假设但只解释了有限范围的事实或观察结果的解释”[216]。

有一个来自 Google 的关于预测模型的警世故事。Google 流感趋势是一个通过互联网上与流感相关的搜索来预测流感流行的服务 [78]，它开启于 2008 年，对多年的流感流行的预测与美国疾病控制和预防中心 (CDC) 的数据相吻合。但这之后，在 2013 年预测出现了偏差 [49]，罪魁祸首似乎是过拟合和“大数据傲慢”，即隐含地假设大数据可以替代传统数据收集和数据分析，而不只是一个补充 [122]。

随着算法特别是那些利用大数据的算法在人类活动中得到越来越广泛的应用，也带来了伦理问题。算法可以用来发现潜在的违法者、筛选求职者、计算保险费，当用于这样的目的时，理解它们是如何工作的，以及为什么会给出结果是很重要的 [152]。算法可以减轻我们的工作量，而不应成为我们的责任。

习题

1. 拉丁短语“Ibis redibis nunquam per bella peribis”有两个意思，取决于你把逗号放在哪里。一个变体“ Ibis，redibis，nunquam per bella peribis”的意思是“你要去，你要回来，永不在战争中灭亡”。另一个变体“ Ibis，redibis nunquam，per bella peribis”的意思是“你将离开，你永远不会回来，你将在战争中灭亡”。这个短语来源于古希腊多多纳神谕（但他们说希腊语，而不是拉丁语，所以这很可能是杜撰的！），这个短语的熵是多少？
2. 图 14-3 显示了一枚硬币正面和反面不同概率下的熵，你能绘制骰子的熵图吗？其中一个事件是“它会掷出 1”，另一个事件是“它会掷出 2, 3, 4, 5, 6”。第一个事件的概率为多少 418

时熵最大？最大熵值是多少？

3. 实现 ID3 算法，但使用一个更简单的方法作为分类器，以此选取每个属性，就像我们在图 14-12 所做的那样。
4. 实现包含增益率修正的 ID3 算法。
5. 基尼不纯性度量（Gini impurity measure）是另一种可用于划分决策树节点中实例的规则。如果 $p(x_i)$ 是一个实例属于类别 x_i 的概率，则 $1-p(x_i)$ 就是这个实例不属于类别 x_i 的概率。如果我们随机选取一个实例，则它属于类别 x_i 的概率为 $p(x_i)$。如果我们将这个实例随机指派到一个类别，则我们分类错误的概率为 $1-p(x_i)$。因此，我们会从类别 x_i 随机选取一个实例并将随机对它进行分类且分类错误的概率为 $p(x_i)(1-p(x_i))$。基尼不纯性定义为所有 n 个数据项的这种概率之和：

$$p(x_1)(1-p(x_1)) + p(x_2)(1-p(x_2)) + \cdots + p(x_n)(1-p(x_n))$$

当一个节点中的所有实例都属于相同类别时，基尼不纯性为 0。现在，可以使用基尼不纯性的下降幅度代替信息增益来划分我们的实例。修改 ID3 算法，使用基尼不纯性度量。

419

字符串算法

当在你的浏览器中扫描一段很长的文本时，你可能会点击页面工具中的搜索功能（或者其他名字的等价功能）。你输入感兴趣的一部分文本，你的浏览器高亮显示页面中这部分出现的地方。相同的功能出现在所有类型的文档浏览器中，例如 PDF，这是文字处理器和编辑器的主要功能。通过查找和替换操作即可完成纠正文档中词语的任务，其中文字处理程序会找到有问题部分的所有出现位置，并用正确版本加以替换。

所有这些例子都涉及一个相同的基本操作：*字符串匹配*（string matching），也被称为*字符串搜索*（string search）。在计算机内部，所有文本都表示为字符串，通常就是字符数组，字符用特定方式编码为数。如果是使用数组，则表示字符串的数组位置是从 0 开始的。一个段落、一个页面或一本书都可以表示为不同长度的字符串。在一个字符串中搜索某些东西本质上是尝试查找某个字符串出现在另一个字符串内部什么位置：考虑在段落内查找一个特定单词。如果两个字符串具有相同长度，则我们实际上是在尝试比较两个字符串是否具有相同内容。这也是字符串匹配，只不过是一种退化的形式，比起更一般的问题——在一个长字符串中寻找一个较小部分的匹配——要简单得多，因为我们只需逐字符比较来检查字符串是否相等。

字符串匹配的应用不止局限于在文本内查找某些东西，而是要广阔得多。相同的原理可以应用到任何我们试图在某些东西内查找另外一些东西的场景，搜索项和搜索区域都是来自相同字母表中符号组成的序列。字母表可以是一种人类语言的字母表，也可以完全是其他东西。

421

在生物学中，*遗传密码*（genetic code）是一组 DNA 和 RNA 编码蛋白质的规则。DNA 由碱基序列组成。在 DNA 中有四种碱基：腺嘌呤（A）、鸟嘌呤（G）、胞嘧啶（C）和胸腺嘧啶（T）。碱基的一个三元组被称为一个*密码子*（codon），它编码了一个特定的氨基酸。一个密码子序列编码了一个特定的蛋白质，这样一个密码子序列就是一个*基因*（gene）。DNA 存在于染色体中，对应基因的蛋白质是在细胞的其他部分构建的。每个特定蛋白质的编码由 RNA 携带，尤其是信使 RNA(mRNA)，它也是使用四种碱基：A, G, C 以及 U 取代 T。

基因密码的破解是分子生物学的一大胜利。组成所有蛋白质的氨基酸只有 20 种，这 20 种氨基酸在 DNA 和 RNA 序列中通过密码子编码。还有一些特殊的密码子定义了每个蛋白质编码的起始和终止，非常像文本中空格划出了单词间的界限。因此，遗传密码就是用一个四字符字母表写就的一组规则。在表 15-1 中，你可以看到所有 DNA 密码子。表顶端带圆圈的数字指出每个密码子的第一个、第二个和第三个字母。第一列与对应第二个字母的那一列的交集给出了第三个字母所有不同的可能。从③那一列选出一个字母，我们就得到了一种特定的氨基酸。

当我们想要寻找一个特定的 DNA 或 RNA 序列时，字符串匹配就在分子生物学中显示它的作用了。因此，问题就是在一个 DNA 或 RNA 链中寻找一个特定的密码子序列。这些序列可能很长，包含数千碱基。完整的人类基因组是氨基酸序列的完整集合，估计包含大约 32 亿个碱基，这种规模的字符串匹配是一个严肃的问题。

表 15-1　DNA 遗传密码

②

①	T		C		A		G		③
T	TTT	苯丙氨酸	TCT	丝氨酸	TAT	酪氨酸	TGT	半胱氨酸	T
	TTC		TCC		TAC		TGC		C
	TTA	亮氨酸	TCA		TAA	终止	TGA	终止	A
	TTG		TCG		TAG	终止	TGG	色氨酸	G
C	CTT		CCT	脯氨酸	CAT	组氨酸	CGT	精氨酸	T
	CTC		CCC		CAC		CGT		C
	CTA		CCA		CAA	麸酰氨酸	CGA		A
	CTG		CCG		CAG		CGG		G
A	ATT	异亮氨酸	ACT	苏氨酸	AAT	氨羰丙氨酸	AGT	丝氨酸	T
	ATC		ACC		AAC		AGC		C
	ATA		ACA		AAA	赖氨酸	AGA	精氨酸	A
	ATG	蛋氨酸/起始	AGC		AAG		AGG		G
G	GTT	缬氨酸	GCT	丙氨酸	GAT	冬氨酸	GGT	甘氨酸	T
	GTC		GCC		GAC		GGC		C
	GTA		GCA		GAA	谷氨酸	GGA		A
	GTG		GCG		GAG		GGG		G

422

电子监控（electronic surveillance）是另一个需要对大量数据进行字符串匹配的领域。通常某个实体感兴趣的是在截获的大量数据中找到某种模式或一条消息，消息可能是代码字、短语或犯罪事务。拦截机构遍历数据，试图找到与模式匹配的部分，遗憾的是，拦截机构倾向于广撒网，收集各种各样的数据，其中大部分完全无害。因此，为了完成任务，他们必须求助快速的字符串匹配方法。

计算机取证（computer forensic）就是在计算机和存储介质中收集证据，使用字符串匹配来识别信息片段，通常起因于某些特定的用户行为。例如，有关部门可能在寻找证据，证明用户访问了特定 URL 的网站，或是使用了特定的加密密钥。

另一个应用是*入侵检测*（intrusion detection），其中我们试图确定一个计算机系统是否已经被有害软件（恶意软件）渗透。如果你知道一些能识别恶意软件的字节序列，则入侵检测可以用字符串匹配技术查找潜伏在计算机内存或外存中的恶意软件。更好的是，我们使用字符串匹配监控网络流量可以实现*入侵防护*（intrusion prevention），所谓网络流量就是跨越系统边界传输的字节。同样，如果我们知道要查找什么字节序列，就可以在恶意软件入侵我们的系统之前捕获它。我们需要快速的字符串匹配算法，使得字符串匹配不会拖慢网络传输。

检测违规文本也是*垃圾邮件检测*（spam detection）的关键。垃圾邮件由样板文本组成，因此邮件过滤器可以使用字符串匹配来帮助将电子邮件分类为垃圾邮件。重复出现的文本是抓住剽窃的关键。我们可以通过检查文章、作业或程序中的相同块来抓住作弊者。即便如此，剽窃者可能会小心修改他们抄袭的东西。令人高兴的是，已有算法考虑到了这一点，因此要瞒骗检查算法要困难得多。

从网站中提取文本，也称为*网页抓取*（web scraping）或*屏幕抓取*（screen scraping），是采用字符串匹配。在网络中有大量在 HTML 网页中渲染的信息，这种文本是半结构化的，因为它是由特定的 HTML 标签划分的，如`<li>`和`</li>`划定列表项，这允许我们从网页中提取满足特定条件的文本，例如在特定标签之间的文本。

423

字符串匹配的不同应用有不同要求。例如，我们感兴趣的可能是*精确匹配*（exact matching），即我们想要精确找到一个字符串；也可能是*近似匹配*（approximate matching），即我们希望找到字符串的一个变体即可。我们可能处理一个大字母表，也可能处理一个小字母表（考虑 DNA 序列只包含四个字符）。我们可能希望牺牲速度换取容易理解和实现的算法，或者我们可能想要快速算法。在本章中我们从最简单的方法开始，如果速度不是当务之急，这种算法还是有效的，随后我们会介绍更复杂也更高效的算法。

字符串匹配涉及在一个字符串中查找另一个字符串。为了清楚表达我们试图进行匹配的对象，我们将正在尝试查找的字符串称为*模式*（pattern），而称我们尝试在其中查找模式的字符串为*文本*（text）。这有助于文章写作，但并不完全准确。文本可以是任何类型的字符串，而不局限于人类可读的文本。但如果记住这一点，那么采用这种命名也没有什么害处。在这个领域，这是一种常见用法。

15.1 蛮力字符串匹配

最直接的字符串匹配算法是朴素暴力方法，从文本首字符开始，逐字符检查与模式是否匹配，这是一种*蛮力方法*（brute force method），因为我们没有应用任何形式的聪明策略。算法 15-1 展示了这种方法。

算法15-1 蛮力字符串搜索

```
BruteForceStringSearch(p, t) → q
    输入：p，一个模式
          t，一个文本
    输出：q，一个队列，包含t中p出现位置的索引，如果未找到p，则队列为空
1   q ← CreateQueue()
2   m ← |p|
3   n ← |t|
4   for i ← 0 to n − m do
5       j ← 0
6       while j < m and p[j] = t[i + j] do
7           j ← j + 1
8       if j = m then
9           Enqueue(q, i)
10  return q
```

我们接受两个输入字符串：要查找的模式 p 和在其中搜索模式的文本 t。我们在一个队列 q 中保存结果，即 t 的一些索引，在这些位置上我们找到了 p，从而之后很容易按找到它们的顺序访问它们。如果不存在匹配，q 会是空的。在第 1 行我们创建了输出队列，然后在第 2 行和第 3 行我们将模式的长度保存在变量 m 中，将文本的长度保存在变量 n 中。随后我们进入第 4～9 行的循环，从 t 的开头一直到位置 n–m 进行查找，t 中的当前位置保存在 i 中。显然，在这个区域之后是不存在匹配的，因为模式会落在待搜索文本之外。循环的每步迭代处理 t 中一个位置。在每个新位置，我们进行一些准备工作然后进入第 6～7 行的循环，这个内层循环从 p 的开头开始，用 j 保存其内部的索引，它检查 $j < m$ 确保我们还未处理完 p，对 p 中每个字符 $p[j]$，我们检查它是否与 t 从其当前位置 i 开始的第 j 个字符相等，如果相等，我们将 j 向前推进一个位置。因此，j 显示了我们在 t 中已经匹配的字符数，对应其中我们试图与 p 比较的每个不同位置。注意，第 6 行中的检验不能改变顺序。这里我们假定短路求值起作用，从而我们永远不会检查超出 p 末尾的位置。退出内层循环有两种方式，对应第 6 行中的两个检验。如果我们有 j=m，则我们退出循环时未发生过任何字符

424

串不匹配，因此我们已经找到了要查找的模式。于是我们将 t 中发现匹配的位置 i 添加到队列 q 中。如果我们是因找到一个不匹配字符而退出循环，这意味着 p 未出现在 t 中从 i 开始的位置。因此，我们需要尝试 t 中下一个位置，进入外层循环的下一个迭代，最终我们返回 q。

图 15-1 显示了我们在“BADBARBARD”中搜索“BARD”的过程。你可以将整个算法想象成在“BADBARBARD”上滑动一张写着“BARD”的透明幻灯片，i 的每个值对应幻灯片的一个不同位置。每当我们检测到“BARD”与下面字母不匹配，就将幻灯片向右移动一个位置。在图中，我们用黑底白字表示遇到了字符不匹配。“BARD”中不匹配位置之后的字符我们用灰色表示，因为我们已不需要检查它们，这对应算法第 6 行中第二个检测。图中前两列显示了内层循环每步迭代后 i 和 j 的值，你可以验证 j 的值显示了与每个 i 值匹配的字符数。

425

i	j	B	A	D	B	A	R	B	A	R	D
0	2	B	A	R	D						
1	0		B	A	R	D					
2	0			B	A	R	D				
3	3				B	A	R	D			
4	0					B	A	R	D		
5	0						B	A	R	D	
6	4							B	A	R	D

图 15-1　蛮力字符串匹配

幻灯片的比喻给我们提供了一种分析蛮力字符串搜索复杂度的方法。外层循环会执行 $n-m$ 次，内存循环的最坏情况是每次都检查了 p 的所有字符，在最后一个字符发现不匹配。例如，当 p 和 t 只包含两个字符，比如说 0 和 1，在 t 的末尾发现 p 的匹配，而 p 的前 $m-1$ 个字符与 t 之前所有位置都相等时，就会发生这种情况，请见图 15-2。显然，类似的事情不太可能发生在我们的文本中，但当我们在一般数字数据中寻找模式时，可能发生这种情况。在这种病态的情况下，对每次外层循环我们都需要执行内层循环 m 步，由于外层循环迭代步数为 $n-m$，两者乘积为 $m(n-m)$。因此，蛮力字符串匹配的最坏情况性能为 $O(m(n-m))$。我们通常将之简化为 $O(mn)$，因为 n 通常要比 m 长得多，从而 $n-m \approx n$。

426

i	j	0	0	0	0	0	0	0	0	0	1
0	3	0	0	0	1						
1	3		0	0	0	1					
2	3			0	0	0	1				
3	3				0	0	0	1			
4	3					0	0	0	1		
5	3						0	0	0	1	
6	4							0	0	0	1

图 15-2　最坏情况蛮力字符串匹配

15.2 Knuth-Morris-Pratt 算法

如果回到图 15-1 你可能会注意到，我们实际上浪费时间进行了一些注定要失败的比较。例如，考虑我们是如何开始的：

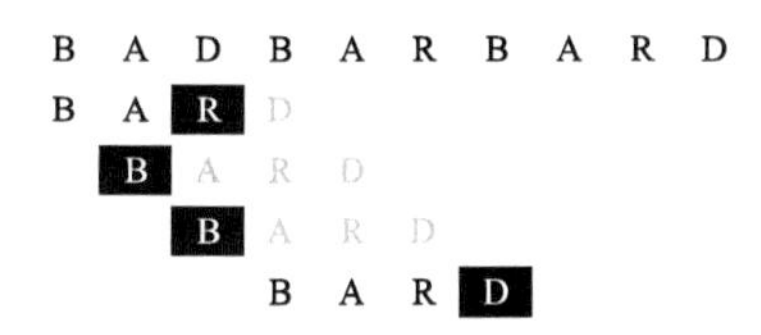

我们第一次失败的尝试是在匹配 R 和 D 时。然后我们尝试匹配 B 和 A，失败，然后是 B 和 D，再次失败。但已经知道文本的第二个和第三个字符分别是 A 和 D，我们是如何知道的？因为初始时我们走得尽可能远，已到达模式的第三个字符，因此知道了文本的前三个字符是 BAD。而我们的模式的前三个字符为 BAR，因此，我们不可能通过将 BAR 滑到 BAD 上来找到任何匹配。我们可以直接再向前看一个字符，这相当于将模式向右移三个位置，然后开始与文本的其余部分进行比较：

```
B A D B A R B A R D
B A R D
      B A R D
```

但随后当我们在这个位置尝试匹配时又会发生相同的事情：

```
B A D B A R B A R D
      B A R D
        B A R D
          B A R D
            B A R D
```

我们知道在这个位置的文本是 BARB，因为刚刚读取过它。我们不可能将 BARD 滑过 BARB 一个或两个位置来得到一个完整匹配，因此我们可以将 BARB 向右滑动三个位置，直接从那里开始：

427

```
B A D B A R B A R D
      B A R D
            B A R D
```

让我们来考察另一个例子，其中模式是 ABABC，文本是 BABABAABABC。

```
B A B A B A B C A B C
A B A B C
```

我们马上遇到了一个不匹配，因此将模式向右移动一个位置，继续尝试：

```
B A B A B A B C A B C
  A B A B C
```

这一次我们达成了模式中四个字符与文本的匹配，在第五个字符遇到了不匹配。我们尝试匹配的部分文本是 ABABA，模式是 ABABC。我们可能忍不住将模式移动四个位置，因为我们已经匹配了四个字符：

```
B A B A B A B C A B C
          A B A B C
```

这会导致一个错误，因为这样的话我们就会错过移动模式两个位置能找到的匹配：

```
B A B A B A B C A B C
    A B A B C
```

因此似乎我们可以尝试比朴素方法更聪明的匹配方式，每次失败时将模式向右移动一个恰当的距离。但是，我们必须小心：移动过多会导致漏掉匹配。这里的一般原则是什么？

我们使用的这种方法遵循的是 Knuth-Morris-Pratt 算法（由其发明者命名），工作原理如下。我们逐个处理文本中的字符，假设在文本的位置 i 我们已经匹配了模式的 j 个字符，我们将 i 增 1，变为 i+1，然后检查模式的第 j+1 个字符是否与文本的第 i+1 个字符匹配。如果匹配，我们继续递增 i 和 j。如果不匹配，我们尝试弄清：已知我们已经在位置 i 匹配了 j 个字符，但在位置 i+1 未能匹配 j+1 个字符，那么在位置 i+1 我们能匹配多少个字符？我们据此更新 j 并继续匹配。

在图 15-3 中，你可以看到 Knuth-Morris-Pratt(KMP) 算法在我们的例子上的执行过程。我们不再显示模式在文本上滑动的过程，而是显示两个指针 i 和 j，来指出我们在文本和模式中已经分别匹配了多少字符。

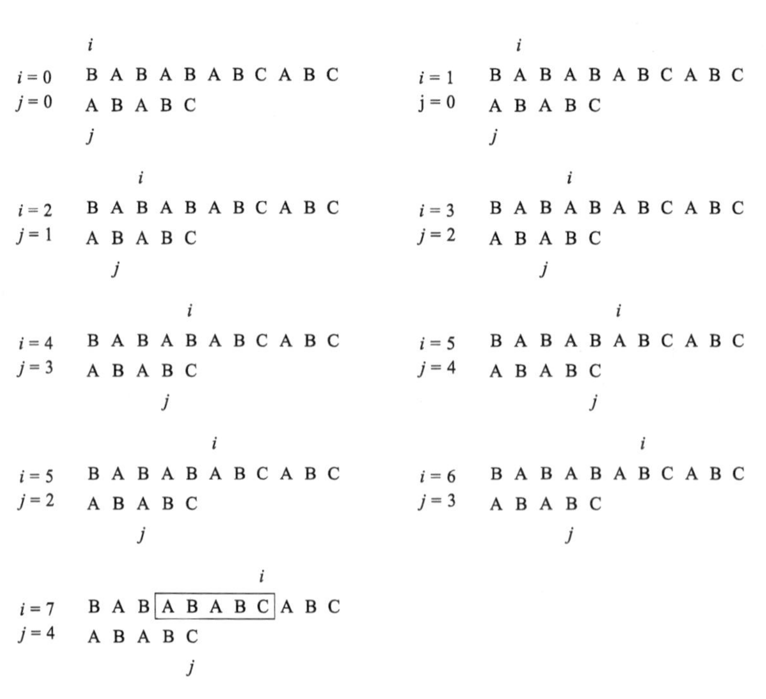

图 15-3　跟踪 Knuth-Morris-Pratt 算法的执行

我们从 i=0 且 j=0 开始，这里遇到了一次不匹配，而我们还未匹配模式中任何字符，因此我们只是递增 i，继续尝试匹配。这次匹配了一个字符，我们将 i 和 j 都递增。我们匹配了多个字符，将 i 和 j 持续向前推进，直至 i=5 且 j=4。然后我们遇到一次不匹配，此时已经匹配了模式中多个字符。我们想知道应该从哪开始继续匹配模式，也就是说，应该将 j 重置为什么值。已经证明，j 的正确值应该是 2，原因我们稍后会看到。于是我们令 j=2，重新开始匹配，遇到匹配的字符就将 i 和 j 向前推进。最终，我们匹配了模式的所有 j 个字符，因此匹配的位置就等于 i–j+1（我们加了 1，因为字符串位置是从 0 开始的）。

如果你喜欢用模式移动而不是 i 和 j 的改变来图示算法的工作，我们之前显示的两个移动位置分别发生在我们递增 i 之时以及我们必须将 j 重置为一个更小值之时。这对应将模式向右移动 $s=j_c-j$ 个位置，其中 j_c 为 j 的当前值。你可以验证当 $i=5$，$j=2$ 时确实是这样，因此下面图示的算法工作

```
                     i                                        i
i=5   B A B A B A B C A B C   ~~~>   i=5   B A B A B A B C A B C
j=4   A B A B C                      j=2   A B A B C
              j                                  j
```

与下面是一样的：

```
B A B A B[A]B C A B C   ~~~>   B A B A B[A]B C A B C
  A B A B[C]                           A B[A]B C
```

Knuth-Morris-Pratt 算法尝试逐字符匹配模式和文本。当遇到不匹配时，通过这种移动，它试图尽量省去模式已经匹配的部分，而不是丢弃所有东西，从模式开头重新开始匹配。

为了完成算法，我们需要确切知道如何确定当遇到一个不匹配时模式的哪个部分可重用。为了了解这一点，让我们稍微绕一点路，先介绍更多一些术语。一个字符串的一部分称为*子串*（substring），字符串开头的一部分是*前缀*（prefix），字符串末尾的一部分是*后缀*（suffix）。一个字符串可以有很多前缀：A, AB, ABA, …，所有这些都是字符串 ABAXYZABA 的前缀。极端情况是空字符串可以认为是任何字符串的前缀，以及整个字符串也是自身的前缀，*真前缀*（proper prefix）是指除整个字符串之外的前缀。类似地，一个字符串可以有很多后缀：A, BA, ABA, …，所有这些都是 ABAXYZABA 的后缀。同样地，我们认为空字符串和字符串自身也都是合法的后缀，*真后缀*（proper suffix）是除整个字符串之外的后缀。你可能在文献中还看到过真前缀和真后缀不包含空字符串的定义，在本书中我们将处理非空前缀和后缀。

边界（border）是一个字符串的真前缀，同时它也是这个字符串的一个真后缀，因此 ABA 是字符串 ABAXYZABA 的一个边界。一个字符串的*最大边界*（maximum border）是它的边界中最长的那个：A, AB 和 ABA 都是字符串 ABAYXABA 的边界，最大边界是 ABA。如果字符串根本没有边界，则我们定义它的最大边界的长度为 0。通常，一个有边界的字符串看起来像这样：

430

我们用一个点模式指示前缀边界和后缀边界。注意，前缀边界和后缀边界是可以重叠的，就像在字符串 ABABABA 中的边界 ABABA，但在这里我们无须为此担心，它对讨论也没有任何影响。

有了这些术语，我们就可以解决之前问题的答案了：当发生不匹配时，我们可以重用模式的哪个部分。假设我们遇到了如下的不匹配：

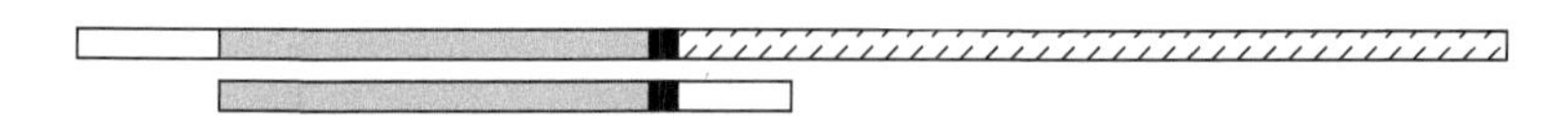

上面是文本，下面是模式。我们用斜线模式指示还未读取的文本部分，灰色部分是已经匹配的部分，黑色部分是不匹配的字符。在这样的情况下，我们还是假设，通过将模式向右

移动若干位置，就会得到一个匹配片段，一直匹配到原来不匹配的那个字符。

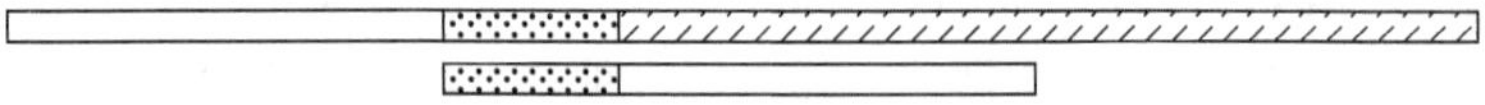

这次我们用点模式表示匹配部分。现在设想我们将模式移动回原始位置，则看起来会像下面这样

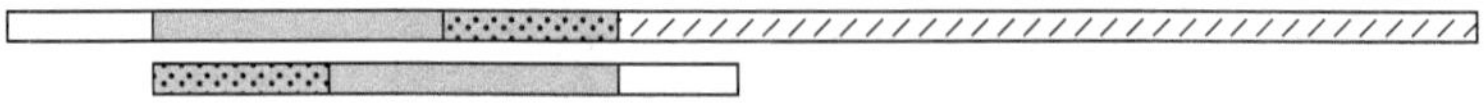

由于我们知道灰色部分是匹配的，且点填充部分也是匹配的，则我们能得到上面的唯一可能是模式的末尾重复点填充部分，否则在原来不匹配字符之前就会发生一个不匹配，因此我们得到：

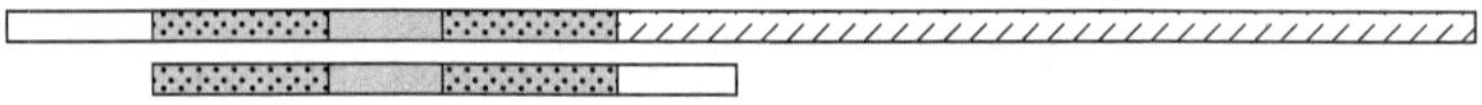

于是可以证明，我们已经匹配的模式的前缀具有一个边界！这给出我们问题的解决方案：当遇到了一次不匹配，我们可以重用模式已经匹配的一部分，如果它是一个边界的话。用边界不一定得到一个匹配，但我们应该尝试。而且，应该首先尝试用最大边界得到一个匹配，然后再用更小的边界，按递减顺序尝试，以免漏掉潜在匹配，这是因为一个*更长*的边界会导致*更短*的移动。相反，*更长*的移动对应*更短*的边界。比较情况：

431

与情况：

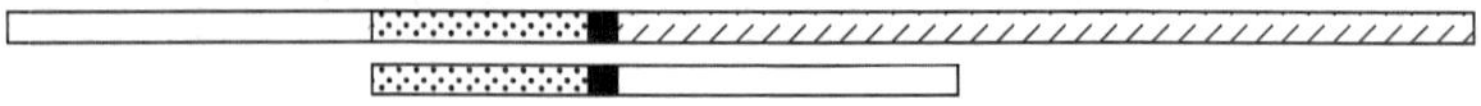

第二个例子有一个更长的边界，因此向右移动比第一个例子更短。这恰好是移动距离表达式 $s=j_c-j$ 的结果。j 越大，向右移动的距离越短。因此，如前所述，从最大边界开始，依次递减尝试每个边界，可确保我们不会漏掉匹配。比如说我们在文本 AABAABAA 中查找模式 AABAAA，在五个字符之后我们遇到了一个不匹配：

```
A A B A A [B] A A
A A B A A [A]
```

匹配的模式前缀为 AABAA，它的最大边界是 AA，长度为 2，另一个边界是 A，长度为 1。我们应该使用长度为 2 的边界 AA，导致移动三个位置，产生一个匹配：

```
A A B A A [B] A A A A
      A A [B] A A A
```

如果我们略过这个边界，尝试长度为 1 的边界 A，则导致移动四个位置，就会漏掉上面的匹配：

```
A A B A A [B] A A A A
          A [A] B A A A
```

由于我们将使用 p 的不同前缀的边界来搜索匹配字符串，我们必须预先计数它们，使得每当需要时，可以直接得到 p 的长度为 j 的前缀的最大边界。如果我们预先计算好边界，将它们放在一个数组 b 中，使得 $b[j]$ 包含 p 的长度为 j 的前缀的最大边界的长度，就很方便了。

图 15-4a 显示 ABCABCACAB 的边界数组。数组位于图的底部，在图的顶部，你可以看到模式对每个连续前缀的长度。对一个长度为 0 的前缀，我们定义其边界的长度为 0，如果你取长度为 5 的前缀，即 ABCAB，可以看到它有一个长度为 2 的边界 AB。类似地，如果你取长度为 7 的前缀，即 ABCABCA，可以看到它有一个长度为 4 的边界 ABCA。

432

j	0	1	2	3	4	5	6	7	8	9	10
		A	B	C	A	B	C	A	C	A	B
$b[j]$	0	0	0	0	1	2	3	4	0	1	2

a) 模式 ABCABCACAB 的边界数组

j	0	1	2	3	4	5	6
		A	A	B	A	A	A
$b[j]$	0	0	1	0	1	2	2

b) 模式 AABAAA 的边界数组

图 15-4 边界数组

注意，边界数组包含每个前缀的最长边界，因此，在图 15-4b 中你可以看到，长度为 5 的前缀，即 AABAA 有两个边界：AA 和 A。最大边界为 AA，长度为 2，即为边界数组中对应元素。

如果有一个为模式 p 创建数组 b 的函数 FindBorders(p)，则我们有算法 15-2，它以算法形式呈现了到目前为止的讨论。

算法15-2 Knuth-Morris-Pratt算法

```
KnuthMorrisPratt(p, t) → q
    输入：p，一个模式
          t，一个文本
    输出：q，一个队列，包含t中p出现位置的索引，如果未找到p，则队列为空
1   q ← CreateQueue()
2   m ← |p|
3   n ← |t|
4   b ← FindBorders(p)
5   j ← 0
6   for i ← 0 to n do
7       while j > 0 and p[j] ≠ t[i] do
8           j ← b[j]
9       if p[i] = t[i] then
10          j ← j + 1
11      if j = m then
12          Enqueue(q, i − j + 1)
13          j ← b[j]
14  return q
```

这个算法是我们已经描述的思想的一个直接引用，理解它的最好方式是通过一个例子来模拟算法的执行，如图 15-3 或图 15-5 中的例子。注意，我们在发现第一个匹配时停止了跟踪。在算法第 1～4 行我们打下了整个算法的基础。我们创建了返回队列，计算了模式和文本的长度，并计算了边界数组。然后在第 5 行我们初始化 j，它计数我们已经匹配了模式中

多少字符，另一个变量 i 将计数我们已经从文本读取了多少字符。第 6～13 行是一个循环，它遍历文本中每个字符。对我们读取的每个新字符，如果我们已经读取并匹配了部分模式并发现文本的当前字符与模式不匹配，就需要将 j 重置为已匹配模式前缀的最大边界的长度，这是第 7 行和第 8 行的工作。注意，这是一个循环，因为我们可能在边界位置发现不匹配，从而必须尝试一个更短的边界，依此类推。实际上，第 7～8 行逐步增大移动距离，并进行检查，直到找到一个匹配，这就是图 15-5 中发生的事情，当时 i=5 和 j=5 时，在保持 i 不变的同时设置 j=2 然后 j=1。算法如此走向的原因是，对 j=5，模式匹配的部分是 AACAA，它有一个长度为 2 的边界。这导致我们设置 j=2，但仍然得到一个不匹配，因此我们尝试长度为 2 的前缀 AA 的边界，即长度为 1 的 A。因此，我们设置 j=1。

433

```
      i                                  i
i=0   A A C A A A C A A C         i=1    A A C A A A C A A C
j=0   A A C A A C                 j=1    A A C A A C
      j                                  j

        i                                  i
i=2   A A C A A A C A A C         i=3    A A C A A A C A A C
j=2   A A C A A C                 j=3    A A C A A C
        j                                  j

            i                                  i
i=4   A A C A A A C A A C         i=5    A A C A A A C A A C
j=4   A A C A A C                 j=5    A A C A A C
            j                                  j

              i                                  i
i=5   A A C A A A C A A C         i=5    A A C A A A C A A C
j=2   A A C A A C                 j=1    A A C A A C
        j                                j

                i                                  i
i=6   A A C A A A C A A C         i=7    A A C A A A C A A C
j=2   A A C A A C                 j=3    A A C A A C
        j                                  j

                    i                                  i
i=8   A A C A A A C A A C         i=9    A A C A|A A C A A C|
j=4   A A C A A C                 j=5    A A C A A C
            j                                  j
```

j	0	1	2	3	4	5	6
		A	A	C	A	A	C
$b[j]$	0	0	1	0	1	2	3

图 15-5　Knuth-Morris-Pratt 算法另一次执行过程的跟踪，边界数组显示在底端

当我们找到一个匹配字符时，只需增加 j 的值，如第 9～10 行所做。如果成功匹配了模式的所有字符，就是第 11 行所做的检验，则我们得到了一个完整匹配。在第 12 行将匹配位置加入队列 q，然后在继续读取文本的下一个字符之前，我们必须将 j 重置为最长的边界，如第 13 行，这对应不会遗漏任何潜在匹配的最短移动距离。

为了完成 Knuth-Morris-Pratt 算法的描述，我们需要定义函数 FindBorders。我们的工作如下：如果已经发现一个长度为 i 的前缀有一个长度为 j 的边界，如图 15-6a 所示，我们可

以很容易地检查长度为 $i+1$ 的前缀（末尾位置为 i）是否有长度为 $j+1$ 的边界（末尾位置为 j），这种情况发生的唯一可能是模式位置 j 处的字符，即模式第 $j+1$ 个字符，与模式位置 i 处的字符，即模式的第 $i+1$ 个字符相等，参见图 15-6b。如果不相等，则我们能做到的最好程度是检查更短的边界，比如说长度为 $j' < j$，并检查这个边界的最后一个字符是否匹配模式的第（$i+1$）个字符，参见图 15-6c。如果仍不相等，则我们尝试更短的边界，依此类推。如果任何时候我们发现没有更短的边界了，则显然长度为 $i+1$ 的前缀的边界为 0。 434

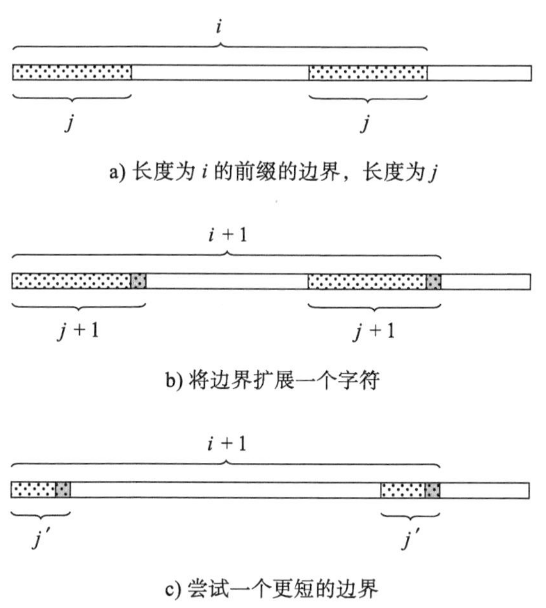

a) 长度为 i 的前缀的边界，长度为 j

b) 将边界扩展一个字符

c) 尝试一个更短的边界

图 15-6 寻找一个字符串的边界

上述思想产生了一个寻找边界的方法。我们按长度升序处理字符串的前缀，尝试寻找它们的边界。对一个长度为 0 和 1 的前缀，边界的长度为 0，然后如果有一个长度为 i 的前缀，我们按上述思想处理：检查是否可以将已有边界扩展一个字符，如果不行，我们尝试更短的边界，直至没有边界为止，这就是算法 15-3 的工作。算法接受一个字符 p 为输入，返回一个数组 b，$b[i]$ 为 p 的长度为 i 的前缀的边界长度。 435

算法 15-3 开始时进行一个簿记工作：在第 1 行统计字符串的长度，在第 2 行创建一个输出数组，在第 3 行将当前边界的长度设置为 0，在第 4～5 行设置长度为 0 和 1 的前缀的边界长度，如前所述，两者均为 0。然后我们进入第 6～11 行的循环，从 p 的第二个字符开始。从第二个字符开始的原因是我们已经知道 p 的长度为 1 的前缀的边界长度为 0。

在第 7～8 行，如果当前边界不匹配的话，我们尝试寻找可匹配的更短边界。在第 9～10 行，如果可能的话，我们将找到的边界（可以是 0 边界）扩展一个字符，然后在第 11 行我们将边界长度保存在数组 b 恰当位置。因为 b 的前两个元素已经被设置，我们需要设置位置 $i+1$ 处的元素，最终，我们返回边界数组。图 15-7 展示了算法寻找字符串 ACABABAB 的边界的过程。图中每行显示了外层循环每步迭代开始和结束时 i 和 j 的值以及 b 的内容。 436

算法15-3 寻找一个字符串的边界

```
FindBorders(p) → b
    输入：p，一个模式
    输出：b，一个队列，长度为|p|+1，包含p的边界长度，b[i]为p的长度为i的前缀的边界长度
1   m ← |p|
2   b ← CreateArray(m + 1)
3   j ← 0
4   b[0] ← j
5   b[1] ← j
6   for i ← 1 to m do
7       while j > 0 and p[j] ≠ p[i] do
8           j ← b[j]
9       if p[j] = p[i] then
10          j ← j + 1
11      b[i + 1] ← j
12  return b
```

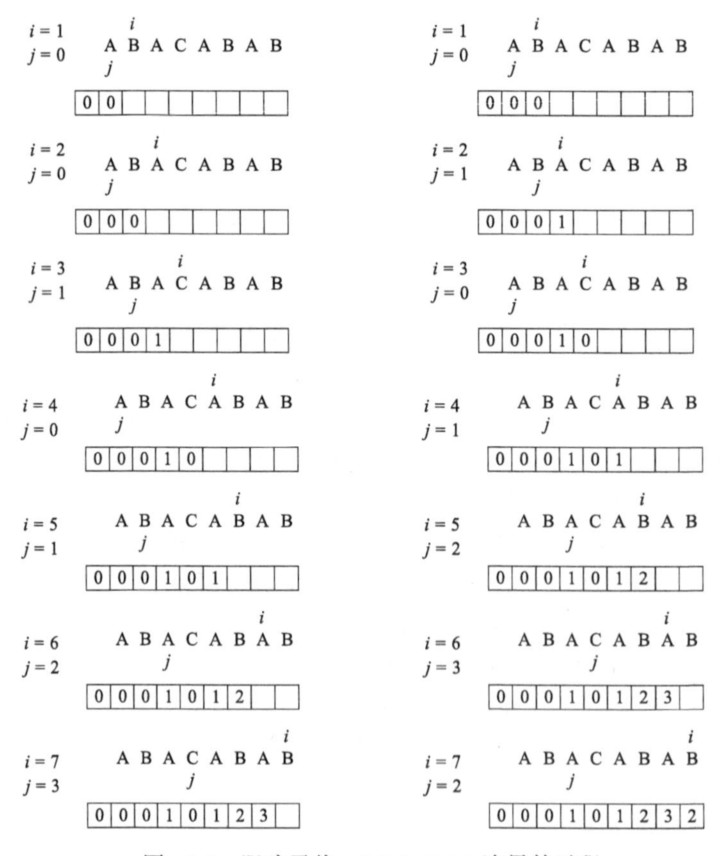

图 15-7　跟踪寻找 ABACABAB 边界的过程

算法 15-3 值得注意的一点是它与算法 15-2 非常像。的确，在算法 15-2 中，我们是在匹配一个模式 p 与一个文本 t。在算法 15-3 中，我们是在匹配一个模式 p 与其自身。我们使用了本质上相同的过程，首先寻找两个模式的边界，然后，在找到边界后进行自身的匹配。

Knuth-Morris-Pratt 算法可能并不是很好理解，但一旦你理解了它，就会被其优雅所折服。

Knuth-Morris-Pratt 算法不仅优雅，它还很快。由于算法 15-2 和 15-3 本质上是相同的，我们分析两个中的一个即可。算法 15-2 的外层循环执行 n 次，在每步迭代中，第 7～8 行的内层循环会执行若干步迭代。在第 10 行，要 $j > 0$，迭代就会继续，每步迭代 j 会减小，而且，在外层循环每步迭代期间，j 只可能增加一次。因此，在内层循环所有迭代步中，j 减小的次数不可能超过 n，这意味着内层循环总迭代次数不会超过 n。这说明如果不考虑 FindBorders 的话，算法计算复杂度为 $O(2n)=O(n)$。采用类似分析，FindBorders 的计算复杂度为 $O(m)$。因此 Knuth-Morris-Pratt 算法花费的总时间，包括预处理步骤寻找模式边界的时间，为 $O(m+n)$。在此基础上，我们还必须增加一个小的空间代价：我们需要保存边界数组 b。但其长度 $m+1$ 通常不是一个问题。

437

438

15.3 Boyer-Moore-Horspool 算法

到现在为止，我们都是从左至右扫描文本。如果我们改变策略，考虑从右向左扫描文本，那么我们可以使用另一种简单的算法，它在实际中效果很好。这种算法称为 Boyer-Moore-Horspool 算法，还是因其发明者而得名。

在图 15-8 中，我们使用 Boyer-Moore-Horspool 算法在文本串 APESTLEINTHEKETTLE 中搜索模式 KETTLE。我们将 KETTLE 放在文本开始位置，然后不是开始从左至右扫描文本，而是从右至左。

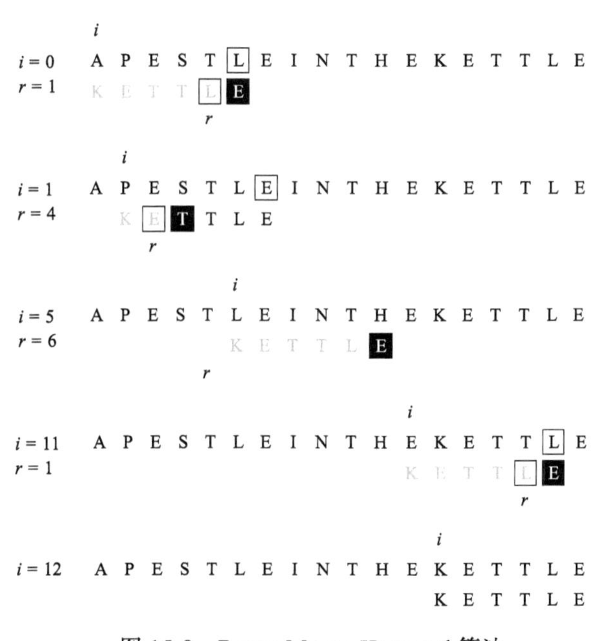

图 15-8　Boyer-Moore-Horspool 算法

439

我们立刻遇到一个不匹配。KETTLE 的最后一个字符 E，与文本前缀 APESTL 的最后一个字符 L 不相等，因此，我们可以向右滑动模式。由于我们已经读取的最右字符是 L，下一步为匹配而做的努力应该是移动 KETTLE 使得模式中的 L 匹配 APESTL 中的 L。换句话说，当开始在位置 i=0 读取文本时，我们发现了一个不匹配，我们通过向右移动模式 r=1 个位置来尝试改正这个不匹配。

再次尝试从右至左匹配，这次在模式的字符 T 遇到了一个不匹配。我们已经从文本读取的最后一个字符是 E，因此，能做到的最好程度就是向右滑动模式，使得模式中下一个 E 与文本前缀 APESTLE 的最后一个字符 E 匹配，这对应向右滑动 r=4 个位置。

目的位置立刻导致一个不匹配。而且，我们已经从文本读取的最后一个字符 H 根本不在模式中。于是，我们可以将模式一直移动到字符 H 的右边，这对应向右滑动 r=6 个位置。

完成这个移动后，我们在位置 i=11，此时发生了与开始时一样的一个不匹配：L 与 E。我们再次向右移动一个位置，来到 i=12，在这里最终找到了模式与文本的一个完整匹配。

如你在图 15-8 中所见，这种方法令我们能跳过文本中很多字符。但为了令它能正确工作，我们需要一种方法来知道每次应将模式向右滑动多少个字符。

已经证明，规则很简单。如果发生一次不匹配而且不匹配字符不在模式中，则我们将模式向右滑动 m 个位置，其中 m 是模式的长度，因为我们必须跳过不可能匹配的字符，参见图 15-9a。

如果发生了一次不匹配且文本中的不匹配字符存在于模式中，其位置从模式右端开始计数的话位于 $r \geqslant 1$，则我们将模式向右滑动 r 个位置。字符在模式可能出现多次。为使算法奏效，r 取不匹配字符在模式中最右出现位置的索引，从右端开始计数，参见图 15-9b。

图 15-9　不匹配字符规则

为了让算法能运转起来，我们还需要一种方法找到每个字符在模式中最右出现位置的索引。一种方法是创建一个特殊的表。这个表是一个数组，长度等于文本和模式的字母表的大小。例如，如果我们使用 ASCⅡ 字母表，则这个表会包含 128 个元素。如前所述，如果我们称这个表为 rt，则 $rt[i]$ 的内容将是第 i 个 ASCⅡ 字符在模式中最右位置的索引 $r \geqslant 1$，从模式末尾开始计数，如果这个字符在模式中的话，否则数组元素值为模式的长度 m。

440

对于模式 KETTLE，除了第 69（E 的 ASCⅡ码）个元素、第 75（K 的 ASCⅡ码）个元素、第 76（L 的 ASCⅡ码）个元素和第 84（T 的 ASCⅡ码）个元素，表 rt 中所有其他元素都等于 6。模式中字符的 ASCⅡ码值及其对应的索引，以十进制和十六进制格式显示在图 15-10

的左部。在图的右部，我们显示了模式 EMBER 的相同信息，逻辑与 KETTLE 相同。注意，字母 R 对应的值为 5，这是因为，如果我们发现了它的一个不匹配，则需要将模式滑过其整个长度，来再次尝试与文本匹配。这与不匹配字符规则的定义一致，即要求 $r \geqslant 1$。如果一个只出现在模式末尾，它从右边数的位置是 0，$r \geqslant 1$ 也不成立，因此我们将它等同于其他不出现在模式中的表项一样处理，这保证一次不匹配会导致滑过整个模式的长度。

441

字母	K	E	T	T	L	E	E	M	B	E	R
ASCII(十进制)	75	69	84	84	76	69	69	77	66	69	82
ASCII(十六进制)	4B	45	54	54	4C	45	45	4D	42	45	52
从右数的出现位置	5	4	2	2	1	4	1	3	2	1	5

图 15-10　字母在模式中最右出现位置

图 15-11a 显示了 KETTLE 的最右出现位置表，我们总是假定 ASCⅡ编码中字母表包含 128 个字符。图中以表格格式排布数组 *rt*，并高亮显示了 KETTLE 中存在的字符的位置。第 1 行和第 1 列包含十六进制值，从而配合图 15-10 很容易找到字符。例如，你可以检查表项 0x4C，它对应字母 L，其值为 1。在实际中，*rt* 是一个简单的一维数组，下标从 0 到 127，但这样显示在图中会显得很笨拙。

442

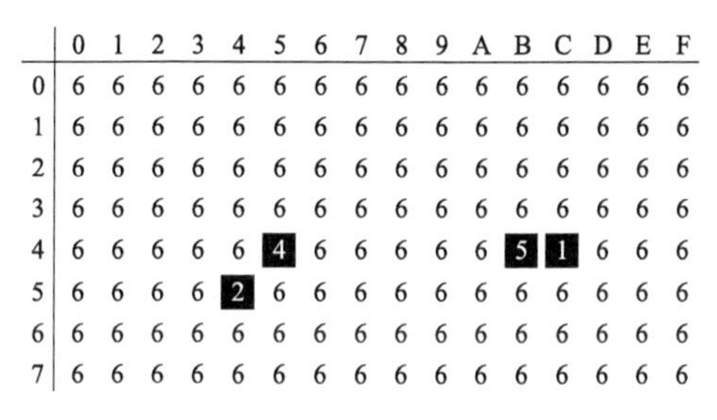

	0	1	2	3	4	5	6	7	8	9	A	B	C	D	E	F
0	6	6	6	6	6	6	6	6	6	6	6	6	6	6	6	6
1	6	6	6	6	6	6	6	6	6	6	6	6	6	6	6	6
2	6	6	6	6	6	6	6	6	6	6	6	6	6	6	6	6
3	6	6	6	6	6	6	6	6	6	6	6	6	6	6	6	6
4	6	6	6	6	6	**4**	6	6	6	6	6	**5**	**1**	6	6	6
5	6	6	6	6	**2**	6	6	6	6	6	6	6	6	6	6	6
6	6	6	6	6	6	6	6	6	6	6	6	6	6	6	6	6
7	6	6	6	6	6	6	6	6	6	6	6	6	6	6	6	6

a)KETTLE 的最右出现位置表

	0	1	2	3	4	5	6	7	8	9	A	B	C	D	E	F
0	5	5	5	5	5	5	5	5	5	5	5	5	5	5	5	5
1	5	5	5	5	5	5	5	5	5	5	5	5	5	5	5	5
2	5	5	5	5	5	5	5	5	5	5	5	5	5	5	5	5
3	5	5	5	5	5	5	5	5	5	5	5	5	5	5	5	5
4	5	5	**2**	5	5	**1**	5	5	5	5	5	5	5	**3**	5	5
5	5	5	5	5	5	5	5	5	5	5	5	5	5	5	5	5
6	5	5	5	5	5	5	5	5	5	5	5	5	5	5	5	5
7	5	5	5	5	5	5	5	5	5	5	5	5	5	5	5	5

b)EMBER 的最右出现位置表

图 15-11　最右出现位置表

在图 15-11 的两个部分中，大多数表项等于模式的长度。这也是 Boyer-Moore-Horspool 算法为什么会高效的原因：字母表中大多数字符不会出现在最右出现位置表中。这令我们在遇到这些字符时能跳过整个模式。但是，如果模式包含字母表中很多字符时，算法就可能变得不那么高效，不过这种情况很罕见。

我们需要一种方法来创建最右出现位置表，这就是算法 15-4 的工作。虽然我们在例子中谈论的是 ASCⅡ，但算法是更通用的，可处理任何字母表，只要我们将字母表大小作为参数传递给它。函数 Ord(c) 返回字符 *c* 在字母表中的位置，从 0 开始计数。算法开始时创建

443 数组 rt（第 1 行），然后在第 2 行计算模式 p 的长度 m。在第 3～4 行它将数组 rt 的所有元素值都设置为 m，然后在第 5～6 行我们遍历模式中每个字符 i（最后一个字符串除外），并计算它距离右端有多远。我们将 rt 的内容设置为这个距离结果，最后，我们返回数组 rt。

有两点值得注意。第一，我们并未遍历最后一个字符，如前所述，这是因为如果字符不存在于模式中，则它导致的不匹配要求移动过整个模式的长度，因此其正确值为 m。第二，在算法执行期间 $rt[i]$ 的内容可能改变，如果我们随后发现相同字符的话。图 15-12 显示了将算法 15-4 应用于 EMBER，第 5～6 行的循环执行过程是如何改变表 rt 的值的。表是垂直显示的，列对应第 5～6 行的循环执行前表的状态，然后对应循环迭代过程中每个 i 值。最左列显示了字母，它们映射到表中位置。为了节省空间，我们只显示相关字母，垂直点表示剩余字母。在循环开始之前，所有表项值被设置为 5。在第一步迭代中，E 的值变为 4，然后 M 的值变为 3。在此之后，B 的值变为 2，最后，E 的值再次改变，这次变为 1。

算法15-4 创建最右出现位置表

```
CreateRtOccurrencesTable(p, t, s) → q
    输入：p，一个模式
          s，字母表大小
    输出：rt，一个数组，大小为s，对字母表中第i个字母，rt[i]将是字母在p中出现的
          最右位置的索引r≥1，索引是从模式末尾开始计数，如果字母不在模式p中，
          则rt[i]将是p的长度
1   rt ← CreateArray(s)
2   m ← |p|
3   for i ← 0 to s do
4       rt[i] ← m
5   for i ← 0 to m − 1 do
6       rt[Ord(p[i])] ← m − i − 1
7   return rt
```

		E	M	B	E	R
i		0	1	2	3	
⋮	5	5	5	5	5	
B	5	5	5	**2**	2	
⋮	5	5	5	5	5	
E	5	**4**	4	4	**1**	
⋮	5	5	5	5	5	
M	5	5	**3**	3	3	
⋮	5	5	5	5	5	
R	5	5	5	5	5	
⋮	5	5	5	5	5	

图 15-12 寻找 EMBER 中最右出现位置

设计了最右出现位置的算法后，我们就准备好解决 Boyer-Moore-Horspool 算法本身了，这就是算法 15-5。它接受一个搜索模式 p、一个我们在其中搜索模式的文本 t 以及字母表大小 s 作为输入，返回一个队列 q，包含 t 中 p 出现位置的索引。444

算法15-5 Boyer-Moore-Horspool算法

```
BoyerMooreHorspool(p, t, s) → q
    输入：p，一个模式
          t，一个模式
          s，字母表大小
    输出：q，一个队列，包含t中p出现位置的索引，如果未找到p，则队列为空
1   q ← CreateQueue()
2   m ← |p|
3   n ← |t|
4   rt ← CreateRtOccurrencesTable(p, s)
5   i ← 0
6   while i <= n − m do
7       j ← m − 1
8       while j >= 0 and t[i + j] = p[j] do
9           j ← j − 1
10      if j < 0 then
11          Enqueue(q, i)
12      c ← t[i + m − 1]
13      i ← i + rt[Ord(c)]
14  return q
```

算法前四行进行一些簿记工作：创建返回队列（第 1 行），获取模式长度（第 2 行），获取文本长度（第 3 行），以及调用算法 15-4 获取最右出现位置表（第 4 行）。

真正的工作是第 6～13 行的循环，图 15-8 显示了执行过程。在第 5 行将 i 设置为 0 后，循环将会反复执行，只要还有可能匹配 p 与 t。这要求 $i \leqslant n-m$，否则 p 就会落在 t 的右边。变量 j 从 p 的末尾开始，如第 7 行。在第 8～9 行，只要模式中还有字符要检查并且 $p[j]$ 匹配 t 中对应字符 $t[i+j]$，p 就一直向左朝着 p 的开头移动。当我们退出循环时，如果已经处理完模式中字符，则会有 $j < 0$，表明已经找到一个匹配，我们将其插入到队列中（第 10～11 行）。无论是否找到匹配，都需要将模式向右滑动。我们取模式最后一个字符对应的文本的字符，则模式向右移动的字符数由表 rt 中该字符对应的值确定。我们在第 12 行找到最后那个字符，将其保存在 c 中，然后从 rt 中提取它对应的表项，即为移动距离，我们据此更新 i（第 13 行）。最后，在第 14 行返回结果，如果有的话。 445

Boyer-Moore-Horspool 算法很容易实现。对大多数 p 和 t，其性能通常很好，虽然在一些退化情况下它可能变得与蛮力匹配一样慢。图 15-13a 显示了一个最坏情况的例子：外层循环执行了 $n-m$ 步迭代，且除了最后一步外，每步迭代中内层循环都会执行 $m-1$ 步迭代，最后一步外层循环中内层循环执行了 m 步迭代，找到了一个匹配。因此，总运行时间为 $O(nm)$，与蛮力匹配相等。图 15-13b 显示了一个最好情况场景，其中模式反复跳过 m 个字符，直到在文本末尾找到了一个匹配。这导致运行时间为 $O(n/m)$。这看起来好得有点儿不真实，但实践证明，大多数真实搜索都与图 15-13b 相似：搜索字符串只包含字母表中很少字符，因此我们可以获得 $O(n/m)$ 的期望平均运行时间。创建表 rt 的时间为 $O(m)$，因此它不会改变整体情况，因为通常 n 比 m 长得多。Boyer-Moore-Horspool 算法可能存在的实际缺陷是最右出现位置表的大小。一个 ASCⅡ 编码的字母表要求表大小为 128，这与应用程序无 446

关，但如果我们的字母表有成千上万个字符，空间就可能是个问题。

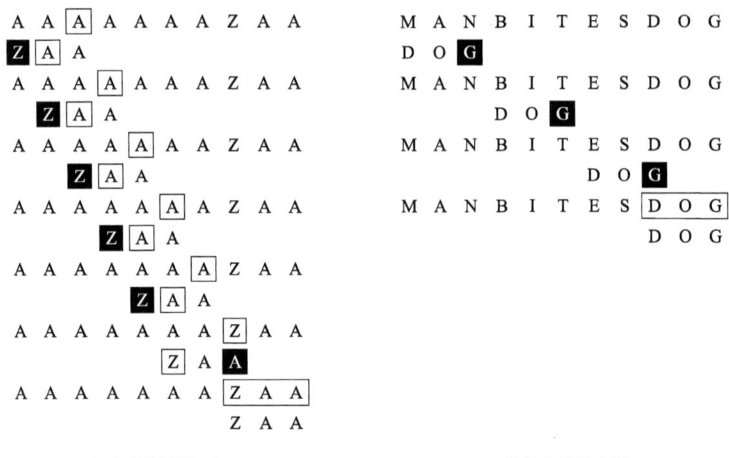

a) 最坏情况场景　　　　b) 最好情况场景

图 15-13　Boyer-Moore-Horspool 算法最坏和最好情况

注释

字符串匹配的历史是理论与实践的有趣互动。Stephen Cook 在 1971 年指出，应该存在运行时间为 $O(m+n)$ 的字符串匹配算法 [40]。比这更早，James H. Morris 在尝试解决文本编辑器实现过程中遇到的实际问题时，就已经设计了一个复杂度为 $O(m+n)$ 的算法，虽然那时人们对此还不清楚。Donald Knuth 也曾独立研究此问题，他着手遵循 Cook 理论构建来设计一个算法。Knuth 将其工作展示给了 Vaughan R. Pratt，后者给出了一些改进建议。Pratt 又将结果展示给了 Morris，Morris 意识到它与自己的算法本质上是相同的。这三人于 1977 年共同发表了这个算法 [116]。Reingold、Urban 和 Gries 在 1997 年提出了算法的一个替代版本 [164]。

Boyer-Moore-Horspool 算法是由 R. Nigel Horspool 于 1980 年提出的 [98]，我们参照的是 Lecroq 的描述 [123]，其复杂度是 Baeza-Yates 和 Régnier 分析的 [7]。这个算法实际上是另一个更复杂算法——Robert S.Boyer 和 J Strother Moore 在 1977 年发明的 Boyer-Moore 算法——的简化版本 [26]，如果在文本中未找到模式，原始的 Boyer-Moore 算法的最坏情况复杂度为 $O(n+m)$，如果在文本中找到了模式，其最坏情况复杂度为 $O(nm)$。R.W.Gosper 在差不多相同时间也独立发现了这个算法，他是骇客 (不是黑客) 社区的创立者。Zvi Galil 在 1979 年展示了如何改进算法，令其在未找到模式的情况下也能达到 $O(n+m)$ 复杂度 [73]。

我们所提供的材料几乎不能正确评价字符串匹配方面的大量工作。对更多工作，你可以查阅 Gusfield 的书 [85] 及 Crochemore、Hancart 和 Lecroq 的书 [45]。

447

习题

1. 我们在本章中介绍的所有算法都返回能找到的所有匹配，经过简单修改，它们都能只返回第一个匹配。请编写只返回第一个匹配的算法。
2. Boyer-Moore-Horspool 算法用一个表保存最右出现位置，从而每个字符的查询时间尽可能短。但是，如果模式只是字母表一个很小子集的话，这种方法会导致空间浪费。尝试使用不同数据结构替代简单表，如哈希表或集合，虽然查询时间应该仍是常量，但还是会比简单表更长。比较原始 Boyer-Moore-Horspool 算法和节省空间版本的实际运行时间。

3. 我们在字符串匹配算法中使用队列返回结果的一个原因是其实现支持并发访问，算法的使用者可以立刻开始获取结果，而不必等待所有文本都处理完毕。检查你的编程语言和库的并发能力，实现字符串匹配算法，使得它们能允许并发地、同步地访问结果。

448

第 16 章

Real-World Algorithms: A Beginner's Guide

听从命运的安排

机会是善变的，在许多情况下我们憎恶它。与其冒着结果不确定的风险，远不如迈着稳定和可预测的脚步前进。计算机是确定性的机器，我们不希望它行为失常。实际上，当我们对相同的问题开始获得不同的答案时，就会开始怀疑可能某个地方潜藏着错误。

类似地，我们不太可能基于偶然做出重要决定，我们通常权衡已知和未知，适当考虑做出决定，试图消除偏差。说我们做事从来不碰运气，真是一种恭维。

但是，机会可以解决很多重要问题。除了可以通过在赌场中获胜来解决你的物质需求这一遥远的可能性之外，我们还可以在计算过程中利用可能性因素来解决许多重要的问题，这些问题不存在其他实用的、更简单的或更合适的方法。

运气和机会的重要特性在于它们是不可预测的。一枚均匀的硬币出现正面或反面的概率是各 50%，如果知道其中没有任何不公平的情况，我们就知道掷硬币的结果不会有偏，也知道没有任何理由去预测会得到什么结果。

不可预测性隐藏在*随机性*（randomness）背后。随机性是指一系列事件或数据中没有任何规律。如果无论我们怎么看待它，某事都没有任何模式，我们就称它是*随机的*（random）。白噪声，即无线电波中的静态噪声（虽然数字收音机收听不到）就是随机的，均匀骰子掷出的一系列数字是随机的。布朗运动是悬浮在流体中的粒子的运动。粒子与流体（气体或液体）的原子或分子碰撞，碰撞使粒子改变了路线，碰撞和路线是随机的。布朗运动中例子的轨迹就是一幅随机路径的图画。

449

缺乏规律可能是一个巨大优点，考虑民意调查。由于大多数情况下不可能调查全部人口，调查者必须使用一个可管理的子集，即人口样本（sample），民意调查的“圣杯”是要有一个*代表性样本*（representative sample），也就是与总体具有相同的特征的样本，这样它就不会有任何偏差。*总体*（population）不一定是一个人类集合，它可以是我们希望研究的任何实体集合，但“人口”（population，在一些语境下被译为“总体”）一词一直沿用至今，并在数学、统计学和计算机科学中被赋予了更广泛的含义。

抽样偏差的一个例子是*幸存者偏差*（survivorship bias），当我们只抽样那些在抽样期间仍然存在的对象，而调查还关注一些向后延伸到抽样之前的对象时，就会发生这种偏差。考虑一个在金融危机后对公司进行的调查。由于这必然会排除所有在危机中没有生存下来的公司，因此样本将会有偏。

随机样本（random sample），即随机从总体中抽取的样本，就可以消除偏差。由于在“哪些对象会包含在样本中”这一点上没有任何偏好或规律，因此没有理由假定样本不能代表总体。

为了得到随机样本，我们必须使用一个引入了随机性的过程——否则样本将是可预测的。这个过程，用算法表示，就是一个*随机算法*（randomized algorithm），一个在操作中使用随机性的算法。

这里有一个重要的概念飞跃。通常我们期望算法是完全确定性的，从而对相同输入，它们总是生成相同的输出。如果我们接受一个算法的输出可能依赖于其输入和一定程度的随机性，那么一些全新的可能性就随之打开了。

随机算法的用武之地是：有些问题我们还没有任何实用的算法来解决。更重要的是，有些问题我们知道不存在实用的算法能解决它们，这里"实用"的含义是能用可接受的计算和存储资源以及时间来完成任务。还有些问题我们已有解决它们的实用算法，但存在比我们当前已知的任何非随机算法都要简单得多的随机算法。

当然，依赖随机性是有代价的。算法将不是完全可预测的，不可预测性可能以各种方式表现出来：有时算法可能无法产生正确的结果，或者执行时间很长。一个成功的随机算法的关键是量化"有时"。我们需要知道算法可能无法产生正确结果的概率有多小，或者是它的期望性能和最坏性能是怎样的。此外，正确性的程度可能是根据需要安排的。一个算法给出答案的正确性可能是在某个值区间内，我们允许它运行的时间越长，这个区间就越窄，因此答案的准确性也就越高。 450

随机算法是近几十年来计算机科学研究的重要成果之一。关于随机算法，可以写出好几卷内容，但这并不是我们在这里的任务。我们将讨论范围限制在少数几个随机算法，它们跨越了不同的应用领域，通过它们你可以一窥随机性的作用。

16.1　随机数

在开始任何与随机算法相关的工作之前，我们必须处理一个基本问题：首先如何获得我们需要的随机性。通常，这意味着获得一个随机数，或者一个随机数序列，我们将其输入到算法中，但从哪里能找到随机数？从哪里能找到一个随机数发生器（Random Number Generator，RNG）？如我们对其称呼，这是一种计算机程序，能提供给我们所需要的随机数。

计算机科学中最著名的相关阐述可追溯到1951年，是由该领域的主要先驱之一约翰·冯·诺伊曼提出：

> 当然，任何一个考虑用算术方法来生成随机数字的人都处于罪恶的状态。

即使我们在但丁的地狱的任何一圈中都没有找到随机数发生器，情况仍然是这样，如果你试图用算法生成随机数，你注定会失败。一台确定性机器上执行一个确定性算法，是不可能生成完全随机的东西的，这是术语上的一个矛盾。如果有人给你一个产生随机数的算法，这个算法开始输出结果，你很容易预测下一个数是什么，你只需留意算法当前状态并自己执行接下来的步骤即可。你能100%准确地预测下一个数，所以随机性降低了。

真实随机数发生器使用某个物理过程作为其随机源，此物理过程据我们所知是完全随机的，这种随机数发生器称为*真随机数发生器*（True Random Number Generator，TRNG）。存在一些TRNG，你可以在核衰变辐射源上使用盖革计数器。你可以检测瞄准一个半透明镜子的光子，由于量子效应，光子穿过镜子或从镜子反射的概率相等，所以结果是随机的。你可以拾取大气无线电噪声，即由大气过程引起的噪声，如闪电放电。有一些硬件随机数发生器可以嵌入到计算机中，并与真正的随机源一起工作，然而，它们并非到处都有，而且可能无法以我们需要的速度生成随机数。 451

如果出于某种原因，我们没有任何TRNG可用，或是可用的TRNG都不满足要求，那么我们就必须无奈地接受*伪随机数发生器*（Pseudorandom Number Generator，PRNG）。

PRNG就是那个罪恶的阴谋：一个确定性的算法会生成看起来随机的数，即使它们其实不随机，它们只是伪随机。即便如此，很难定义"看起来随机"的含义，一个常见的要求是我们希望PRNG生成服从均匀分布（uniform distribution）的数。一组有限个数的均匀分布，就是其中每个数都是等概率的，因此1到10这十个数的集合的均匀分布将以十分之一的概率包含数1，以十分之一的概率包含数2，依此类推，直到数10。

记住，由一个PRNG生成的数是伪随机数，我们将这种算法的输出简称为随机数，不再特别称它们是伪随机数。

均匀分布是必要的，但还不够，继续前面的例子，考虑下面数值序列：

$$1, 2, \cdots, 10, 1, 2, \cdots, 10, 1, 2, \cdots, 10, \cdots$$

即数1到10按顺序重复的序列，这是一个均匀分布，但它看起来完全不随机。一个PRNG会生成一个看起来随机的均匀分布。为了确保这一点，有一些统计检验方法可用来检查数值序列的随机性。给定一个数值序列，这些统计检验指出它们是否与一个真正的随机数序列显著偏离。

算法16-1给出了一个已经使用了很长时间的简单PRNG，这个算法实现了一种称为线性同余法（linear congruential method）的计算方法：

452

算法16-1　线性同余随机数发生器

LinearCongruential(x) → r

　　输入：x，一个数$0 \leq x < m$
　　数据：m，模数，$m > 0$
　　　　　a，乘数，$0 < a < m$
　　　　　c，增量，$0 < c < m$
　　输出：r，一个数$0 \leq r < m$

1　$r \leftarrow (a \times x + c) \bmod m$
2　**return** r

$$X_{n+1} = (aX_n + c) \bmod m, \quad n \geqslant 0$$

给定前一个数X_n，这个方法生成一个新随机数X_{n+1}，它将X_n乘以一个特殊乘数a，再加上一个特殊增量c，最后取除以一个特殊选择的模数m的余数。要启动这个方法，我们需要提供给它一个初始值X_0，称为种子（seed）。

算法的工作原理完全相同。算法接受一个值X_n，在算法中称为x，生成一个新值X_{n+1}，在算法中称为r。初始时，我们用一个初始值s，即种子，调用它，然后每次我们调用它都将上一次调用的输出作为其输入，这意味着我们有一系列的调用：

$x \leftarrow$ LinearCongruential(s)
$x \leftarrow$ LinearCongruential(x)
$x \leftarrow$ LinearCongruential(x)

依此类推。在每次调用中，我们得到一个新值x，将其用作我们的随机数，并作为下一次调用LinearCongruential的输入。

在线性同余法的视线中，与其他PRNG一样，我们并不是在每次调用传递x，而是将这些调用包装为更高层的调用。通常，设置种子是使用分离的调用，然后新随机数是由一次无参的函数调用生成——因为我们用某个隐藏变量来维护 x。初始时你进行一次 Seed(s) 这样的调用，然后对每个随机值，你进行一次 Random() 这样的调用，实际发生的就是我们刚刚描述的。

453

显然，算法 16-1 生成的数值序列依赖于初始种子值，相同的种子总是给出相同的数值序列。在 PRNG 中，这实际上是一件好事，因为当我们使用它们编写程序并希望检查程序的正确性时，我们通常希望去掉随机性，能得到完全可预测的结果。

我们提到值 a，m 和 c 是特殊的，我们必须小心选择它们。一个 PRNG 永远不可能生成多于 m 个值，当它来到一个已经生成过的值时，它会开始生成之前已经生成过的相同的值。实际上，这个方法有一个数值重复周期。我们选择的 a，m 和 c 必须使得这个周期尽可能大，理想情况是 m，且周期中的数服从均匀分布。糟糕的选择会导致短周期，因此，在第一个周期之后很快就会出现可预测的数字。例如，如果我们设置 s=0，m=10，a=3 和 c=3，就会得到：

$$3, 2, 9, 0, 3, 2, 9, 0, \cdots$$

为了得到等于 m 的完整周期，对任意种子值，a, m 和 c 必须满足三个要求：首先，m 和 c 必须互质，即任何一个不能被另一个整除；其次，a–1 必须能被 m 的所有质因子整除；最后，如果 m 能被 4 整除的话，a–1 必须能被 4 整除。我们不需要深究这几个要求的数学原理，而且，也不需要到处寻找满足这些要求的数。通常，这个领域的研究者推荐的一些参数就能令我们满意了，例如，一组参数是 $s=2^{32}$，a=32310901，c 是一个奇数，m 是 2 的幂。

线性同余法生成 0 到 m–1 之间（包括）的数，即范围 [0，m–1]。如果我们希望得到其他范围的数，例如 [0，k]，可以将结果乘以 $k/(m-1)$。我们还可以加上一个偏移量 x，得到 [x,k+x] 这样形式的范围。0 到 1 间的数这种特殊情况 (表示为 [0,1]) 显然可以通过除以 m–1 获得。我们通常需要 0 到 1 之间不包含 1 的范围，表示为 [0，1)，可通过除以 m 得到。

455

在过去若干年间，研究者进行了很多研究，探讨线性同余法生成的数是否符合目的（即看起来是否足够随机）。同样，研究者还提出了其他一些被认为更好的方法，因为它们通过了更多的随机性检验。一个有前景的替代方法是 xorshift64*（读作 xor shift 64 star）发生器，如算法 16-2 所示，它还有一个额外的优点是非常快。xorshift64* 发生器生成 64 位数。

算法16-2 xorshift64*

XORShift64Star(x) → r

　输入：x，一个非0的64位整数

　输出：r，一个64位数

1　$x \leftarrow x \oplus (x \gg 12)$

2　$x \leftarrow x \oplus (x \ll 25)$

3　$x \leftarrow x \oplus (x \gg 27)$

4　$r \leftarrow x \times 2685821657736338717$

5　**return** r

算法很直接，如果你知道 << 和 >> 运算符的话。符号 << 是位左移运算符，x<<a 的含义是将数 x 的二进制位左移 a 个位置，例如，1110<<2=1000，参见图 16-1a 中将一个字节左移三位的例子。对称地，符号 >> 是位右移运算符，x>>a 的含义是将数 x 向右移动 a 个位置，例如 1101>>2=0011，参见图 16-1b。

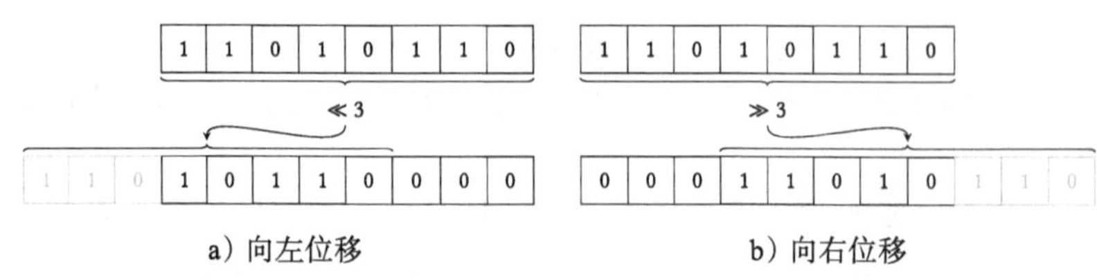

图 16-1　位移运算符

算法 xorshift64* 的使用方法与线性同余法一样，它接受一个值并生成一个新值，我们将其用作随机数并作为下一次调用算法的输入。第一次调用时我们提供给它一个种子，必须是非零的。

算法通过操纵 x 的位来生成输出，在第 1 行将其右移，再将右移结果与 x 自身异或。接下来重复类似运算，在第 2 行先左移再与自身异或，第 3 行先右移再与自身异或。做完这些后，我们将 x 乘以一个看起来像魔数的值，然后将结果返回。所谓魔数，就是算法中没有显然含义的数值。在我们的例子中，这个数是特殊的，因为它确保输出看起来是随机的。

算法 xorshift64* 很快，能生成相当好的随机值。而且，它的周期为 $2^{64}-1$。如果你想要更好的算法，可以加大力度，使用 xorshift64* 的大块头兄弟 xorshift1024*，算法 16-3 给出了这个方法。xorshift1024* 发生器也生成 64 位数，虽然它的名字似乎暗示着另一种情况，但算法不止于此。

算法16-3 xorshift1024*

XORShift1024Star(S) → r

输入：S，一个16个无符号64位整数的数组
数据：p，一个数，初始化为0
输出：r，一个64位随机数

1. $s_0 \leftarrow S[p]$
2. $p \leftarrow (p+1)\ \&\ 15$
3. $s_1 \leftarrow S[p]$
4. $s_1 \leftarrow s_1 \oplus (s_1 \ll 31)$
5. $s_1 \leftarrow s1 \oplus (s_1 \gg 11)$
6. $s_0 \leftarrow s_0 \oplus (s_0 \gg 30)$
7. $S[p] \leftarrow s_0 \oplus s1$
8. $r \leftarrow S[p] \times 1181783497276652981$
9. **return** r

与 xorshift64* 相比，xorshift1024* 有着大得多的周期：$2^{1024}-1$，它生成的随机数也能通过更多的随机数统计检验。此算法接受一个 16 个无符号 64 位整数数组 S 作为输入。第一次调用算法时这个数组为种子，推荐用 xorshift64* 生成它的 16 个数，在后续每次调用 xorshift1024* 时，S 的内容在算法中改变，它的新值必须用作下一次调用的输入。数组 S 提供了算法名称的一部分，因为 $16\times 64=1024$。

算法还使用一个计数器 p，用它遍历数组 S 中的整数。p 必须在第一次调用前初始化为 0，在后续每次调用中被算法更新。算法通过操纵数组 S 的一部分生成返回的 64 位随机数。具体地，在每次调用中算法使用 S 的两个元素，一个是 p 指向的元素，在第 1 行将其保存在 s_0 中，然后在第 2 行 p 指向下一个值，我们在第 3 行取出这次 XORShift1024* 调用所使用的第二个 S 的元素并将其保存在 s_1 中。第 2 行是一种高效的方法，能令计数器 p 从 0 到 15，

456

再回到 0，依此类推，这是通过与 15 进行位与运算而实现的。如果你还有疑问，回忆一下，15 是二进制的 1111，因此与 15 进行位与运算导致数的低四位得以保留，而所有其他位被设置位 0，例如，1101&1111=1101。如果 $p+1 < 16$，与运算对加法结果没有起任何作用，因为 $p+1$ 只有最后四位可能不为 0，而它们未被改变。如果 $p+1=16$，则与运算将 $p+1$ 变为 0，因为 16&15=10000&1111=0。

算法的剩余部分都是以奇特的方式操作 S 的位。使用这些位运算，我们在第 4 行将 s_1 左移 31 位并将结果与 s_1 自身异或。在第 5～6 行我们进行了类似的运算，对 s_1 进行了右移，对 s_0 也进行了右移。我们将得到的 s_0 和 s_1 进行了异或，将结果保存在 $S[p]$ 中，并将 $S[p]$ 与另一个魔数的乘积返回。

xorshift1024* 算法是一种复杂的精密机器，在一系列精心设计的操作中使用精心挑选的常量作为操作数，它是认真工作和努力的结晶。它生成随机性，但其中不靠任何运气，这就引出了关于随机性和计算机的第二个著名阐述，由计算机科学领域最重要的权威之一 Donald Knuth 提出：

> 随机数不应该由一个随机选取的方法生成出来

图 16-2a 显示了一个包含 10000 个随机比特的网格，0 比特显示为黑色，1 比特显示为白色。你可能无法从图中识别出任何模式，这样正好。假如你能看出模式，这些数显然就是非随机的了（或者你是*幻想性视错觉*的受害者，这种现象是你看到的模式实际上并不存在）。但是，即使没有模式，随机性也可能提供有趣的美学结果，如图 16-2b 所示，其中包含了 400 个随机数，显示为黑白方块，根据它们的值进行了缩放和旋转。

到目前为止，我们所看到的随机数发生器对大多数应用来说已经够好了，但它们*不适合*生成用于密码目的的随机数。密码学的很多方面都需要随机数，如一次性密码本、密钥生成以及*一次性随机数*（nonce，在特定协议中只使用一次的数）。当我们需要用于密码学的随机数时，通过一些随机性统计检验已经不够了。随机数还必须能抵抗特定攻击，特别是，不能存在多项式时间的算法能预测未来的数，而且，在给定算法状态的情况下，绝不能向后计算并推导出之前生成的数。 457

在密码学中，我们使用特殊的随机数发生器，不出所料，它称为密码安全的伪随机数发生器（Cryptographically Secure Pseudorandom Number Generator，CSPRNG），其设计比我们已经看到的方法复杂得多，验证依赖于密码学界的持续检查和测试。只要所有攻击都失败了，CSPRNG 就是可用的。

a)10000 个随机位

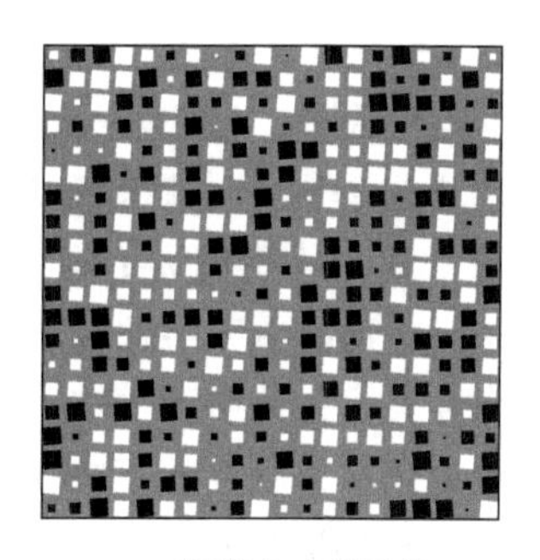

b) 随机生成的图像

图 16-2　随机性图像

为了了解 CSPRNG 是如何工作的，我们将概述一个流行的算法，名为福尔图娜，以罗马神话中的幸运女神的名字命名。图 16-3 图示了福尔图娜的工作原理。

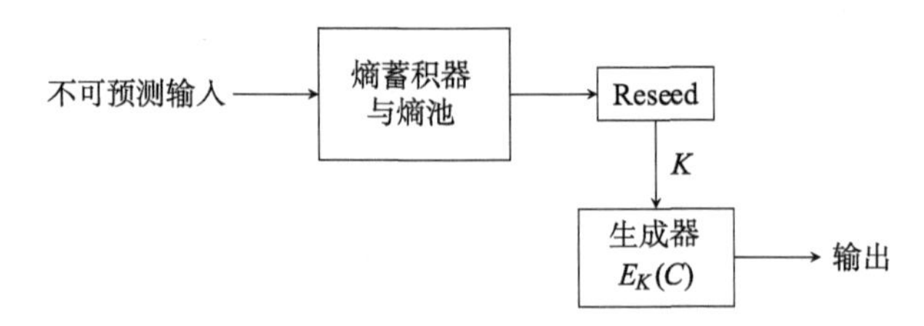

图 16-3 福尔图娜密码安全伪随机数发生器

为了确保它生成的数是不可预测的，福尔图娜使用了一个*熵蓄积器*（entropy accumulator），其任务是收集不可预测的数据。不可预测的数据可以大致理解为熵，它因此得名。熵必须来自算法之外的源，这种源可以是用户事件，如敲击键盘和移动鼠标，也可以是网络事件，如数据的到达和发送，或者是磁盘事件，如磁盘写。当这些事件发生时，相关信息被收集并保存在熵池中，这些池作为真正随机性的来源，供算法其余部分使用。

458

发生器模块负责生成我们想要的随机数，它使用一个内部计数器 C 和一个密钥 K。它使用一种分组加密方法对计数器的值进行加密，K 用作分组加密的密钥，结果 $E_K(C)$ 即为输出。密钥等价于我们在其他方法中使用的种子。为了确保输出是不可预测的，我们希望密钥能不时地改变，这就是 Reseed 的目的。Reseed 以蓄积在熵池中的随机数据作为输入，按一定时间间隔生成密钥。结果是，发生器模块状态发生变化，这源于两个因素，一是计数器 C 在加密一个新块之后发生了变化，二是它以短时间间隔获得新密钥 K。因此即使某人猜出了计数器的值，他还要猜 K 的值，而 K 的值是依赖于真正随机的数据的。

福尔图娜中还有很多精巧细节令其尽可能健壮及抗攻击。相比普通老式 PRNG，CSPRNG 是完全不同的物种，我们只是触及了表面而已。但请记住，如果你需要用于密码学的随机数，就需要做更多工作，使用福尔图娜或其他一些强 CSPRNG。

16.2 随机抽样

本章的讨论是从随机抽样开始的，因此探索如何从总体中随机抽取样本是很有意义的。如果有一个大小为 n 的总体，我们希望从中随机抽取 m 个成员，一个直接的想法是遍历总体中每个成员并以 m/n 的概率选择它加入样本。遗憾的是，这个想法是错误的，它只会平均从总体中选出 m 个成员，而不是我们所希望的每次都随机选出大小为 m 的样本。

459

为了解决这个问题，设想我们已经遍历了 t 个数据项并从中选出 k 个作为样本，我们的总体有 n 个成员，我们想要一个大小为 m 的随机样本。由于我们已经遍历了 t 个数据项，因此有 $n-t$ 个数据项还未检查，还需将 $m-k$ 个数据项添加到我们的样本中。在此时，有多少种方法展开这个抽样过程呢？这就等于从总体的剩余项中选择样本所缺少项的不同方法的数量。更确切地说，就是从我们 $n-t$ 项中选出 $m-k$ 项的不同方法数，记为 w_1。这就是可能的组合数，即从 $n-t$ 个元素中无序选择 $m-k$ 个元素的选择数，因此我们有 $w_1=\binom{n-t}{m-k}$。如果你还不熟悉这种符号表示，请参考 13.6 节。沿着完全相同的思路，如果我们已经遍历了 $t+1$ 项并选出 $k+1$ 项作为样本，则在接下来的处理过程共有 $w_2=\binom{n-t-1}{m-k-1}$种不同方法。综合起来，我们从 t 和 k 这个状态来到 $(t+1)$ 和 $(k+1)$ 的概率是 w_2/w_1：

$$\binom{n-t-1}{m-k-1} \Big/ \binom{n-t}{m-k} = \frac{m-k}{n-t}$$

取公式左边并进行替换$\binom{a}{b} = \frac{(a)!}{(b)!(a-b)!}$，即可得到公式右边。

我们现在知道，如果已在 t 项中选出了 k 项，则应以 $(m-k)/(n-t)$ 的概率选择第 $k+1$ 项。这令我们得到了选择抽样（selection sampling），即算法 16-4，它实现了一个满足我们要求的抽样过程。

重复第 5～10 行的循环，直到我们已经选出了足够的数据项。在循环的每步迭代中，我们生成一个服从均匀分布的随机数 u，其值在 0 到 1 之间，不包含 1，如第 6 行所示。我们用函数 Random(0，1) 生成随机数，它返回一个在范围 [0，1) 内的数。根据前面的讨论，我们想要以 $(m-k)/(n-t)$ 的概率选择正在检查的当前项 $P[t]$，如果 $u < (m-k)/(n-t)$，就会发生这种情况。我们实际使用的检测是 $u \times (n-t) < (m-k)$，因为通常乘法比除法更容易。如果第 7 行的条件成立，则我们将 $P[t]$ 插入 s（第 8 行）并将已选择的项数增 1（第 9 行）。无论条件成立与否，我们都在第 10 行将已检查的项数增 1，算法结束时返回 S。

460

算法16-4 选择抽样

```
SelectionSampling(P, m) → S
    输入：P，一个保存了总体中数据项的数组
          m，要选择的项数
    输出：S，一个数组，保存了从P中随机选择的m项
1   S ← CreateArray(m)
2   k ← 0
3   t ← 0
4   n ← |P|
5   while k < m do
6       u ← Random(0, 1)
7       if u × (n − t) < (m − k) then
8           S[k] ← P[t]
9           k ← k + 1
10      t ← t + 1
11  return S
```

为证明算法有效，我们需要证明它以恰当的概率返回 m 个随机选择的项，不多也不少。关于概率，这正是我们想要的。如果我们在遍历了 t 项后已经选择了 k 项，则如前所述，我们选择第 $k+1$ 项的概率为 $(m-k)/(n-t)$。于是可以证明，任一项会被选中的总体概率恰好是 m/n。我们用“总体概率”是想表达：不管是否已经在 t 项中选择了 k 项，都不影响下一个数据项会被选择的概率。对于想了解数学的读者来说，从 $(m-k)/(n-t)$ 到 m/n 的变化是因为条件概率（conditional probability）和无条件概率（unconditional probability）之间的差异。一个事件的条件概率是在另一个事件发生的前提下它发生的概率，就是我们例子中算出的 $(m-k)/(n-t)$。无条件概率是某事在一段时间内发生的概率，就是我们算出的 m/n，它是数据项被选择的概率，不管之前发生了什么。

461

现在讨论一下选择的数据项数目。假定我们到达这样一种状态：还有 $n-t$ 项尚未检查且

还需选择 $n-t$ 项，即 $m-k=n-t$。则 $u\times(n-t)<m-k$ 变为 $u<1$，于是我们必然选择下一项。回忆一下，Random(0，1) 返回范围 [0，1) 内的数，因此不等式必然成立。对 $k+1$ 和 $t+1$ 也会发生相同的情况，然后是 $k+2$ 和 $t+2$，依此类推，直至数组 P 的最后一项。换句话说，第 7 行的概率检查会奏效，使得 P 中所有剩余 $n-t$ 个元素都会被选择。因此，算法就不可能在结束时选择了少于 m 个元素。与之相对，如果我们在检查完 P 之前就已经选择了 m 个元素，则循环会退出，不会再选择任何元素。实际上，这节省了时间，但并非严格必需的。如果循环继续运行，我们会有 $u\times(n-t)<m-k$ 变为 $u\times(n-t)<0$，而这是不可能的，因此算法不再会选择任何其他元素，直至到达 P 的末尾。因此，我们肯定会选择至多 m 个元素。由于我们会选择至少 m 个元素且至多 m 个元素，因此唯一可行的可能性就是选择恰好 m 个元素，算法的确做到了它应该做的。

算法中的循环最多执行 n 次，如果 P 中最后一个元素被选择为随机样本的话就是恰好 n 次，不过，它执行的次数通常会更少，每一项被选择的概率是 m/n。因此，最后一项被选择的概率也是 m/n，算法在到达最后一项前终止的概率为 $1-m/n$。可以证明，算法终止前检查的平均元素数为 $(n+1)m/(m+1)$。

选择抽样要求知道总体的大小 n，但我们可能并不总是拥有这些信息。总体可能由一个文件中的记录组成，我们可能不知道文件中有多少记录。我们可以读取文件全部内容并统计数量，然后再运行选择抽样，但这要求遍历文件两次，第一次只是进行计数。在另一个场景中，总体可能是流式到达的，我们不知道流何时会结束，也不知道何时我们应该准备好对已经到达的数据项进行随机抽样而无须回过头去再读取它们一遍。如果我们有一个也能处理这些情况的算法，那就更好了。

462

这样的算法是存在的，被称为*蓄水池抽样*（reservoir sampling）。其思想是我们需要一个包含 m 个随机选择的数据项的样本，则我们只要找到足够的数据项就将一个大小为 m 的蓄水池充满。也就是说，我们将前 m 个数据项直接放入蓄水池中，在此之后，我们希望获得每个新数据项并改变蓄水池的内容，使得蓄水池中每个数据项留在池中的概率为 m/t，其中 t 为我们已经收到的数据项数。当我们收到完整的总体时，蓄水池中每一项留在其中的概率为 m/n，如果 n 为总体的大小的话。蓄水池抽样是一个在线算法，因为它无须等待所有输入都到达。

为了弄清我们如何能实现这一点，假定蓄水池中确有 m 个数据项，每一项都是我们以 m/t 的概率选择的。开始时，当我们将前 m 项加入蓄水池时，概率为 $m/t=m/m=1$，因此情况显然成立。已知对某个 t 情况成立，我们希望证明对 $t+1$ 情况也成立。

当我们得到第 $t+1$ 个数据项时，将它以 $m/(t+1)$ 的概率加入蓄水池中，替换已在蓄水池中的一个数据项。我们随机选择要移出蓄水池的数据项，因此蓄水池中每个数据项被移出的概率为 $1/m$。

由于我们选择了恰当的概率，因此数据项的确以 $m/(t+1)$ 的概率进入蓄水池。我们必须检查每个数据项留在蓄水池中的概率。蓄水池中一个特定项被替换的概率为新数据项进入蓄水池且这个特定项被选择移出的概率：$m(t+1)\times(1/m)=1/(t+1)$。相反，一个数据项留在蓄水池中的概率为 $1-1/(t+1)=t/(t+1)$。由于数据项已在蓄水池中的概率为 m/t，因此一个数据项已在蓄水池中且仍留在其中的概率为 $(m/t)\times t(t+1)=m/(t+1)$。因此，在读取并处理了第 $t+1$ 个数据项后，新插入的和之前插入的数据项在蓄水池中的概率是正确的。

总之，如果我们在处理数据项 $t \leqslant m$，则我们简单将其放入蓄水池。如果我们在处理数据项 $t > m$，则以 m/t 的概率将其加入蓄水池，并随机移出一个已在蓄水池中的数据项。算法 16-5 实现了蓄水池抽样。

算法从 *scr* 读取总体中的数据项，*scr* 可以是任何东西，重要的是它有一个函数 GetItem 能从其中返回一个新数据项或在没有更多数据项时返回 NULL。算法还接受样本大小作为参数，它返回一个数组，包含从 *scr* 中随机选择的 *m* 个数据项。

463

算法16-5 蓄水池抽样

```
ReservoirSampling(scr, m) → S
    输入：scr，总体中数据项的来源
          m，要选择的项数
    输出：S，一个数组，保存了从scr中随机选择的m项
1   S ← CreateArray(m)
2   for i ← 0 to m do
3       S[i] ← GetItem(scr)
4   t ← m
5   while (a ← GetItem(scr)) ≠ NULL do
6       t ← t + 1
7       u ←RandomInt(1, t)
8       if u <= m then
9           S[u − 1] ← a
10  return S
```

算法 16-5 开始时在第 1 行创建蓄水池 *S* 并在第 2～3 行将 *scr* 中的前 *m* 项直接放入 *S* 中。然后，它在第 4 行将 *t* 设置为我们已读取的项数。第 5～9 行的循环会重复执行，只要还存在更多数据项。GetItem(*scr*) 的返回值被保存在变量 *a* 中，如果 *a* 为 NULL，则循环退出，否则我们执行第 6～9 行。

我们在循环中做的第一件事是在第 6 行将 *t* 的值增加为 *t*+1。然后在第 7 行，也是整个算法的关键，我们调用 RandomInt(1，*t*) 返回一个 1 到 *t*（包含 *t*）之间，即范围 [1，*t*] 间的一个随机数 *u*。条件 $u \leqslant m$（第 8 行）等价于 $u/t \leqslant m/t$。因此，如果条件成立，我们将蓄水池中一个数据项替换掉。为了随机选择一个之前已经进入蓄水池的数据项，我们重用 *u*：毕竟它是 1 到 *m* 之间的一个随机数，因此，我们只需将 *a* 放入数组 *S* 的位置 *u*–1 处（数组位置从 0 开始编号，第 9 行）。当我们已经读取完 *scr* 中数据项并退出循环时，在第 10 行返回 *S*。

图 16-4 给出了一个蓄水池抽样的例子。我们在 16 个数据项中抽样 4 个，蓄水池显示在左边。在图的顶端我们用前四个数据项充满蓄水池，然后，在每步迭代，依赖于 *u* 的值，我们可能将粗框内的当前项放入蓄水池中。注意，在算法执行的过程中，蓄水池中相同位置多次放入新值是可能发生的，在本例中位置 1 和位置 2 就是如此。在这个特殊例子中，一直到算法结束时蓄水池还在改变。当然，这不一定发生，取决于 *u* 的随机值。

464

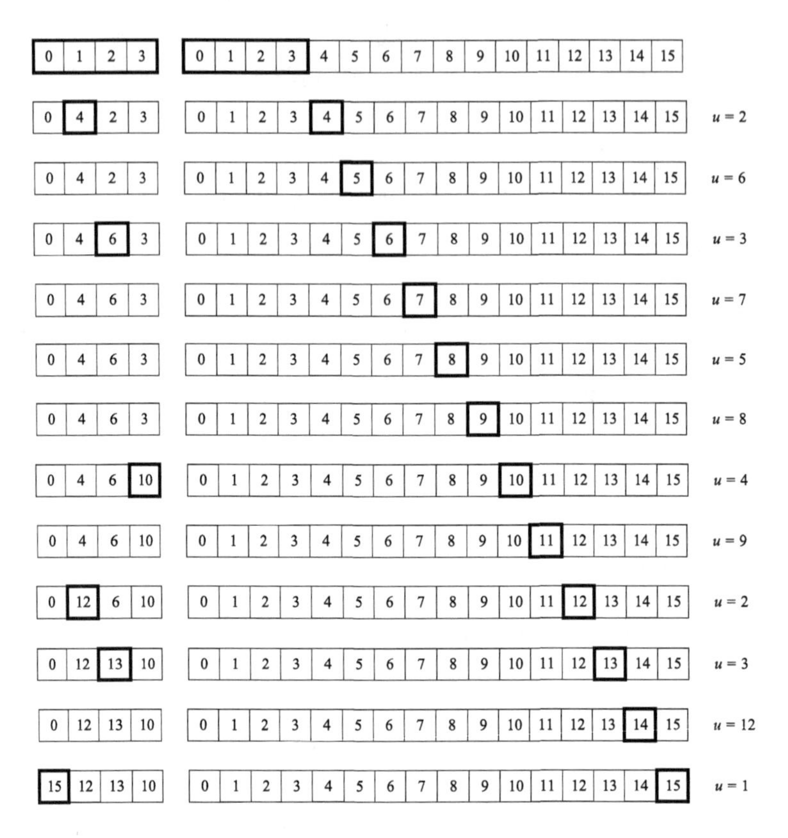

图 16-4 用蓄水池抽样从16个数据项中选择4个

16.3 权力游戏

每张选票应计数吗？应计数多少？这是在所有选举中都很重要的问题，而答案可能并不是那么明显。当然，如果一个投票者投了一张选票，那么这个投票者期望这张票有一定的重要性，否则投票者就不会费心去投票，或者有充分的理由不接受这种赋予无权力投票以权力的政治制度。

465

在一般选举中，我们遵循一人一票（One Person One Vote，OPOV）原则，回答这个问题并不容易。在数百万张选票中，个人的一票产生影响的可能性很小，选举通常是由不止一票之差决定的，这就导致一个悖论：如果你的一票对结果产生影响的可能性很小，那么除非投票是强制的，否则你就没有理由去投票。投票要花费时间，因此，一张不会产生任何影响的选票意味着投票者浪费了时间而没有任何产出。尽管如此，还是有很多人投票，这就形成了所谓的"投票悖论"。为了解决这个问题，人们进行了大量的研究。

一个现实生活中的例子是，在1958年，今天欧盟的前身——欧洲经济共同体（European Economic Community，ECC）成立，创始成员国是6个国家：法国（FR）、德意志联邦共和国（DE，当时德国处于分裂状态）、意大利（IT）、比利时（BE）、荷兰（NL）和卢森堡（LU）。ECC的一个领导机构是部长会议，成员国部长将就ECC政策问题召开会议并进行投票。

必须解决的一个迫在眉睫的问题是，这些国家究竟应如何投票。类似每国一票的体制令所有国家都平等，但这未考虑不同国家间巨大的资源和人口差异：小国卢森堡和法国这样的大国拥有同样的话语权，这公平吗？因此，部长会议决定，每个国家的选票将有特定的权重：法国、德意志联邦共和国和意大利的权重为 4 个单位，比利时与荷兰的权重为 2 个单位，卢森堡的权重为 1 个单位。一次投票若要通过，至少应获得 12 个单位的赞成票。

显而易见，大国的权重大于中等国家，所有国家的权重都超过卢森堡，这看起来是可接受的。我们本就不期待卢森堡自身就能获得多数，也期望大国比小国更容易获得多数。遗憾的是，这个系统有一个根本缺陷。 466

在表 16-1 中，我们列出了达到 12 票的所有可能情况。如果所有 3 个大国都一起投票，我们就能达到这个阈值，或者是两个大国和两个中等国家一起投票。当然，如果更多国家加入它们，那就更好，但并不是必需的，问题在于根本不需要卢森堡了。在任何一次投票中，无论卢森堡怎么做都不会影响是否达到多数，因此，卢森堡或许获得了投票权，但这一投票权并没有转化为任何真正的权力。也可以根本不给予他投票权，而在实际中也不会有任何不同。

表 16-1　欧洲经济共同体第一次部长会议上的投票

FR (4)	DE (4)	IT (4)	NL (2)	BE (2)	LU (1)	总计
√	√	√				12
√	√		√	√		12
√		√	√	√		12
	√	√	√	√		12

这是一个极端的问题，因为投票者实际上被剥夺了公权。在其他情况下，可能会有更微妙的问题：即使一个投票者没有被剥夺公权，相对于其他投票者他又有多大的权力？回到 ECC 的例子，德国的权力比比利时大多少？权重告诉我们，德国的权力是比利时的两倍，但这是真的吗？

为了解决这种问题，我们必须采用一种系统化的方法。我们称有一组投票者 $V=\{v_1, v_2, \cdots, v_n\}$ 和一组权重 $W=\{w_1, w_2, \cdots, w_n\}$，投票者 v_i 的权重为 w_i，为了做出决策，应满足一个*定额*（quota）Q。在 ECC 的例子中，我们有 $Q=12$，V，W 和 Q 的设置被称为一个*投票游戏*（voting game）。

每个投票者子集称为一个*联盟*（coalition）。达到定额的联盟称为*获胜联盟*（winning coalition），未达到定额的联盟称为*失败联盟*（losing coalition）。如果我们向一个获胜联盟加入更多投票者，则会得到另一个获胜联盟。在 ECC 的例子中，{DE，FR，IT} 是一个获胜联盟，{DE，FR，IT，BE} 是另一个获胜联盟。因此，获胜联盟可以扩大规模，而不会产生任何实质性的影响。更重要的是如果我们缩小获胜联盟会发生什么，如果我们以获胜联盟 {DE，FR，IT，BE} 开始并移除 BE，就得到另一个获胜联盟 {DE，FR，IT}。但如果我们考虑获胜联盟 {DE，FR，IT} 并从中移除任何国家，得到的联盟就不是获胜的了。一个*最小获胜联盟*（minimal winning coalition）是这样一种获胜联盟，移除其中任何成员都会得到失败联盟。如果从一个获胜联盟中移除一个投票者会令联盟变为一个失败联盟，则称这个投票者是关键的，或称之为*摇摆人*（swinger）或*枢轴*（pivot）。在一个最小获胜联盟中，其所有成员都是关键的，但在非最小获胜联盟中也可能有关键投票者：考虑从 {DE，FR，IT，BE} 中移除 DE。 467

关键投票者就是能影响选举结果的投票者。一个投票者能成为关键，是因为至少存在一个获胜联盟，如果此投票者离开联盟的话，联盟就会变为失败的，从而整个选举的结果可能依赖于特定投票者的行为。如果一个投票者在任何联盟中都不是关键的，则他完全不能影响选举的结果，这样的投票者被称为*哑的*（dummy）。在ECC的例子中，卢森堡就是一个哑投票者。即使卢森堡是一个获胜联盟的一部分，他的离开也不会导致联盟变为失败的，无论卢森堡怎么做，选举的结果都不受影响。

我们现在可以定义一种称为Banzhaf指数的投票权力衡量指标，John F.Banzhaf Ⅲ提出了这个指数并令其为人所知，故此得名。我们先定义投票者v_i的Banzhaf得分为v_i在其中为关键投票者的联盟的数目，用$\eta(v_i)$表示投票者v_i的Banzhaf得分。Banzhaf得分本身不能提供很多信息，这是因为它没有指出v_i为关键投票者的联盟数在全局中的重要性。一个投票者可能在数量可观的联盟中都是关键的，但可能有更多的联盟，此投票者在其中不是关键的。为了令Banzhaf得分起到正确作用，我们使用投票权力的Banzhaf指数，它定义为v_i为关键投票者的联盟数除以所有投票者的关键联盟总数，这是一个特定投票者v_i所拥有的关键联盟的比例。如果我们将总投票影响力看作一个饼，那么Banzhaf指数就是饼的一部分，每个投票者的影响力比例。我们用$\beta(v_i)$表示Banzhaf指数，于是有：

$$\beta(v_i) = \frac{\eta(v_i)}{\eta(v_1) + \eta(v_2) + \cdots + \eta(v_n)}$$

举一个例子，我们有四个投票者$V=\{A, B, C, D\}$，对应权重为$W=\{4, 2, 1, 3\}$，定额为$Q=6$。关键联盟有（我们对关键投票者加了下划线）$\{\underline{A}, \underline{B}\}$, $\{\underline{A}, \underline{D}\}$, $\{\underline{A}, \underline{B}, C\}$, $\{\underline{A}, B, D\}$, $\{\underline{A}, C, \underline{D}\}$, $\{\underline{B}, \underline{C}, \underline{D}\}$。注意，$\{A, B, C, D\}$是获胜联盟，但不是关键的。统计每个投票者的关键联盟，我们得到$\eta(v_A)=5$，$\eta(v_B)=3$，$\eta(v_C)=1$，$\eta(v_D)=3$。根据这些结果，我们得到Banzhaf指数$\beta(v_A)=5/12$，$\beta(v_B)=3/12$，$\beta(v_C)=1/12$，$\beta(v_D)=3/12$。结果可能令你很惊讶，虽然所有投票者具有不同的权重，但投票者B和D拥有的总投票影响力比例是相同的。投票者D的投票权重高于投票者B，但并未转化为更大的投票权力。投票者D可能沉浸在一种投票声势浩大的错觉中，而选民B则可能暗自偷笑，因为他拥有比乍一看时更大的权力。

468

我们是手算的Banzhaf指数，为此我们必须找到关键联盟以及每个关键联盟中的摇摆人。当投票者和可能的联盟都很少时，用纸笔计算很容易，但这无法扩展到更大的投票游戏。

Banzhaf指数是一种相对度量，它就类似度量一个群体中每个特定成员的收入占总收入的比例。你可以考虑投票权力，而不是收入。我们还对投票权力的绝对度量感兴趣，这类似一个人的收入的绝对数值，与他所在群体中的分布无关。

469

为了导出这样一种指标，我们先观察到，一个联盟就是投票者集合V的一个子集，因此所有可能的联盟数就是V的所有可能的子集数。一个n个元素的集合S的所有可能子集数为2^n。为了理解这一点，想象一个n位二进制数，此数的第i位对应集合S的第i个元素，因此S的任何子集可表示为n位二进制数的对应位置1。检验图16-5中集合$S=\{x, y, z\}$的例子。因此，S的所有可能子集数就是不同n位二进制数的数目2^n。包含集合S的所有子集的集合称为S的*幂集*（power set），其符号为2^S。因此，S的所有可能子集数即为其幂集2^S中元素数，就是我们刚刚看到的2^n。

	x	y	z
$\varnothing$	0	0	0
$\{z\}$	0	0	1
$\{y\}$	0	1	0
$\{y,z\}$	0	1	1
$\{x\}$	1	0	0
$\{x,z\}$	1	0	1
$\{x,y\}$	1	1	0
$\{x,y,z\}$	1	1	1

图 16-5 集合子集与二进制数的关系

如果每个联盟是等可能的，则一个特定联盟出现的概率为 $1/2^n$。如果我们从 V 中取出投票者 v_i，则我们得到一个 $n-1$ 个投票者的集合，因此集合 $V-v_i$ 的联盟总数为 2^{n-1}。投票者 v_i 的**摇摆概率**（swing probability），即它为一个摇摆人的概率，为 $V-v_i$ 的一个联盟加入 v_i 后变为胜利的概率，此概率等于 v_i 的关键联盟数除以所有不包含 v_i 的联盟数，即 Banzhaf 得分 $\eta(v_i)$ 除以 2^{n-1}，它定义了投票权力的 **Banzhaf 度量**（Banzhaf measure of voting power），或者简称 Banzhaf 度量，符号表示为 $\beta'(v_i)$：

$$\beta'(v_i)=\frac{\eta(v_i)}{2^{n-1}}$$

这就是我们在寻找的绝对度量。它给出了这样的概率，如果我们不知道投票者 v_i 将如何投票，当选票计数时，如果 v_i 改变其偏好，那么投票结果也会改变。它也是另一种情况的概率，如果我们知道 v_i 将如何投票，那么如果 v_i 改变意见，投票结果将会改变。

让我们回到那个简单的小投票游戏。我们有四个投票者，$V=\{A，B，C，D\}$，他们关联的权重为 $W=\{4，2，1，3\}$，定额为 $Q=6$。我们想求出投票者 A 的 Banzhaf 度量。不包含 A 的联盟有 $2^3=8$ 个，其中，有 5 个在增加 A 后变为关键的，表 16-2 列出了这种情况。因此在此投票游戏中 A 的 Banzhaf 度量为 5/8。如果我们对其他三个投票者执行相同过程，可求出他们的 Banzhaf 度量为 $B=3/8$，$C=1/8$，$D=3/8$。

注意，我们计算出的数没有归一化（即它们的和不为 1），这是因为 Banzhaf 度量不是一个相对度量，相对度量才会显示总投票影响力如何划分给投票者。它是一个绝对度量，这就是我们的目标，我们想用它显示每个投票者具有多大的影响力。因此，我们可以用 Banzhaf 度量比较不同选举中投票者的影响力，而用 Banzhaf 指数来做这件事就没有什么意义。如果你想要的话，我们可以将 Banzhaf 度量转换为 Banzhaf 指数，缩放一个 $\beta'(v_i)$ 即可，从而所有 $\beta(v_i)$ 的和为 1。我们有： 470

$$\beta(v_i)=\beta'(v_i)\times\frac{2^{n-1}}{\eta(v_1)+\eta(v_2)+\cdots+\eta(v_n)}$$

因此，我们可以将 Banzhaf 度量看作基本概念，将 Banzhaf 指数看作一个派生概念。

表 16-2　在一个简单投票游戏中，投票者的权重为 A=4，B=2，C=3，D=4，定额 Q=6，计算其中 A 的投票权力

不含 A 的联盟	含 A 的联盟	票数	获胜?	关键?
∅	{A}	4		
{B}	{A，B}	6	√	√
{C}	{A，C}	5		
{D}	{A，D}	7	√	√
{B，C}	{A，B，C}	7	√	√
{B，D}	{A，B，D}	9	√	√
{C，D}	{A，C，D}	8	√	√
{B，C，D}	{A，B，C，D}	10	√	

只要投票人数较少，我们在上例中用来计算 $\beta'(v_i)=\eta(v_i)/2^{n-1}$ 的枚举过程还是奏效的。当投票人数很大时，计算 $\beta'(v_i)$ 是很有挑战性的。$\beta'(v_i)$ 的分母 2^{n-1} 是一个很大的量，但这不是什么大问题，因为我们可以直接计算它。作为 2 的一个幂，它不过是一个首位为 1，所有其他位均为 0 的 n 位二进制数。问题在于分子 $\eta(v_i)$，目前尚无计算 $\eta(v_i)$ 的高效方法。我们可以考虑比简单枚举更聪明的方法（例如，一旦我们发现一个联盟达到了定额，就没有理由再考虑它的超集了），但它们也不会改变这个任务的总体复杂度，还不存在多项式时间的算法，我们需要一种不同的方法来处理大量投票者。

471

这种不同的方法利用了概率。我们不再枚举所有可能联盟并检查它们是否关键，而只是随机选取联盟进行检查。如果我们选择联盟是真正随机的，那么经过一段时间后就会完成对所有可能联盟的一个随机样本的检查。用抽样的术语来说，我们的总体由包含一个特定投票者的所有可能的联盟组成，我们是在这个总体中进行抽样。如果样本足够大，则关键联盟占所有可能联盟的比例就与样本中关键联盟占样本中所有联盟的比例大致相同。

这是一个*蒙特卡罗方法* (Monte Carlo method) 的实例，它是一种用随机抽样获得其结果的计算方法，名字来自著名的赌场。蒙特卡罗方法“血统高贵”，由第一代数字计算机科学家设计，它有各种各样的应用，从物理学和工程到金融和商业。

在了解如何利用蒙特卡罗方法计算 Banzhaf 度量之前，我们来看一个简单的应用，这是很有帮助的。有一个可用来计算 π 值的很直接的蒙特卡罗方法，其思想与我们将用来计算度量的方法很相似。如果我们有一个边长为两个单位的正方形，那么其面积就是四个平方单位。如果我们在其中画一个内切圆，其直径即为两个单位，半径为一个单位，因此，这个圆的面积就是 π。如果将一些小的物体，比如说米粒，撒在正方形上，其中一些会落在圆内，另一些落在圆外。如果我们撒足够多的物体，则落在圆内的物体数与抛撒的物体总数之比应为 π/4。在图 16-6 中，我们显示撒了 100 个、200 个、500 个以及 1000 个随机点后的演变过程。你可以看到估计的 π 值和每个近似值的*标准误差*（standard error，s_e）。注意，当我们从 200 来到 500 时，估计值并未改进。当我们达到 1000 个随机点时，得到了 $\pi \approx 3.14$，标准误差为 0.005。

你可能好奇我们是如何得到误差值的。由于我们的过程是随机的，我们不能期望恰好得到完全正确的值：这种可能性是极低的，我们的结果总是会有一定的误差。我们从统计中得到误差量的度量，每个点都可能落在圆内或圆外。我们定义一个变量 X，如果点落在圆内，则它等于 0，如果点落在圆外，它等于 1。X 的*期望值*（expected value）为 $E[X]=\pi/4\times 1+(1-$

472

π/4) × 0=π/4，方差 (variance) 为 $\sigma^2=E[X^2]-(E[X])^2$，我们有 $E[X^2]=(\pi/4)\times 1^2+(1-\pi/4)\times 0^2=\pi/4$，因此 $\sigma^2=\pi/4-(\pi/4)^2=(\pi/4)(1-\pi/4)$，于是标准误差为 $s_e=\sigma/\sqrt{n}$，其中 n 是点数，方差的平方根 σ 为标准偏差（standard deviation）。图 16-6 中的标准误差就是用这个公式计算的。根据统计，在标准误差为 s_e 的情况下，我们以 95% 的概率期望 π 的真实值在计算值的 $\pm 1.96s_e$ 误差范围内。

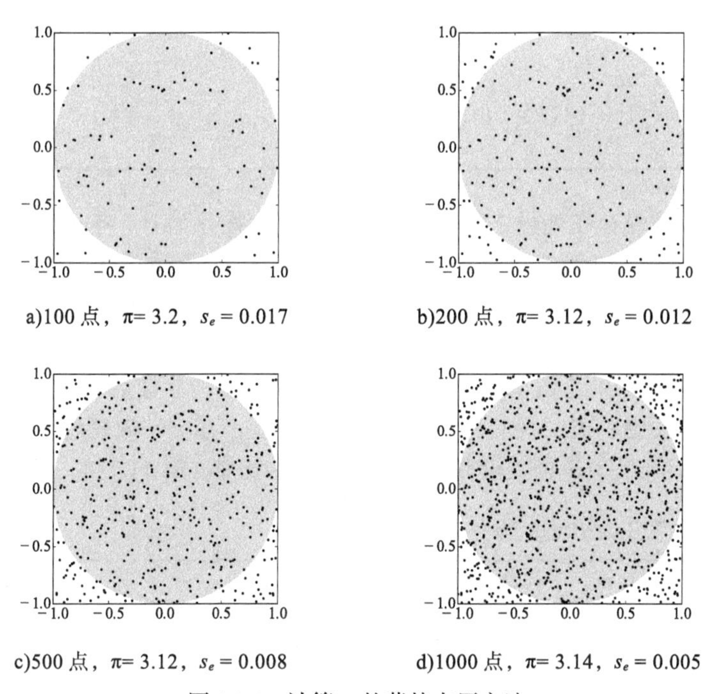

a)100 点，π= 3.2，s_e = 0.017

b)200 点，π= 3.12，s_e = 0.012

c)500 点，π= 3.12，s_e = 0.008

d)1000 点，π= 3.14，s_e = 0.005

图 16-6　计算 π 的蒙特卡罗方法

虽然这种近似 π 的方法一般是介绍蒙特卡罗方法的很好例子，但它并不是计算 π 的特别好的方法。还有很多更高效的方法，但这里我们优先考虑教学，先把效率放在一边。

473

回到投票问题，我们将随机生成联盟并检查它们是否关键。关键联盟占我们生成的所有联盟的比例就给出了 Banzhaf 度量的一个近似。一个随机联盟就是一个随机子集，因此我们需要做的第一件事就是找到一种生成随机子集的方法。

这就是算法 16-6 的任务。算法的输入是一个集合 S，它返回 S 的元素的一个随机子集 RS。在算法开始的第 1 行将 RS 初始化为空链表。然后，在第 2～5 行的循环，我们遍历 S 的元素。对每个元素，我们本质上是抛硬币决定是否将它包含在随机子集中。为此，我们在第 3 行取范围 [0，1) 内的一个随机数，将它与 0.5 比较（第 4 行）。如果它小于 0.5，则我们在第 5 行将它包含在 RS 中。我们在第 6 行返回填好的 RS。

算法 16-6 是一个通用的随机子集生成算法，并不局限于生成联盟。我们可以将它用于任何需要从一个集合中随机采样（大小随机）的任务。在使用蒙特卡罗方法计算 Banzhaf 度量的这个特定应用中，该算法令我们能得到一个简单的计算算法 16-7。

这个算法接受一个投票者 v 作为输入，我们希望计算它的 Banzhaf 度量，其他输入还包括包含其他投票者的链表 ov，要求达到的定额 q，包含每个投票者的权重的关联数组 w，以及我们寻找关键联盟的尝试次数 t。

算法16-6 随机子集生成

```
RandomSubset(S) → RS
    输入：S，一个集合
    输出：RS，S的一个随机子集
1   RS ← CreateList()
2   foreach m in S do
3       r ← Random(0, 1)
4       if r < 0.5 then
5           InsertInList(RS, NULL, m)
6   return RS
```

我们将尝试次数保存在变量 k 中，在第 1 行将它初始化为 0，将已经找到的关键联盟的数量保存在变量 nc 中，在第 2 行将它初始化为 0。第 3～10 行的循环重复 t 次，在每步迭代中，我们用算法 16-6 得到一个随机联盟。我们需要计算每个随机联盟的得票数，这个值在第 5 行被初始化为 0，然后对联盟中的每个成员（第 6～9 行的循环），我们将成员的票数加到总数上（第 7 行）。如果总数小于定额，但加上投票者 v 的票数后就达到了定额（第 8 行），则我们就有了一个关键联盟，我们将计数加 1（第 9 行），在循环末尾将循环计数加 1（第 10 行）。在算法结束时，我们返回关键联盟与所有联盟的比率（第 11 行）。

474

算法16-7 蒙特卡罗Banzhaf度量

```
BanzhafMeasure(v, ov, q, w, t) → b
    输入：v，一个投票者
          ov，包含其他投票者的链表
          q，所需定额
          w，一个关联数组，包含每个投票者的权重
          t，尝试次数
    输出：b，投票者v的Banzhaf度量
1   k ← 0
2   nc ← 0
3   while k < t do
4       coalition ← RandomSubset(ov)
5       votes ← 0
6       foreach m in coalition do
7           votes ← votes + Lookup(w, m)
8       if votes < q and votes + Lookup(w, v) >= q then
9           nc ← nc + 1
10      k ← k + 1
11  b ← nc/k
12  return b
```

与 π 的蒙特卡罗计算类似，我们需知道要进行多少次迭代才能达到目标精度，涉及的数学推导更复杂一些。已证明，如果我们希望结果误差以 δ 的概率在 $\pm\varepsilon$，需要的抽样次数为

475

$$k \geqslant \frac{\ln \frac{2}{1-\delta}}{2\epsilon^2}$$

我们可以用算法 16-7 计算一个现实例子的 Banzhaf 度量，那就是美国总统选举。美国总统不是直接由人民选举出的，而是由美国选举人团选出的。选举人团由每个州和哥伦比亚特区的一些选举人组成，选举结束后，赢得各州和哥伦比亚特区选举的政党任命该州所有选举人，然后选举人投票选举总统，赢得多数票者当选总统。选举人总数为 538，因此总统当选的限额为 270 张选举人票。

每个州的选举人人数根据最近的人口普查而变化。在 2015 年，加利福尼亚州有 55 个选举人，而佛蒙特州有 3 个选举人。使用这些数据我们可以得到各州和哥伦比亚特区的 Banzhaf 度量，如表 16-3 所示，这个表是按 Banzhaf 度量降序排列的。

表 16-3 美国选举人团及其选举人数和 Banzhaf 度量

CA	55	0.475	MD	10	0.076	UT	5	0.038
TX	34	0.266	MN	10	0.076	WV	5	0.038
NY	31	0.241	WI	10	0.076	WV	4	0.030
FL	27	0.209	WI	9	0.069	ID	4	0.030
IL	21	0.161	CO	9	0.068	ME	4	0.030
PA	21	0.161	LA	9	0.068	NH	4	0.030
OH	20	0.153	KY	8	0.061	RI	4	0.030
MI	17	0.130	SC	8	0.060	AK	3	0.023
GA	15	0.114	CT	7	0.053	DC	3	0.023
NC	15	0.114	IA	7	0.053	DE	3	0.023
NJ	15	0.114	OK	7	0.053	MT	3	0.023
VA	13	0.099	OR	7	0.053	ND	3	0.023
MA	12	0.091	KS	6	0.046	SD	3	0.023
IN	11	0.084	MS	6	0.046	VT	3	0.023
MO	11	0.084	AR	6	0.045	WY	3	0.023
TN	11	0.084	NE	5	0.038			
WA	11	0.083	NM	5	0.038			
AZ	10	0.076	NV	5	0.038			

加州拥有最大的影响力，但即使是很小的佛蒙特州也不是傀儡。加州的 Banzhaf 度量大约是佛蒙特州的 20.65 倍，而加州选举人团的大小是佛蒙特州的 18～33 倍，因此，加州获得的权力比人们仅仅通过观察选举人比例所期望的权力要大一些。感兴趣的读者可以检查其他两两组合，看是否有偏差。在结果精确度方面，蒙特卡罗方法达到了 ε=0.001 且 σ=0.95，这要求每次计算 Banzhaf 度量要抽样 1844440 个样本。这不是一个小数目，但与 51 个成员的集合的可能子集数相比，就微不足道了。 476

16.4 搜索素数

在很多密码学应用中，寻找大素数是必不可少的。在这些应用中，大素数通常指 m 比特的素数，其中 m 是一个很大的 2 的幂（1024, 2048, 4096, …）。一些密码算法，如 RSA 和迪菲 - 赫尔曼密钥交换，其安全性都依赖于大素数，我们日常生活中使用的程序和设备中嵌入的一些加密协议也是如此。

寻找大素数是很有挑战性的。我们知道素数的数目是无穷的，还知道小于或等于数 n 的素数的近似数目。根据素数定理，如果 n 很大，则小于或等于 n 的素数数目近似为 $n/\ln n$，问题是如何找到其中一个素数。

一种方法是找到所有 m 个比特的素数，即所有小于或等于 $n=2^m$ 的素数，从中选取一个。最著名的一个方法是埃拉托色尼筛法，这是一个很古老的算法，因昔兰尼的埃拉托色尼（约公元前 276 年～约公元前 195/194 年）而得名，他是一位博学的古希腊数学家。这个算法通过标记出不是素数的数来找出素数，剩余未标记的数就是素数——因此得名筛法。我们从数 2 开始，它是一个素数，我们标记所有小于或等于 n 且为 2 的倍数的数，它们当然都是合数。然后我们从已找到的最后一个素数 2 来到第一个尚未标记为合数的数，即数 3，它是一个素数。我们再次标记所有小于或等于 n 且为 3 的倍数的数，然后我们再次从已找到的最后一个素数 3 来到第一个尚未标记为合数的数，即数 5，它是一个素数。我们这样重复下去，直到处理完所有小于或等于 n 的数。算法的一般思想是，我们发现的每个未标记的数 p 都是素数，因为我们标记了所有小于 p 的数的所有倍数。因此，p 不是任何数的倍数，从而是一个素数。最终，所有未标记的数都是素数。

477

在图 16-7 中你可以看到对 n=31 筛法的操作过程。我们检查了 2 和 3 的倍数，于是数 4 及其所有倍数都已被标记为合数，因此我们继续处理数 5。在处理完它之后，我们意识到已无更多合数了。这并非偶然。对任意 n，当我们检查 $p\leqslant\sqrt{n}$的数的倍数时，所有大于或等于$\sqrt{n}$的合数都被标记了。实际上，任何满足$\sqrt{n}\leqslant c\leqslant n$ 的合数 c 都可以写成两个因子的积 $c=f_1\times f_2$，其中 $f_1\leqslant\sqrt{n}$和 $f_2\leqslant\sqrt{n}$至少有一个成立（当 $c=n$ 时等号成立）；于是它肯定已经被标记为合数了——作为 f_1 或 f_2 的一个倍数。

	0	1	2	3	4	5	6	7	8	9	10	11	12	13	14	15	16	17	18	19	20	21	22	23	24	25	26	27	28	29	30	31
	F	F	T	T	T	T	T	T	T	T	T	T	T	T	F	F	T	T	T	T	T	T	T	T	T	T	T	T	T	T	T	T
2	F	F	T	T	F	T	F	T	F	T	F	T	F	T	F	T	F	T	F	T	F	T	F	T	F	T	F	T	F	T	F	T
3	F	F	T	T	F	T	F	T	F	F	F	T	F	T	F	F	F	T	F	T	F	F	F	T	F	T	F	F	F	T	F	T
5	F	F	T	T	F	T	F	T	F	F	F	T	F	T	F	F	F	T	F	T	F	F	F	T	F	F	F	F	F	T	F	T

图 16-7　对 n=31 执行埃拉托色尼筛法

我们还可以注意到别的一些东西。当我们开始标记一个数 p 的倍数时，我们可以直接从它的第 p 个倍数，即 p^2 开始。这是因为当我们检查 2, 3, …, $p-1$ 时已经检查了 $p\times 2, p\times 3, \cdots, p\times(p-1)$。

算法 16-8 描述了埃拉托色尼筛法。它接受一个自然数 $n>1$ 作为输入，返回一个数组 *isprime*，使得如果 $p\leqslant n$ 是素数，则 *isprime*[*p*] 为 TRUE，否则为 FALSE。在算法开始的第 1～3 行，我们创建并初始化数组 *isprime*，使得它的所有元素均为 TRUE，即，我们暂时将它们标记为素数；前两个元素除外，因为数 0 和 1 不被认为是素数。注意，数组大小为 n+1，来表示 0 到 n（包含两个边界）的所有数。然后我们在第 6 行将 p 设置为 2，因为 2 是一个素数。第 7～13 行的循环标记合数。在第 7 行我们使用了条件 $p^2\leqslant n$ 而非 $p\leqslant\sqrt{n}$，因为平方根的计算通常比平方的计算更耗时。如果 p 尚未被标记为一个合数（第 8 行），则在第 9～12 行我们标记合数 $p\times p, p\times(p+1), \cdots, p\times\lfloor n/p\rfloor$。我们在第 9 行设置 j 等于 p，然后执行内层循环只要 j 不大于$\lfloor n/p\rfloor$（第 10 行）。在此循环中，我们计算乘积 $j\times p$ 并标记 *isprime* 中对应项（第 11 行），然后在第 12 行来到下一个 j。如果 p 已经被标记为一个合数，则它是我们已经检查过的一个数 $p'<p$ 的倍数，则它的所有倍数也是 p' 的倍数，于是我们无须执行第 9～12 行的循环。我们在第 13 行递增 p 来开始下一步外层循环。当所有循环执行完毕，

478

我们在第 14 行返回 *isprime*。

算法16-8 埃拉托色尼筛法

```
SieveEratosthenes(n) → isprime
    输入：n，一个自然数
    输出：isprime，一个大小为（n+1）的布尔数组，若p是素数，则isprime[p]为TRUE，
         否则为FALSE
1  isprime ← CreateArray(n + 1)
2  isprime[0] ← FALSE
3  isprime[1] ← FALSE
4  for i ← 2 to n + 1 do
5      isprime[i] ← TRUE
6  p ← 2
7  while p² ≤ n do
8      if isprime[p] = TRUE then
9          j ← p
10         while j ≤ ⌊n/p⌋ do
11             isprime[j × p] ← FALSE
12             j ← j + 1
13     p ← p + 1
14 return isprime
```

算法的外层循环执行了$\sqrt{n}$。在循环中我们勾掉了 2 的所有倍数，共$\lfloor n/2 \rfloor$个；然后是 3 的所有倍数，共$\lfloor n/3 \rfloor$个；然后是 5 的所有倍数，共$\lfloor n/5 \rfloor$个；对所有素数都是如此，直至$k \leqslant \sqrt{n}$的最大素数 k。因此，我们最多勾掉 $n/2+n/3+n/5+\cdots+n/k$ 个素数，等于 $n(1/2+1/3+1/5+\cdots+1/k)$。和 $(1/2+1/3+1/5+\cdots+1/k)$ 为不大于$\sqrt{n}$的素数的倒数和。一般而言，可证明不大于数 m 的素数的倒数和为 $O(\log\log m)$。因此，我们勾选合数所花费的总时间为 $O(n\log\log\sqrt{n})$，即为算法复杂度。 479

存在更高效的寻找小于或等于某个数的所有素数的算法。其中最优算法可在 $O(n)$ 时间内找到所有素数。你可能会想，这很高效啊，这就是我们想要的寻找素数的机制。

遗憾的是，事情不是这么简单。$O(n)$ 是用数的大小来表达算法复杂度，但这隐藏了 n 背后的大小。如前所述，$n=2^m$，m 是一个较大的数，因此实际复杂度需要 $O(2^m)$ 步：就输入数的比特数而言，这是指数时间的，而不是我们最初认为的线性时间。对一个 4096 比特的数，时间复杂度是一个不现实的量 $O(2^{4096})$。

由于寻找所有素数并不方便，而且我们知道大约有 $n/\ln n$ 个素数，因此我们可以试一下运气，看看如果我们选择一个小于或等于 n 的数，然后检查它是否为素数，会发生什么。如果我们选取所有 n 个数，期望找到 $n/\ln n$ 个素数；如果我们选取一个数，则它恰好是素数的概率为 $1/\ln n$。相反，概率论告诉我们，为了找到素数，我们需要尝试 $\ln n$ 个数。比如说我们正在寻找一个 4096 比特的素数，需要尝试 $\ln(2^{4096})$ 个数才能找到一个素数。我们有 $\ln(2^{4096})=4096\ln 2 \approx 2840$，这是一个相当合理的数量。但是，对每个尝试的数，我们都必须检查它是否为素数。

检查一个数是否为素数的最简单方法是检查它是否能被 1 之外的任何其他数整除。对一个数 n，检查它是否能被小于或等于$\lfloor\sqrt{n}\rfloor$的任何数整除就足够了。$\sqrt{n}$就足够了的原因与埃

拉托色尼筛法相同：大于$\lfloor\sqrt{n}\rfloor$的数能得到 n 仅当它与一个不大于$\lfloor\sqrt{n}\rfloor$的数相乘，而后者我们已经检查过了。我们还能将检查范围减半，因为我们可以跳过所有大于 2 的偶数：如果 n 能被任何大于 2 的偶数整除，那么它无论如何也能被 2 整除。如果我们假定除法花费一个步骤，则此算法会花费最多 $O((1/2)\sqrt{n})=O(\sqrt{n})$ 个步骤，这看起来还不坏。但是，再次强调，这是有欺骗性的。我们输入的大小是数 n 的大小，用二进制表示是 2^m，这意味着算法需要 $O(\sqrt{2^m})=O((2^m)^{1/2})=O(2^{m/2})$。即使我们只需随机选取少量的数，但还是需要花费大量时间检查随机选取的数是否是素数。

480

幸运的是，存在检查一个数是否是素数的高效方法，该方法总能确认素数——因此，它不存在假阴性，即宣称一个素数是合数。大多数情况下它也能确认合数。它有可能不能像这样正确标记一个合数，错误地将其报告为素数——产生假阳性。不过，我们将会看到，我们可以确保这个概率足够低，从而不会对任何实际目的造成影响。这就是*概率素性检测*（probabilistic primality test），其中机会真的做了对我们有利的事。

这个检测依赖于数论中的一些事实。如果我们想要检测素性的随机数是 p，则 p 必须是奇数。否则，如果它是偶数，我们立即判断它是合数，将其丢失。因此，$p-1$ 必须是偶数。如果我们将任意偶数反复除以 2，则我们要么来到 1，要么来到其他某个奇数。例如，如果我们将 12 反复除以 2，则得到 6，然后是 3，因此 $12=2^2\times 3$。如果我们将 16 反复除以 2，则得到 8, 4, 2, 1，因此 $16=2^4\times 1$。一般而言，我们有 $p-1=2^r q$，其中 $r\geqslant 1$ 且 q 是一个奇数。

现在让我们取另一个随机数 x，使得 $1<x<p$，并计算 $y=x^q \bmod p$。如果 $y=1$，即 $x^q \bmod p=1$，则对任意 $t\geqslant 0$ 我们有 $(x^q)t \bmod p=1$。实际上，这是由下面事实得到的：对任意整数 a 和 b，我们有 $[(a \bmod p)(b \bmod p)] \bmod p=(a\cdot b) \bmod p$。取 $a=b$ 并反复应用这一事实，我们有 $(a \bmod p)^t \bmod p=a^t \bmod p$，因此，如果 $a \bmod p=1$ 我们有 $a^t \bmod p=1$。于是，通过将 $(x^q)^t$ 中的 t 替换为 2^r，我们得到 $(x^q)2^r \bmod p=1$，$x^{2^r q} \bmod p=1$ 或 $x^{p-1} \bmod p=1$。根据费马小定理，如果 p 是一个素数，那么此关系必定成立。反之，如果此关系成立，则 p 可能是素数，但也可能不是。我们已经在 5.2 节的 RSA 密码体制中见过费马小定理了。

让我们总结一下到现在为止已经做了什么。我们已经选取了一个随机数 p，想检测它的素性，将其写为 $p=1+2^r q$，然后取一个随机数 x，使得 $1<x<p$，并计算 $y=x^q \bmod p$。如果 $y=1$，则我们可以说 p 可能是素数。我们将这种情况称为“证据 A”，原因很快就会清楚。

如果 $y=x^q \bmod p\neq 1$，则我们可以开始一个平方计算过程，得到如下值：

481

$$
\begin{aligned}
&(x^q)^2 \bmod p = x^{2q} \bmod p\\
&(x^{2q})^2 \bmod p = x^{4q} \bmod p\\
&\qquad\cdots\\
&(x^{2^{r-1}q})^2 \bmod p = x^{2^r q} \bmod p = x^{p-1} \bmod p
\end{aligned}
$$

如果 p 是素数，则还是由于费马小定理，这个值的序列会以 1 结束。实际上，我们在第 r 次平方之前就得到 1——所有后续平方会继续生成 1，如前所见。而且，在 1 之前我们得到的值必然是 $p-1$。

顺便说说为什么会这样（如果你相信的确如此，可以跳到下一段），这个结果来自数论。对任意数 y，如果我们有 $y^2 \bmod p=1$，其中 p 是一个素数，这意味着 $y^2=kp+1$，k 是某个整数，或 $y^2-1=kp$，或 $(y-1)(y+1)=kp$。为了出现这种情况，如果 $k\neq 0$，则数 p 应有因子 $(y-1)/k$ 或

$(y+1)/k$，而这是不可能的，因为 p 是一个素数。因此，我们必须有 $k=0$，于是必然有 $y-1=0$ 或 $y+1=0$，意味着只可能 $y=1$ 或 $y=-1$。因此，在平方序列中，在第一次得到 $y=1$ 之前我们必然得到 $y=-1$。我们须将此转换为模计算的术语，其中 $0<y<p$。回忆一下模计算 $a \bmod b$ 的数学定义，它就是余数 $c \geqslant 0$，从而 $a=qb+c$，其中 q 是除法 a/b 向下取整 $\lfloor a/b \rfloor$。我们是在 4.2 节遇到这个定义的，那里我们介绍了模运算符。因此，我们得到 $c=a-b\lfloor a/b \rfloor$，于是 -1 除以 p 的余数就是 $-1 \bmod p=-1-p\lfloor -1/p \rfloor=-1-p(-1)=p-1$。因此，我们在得到 $y=1$ 之前一步必然得到 $y=p-1$。

又要重述一遍了。如果我们开始反复计算 $y=x^q \bmod p$ 的平方且 p 是一个素数，则在某个时刻我们会得到 $y=p-1$，然后下一个平方（我们无须真正计算）会得到 $y=1$。反之，如果我们在不知道 p 的任何信息的情况下得到 $y=p-1$，就有可能 p 是一个素数，虽然它也可能不是。我们将得到 $y=p-1$ 的这种情况称为“证据 B”。

如果我们得到了 $y=1$，但在前一步平方计算并未得到 $y=-1$，则我们确定知道 p 不是一个素数，因为前几个段落论述的所有论据都显示：如果它是一个素数，我们会在前一步得到 $y=-1$。我们将得到 $y=1$ 但未在前一步得到 $y=-1$ 的这种情况称为“证据 C”。

最终，如果我们得到 $y=x^{2q} \bmod p=x^{p-1} \bmod p=1$ 且 $y \neq 1$，则还是由费马小定理，我们可以确信这个数不是素数。这种情况是我们的“证据 D”。 482

从而，对于一个数 p 是否是合数，我们找到了可靠的、确定的指示：证据 C 和证据 D。同时，对于数 p 是否是素数，我们找到了概率指示：证据 A 和证据 B。我们将验证特定属性的函数称为证人，因此我们使用上述讨论结果构建一个验证 p 是合数的证人。这就是算法 16-9。

对于我们已经提出的论据而言，这个证人算法显得非常简单。它本质上是一个简单的方法，基于下面相当多的基础。

我们开始时在第 1 行调用 FactorTwo($p-1$)，它返回 r 和 q，满足 $p-1=2^r q$，我们很快会回到 FactorTwo。然后在第 2 行，RandomInt(2，$p-1$) 生成一个范围从 2 到 $p-1$（包含）之间的整数。在第 3 行我们计算 $x^q \bmod p$ 并将结果保存在 y 中。根据证据 A，我们知道，如果 $y=1$（第 4 行），则数 p 可能是素数，因此我们在第 5 行返回 FALSE。否则，我们开始在第 6～11 行的循环中反复计算平方，最多计算 r 次。如果在循环的任何一步迭代我们得到 $y=p-1$（第 7 行），则下一步平方计算会生成 $y=1$，根据证据 B 我们推断此数可能是素数，因此在第 8 行返回 FALSE。在第 9 行计算了 y 的平方并模 p 后，我们检查是否得到了 $y=1$。如果是这样，则是未经过 $y=p-1$ 就得到了 $y=1$，因此根据证据 C，我们确切知道此数是合数，返回 TURE。如果我们退出了循环，则证据 D 成立，p 肯定是合数，我们在第 12 行返回 TRUE。 483

为了使证人算法切实可行，我们必须知道它出错的概率足够低。已证明，算法出错的概率最多是 1/4，这是它用于实践的关键。如果我们只使用算法一次，则我们有 1/4 的概率将一个合数报告为素数。如果我们使用算法两次，则它两次都出错的概率为 $(1/4)^2$。通过调用算法多次，我们可以把概率降低到我们想要的任意低的水平。例如，如果我们调用算法 50 次，则它误报素数的概率将是 $(1/4)^{50}$，对所有实际目的来说都已足够了。

反复应用证人算法的方法被称为米勒 – 拉宾素性检测，因加里 · L · 米勒和迈克尔 · O · 拉宾而得名，算法建立在他们的思想之上。给定 WitnessComposite(p)，构造米勒 – 拉宾算法就很直接了，请见算法 16-10。

算法16-9 合数证人算法

```
WitnessComposite(p) → TRUE or FALSE
    输入：p，一个奇数
    输出：一个布尔值，如果p肯定是合数，返回TRUE，否则返回FALSE
1   (r,q) ← FactorTwo(p − 1)
2   x ← RandomInt(2, p − 1)
3   y ← x^q mod p
4   if y = 1 then
5       return FALSE
6   for j ← 0 to r do
7       if y = p − 1 then
8           return FALSE
9       y ← y^2 mod p
10      if y = 1 then
11          return TRUE
12  return TRUE
```

算法16-10 米勒–拉宾素性检测

```
MillerRabinPrimalityTest(p, t) → TRUE or FALSE
    输入：p，一个奇数
          t，证人素性函数应用次数
    输出：如果p以(1/4)^t的概率为素数，返回TRUE，如果p肯定是合数，返回FALSE
1   for i ← 0 to t do
2       if WitnessComposite(p) then
3           return FALSE
4   return TRUE
```

就复杂度而言，米勒－拉宾算法是高效的。回到算法16-9，第3行的模幂运算只执行一次且可以在$O((\lg p)^3)$时间内高效执行，因为$q<p$。实际上，我们在4.5节已经看到了如何快速执行模幂运算，也看到了其复杂度结论。第6～11行的循环执行$O(r)$次，其中$r<\lg p$，因此我们进行了$O(\lg p)$次迭代。在每步迭代，我们执行一次模平方运算。考虑到所有$y<p$，模平方运算需要$O((\lg p)^2)$的实践。考虑全部迭代步骤，我们有$O((\lg p)^3)$。我们可以假定RandomInt花费的时间比这个少。

484

还缺少的唯一一块拼图是函数FactorTwo，它给出$p-1$的因子，其中包含2的最大可能的幂。我们可以将这个函数写成一系列反复的除法，请见算法16-11。这个算法的工作机制是在第1行将q设置为输入n。在算法结束时q将是一个奇数，它是n除以2的幂的结果。我们要寻找的2的幂是r，在第2行我们将它初始化为0。在第3～5行的循环中，我们检查q是否是偶数（第3行）。若是，我们知道它能被2整除，因此我们将r增1（第4行）并执行除法（第5行）。如果q是奇数，则我们完成了工作，因此返回(r，q)。

反复的除法操作使得整个过程的步骤数等于算法输入n的以2为底的对数，而n就是我们在WitnessComposite中使用的数值$p-1$，因此FactorTwo的复杂度为$O(\lg p)$。这不影响WitenessComposite的总体复杂度，因而还是需要$O((\lg p)^3)$步，这非常好。若应用t次

WitnessComposite，我们需要 $O(t \cdot (\lg p)^3)$ 时间，于是我们有了一个寻找大小达到 p 的大素数的实用方法。我们持续猜测素数，每次猜测花费 $O(t \cdot (\lg p)^3)$ 步进行检查，而我们期望猜测大约 $\ln p$ 次。

算法16-11　将n分解为$2^r q$，q为奇数

```
FactorTwo(n) → (r,q)
    输入：n，一个偶数
    输出：(r, q)，使得n=2^r q
1   q ← n
2   r ← 0
3   while q mod 2 = 0 do
4       r ← r + 1
5       q ← q/2
6   return (r, q)
```

顺便说一下，50 次迭代可能有些多了。对你的计算机来说，因为任何不相关的原因而产生一个错误的概率可能远大于 $(1/4)^{50}$，如硬件故障、某种电磁干扰甚至宇宙射线穿透大气层而损坏电路板。

485

注释

在计算机中生成随机数的工作大约与计算机本身一样古老了。建造于 1951 年的 Ferranti Mark I 型计算机就包含一个基于硬件的随机数发生器，这是采纳了阿兰·图灵的建议。Derrick Herny Lehmer 在 1949 年提出了一种线性同余发生器 [127]，约翰·冯·诺伊曼关于随机性和罪恶的名言出现在早期关于蒙特卡罗方法的论文集中 [211]，反对随机使用随机方法的建议来自于 Knuth 的书中关于随机数的介绍材料 [113，3.1 节]。

m，a 和 c 的较好值的表是 Pierre L' Ecuyer 给出的 [124]，L' Ecuyer 和 Richard Simard 编写了一个用于测试随机数发生器的综合库 [125]，发生器 xorshift64* 和 xorshift1024* 是 Sebastiano Vigna 发明的，它们基于 George Marsaglia 提出的异或移位发生器 [133]。图 16-2b 是基于创建 Hinton 图的方法生成的，这种方法包含在 matplotlib 的示例库中，最初的想法来自于 David Warde-Farley。

福尔图娜 CSRNG 是由密码学家 Niels Ferguson 和 Bruce Schneier 发明的 [62，第 10 章]，在原书的更新版本中也对它进行了描述 [63，第 9 章]，它是作为流行的 Yarrow 发生器 [106] 的后继者而提出的。测试 CSRNG 的安全性是一项持续的工作，因此，对福尔图娜的安全分析还有改进的空间 [53]。

选择抽样是 C. T. Fan、Mervin E. Muller 和 Ivan Rezucha 于 1962 年提出的 [59]，同时提出的还有其他一些算法。T. G. Jones 也在同一年独立提出了这个方法，他描述其是一种“从包含 N 条记录的磁带胶片上精确地抽取 n 条记录的随机样本”的方法，其描述用了不到单栏 24 行的文字 [103]。Yves Tillé 的书给出了不同抽样算法的一个全面介绍 [202]。选择抽样也被称为算法 S，蓄水池抽样也被称为算法 R，Knuth 的书中对此有讨论 [113，3.4.2 节]。Knuth 将蓄水池抽样归功于 Alan G. Waterman，McLeod 和 Bellhouse[136] 以及 Jeffrey Scott Vitter[210] 也提出过这个算法。Tillé 注意到它是 Chao 提出的方法 [35] 的一个特殊情

486

况。在《Perl参考手册》中，你能找到一个一行Perl小程序，实现从一个文件中随机选取一行（因而它就是下面习题1的一个解决方案）。习题2中给出的加权抽样方法是Efraimidis和Spirakis提出的[55]。

第一篇关于衡量投票权的著作是Lionel Penrose于1946年发表的[156]，Penrose本质上描述的是Banzhaf度量，但他的论文完全没有被注意到。1954年，Lloyd S. Shapley和Martin Shubik合著的一篇论文让这个领域真正进入了正轨[184]，其中提出了一个不同的度量：Shapley-Shubik投票权力指数。John F. Banzhaf在1955年发表了他的论文[9]，[6]中推导出了获得Banzhaf度量的目标精度所需的迭代次数，[134]中可以找到一篇关于加权投票中权力指数计算算法的综述，Felsenthal和Machover的书中详细介绍了投票权力[61]，这方面还可查阅Taylor和Pacelli的书[200]。最近，Banzhaf分析被批评为与真实投票不相符，因为它应用了不同的概率假设[77]。

Gary L. Miller在1975年首先提出了一个素性测试[140]。这个测试是确定性的，而非随机的，但它依赖于一个还未被证明的数学假设。几年后，Micheal O. Rabin修改了它，得到了一个概率算法，不再依赖未证明的数学假设[162]。Knuth注意到，较之Miller-Rabin方法产生一个错误猜测，宇宙射线引起问题的概率要更高一些[113，4.5.4节]。

习题

1. 对于一个文件，你如何在不将其完全读入内存的前提下从中随机选取一行？这意味着你不知道它包含多少行。你可以使用蓄水池抽样，其中蓄水池的大小为1。这意味着当你读取第一行时，你选取它的概率等于1。当你读取第二行时（如果存在的话），你以1/2的概率选取它，于是第1行和第2行被选择的概率是相等的。当你读取第三行时（再一次，如果存在的话），你以1/3的概率选取它。这意味着第1行和第2行被选择的概率是2/3，而两者概率相同，因为之前我们看到它们被选择的概率都是1/2，因此这三行被选择的概率都是1/3。我们继续这一方式，直到到达文件尾。实现从一个文件随机选取一行的蓄水池抽样算法。注意，这个版本的蓄水池抽样可能比通用版本小得多。
2. 存在这样一些应用，其中我们需要根据一些预定义的权重来进行抽样，即一个数据项被抽样的概率必须正比于其权重。这被称为*加权抽样*。我们可以通过修改蓄水池抽样来实现这一任务。我们首先向蓄水池中插入前m个数据项，但我们为每个数据项i关联一个关键字，其值为u^{1/w_i}，其中w_i是其权重，而u是从范围0到1（包含两个边界）中均匀选取的一个随机数。然后，对随后每个数据项k，我们再次获取范围[0, 1]中的一个随机数u，并计算其关键字u^{1/w_k}；如果这个值大于蓄水池中最小的关键字，我们将新数据项插入蓄水池中，替换掉关键字最小的那个数据项。实现这个方法，其中使用一个最小优先队列来实现每次在蓄水池中查找具有最小关键字的数据项。
3. 在埃拉托色尼筛法中，我们提到使用条件$p^2 \leqslant n$而非$p \leqslant \sqrt{n}$，因为它通常更快。检查一下对你来说情况是否如此：实现两个版本，并测量每个版本花费的时间。
4. 有很多选举都使用投票权重；选择一个选举计算其Banzhaf度量。在程序不同执行中改变样本数，检查结果精确度和所需时间。一个好主意是绘制样本大小和精确度和程序执行时间之间关系的图。

487
488

参考文献

[1] Ravindra K. Ahuja, Kurt Mehlhorn, James Orlin, and Robert E. Tarjan. Faster algorithms for the shortest path problem. *Journal of the ACM*, 37(2):213–223, April 1990.

[2] Ethem Alpaydın. *Introduction to Machine Learning*. The MIT Press, Cambridge, MA, 3rd edition, 2014.

[3] Geoffrey D. Austrian. *Herman Hollerith: Forgotten Giant of Information Processing*. Columbia University Press, New York, NY, 1982.

[4] Bachrach, El-Yaniv, and M. Reinstädtler. On the competitive theory and practice of online list accessing algorithms. *Algorithmica*, 32(2):201–245, 2002.

[5] Ran Bachrach and Ran El-Yaniv. Online list accessing algorithms and their applications: Recent empirical evidence. In *Proceedings of the Eighth Annual ACM-SIAM Symposium on Discrete Algorithms*, SODA '97, pages 53–62, Philadelphia, PA, USA, 1997. Society for Industrial and Applied Mathematics.

[6] Yoram Bachrach, Evangelos Markakis, Ezra Resnick, Ariel D. Procaccia, Jeffrey S. Rosenschein, and Amin Saberi. Approximating power indices: Theoretical and empirical analysis. *Autonomous Agents and Multi-Agent Systems*, 20(2):105–122, March 2010.

[7] Ricardo A. Baeza-Yates and Mireille Régnier. Average running time of the Boyer-Moore-Horspool algorithm. *Theoretical Computer Science*, 92(1):19–31, January 1992.

[8] Michael J. Bannister and David Eppstein. Randomized speedup of the Bellman-Ford algorithm. In *Proceedings of the Meeting on Analytic Algorithmics and Combinatorics*, ANALCO '12, pages 41–47, Philadelphia, PA, USA, 2012. Society for Industrial and Applied Mathematics.

[9] John F. Banzhaf, III. Weighted voting doesn't work: A mathematical analysis. *Rutgers Law Review*, 19:317–343, 1965.

[10] Albert-László Barabási. *Linked: The New Science Of Networks*. Basic Books, 2002.

[11] Albert-László Barabási and Eric Bonabeau. Scale-free networks. *Scientific American*, 288(5):50–59, May 2003.

[12] J. Neil Bearden. A new secretary problem with rank-based selection and cardinal payoffs. *Journal of Mathematical Psychology*, 50:58–59, 2006.

[13] Richard Bellman. On a routing problem. *Quarterly of Applied Mathematics*, 16(1):87–90, 1958.

[14] Frank Benford. The law of anomalous numbers. *Proceedings of the American Philosophical Society*, 78(4):551–572, 1938.

[15] Arthur Benjamin, Gary Chartrand, and Ping Zhang. *The Fascinating World of Graph Theory*. Princeton University Press, Princeton, NJ, USA, 2015.

[16] Jon Bentley. *Programming Pearls*. Addison-Wesley, 2nd edition, 2000.

[17] Jon L. Bentley and Catherine C. McGeoch. Amortized analyses of self-organizing sequential search heuristics. *Communications of the ACM*, 28(4):404–411, April 1985.

[18] Michael W. Berry and Murray Browne. *Understanding Text Engines: Mathematical Modeling and Text Retrieval*. Society for Industrial and Applied Mathematics, Philadelphia, PA, 2nd edition, 2005.

[19] N. Biggs, E. K. Lloyd, and R. J. Wilson. *Graph Theory, 1736–1936*. Clarendon Press, Oxford, UK, 1986.

[20] Christopher M. Bishop. *Pattern Recognition and Machine Learning*. Springer, New York, NY, 2006.

[21] Joshua Bloch. Extra, extra—read all about it: Nearly all Binary Searches and Mergesorts are broken. `http://googleresearch.blogspot.it/2006/06/extra-extra-read-all-about-it-nearly.html`, June 2 2006.

[22] Joshua Bloch. *Effective Java (2nd Edition) (The Java Series)*. Prentice Hall PTR, Upper Saddle River, NJ, USA, 2nd edition, 2008.

[23] Burton H. Bloom. Space/time trade-offs in hash coding with allowable errors. *Communications of the ACM*, 13(7):422–426, July 1970.

[24] James Blustein and Amal El-Maazawi. Bloom filters—a tutorial, analysis, and survey. Technical report, Dalhousie University, Faculty of Computer Science, 2002.

[25] J. A. Bondy and U. S. R. Murty. *Graph Theory*. Springer, New York, NY, 2008.

[26] Robert S. Boyer and J Strother Moore. A fast string searching algorithm. *Communications of the ACM*, 20(10):762–772, October 1977.

[27] Steven J. Brams. *Mathematics and Democracy: Designing Better Votign and Fair-Division Processes*. Princeton University Press, Princeton, NJ, 2008.

[28] Leo Breiman, Jerome H. Friedman, Richard A. Olshen, and Charles J. Stone. *Classification and Regression Trees*. Wadsworth International Group, Belmont, CA, 1984.

[29] Sergey Brin and Lawrence Page. The anatomy of a large-scale hypertextual web search engine. *Computer Networks and ISDN Systems*, 30(1–7):107–117, April 1998.

[30] Andrei Broder and Michael Mitzenmacher. Network applications of bloom filters: A survey. *Internet Mathematics*, 1(4):485–509, 2003.

[31] Kurt Bryan and Tanya Leise. The $25,000,000,000 eigenvector: The linear algebra behind google. *SIAM Review*, 48(3):569–581, 2006.

[32] Russell Burns. *Communications: An International History of the Formative Years*. The Institution of Electrical Engineers, Stevenage, UK, 2004.

[33] Stefan Büttcher, Charles L. A. Clarke, and Gordon Cormack. *Information Retrieval: Implementing and Evaluating Search Engines*. The MIT Press, Cambridge, MA, 2010.

[34] R. Callon. Use of OSI IS-IS for routing in TCP/IP and dual environments. RFC 1195, December 1990.

[35] M. T. Chao. A general purpose unequal probability sampling plan. *Biometrika*, 69(3):653–656, 1982.

[36] Tom Christiansen and Nathan Torkington. *Perl Cookbook*. O'Reilly, Sebastopol, CA, 2nd edition, 2003.

[37] Richard J. Cichelli. Minimal perfect hash functions made simple. *Communications of the ACM*, 23(1):17–19, January 1980.

[38] Douglas E. Comer. *Internetworking with TCP/IP, Volume 1: Principles, Protocols, and Architecture*. Pearson, 6th edition, 2013.

[39] Marquis de Condorcet. *Essai sur l'application de l'analyse à la probabilité des décisions rendues à la pluralité des voix*. Imprimerie Royale, Paris, 1785.

[40] Stephen A. Cook. Linear time simulation of deterministic two-way pushdown automata. In *IFIP Congress 1*, pages 75–80, 1971.

[41] Thomas H. Cormen. *Algorithms Unlocked*. The MIT Press, Cambridge, MA, 2013.

[42] Thomas H. Cormen, Charles E. Leiserson, Ronald L. Rivest, and Clifford Stein. *Introduction to Algorithms*. The MIT Press, Cambridge, MA, 3rd edition, 2009.

[43] T. M. Cover and R. King. A convergent gambling estimate of the entropy of English. *IEEE Transactions on Information Theory*, 24(4):413–421, September 2006.

[44] Thomas M. Cover and Joy A. Thomas. *Elements of Information Theory*. Wiley-Interscience, Hoboken, NJ, 2nd edition, 2006.

[45] Maxime Crochemore, Christophe Hancart, and Thierry Lecroq. *Algorithms on Strings*. Cambridge University Press, Cambridge, UK, 2014.

[46] Joan Daemen and Vincent Rijmen. *The Design of Rijndael: AES—The Advanced Encryption Standard.* Springer-Verlag New York, Inc., Secaucus, NJ, USA, 2002.

[47] Sanjoy Dasgupta, Christos H. Papadimitriou, and Umesh Vazirani. *Algorithms.* McGraw-Hill, Inc., New York, NY, 2008.

[48] Easley David and Kleinberg Jon. *Networks, Crowds, and Markets: Reasoning About a Highly Connected World.* Cambridge University Press, New York, NY, USA, 2010.

[49] Butler Declan. When Google got flu wrong. *Nature*, 494(7436):155–156, 2013.

[50] W. Diffie and M. E. Hellman. New directions in cryptography. *IEEE Transactions on Information Theory*, 22(6):644–654, November 1976.

[51] E. W. Dijkstra. A note on two problems in connexion with graphs. *Numerische Mathematik*, 1(1):269–271, December 1959.

[52] Roger Dingledine, Nick Mathewson, and Paul Syverson. Tor: The second-generation Onion Router. In *Proceedings of the 13th USENIX Security Symposium*, Berkeley, CA, USA, 2004. USENIX Association.

[53] Yevgeniy Dodis, Adi Shamir, Noah Stephens-Davidowitz, and Daniel Wichs. How to eat your entropy and have it too—optimal recovery strategies for compromised rngs. Cryptology ePrint Archive, Report 2014/167, 2014. `http://eprint.iacr.org/`.

[54] Arnold I. Dumey. Indexing for rapid random-access memory. *Computers and Automation*, 5(12):6–9, 1956.

[55] Pavlos S. Efraimidis and Paul G. Spirakis. Weighted random sampling with a reservoir. *Information Processing Letters*, 97(5):181–185, 2006.

[56] Leonhardo Eulerho. Solutio problematis ad geometrian situs pertinentis. *Commetarii Academiae Scientiarum Imperialis Petropolitanae*, 8:128–140, 1736.

[57] Shimon Even. *Graph Algorithms.* Cambridge University Press, Cambridge, UK, 2nd edition, 2012.

[58] Kevin R. Fall and W. Richard Stevens. *TCP/IP Illustrated, Volume 1: The Protocols.* Addison-Wesley, Upper Saddle River, NJ, 2nd edition, 2012.

[59] C. T. Fan, Mervin E. Muller, and Ivan Rezucha. Development of sampling plans by using sequential (item by item) selection techniques and digital computers. *Journal of the American Statistical Association*, 57(298):387–402, 1962.

[60] Ariel Felner. Position paper: Dijkstra's algorithm versus Uniform Cost Search or a case against Dijkstra's algorithm. In *Proceedings of the 4th Annual Symposium on Combinatorial Search (SoCS)*, pages 47–51, 2011.

[61] Dan S. Felsenthal and Moshé Machover. *The Measurement of Voting Power: Theory and Practice, Problems and Paradoxes.* Edward Elgar, Cheltenham, UK, 1998.

[62] Niels Ferguson and Bruce Schneier. *Practical Cryptography.* Wiley Publishing, Indianapolis, IN, 2003.

[63] Niels Ferguson, Bruce Schneier, and Tadayoshi Kohno. *Cryptography Engineering: Design Principles and Practical Applications.* Wiley Publishing, Indianapolis, IN, 2010.

[64] Thomas S. Ferguson. Who solved the secretary problem? *Statistical Science*, 4(3):282–289, 08 1989.

[65] R. M. Fewster. A simple explanation of Benford's law. *The American Statistician*, 63(1):26–32, 2009.

[66] Robert W. Floyd. Algorithm 113: Treesort. *Communications of the ACM*, 5(8):434, August 1962.

[67] Robert W. Floyd. Algorithm 97: Shortest path. *Communications of the ACM*, 5(6):345, June 1962.

[68] Robert W. Floyd. Algorithm 245: Treesort 3. *Communications of the ACM*, 7(12):701, December 1964.

[69] L. R. Ford. Network flow theory, 1956. Paper P-923.

[70] Glenn Fowler, Landon Curt Noll, Kiem-Phong Vo, and Donald Eastlake. The FNV non-cryptographic hash algorithm. Internet-Draft draft-eastlake-fnv-09.txt, IETF Secretariat, April 2015.

[71] Michael L. Fredman and Robert Endre Tarjan. Fibonacci heaps and their uses in improved network optimization algorithms. *Journal of the ACM*, 34(3):596–615, July 1987.

[72] Edward H. Friend. Sorting on electronic computer systems. *Journal of the ACM*, 3(3):134–168, July 1956.

[73] Zvi Galil. On improving the worst case running time of the boyer-moore string matching algorithm. *Commun. ACM*, 22(9):505–508, September 1979.

[74] Antonio Valverde Garcia and Jean-Pierre Seifert. On the implementation of the Advanced Encryption Standard on a public-key crypto-coprocessor. In *Proceedings of the 5th Conference on Smart Card Research and Advanced Application Conference—Volume 5*, CARDIS'02, Berkeley, CA, USA, 2002. USENIX Association.

[75] Martin Gardner. Mathematical games. *Scientific American*, 237(2):120–124, August 1977.

[76] Simson L. Garfinkel. Digital forensics. *American Scientist*, 101(5):370–377, September–October 2013.

[77] Andrew Gelman, Jonathan N. Katz, and Francis Tuerlinckx. The mathematics and statistics of voting power. *Statistical Science*, 17(4):420–435, 11 2002.

[78] Jeremy Ginsberg, Matthew H. Mohebbi, Rajan S. Patel, Lynnette Brammer, Mark S. Smolinski, and Larry Brilliant. Detecting influenza epidemics using search engine query data. *Nature*, 457(7232):1012–1014, 2009.

[79] Oded Goldreich. *Foundations of Cryptography: Basic Tools*. Cambridge University Press, Cambridge, UK, 2004.

[80] Oded Goldreich. *Foundations of Cryptography: II Basic Applications*. Cambridge University Press, Cambridge, UK, 2009.

[81] David Goldschlag, Michael Reed, and Paul Syverson. Onion routing. *Communications of the ACM*, 42(2):39–41, February 1999.

[82] Michael T. Goodrich, Roberto Tamassia, and Michael H. Goldwasser. *Data Structures & Algorithms in Python*. John Wiley & Sons, Hoboken, NJ, 2013.

[83] Robert M. Gray. *Entropy and Information Theory*. Springer, New York, NY, 2nd edition, 2011.

[84] John Guare. *Six Degrees of Separation: A Play*. Random House, New York, NY, 1990.

[85] Dan Gusfield. *Algorithms on Strings, Trees and Sequences: Computer Science and Computational Biology*. Cambridge University Press, Cambridge, UK, 1997.

[86] David Harel and Yishai Feldman. *Algorithmics: The Spirit of Computing*. Pearson Education, Essex, UK, 3rd edition, 2004.

[87] P. E. Hart, N. J. Nilsson, and B. Raphael. A formal basis for the heuristic determination of minimum cost paths. *IEEE Transactions on Systems, Science, and Cybernetics*, 4(2):100–107, July 1968.

[88] Peter E. Hart, Nils J. Nilsson, and Bertram Raphael. Correction to "A formal basis for the heuristic determination of minimum cost paths". *SIGART Bulletin*, 37:28–29, December 1972.

[89] Fiona Harvey. Name that tune. *Scientific American*, 288(6):84–86, June 2003.

[90] Trevor Hastie, Robert Tibshirani, and Jerome Friedman. *The Elements of Statistical Learning: Data Mining, Inference, and Prediction.* Springer, New York, NY, 2nd edition, 2009.

[91] César Hidalgo. *Why Information Grows: The Evolution of Order, from Atoms to Economies.* Basic Books, New York, NY, 2015.

[92] Theodore P. Hill. A statistical derivation of the Significant-Digit law. *Statistical Science,* 10(4):354–363, 1995.

[93] C. A. R. Hoare. Algorithm 63: Partition. *Communications of the ACM,* 4(7):321, July 1961.

[94] C. A. R. Hoare. Algorithm 64: Quicksort. *Communications of the ACM,* 4(7):321, July 1961.

[95] C. A. R. Hoare. Algorithm 65: Find. *Communications of the ACM,* 4(7):321–322, July 1961.

[96] John Hopcroft and Robert Tarjan. Algorithm 447: Efficient algorithms for graph manipulation. *Communications of the ACM,* 16(6):372–378, June 1973.

[97] W. G. Horner. A new method of solving numerical equations of all orders, by continuous approximation. *Philosophical Transactions of the Royal Society of London,* 109:308–335, 1819.

[98] R. Nigel Horspool. Practical fast searching in strings. *Software: Practice and Experience,* 10(6):501–506, 1980.

[99] D. A. Huffman. A method for the construction of minimum-redundancy codes. *Proceedings of the IRE,* 40(9):1098–1101, September 1952.

[100] Earl B. Hunt, Janet Marin, and Philip J. Stone. *Experiments in Induction.* Academic Press, New York, NY, 1966.

[101] P. Z. Ingerman. Algorithm 141: Path matrix. *Communications of the ACM,* 5(11):556, November 1962.

[102] Gareth James, Daniela Witten, Trevor Hastie, and Robert Tibshirani. *An Introduction to Statistical Learning: With Applications in R.* Springer, New York, NY, 2013.

[103] T. G. Jones. A note on sampling a tape-file. *Communications of the ACM,* 5(6):343, June 1962.

[104] David Kahn. *The Codebreakers: The Comprehensive History of Secret Communication from Ancient Times to the Internet.* Scribner, New York, NY, revised edition, 1996.

[105] Jonathan Katz and Yehuda Lindell. *Introduction to Modern Cryptography.* CRC Press, Taylor & Francis Group, Boca Raton, FL, 2nd edition, 2015.

[106] John Kelsey, Bruce Schneier, and Niels Ferguson. Yarrow-160: Notes on the design and analysis of the Yarrow cryptographic pseudorandom number generator. In Howard Heys and Carlisle Adams, editors, *Selected Areas in Cryptography,* volume 1758 of *Lecture Notes in Computer Science,* pages 13–33. Springer, Berlin, 2000.

[107] Jon Kleinberg and Éva Tardos. *Algorithm Design.* Addison-Wesley Longman Publishing Co., Inc., Boston, MA, 2005.

[108] Jon M. Kleinberg. Authoritative sources in a hyperlinked environment. In *Proceedings of the Ninth Annual ACM-SIAM Symposium on Discrete Algorithms,* SODA '98, pages 668–677, Philadelphia, PA, USA, 1998. Society for Industrial and Applied Mathematics.

[109] Jon M. Kleinberg. Authoritative sources in a hyperlinked environment. *Journal of the ACM,* 46(5):604–632, September 1999.

[110] Donald E. Knuth. Ancient babylonian algorithms. *Communications of the ACM,* 15(7):671–677, July 1972.

[111] Donald E. Knuth. *The TEXbook.* Addison-Wesley Professional, Reading, MA, 1986.

[112] Donald E. Knuth. *The Art of Computer Programming, Volume 1: Fundamental Algorithms.* Addison-Wesley, Reading, MA, 3rd edition, 1997.

[113] Donald E. Knuth. *The Art of Computer Programming, Volume 2: Seminumerical Algorithms.* Addison-Wesley, Reading, MA, 3rd edition, 1998.

[114] Donald E. Knuth. *The Art of Computer Programming, Volume 3: Sorting and Searching.* Addison-Wesley, Reading, MA, 2nd edition, 1998.

[115] Donald E. Knuth. *The Art of Computer Programming, Volume 4A: Combinatorial Algorithms, Part 1.* Addison-Wesley, Upper Saddle River, NJ, 2011.

[116] Donald E. Knuth, James H. Morris, Jr., and Vaughan R. Pratt. Fast pattern matching in strings. *SIAM Journal on Computing*, 6(2):323–349, 1977.

[117] Donald E. Knuth and Michael F. Plass. Breaking paragraphs into lines. *Software: Practice and Experience*, 11:1119–1194, 1981.

[118] Alan G. Konheim. *Hashing in Computer Science: Fifty Years of Slicing and Dicing.* John Wiley & Sons, Inc., Hoboken, NJ, 2010.

[119] James F. Kurose and Keith W. Ross. *Computer Networking: A Top-Down Approach.* Pearson, Boston, MA, 6th edition, 2013.

[120] Leslie Lamport. *LaTeX: A Document Preparation System.* Addison-Wesley Professional, Reading, MA, 2nd edition, 1994.

[121] Amy N. Langville and Carl D. Meyer. *Google's PageRank and Beyond: The Science of Search Engine Rankings.* Princeton University Press, Princeton, NJ, 2006.

[122] David Lazer, Ryan Kennedy, Gary King, and Alessandro Vespignani. The parable of Google flu: Traps in big data analysis. *Science*, 343(6176):1203–1205, 2014.

[123] Thierry Lecroq. Experimental results on string matching algorithms. *Software: Practice and Experience*, 25(7):727–765, 1995.

[124] Pierre L'Ecuyer. Tables of linear congruential generators of different sizes and good lattice structure. *Mathematics of Computation*, 68(225):249–260, January 1999.

[125] Pierre L'Ecuyer and Richard Simard. TestU01: A C library for empirical testing of random number generators. *ACM Transactions on Mathematical Software*, 33(4), August 2007.

[126] C. Y. Lee. An algorithm for path connections and its applications. *IRE Transactions on Electronic Computers*, EC-10(3):346–365, September 1961.

[127] D. H. Lehmer. Mathematical methods in large-scale computing units. In *Proceedings of the Second Symposium on Large-Scale Digital Calculating Machinery*, pages 141–146, Cambridge, MA, 1949. Harvard University Press.

[128] Debra A. Lelewer and Daniel S. Hirschberg. Data compression. *ACM Computing Surveys*, 19(3):261–296, September 1987.

[129] Anany Levitin. *Introduction to the Design & Analysis of Algorithms.* Pearson, Boston, MA, 3rd edition, 2012.

[130] John MacCormick. *Nine Algorithms That Changed the Future: The Ingenious Ideas that Drive Today's Computers.* Princeton University Press, Princeton, NJ, 2012.

[131] David J. C. MacKay. *Information Theory, Inference, and Learning Algorithms.* Cambridge University Press, Cambridge, UK, 2003.

[132] Charles E. Mackenzie. *Coded Character Sets, History and Development.* Addison-Wesley, Reading, MA, 1980.

[133] George Marsaglia. Xorshift rngs. *Journal of Statistical Software*, 8(14):1–6, 2003.

[134] Tomomi Matsui and Yasuko Matsui. A survey of algorithms for calculating power indices of weighted majority games. *Journal of the Operations Research Society of Japan*, 43:71–86, 2000.

[135] John McCabe. On serial files with relocatable records. *Operations Research*, 13(4):609–618, 1965.

[136] A. I. McLeod and D. R. Bellhouse. A convenient algorithm for drawing a simple random sample. *Applied Statistics*, 32(2):182–184, 1983.

[137] Alfred J. Menezes, Scott A. Vanstone, and Paul C. Van Oorschot. *Handbook of Applied Cryptography*. CRC Press, Inc., Boca Raton, FL, USA, 1996.

[138] Ralph C. Merkle. A certified digital signature. In *Proceedings on Advances in Cryptology*, CRYPTO '89, pages 218–238, New York, NY, USA, 1989. Springer-Verlag New York, Inc.

[139] Stanley Milgram. The small world problem. *Psychology Today*, 1(1):60–67, 1967.

[140] Gary L. Miller. Riemann's hypothesis and tests for primality. In *Proceedings of Seventh Annual ACM Symposium on Theory of Computing*, STOC '75, pages 234–239, New York, NY, USA, 1975. ACM.

[141] Thomas J. Misa and Philip L. Frana. An interview with Edsger W. Dijkstra. *Communications of the ACM*, 53(8):41–47, August 2010.

[142] Thomas M. Mitchell. *Machine Learning*. McGraw-Hill, Inc., New York, NY, 1997.

[143] Michael Mitzenmacher. A brief history of generative models for power law and lognormal distributions. *Internet Mathematics*, 1(2):226–251, 2004.

[144] Michael Mitzenmacher and Eli Upfal. *Probability and Computing: Randomized Algorithms and Probabilistic Analysis*. Cambridge University Press, Cambridge, UK, 2005.

[145] E. F. Moore. The shortest path through a maze. In *Proceedings of an International Symposium on the Theory of Switching, 2–5 April 1957*, pages 285–292. Harvard University Press, 1959.

[146] Robert Morris. Scatter storage techniques. *Communications of the ACM*, 11(1):38–44, 1968.

[147] J. Moy. OSPF version 2. RFC 2328, April 1998.

[148] Kevin P. Murphy. *Machine Learning: A Probabilistic Perspective*. The MIT Press, Cambridge, MA, 2012.

[149] Simon Newcomb. Note on the frequency of use of the different digits in natural numbers. *American Journal of Mathematics*, 4(1):39–40, 1881.

[150] Mark Newman. *Networks: An Introduction*. Oxford University Press, Inc., New York, NY, USA, 2010.

[151] Michael A. Nielsen and Isaac L. Chuang. *Quantum Computation and Quantum Information*. Cambridge University Press, Cambridge, UK, 2000.

[152] Cathy O'Neil. *Weapons of Math Destruction: How Big Data Increases Inequality and Threatens Democracy*. Crown, New York, NY, 2016.

[153] Christof Paar and Jan Pelzl. *Understanding Cryptography: A Textbook for Students and Practitioners*. Springer-Verlag, Berlin, 2009.

[154] Vilfredo Pareto. *Cours d' Économie Politique*. Rouge, Lausanne, 1897.

[155] Richard E. Pattis. Textbook errors in binary searching. *SIGCSE Bulletin*, 20(1):190–194, February 1988.

[156] L. S. Penrose. The elementary statistics of majority voting. *Journal of the Royal Statistical Society*, 109(1):53–57, 1946.

[157] Radia Perlman. *Interconnections: Bridges, Routers, Switches, and Internetworking Protocols*. Addison-Wesley, 2nd edition, 1999.

[158] J. R. Quinlan. Discovering rules by induction from large collections of examples. In D. Michie, editor, *Expert systems in the micro electronic age*. Edinburgh University Press, Edinburgh, UK, 1979.

[159] J. R. Quinlan. Semi-autonomous acquisition of pattern-based knowledge. In J. E. Hayes, D. Michie, and Y.-H. Pao, editors, *Machine Intelligence*, volume 10. Ellis Horwood, Chichester, UK, 1982.

[160] J. R. Quinlan. Induction of decision trees. *Machine Learning*, 1(1):81–106, 1986.

[161] J. Ross Quinlan. *C4.5: Programs for Machine Learning*. Morgan Kaufmann Publishers Inc., San Francisco, CA, 1993.

[162] Michael O. Rabin. Probabilistic algorithm for testing primality. *Journal of Number Theory*, 12(1):128–138, 1980.

[163] Rajeev Raman. Recent results on the single-source shortest paths problem. *SIGACT News*, 28(2):81–87, June 1997.

[164] Edward M. Reingold, Kenneth J. Urban, and David Gries. K-M-P string matching revisited. *Information Processing Letters*, 64(5):217–223, December 1997.

[165] R. L. Rivest, A. Shamir, and L. Adleman. A method for obtaining digital signatures and public-key cryptosystems. *Communications of the ACM*, 21(2):120–126, February 1978.

[166] Ronald Rivest. On self-organizing sequential search heuristics. *Communications of the ACM*, 19(2):63–67, February 1976.

[167] Phillip Rogaway and Thomas Shrimpton. Cryptographic hash-function basics: Definitions, implications, and separations for preimage resistance, second-preimage resistance, and collision resistance. In Bimal Roy and Willi Meier, editors, *Fast Software Encryption*, volume 3017 of *Lecture Notes in Computer Science*, pages 371–388. Springer Berlin Heidelberg, 2004.

[168] Bernard Roy. Transitivé et connexité. *Comptes rendus des séances de l' Académie des Sciences*, 249(6):216–218, 1959.

[169] Donald G. Saari. *Disposing Dictators, Demystifying Voting Paradoxes*. Cambridge University Press, Cambridge, UK, 2008.

[170] David Salomon. *A Concise Introduction to Data Compression*. Springer, London, UK, 2008.

[171] David Salomon and Giovanni Motta. *Handbook of Data Compression*. Springer, London, UK, 5th edition, 2010.

[172] Khalid Sayood. *Introduction to Data Compression*. Morgan Kaufmann, Waltham, MA, 4th edition, 2012.

[173] Douglas C. Schmidt. GPERF: A perfect hash function generator. In Robert C. Martin, editor, *More C++ Gems*, pages 461–491. Cambridge University Press, New York, NY, USA, 2000.

[174] Bruce Schneier. *Applied Cryptography: Protocols, Algorithms, and Source Code in C*. John Wiley & Sons, Inc., New York, NY, USA, 2nd edition, 1995.

[175] Markus Schulze. A new monotonic, clone-independent, reversal symmetric, and Condorcet-consistent single-winner election method. *Social Choice and Welfare*, 36(2):267–303, 2011.

[176] Robert Sedgewick. *Algorithms in C—Parts 1–4: Fundamentals, Data Structures, Sorting, Searching*. Addison-Wesley, Boston, MA, 3rd edition, 1998.

[177] Robert Sedgewick. *Algorithms in C++—Parts 1–4: Fundamentals, Data Structures, Sorting, Searching*. Addison-Wesley, Boston, MA, 3rd edition, 1998.

[178] Robert Sedgewick. *Algorithms in C—Part 5: Graph Algorithms*. Addison-Wesley, Boston, MA, 3rd edition, 2002.

[179] Robert Sedgewick. *Algorithms in C—Part 5: Graph Algorithms*. Addison-Wesley, Boston, MA, 3rd edition, 2002.

[180] Robert Sedgewick and Kevin Wayne. *Algorithms*. Addison-Wesley, Upper Saddle River, NJ, 4th edition, 2011.

[181] C. E. Shannon. A mathematical theory of communication. *The Bell System Technical Journal*, 27(3):379–423, July 1948.

[182] C. E. Shannon. Prediction and entropy of printed english. *The Bell System Technical Journal*, 30(1):50–64, January 1950.

[183] Claude E. Shannon and Warren Weaver. *The Mathematical Theory of Communication*. University of Illinois Press, Urbana, IL, 1949.

[184] L. S. Shapley and Martin Shubik. A method for evaluating the distribution of power in a committee system. *American Political Science Review*, 48:787–792, September 1954.

[185] Peter W. Shor. Polynomial-time algorithms for prime factorization and discrete logarithms on a quantum computer. *SIAM Journal on Computing*, 26(5):1484–1509, October 1997.

[186] Joseph H. Silverman. *A Friendly Introduction to Number Theory*. Pearson, 4th edition, 2012.

[187] Simon Singh. *The Code Book: The Secret History of Codes and Code-breaking*. Fourth Estate, London, UK, 2002.

[188] Steven S. Skiena. *The Algorithm Design Manual*. Springer-Verlag, London, UK, 2nd edition, 2008.

[189] Daniel D. Sleator and Robert E. Tarjan. Amortized efficiency of list update and paging rules. *Communications of the ACM*, 28(2):202–208, February 1985.

[190] David Eugene Smith, editor. *A Source Book in Mathematics*. McGraw-Hill Book Co., New York, NY, 1929. Reprinted by Dover Publications in 1959.

[191] Jonathan Sorenson. An introduction to prime number sieves. Computer Sciences Technical Report 909, Department of Computer Science, University of Wisconsin-Madison, January 1990.

[192] Gary Stix. Profile: David Huffman. *Scientific American*, 265(3):54–58, September 1991.

[193] James V Stone. *Information Theory: A Tutorial Introduction*. Sebtel Press, Sheffield, UK, 2015.

[194] Michael P. H. Stumpf and Mason A. Porter. Critical truths about power laws. *Science*, 335(6069):665–666, 2012.

[195] George G. Szpiro. *Numbers Rule: The Vexing Mathematics of Democracy, from Plato to the Present*. Princeton University Press, Princeton, NJ, 2010.

[196] Andrew S. Tanenbaum and David J. Wetherall. *Computer Networks*. Prentice Hall, Boston, MA, 5th edition, 2011.

[197] Robert Tarjan. Depth-first searcn and linear graph algorithms. *SIAM Journal on Computing*, 1(2):146–160, 1972.

[198] Robert Endre Tarjan. Edge-disjoint spanning trees and depth-first search. *Acta Informatica*, 6(2):171–185, 1976.

[199] Robert Endre Tarjan. *Data Structures and Network Algorithms*. Society for Industrial and Applied Mathematics, Philadelphia, PA, 1983.

[200] Alan D. Taylor and Allison M. Pacelli. *Mathematics and Politics: Strategy, Voting, Power and Proof*. Springer, 2nd edition, 2008.

[201] Mikkel Thorup. On RAM priority queues. *SIAM Journal on Computing*, 30(1):86–109, April 2000.

[202] Yves Tillé. *Sampling Algorithms*. Springer, New York, NY, 2006.

[203] Thanassis Tiropanis, Wendy Hall, Jon Crowcroft, Noshir Contractor, and Leandros Tassiulas. Network science, web science, and internet science. *Communications of the ACM*, 58(8):76–82, July 2015.

[204] Jeffrey Travers and Stanley Milgram. An experimental study of the small world problem. *Sociometry*, 32(4):425–443, 1969.

[205] Alan Turing. Proposed electronic calculator. Technical report, National Physical Laboratory (NPL), UK, 1946. `http://www.alanturing.net/ace/index.html`.

[206] United States National Institute of Standards and Technology (NIST). Announcing the ADVANCED ENCRYPTION STANDARD (AES), November 26 2001. Federal Information Processing Standards Publication 197.

[207] United States National Institute of Standards and Technology (NIST). Secure hash standard (SHS), August 2015. Federal Information Processing Standards Publication 180-4.

[208] United States National Institute of Standards and Technology (NIST). SHA-3 standard: Permutation-based hash and extendable-output functions, August 2015. Federal Information Processing Standards Publication 202.

[209] Sebastiano Vigna. An experimental exploration of Marsaglia's xorshift generators, scrambled. *CoRR*, abs/1402.6246, 2014.

[210] Jeffrey S. Vitter. Random sampling with a reservoir. *ACM Transactions on Mathematical Software*, 11(1):37–57, March 1985.

[211] John von Neumann. Various techniques used in connection with random digit. In A.S. Householder, G. E. Forsythe, and H. H. Germond, editors, *Monte Carlo Method*, volume 12 of *National Bureau of Standards Applied Mathematics Series*, pages 36–38. U.S. Government Printing Office, Washington, D.C., 1951.

[212] Avery Li-Chun Wang. An industrial-strength audio search algorithm. In *Proceedings of the 4th International Conference on Music Information Retrieval (ISMIR 2003)*, Baltimore, MD, October 26–30 2003.

[213] Stephen Warshall. A theorem on boolean matrices. *Journal of the ACM*, 9(1):11–12, January 1962.

[214] Duncan J. Watts. *Six Degrees: The Science of a Connected Age*. W. W. Norton & Company, New York, NY, 2004.

[215] T. A. Welch. A technique for high-performance data compression. *Computer*, 17(6):8–19, June 1984.

[216] Frank Wilczek. *A Beautiful Question: Finding Nature's Deep Design*. Penguin Press, New York, NY, 2015.

[217] Maurice V. Wilkes. *Memoirs of a Computer Pioneer*. The MIT Press, Cambridge, MA, 1985.

[218] J. W. J. Williams. Algorithm 232: Heapsort. *Communications of the ACM*, 7(6):347–348, June 1964.

[219] Ian H. Witten, Eibe Frank, and Mark A. Hall. *Data Mining: Practical Machine Learning Tools and Techniques*. Morgan Kaufmann Publishers Inc., San Francisco, CA, 3rd edition, 2011.

[220] Xindong Wu, Vipin Kumar, J. Ross Quinlan, Joydeep Ghosh, Qiang Yang, Hiroshi Motoda, Geoffrey J. McLachlan, Angus Ng, Bing Liu, Philip S. Yu, Zhi-Hua Zhou, Michael Steinbach, David J. Hand, and Dan Steinberg. Top 10 algorithms in data mining. *Knowledge and Information Systems*, 14(1):1–37, January 2008.

[221] J. Y. Yen. An algorithm for finding shortest routes from all source nodes to a given destination in general networks. *Quarterly of Applied Mathematics*, 27:526–530, 1970.

[222] Joel Young, Kristina Foster, Simson Garfinkel, and Kevin Fairbanks. Distinct sector hashes for target file detection. *Computer*, 45(12):28–35, December 2012.

[223] G. Udny Yule. A mathematical theory of evolution, based on the conclusions of Dr. J. C. Willis, F.R.S. *Philosophical Transactions of the Royal Society of London: Series B*, 213:21–87, April 1925.

[224] Philip Zimmermann. Why I wrote PGP. Part of the Original 1991 PGP User's Guide (updated), 1999. Available at `https://www.philzimmermann.com/EN/essays/WhyIWrotePGP.html`.

[225] Philip Zimmermann. Phil Zimmermann on the importance of online privacy. The Guardian Tech Weekly Podcast, 2013. Available at http://www.theguardian.com/technology/audio/2013/may/23/podcast-tech-weekly-phil-zimmerman.

[226] George Kingsley Zipf. *The Psycho-Biology of Language: An Introduction to Dynamic Philology*. Houghton Mifflin, Boston, MA, 1935.

[227] George Kingsley Zipf. *Human Behavior and the Principle of Least Effort: An Introduction to Human Ecology*. Addison-Wesley, Reading, MA, 1949.

[228] J. Ziv and A. Lempel. A universal algorithm for sequential data compression. *Information Theory, IEEE Transactions on*, 23(3):337–343, May 1977.

[229] J. Ziv and A. Lempel. Compression of individual sequences via variable-rate coding. *Information Theory, IEEE Transactions on*, 24(5):530–536, September 1978.

索　　引

索引中的页码为英文原书页码，与书中页边标注的页码一致。

D

推荐阅读

算法导论（原书第3版）

作者：Thomas H.Cormen, Charles E.Leiserson, Ronald L.Rivest, Clifford Stein

译者：殷建平 徐 云 王 刚 刘晓光 苏 明 邹恒明 王宏志

ISBN：978-7-111-40701-0 定价：128.00元

全球超过50万人阅读的算法圣经！算法标准教材。

世界范围内包括MIT、CMU、Stanford、UCB等国际名校在内的1000余所大学采用。

“本书是算法领域的一部经典著作，书中系统、全面地介绍了现代算法：从最快算法和数据结构到用于看似难以解决问题的多项式时间算法；从图论中的经典算法到用于字符串匹配、计算几何学和数论的特殊算法。本书第3版尤其增加了两章专门讨论van Emde Boas树（最有用的数据结构之一）和多线程算法（日益重要的一个主题）。”

—— Daniel Spielman，耶鲁大学计算机科学系教授

“作为一个在算法领域有着近30年教育和研究经验的教育者和研究人员，我可以清楚明白地说这本书是我所见到的该领域最好的教材。它对算法给出了清晰透彻、百科全书式的阐述。我们将继续使用这本书的新版作为研究生和本科生的教材及参考书。”

—— Gabriel Robins，弗吉尼亚大学计算机科学系教授